VICTOR MEYER UND PAUL JACOBSON,

LEHRBUCH
DER
ORGANISCHEN CHEMIE.

ZWEITER BAND.
CYCLISCHE VERBINDUNGEN. — NATURSTOFFE.

VIERTER TEIL.
NATURSTOFFE VON UNBEKANNTER ODER NUR TEILWEISE BEKANNTER STRUKTUR.

BEARBEITET VON

P. JACOBSON.

IM AUFTRAGE DER DEUTSCHEN CHEMISCHEN GESELLSCHAFT AUS DEM NACHLASS HERAUSGEGEBEN
VON
HEDWIG KUH UND FRIEDRICH RICHTER.

ERSTE UND ZWEITE AUFLAGE

BERLIN UND LEIPZIG 1924
WALTER DE GRUYTER & CO.
VORMALS G. J. GÖSCHEN'SCHE VERLAGSHANDLUNG · J. GUTTENTAG, VERLAGSBUCHHANDLUNG · GEORG REIMER · KARL J. TRÜBNER · VEIT & COMP.

Druck von Metzger & Wittig in Leipzig.

Vorwort.

PAUL JACOBSONS Lebenswerk ist sein berühmtes, anfangs in Gemeinschaft mit VICTOR MEYER und nach dessen frühzeitigem Tode von ihm allein herausgegebenes Lehrbuch der organischen Chemie, von dem zu seinen Lebzeiten die Chemie der acyclischen Verbindungen (Bd. I, Teil I und II) in erster und zweiter Auflage, die Chemie der isocyclischen und heterocyclischen Verbindungen (Bd. II, Teil I—III) in erster Auflage erschienen ist. Als PAUL JACOBSON am 25. Januar 1923 starb, fand sich im Nachlaß des allzufrüh Dahingegangenen das Manuskript zum letzten Bande des Lehrbuches vor, der die in ihrer Konstitution noch unerforschten oder nur zum Teil erforschten Naturstoffe umfassend behandeln sollte. Mit Ausnahme der Kapitel: Glykoside, nichtglykosidische Gerbstoffe, stickstofffreie, nichtglykosidische Farbstoffe, Flechtenstoffe, stickstoffhaltige Farbstoffe, Alkaloide, Proteine, die in den Rahmen dieses Bandes gehören, lag das Manuskript druckreif vor. Auch in dieser nunmehr fragmentarischen Gestalt hat der Band nichts an Bedeutung verloren, da die einzelnen Kapitel in sich abgeschlossen sind. Die Drucklegung dieses Bandes wurde im Auftrage der Deutschen Chemischen Gesellschaft von den Unterzeichneten besorgt. Das Kapitel Kautschuk wurde nach Niederschrift des Manuskripts noch zu Lebzeiten PAUL JACOBSONS von dem inzwischen ebenfalls verstorbenen CARL D. HARRIES und bei der Drucklegung von Hrn. Dr. ERICH KINDSCHER einer sachkundigen Durchsicht unterzogen. Ferner wurden die Kapitel Cholesterin und Gallensäuren in äußerst dankenswerter Weise von Hrn. Prof. A. WINDAUS-Göttingen geprüft. Das alphabetische Register wurde von Hrn. Dr. CARL HORST in sorgsamer Weise hergestellt. Das Erscheinen einiger wichtiger Arbeiten, insbesondere auf dem Gebiet der Terpene, sowie der Harz- und Gallensäuren in den Jahren 1922 bis 1924 ließ eine Ergänzung und teilweise auch eine Umarbeitung dieser Kapitel als wünschenswert erscheinen. Die hierfür erforderlichen Arbeiten wurden von dem einen von uns (RICHTER) ausgeführt. Die betreffenden Stellen sind durch die Jahreszahlen der Zitate als Zusätze, die nicht mehr der Feder Jacobsons entstammen, kenntlich.

Durch Beschluß des Vorstandes vom 3. März 1924 hat die Deutsche Chemische Gesellschaft, der durch letztwillige Verfügung das Urheberrecht an dem Lehrbuch von Meyer-Jacobson zugefallen ist, es übernommen, für den Abschluß der ersten Auflage und die Neuauflage der bereits erschienenen Teile Sorge zu tragen (vgl. Ber. Dtsch. Chem. Ges. **57A**, 32). Es sei der Hoffnung Ausdruck verliehen, daß es gelingen möge, das Werk in nicht allzu ferner Zeit im Sinne Jacobsons zur Vollendung zu führen.

Berlin, im Juli 1924.

Hedwig Kuh. Friedrich Richter.

Inhalt.

Viertes Buch. Naturstoffe, für deren systematische, auf die Struktur sich gründende Einreihung die gegenwärtige Kenntnis nicht genügt.

A. Bestandteile ätherischer Öle.

B. Kohlenwasserstoffe der pflanzlichen Milchsäfte.

C. Sauerstoffhaltige Bestandteile von Harzen und Milchsäften.

D. Sterine.

E. Gallensäuren.

VIERTES BUCH.

NATURSTOFFE,

FÜR DEREN SYSTEMATISCHE, AUF DIE STRUKTUR SICH GRÜNDENDE EINREIHUNG DIE GEGENWÄRTIGE KENNTNIS NICHT GENÜGT.

Einleitung.

Abgrenzung und Einteilung des Gebiets.

In den vorangehenden Teilen dieses Lehrbuches sind die Kohlenstoff-Verbindungen behandelt worden, deren Struktur so weit erkannt ist, daß sie den drei Hauptklassen:

acyclische Verbindungen,
isocyclische „
heterocyclische „

an bestimmten Stellen eingeordnet werden konnten (vgl. Bd. I, Tl. I, S. 141). Für jede organische Verbindung, deren Atomlagerung enträtselt ist, muß sich innerhalb dieser drei Klassen ein passender Platz angeben lassen.

Aber die Rätsel, welche die Natur in den Erzeugnissen der Lebensvorgänge dem Strukturchemiker aufgibt, sind noch längst nicht vollzählig gelöst. Für eine große Zahl von Naturstoffen — darunter für solche von außerordentlicher physiologischer Bedeutung — sind wir einstweilen nicht imstande, die Lagerung der Atome in ihren Molekülen anzugeben. Wir entbehren also der formalen Grundlage für ihre Einreihung in jene drei Klassen, und wir bedürfen einer vierten Hauptklasse als Rahmen für die Mitteilung der über sie gesammelten Kenntnisse (vgl. Bd. I, Tl. I, S. 146).

Daß gerade diese ungelösten Probleme der Strukturchemie die Forscher mächtig anziehen, kann nicht verwundern. So bringt jedes Jahr Erfolge, welche die Übertragung von Gliedern dieser vierten „problematischen" Klasse in eine der drei auf dem Boden der Strukturformeln sich aufbauenden Hauptklassen ermöglichen. Aber andererseits bewirkt die unablässige Durchforschung der pflanzlichen und tierischen Organismen immer neuen Zuzug von Stoffen, die bisher der Wahrnehmung oder Isolierung entgangen waren. So wird diese vierte Hauptklasse, welche den im Sinne des Strukturchemikers nicht systematisierbaren Stoffen Unterkunft gewährt — mag sich auch ihr Bestand immer mehr verkleinern —, wohl niemals ganz entvölkert werden.

Ganz streng ist in diesem Lehrbuch die Abgrenzung der vierten Klasse von den drei ersten nicht nach dem Grad der derzeitigen

Strukturerkenntnis vorgenommen worden. Wir haben z. B. innerhalb der ersten Hauptklasse den Monosacchariden auch die Polysaccharide bis zu ihren kompliziertesten Vertretern folgen lassen, wenngleich der molekulare Bau von Stoffen, wie Stärke und Cellulose, noch wenig bekannt ist; denn hier wären wir durch einen Schnitt zwischen Vertretern von klarer Struktur und solchen, bei denen die Erforschung nur bis zur Strukturerkenntnis der Bausteine, aber noch nicht zu einem sicheren Urteil über deren Vereinigungsweise gelangt ist, der Möglichkeit beraubt gewesen, die Gruppe der Kohlenhydrate in ihrem natürlichen Zusammenhang zu verfolgen. Andererseits haben wir z. B. in der dritten Hauptabteilung manche strukturell völlig klargelegte Pflanzenbasen an den ihnen systematisch zukommenden Stellen nur im Vorübergehen erwähnt (vgl. z. B. Piperin, Coniin, Papaverin Bd. II, Tl. III, S. 827, 829, 1044), ihre Schilderung aber der vierten Hauptklasse vorbehalten, wo sie nun in der Umgebung biologisch nahestehender Stoffe erscheinen werden. Maßgebend ist also stets der Wunsch gewesen, biologisch zusammengehörige Stoffe nicht deshalb weit voneinander zu trennen, weil beim einen gerade zufällig die zur Zeit der Niederschrift gewonnene Erkenntnis für eine auf die Struktur gestützte Einreihung ausreichte, beim anderen aber noch nicht. Bedingte dieser Wunsch schon bis zu einem gewissen Grade eine etwas willkürliche Handhabung der Systematik, so kam noch hinzu, daß während der Zeiträume, die zwischen den Erscheinungsterminen der einzelnen Teile dieses Lehrbuches liegen, der Fortschritt der Forschung natürlich beständig die Grenze zwischen den strukturell klaren und den noch nicht aufgeklärten Stoffen verschob. Durch Hinweise auf die früheren Teile des Lehrbuches und durch Nachträge soll nun nach Möglichkeit in diesem Schlußteil der Überblick über die großen Stoffgruppen, welche durch die Art ihres natürlichen Vorkommens oder sonstige biologische Beziehungen verwandt sind, erleichtert werden.

Der gegenwärtige Bestand dieser vierten Hauptklasse ist außerordentlich mannigfaltig. Ihr gehören die Proteine an, die für den Aufbau der Organismen von allgemeinster Bedeutung sind, und Stoffe, die für gewisse Organe kennzeichnend sind, wie die Gallensäuren. Wir werden ferner Riechstoffen, Farbstoffen und anderen Materien von gewerblicher Verwendbarkeit (Kautschuk, Gerbstoffe), sowie Trägern arzneilicher Wirkungen (Alkaloiden) begegnen.

Für die Klassifikation innerhalb dieser Hauptklasse fehlt uns eine logische Richtschnur. Wir lassen uns in erster Linie durch die elementare Zusammensetzung leiten, und zwar in dem Sinne, daß wir zuerst Stoffgruppen behandeln, deren Glieder vorwiegend nur aus C und H oder aus C, H und O bestehen, dann solche, bei denen auch N am Molekülaufbau teilnimmt. Daneben kommen die biologischen Zusammenhänge, offenbar konstitutionelle Beziehungen des Molekülbaues oder Verwandtschaft der äußeren Eigenschaften für die Bildung von Unterklassen in Betracht.

Zu bemerken ist noch, daß im allgemeinen nur solche Stoffe als Gegenstände der Behandlung herangezogen werden, welche von den sie in der Natur begleitenden Stoffen nach Möglichkeit abgetrennt werden konnten, also im Zustand chemischer Individualität bekannt sind. Freilich dürfen wir in dieser Anforderung nicht zu weit gehen, müssen vielmehr bei gewissen Verbindungsgruppen (Proteinen, Gerbstoffen), deren Eigenschaften der Reindarstellung einzelner Individuen beim heutigen Stand der Methodik besondere Schwierigkeiten entgegensetzen, auch Gemische von einander sehr ähnlichen Verbindungen zulassen. Stoffe aber, auf welche man nur aus spezifischen Wirkungen schließt, ohne daß man sie bisher in einem Zustand abscheiden konnte, welcher die chemische Kennzeichnung ermöglicht, betrachten wir als außerhalb unserer Aufgabe liegend.

A. Bestandteile ätherischer Öle.

Erstes Kapitel.

Vorkommen und Bildung ätherischer Öle. — Übersicht über die Bestandteile.

Schon innerhalb der ersten Hauptklasse — bei den acyclischen Verbindungen — sind uns, als die ungesättigten Alkohole zur Besprechung gelangten, die „ätherischen Öle" begegnet (s. Bd. I, Tl. I, S. 914—915). Man faßt unter dieser Bezeichnung flüchtige Stoffe des Pflanzenkörpers zusammen, die aus den Pflanzen oder den Pflanzenteilen durch Destillation mit Wasserdampf abgetrieben oder auch durch andere Verfahren (vgl. S. 77) gewonnen werden können. Es sind meist Gemische; seltener ist der Fall, daß ein ätherisches Öl einheitlich oder annähernd einheitlich ist. Unter ihren Bestandteilen (vgl. S. 13 die Übersicht) finden wir am häufigsten Kohlenwasserstoffe und Verbindungen, die aus C, H und O zusammengesetzt sind; daher setzen wir diese Stoffgruppe an den Beginn der in diesem Teile zu behandelnden Naturstoffe[1] (vgl. dazu S. 4). Doch kommen auch schwefel- und stickstoffhaltige Verbindungen in den ätherischen Ölen vor.

Die ätherischen Öle sind im Pflanzenreiche außerordentlich verbreitet[2], aber fast ausschließlich bei den Phanerogamen. Sie finden sich in den verschiedensten Organen der Pflanze; doch bilden meist gewisse Pflanzenteile den bevorzugten Sitz. In solchen Teilen können sich beträchtliche Mengen ätherischer Öle ansammeln; so enthält z. B. die

---

[1] Ausführliche Behandlung der ätherischen Öle findet man in den beiden Werken: F. W. Semmler, „Die ätherischen Öle" (4 Bände, Leipzig 1906—1907) und E. Gildemeister u. Fr. Hoffmann, „Die ätherischen Öle" (bearbeitet im Auftrag der Firma Schimmel u. Co.), 2. Aufl. von E. Gildemeister (3 Bände, Leipzig 1910—1916). Während das erstgenannte Werk den Hauptwert auf die Besprechung der Bestandteile der ätherischen Öle legt, sind im zweiten die Öle selbst Hauptgegenstand der Schilderung. — Technische Literatur siehe S. 77, Fußnote 1. — Wichtige Literaturquellen für das Gebiet der ätherischen Öle bilden die regelmäßig erscheinenden Berichte der Firma Schimmel u. Co. in Miltitz (Bez. Leipzig) und diejenigen der Firma Roure-Bertrand fils in Grasse.

[2] Vgl. die nach Pflanzenfamilien geordnete Übersicht in Bd. II und III des in voriger Fußnote zitierten Werkes von Gildemeister-Hoffmann.

Gewürznelke 16–18 % Nelkenöl, die Zimtrinde ca. 2 % Zimtöl[1]. In anderen Fällen aber handelt es sich um Mengen, die im Vergleich zur Masse des Pflanzenteils nur sehr gering sind; so bleibt die Ölmenge, welche den Jasminblüten ihren Duft verleiht, weit hinter 0·1 % zurück[2].

Über die Rolle, welche die ätherischen Öle im Lebensvorgang der Pflanze spielen, weiß man nichts Sicheres[3]. Meist sieht man sie als Sekrete an, die im Stoffwechsel keine weitere Verwendung finden[4]. Aus ihrem Geruch leitet man die Möglichkeit ab[5], daß sie „die für die Bestäubung notwendigen Insekten anlocken oder die Pflanze vor Angreifern schützen"; die stark schädigende Wirkung, die sie auf Mikroorganismen ausüben[6], wird ebenfalls dafür angeführt, daß sie als Schutzmittel wirken. Aber auch an eine aktivere Beteiligung bei der Entwicklung der Pflanze wird gedacht, indem man z. B. ihren Einfluß auf die Oberflächentension des Wassers zur Begründung der Annahme heranzieht, daß sie eine Ursache für die Bewegung der Säfte in den lebenden Geweben bilden[7]. Aus Vergleichsversuchen an etiolierten Pflanzen und solchen, die im Licht kultiviert wurden, schließt Charabot, daß im Pflanzenkörper auch Wiederverbrauch des in ihm gebildeten ätherischen Öles stattfinden kann[8].

Was wir bei unseren Verarbeitungsweisen der Pflanzenteile als „ätherisches Öl" aufsammeln, braucht in der Pflanze selbst als solches noch nicht vorhanden gewesen zu sein. In einigen Fällen wissen wir bestimmt, daß das Öl erst durch Spaltung aus einem Glykosid entstanden ist, das für sich isoliert werden konnte; hierher gehört z. B. die Bildung des Senföls aus Sinigrin (vgl. Bd. I, Tl. II, S. 1318) und des Bittermandelöls aus Amygdalin. In anderen Fällen sind Beobachtungen gemacht, welche deutlich darauf hinweisen, daß die ätherischen Öle während der Verarbeitung der Pflanzenteile durch Spaltung aus komplexeren Stoffen sich bilden, und es liegt am nächsten, Glykoside als ihre Generatoren anzunehmen, wenn solche auch bisher nicht isoliert

---

[1] Vgl. Bokorny, Ch. Z. **23**, 60 (1899).

[2] Vgl. Gildemeister-Hoffmann, Bd. III, S. 426. — A. Hesse, B. **36**, 1459 (1903).

[3] Über Verteilung im Pflanzenkörper und andere physiologische Fragen vgl. Zusammenstellungen bei Charabot, Gatin, „Le parfum chez les plantes" (Paris 1908) S. 151, 200, 279, 348 und bei Czapek, Biochemie der Pflanzen, 2. Aufl., Bd. III (Jena 1921), S. 594ff.

[4] Vgl. dazu z. B. Pictet, Archives des sciences physiques et naturelles (Genève) [4] **40**, 187 (1915). — Vgl. dagegen Ciamician, R. A. L. [5] **26**, I, 3 (1917).

[5] Vgl. Gildemeister-Hoffmann, Bd. I, S. 285.

[6] Bokorny, Ch. Z. **23**, 60, 75 (1899). — K. Kobert, Bericht von Schimmel u. Co. vom Oktober 1906, S. 157. — Cavel, C. r. **166**, 827 (1918).

[7] Giglioli, R. A. L. [5] **20**, II, 349 (1911).

[8] Vgl. Charabot, Hébert, C. r. **140**, 455 (1905); Bl. [3] **33**, 1121 (1905). — Charabot, Laloue, C. r. **140**, 667 (1905). — Roure-Bertrand fils, C. **1906**, II, 533.

worden sind. A. HESSE[1] hat hierfür bemerkenswerte Beweise erbracht, von denen schon bei Besprechung des Indols in Bd. II, Tl. III, S. 223 die Rede gewesen ist. Zur Ergänzung sei hier mitgeteilt, daß aus Jasminblüten, die nach dem Abpflücken 24 Stunden der Enfleurage (vgl. S. 78) ausgesetzt wurden, ein Vielfaches derjenigen Ölmenge gewonnen wurde, die durch direkte Extraktion frisch gepflückter Blüten mit flüchtigen Lösungsmitteln erhalten wird; daraus folgt also, daß in den abgepflückten Blüten sich Vorgänge — jedenfalls enzymatischer Art — abspielen, die zu einer reichlichen Neubildung von ätherischem Öl führen. Aus solchen Feststellungen aber schließen zu wollen, daß allgemein die ätherischen Öle nicht frei in der Pflanze vorkommen, wäre unberechtigt. Dem widerspricht schon der Geruch der Pflanzenteile, der auf die ätherischen Öle selbst zurückzuführen ist, da Glykoside geruchlos sind; auch ist das Öl bei manchen Pflanzenteilen (z. B. Apfelsinenschalen) mit bloßem Auge sichtbar und durch Auspressen abscheidbar (vgl. S. 77, 81). Vermutlich spielen sich in der Pflanze sowohl Bildung wie Spaltung der Glykoside ab; auch dienen die Glykoside vermöge ihrer Wasserlöslichkeit vielleicht dazu, die Wanderung des ätherischen Öls von einem Pflanzenteil zum anderen zu vermitteln.

Sehr verdienstvolle Untersuchungen über physiologische Fragen, die mit dem Auftreten der ätherischen Öle verknüpft sind, hat CHARABOT[2] — zum Teil auch im Hinblick auf industrielle Ziele — angestellt. Es handelte sich dabei um die Verteilung der Öle innerhalb des Pflanzenkörpers[3], um ihre Verfolgung während der verschiedenen Vegetationsperioden und um den Einfluß, den Klima[4] und Bodenbeschaffenheit auf ihre Bildung ausüben. Die Öle entstehen nach CHARABOT in den grünen Teilen der Pflanze; sie wandern von den Blättern durch den Stengel in die Blütenregion und erreichen dort den höchsten Betrag ihrer Ansammlung vor der Befruchtung. Aber nicht nur die Ölbildung als Ganzes wurde in Betracht gezogen, sondern auch die Veränderungen, die in den Mengenverhältnissen der Bestandteile festzustellen und auf Übergänge chemisch nahestehender Stoffe ineinander (vgl. S. 11) zurückzuführen sind. Aus den Verbindungen von alkoholischem Charakter

---

[1] B. **33**, 1585 (1900); **34**, 293, 2916 (1901); **36**, 1459 (1903); **37**, 1458 (1904). Z. Ang. **25**, 363 (1912). — Siehe auch: PASSY, Bl. [3] **17**, 519 (1897). — NIVIÈRE, Bl. [4] **27**, 862 (1920).

[2] Vgl. CHARABOT, A. ch. [7] **21**, 207 (1900). — CHARABOT, HÉBERT, A. ch. [8] **1**, 362 (1904); Bl. [3] **31**, 402 (1904). — CHARABOT, LALOUE, Bl. [3] **29**, 838 (1903); **31**, 195, 884, 937 (1904); **33**, 236 (1905); **35**, 912 (1906). — ROURE-BERTRAND fils, C. **1906**, II, 533, 534; **1908**, II, 333.

Zur Kritik der von CHARABOT angewendeten Methoden vgl.: DARZENS, ARMINGEAT, Bl. [3] **25**, 1053 (1901). — A. HESSE, Chem. Ztschr. **2**, 728 (1903).

[3] Siehe auch: FRANCESCONI, SERNAGIOTTO, R. A. L. [5] **20**, II, 249 (1911). — FRANCESCONI, SCARAFIA, R. A. L. [5] **20**, II, 255 (1920).

[4] Siehe auch: JEANCARD, SATIE, Bl. [3] **29**, 992, 1088 (1903); **31**, 43 (1904). —

werden zunächst unter Wasserabspaltung Kohlenwasserstoffe oder durch Einwirkung von Säuren Ester gebildet — ein Vorgang, der in den grünen Pflanzenteilen sich abspielt und durch Höhenklima sowie durch Düngung des Bodens mit Mineralsalzen begünstigt wird; einer späteren Vegetationsperiode gehört die Oxydation der Alkohole zu Aldehyden bzw. Ketonen[1] an.

Die Zusammensetzung des einer Pflanze entstammenden ätherischen Öls wäre also selbst dann nicht konstant, wenn unsere Methoden erlaubten, es der Pflanze ohne Veränderung zu entziehen. Zu den Variationen, welche durch die Entwickelungsbedingungen der Pflanze gegeben sind, kommen nun weitere verändernde Einflüsse durch die Verarbeitung hinzu. Von den enzymatischen Vorgängen, die in Betracht zu ziehen sind, war S. 8 schon die Rede. Zu rechnen ist sodann mit Zersetzungen, die durch die Dampfdestillation verursacht werden; infolge der Wasserlöslichkeit gewisser Bestandteile (vgl. unten) hängt ferner die Zusammensetzung davon ab, wie die „Destillationswässer" ausgenutzt werden. Man darf daher unter „ätherischem Öl einer Pflanze" nicht ein Stoffgemisch von vollkommen feststehender Beschaffenheit verstehen.

Die ätherischen Öle sind Flüssigkeiten von ausgesprochenem Geruch, die sich mit Wasser nicht mischen und meist (aber nicht immer) spezifisch leichter als Wasser sind. Häufig enthalten sie neben Bestandteilen, die in Wasser praktisch unlöslich oder wenig löslich sind, auch solche, die sich in Wasser beträchtlich auflösen. Wenn man sie also durch Destillation mit Wasserdämpfen aus den Pflanzenteilen austreibt, hat man auch auf die „Destillationswässer" acht zu geben; die darin enthaltenen Anteile werden durch nochmalige Destillation gewonnen („Kohobation"), wobei sie sich sehr schnell in den ersten Anteilen des Destillats ölförmig ansammeln.

Von trockenen organischen Lösungsmitteln (Alkohol, Äther, Chloroform, Petroläther usw.) werden die ätherischen Öle fast stets mit Leichtigkeit vollständig gelöst. Von den fetten Ölen sind sie leicht infolge ihrer Flüchtigkeit dadurch zu unterscheiden, daß der durchscheinende Flecken, den sie auf Papier hinterlassen, bald verschwindet. Viele Öle enthalten Bestandteile, die bei längerem Stehen oder bei mäßiger Abkühlung auskrystallisieren. Diese festen Ausscheidungen bezeichnete man früher zuweilen allgemein als „Campherarten", da der gewöhnliche Campher das zuerst beobachtete Beispiel der Krystallisationsfähigkeit von Bestandteilen ätherischer Öle bildete; nach einer ebenfalls alten, aber heute noch zuweilen gebrauchten Bezeichnungsweise unterscheidet man den festen Anteil als S t e a r o p t e n (von *στέαρ* = Talg und *πτηνός* = flüchtig) von dem flüssig bleibenden Anteil, der E l ä o p t e n genannt wird. Die meisten Öle sind in reinem Zustand farblos; doch gibt es

[1] Vgl. auch: Brooks, Am. Soc. **34**, 67 (1912).

auch solche von grüner bis blauer Farbe[1] (vgl. dazu S. 66). Gegen Luft und Licht sind sie meist empfindlich, was sich durch Dunkelfärbung und Geruchsveränderung kundgibt.

Die Durchforschung der ätherischen Öle hat eine außerordentlich große Zahl von Bestandteilen kennen gelehrt; man verzeichnet heute deren etwa 500 und findet unter ihnen Vertreter aus fast allen Teilen der organischen Chemie. Versucht man es festzustellen, welche Verbindungsklassen dieser großen Schar die meisten Glieder liefern, so ergeben sich als besonders charakteristisch drei Arten von Bestandteilen:

a) Acyclische ungesättigte Verbindungen, und zwar Kohlenwasserstoffe, Alkohole (bzw. deren Ester) und Carbonylverbindungen (Aldehyde und Ketone); Beispiele: Myrcen, Geraniol, Citral;

b) Cyclische Verbindungen von aromatischem Charakter, und zwar namentlich Phenole und Äther von Phenolen mit ungesättigter Dreikohlenstoff-Seitenkette; Beispiele: Thymol, Eugenol;

c) Cyclische Verbindungen von hydroaromatischem Charakter, und zwar Kohlenwasserstoffe, Alkohole (bzw. deren Ester) und Ketone; Beispiele: Limonen, Menthol, Campher.

Die Verbindungen der Rubrik b waren diejenigen Bestandteile ätherischer Öle, über deren Natur man zuerst völlige Klarheit gewann; ihre strukturelle Aufklärung ging Hand in Hand mit der an die Aufstellung der Benzoltheorie anschließenden allgemeinen Bearbeitung der „aromatischen“ Verbindungen. Erst gegen Ende des vorigen Jahrhunderts[2] begann man die Methodik auszubilden, mit deren Hilfe den meisten Angehörigen der Rubrik c („alicyclische Terpenkörper“, vgl. Bd. II, Tl. II) ihre Stellung im System der strukturell erkannten organischen Verbindungen zugewiesen werden konnte; diese Periode wurde eingeleitet durch bahnbrechende, seit 1884 über mehrere Jahrzehnte sich erstreckende Untersuchungen von O. Wallach[3]. Die Bedeutung von ungesättigten Verbindungen der Rubrik a („olefinische Terpenkörper“) für die Zusammensetzung der ätherischen Öle erkannte 1890 F. W. Semmler (vgl. Bd. I, Tl. I, S. 914—915). Außer diesen beiden Forschern hat eine große Zahl anderer Chemiker ihre Kunst dem Gebiete der ätherischen Öle zugewandt. Während des letzten Jahrzehntes im vorigen Jahrhundert und des ersten im neuen gehörte es zu den bevorzugten Arbeitsfeldern; über das ursprünglich gesteckte Ziel hinaus gewann es für die Verfolgung allgemein interessanter Probleme — Beweglichkeit der Doppelbindung und eigenartige Umlagerungen des Kohlenstoffskeletts

[1] Vgl. dazu Semmler, „Die ätherischen Öle“, Bd. I (Leipzig 1906), S. 56—59.

[2] Geschichtliches über die älteren Untersuchungen vgl. bei Hoffmann-Gildemeister, Bd. I, S. 83ff.

[3] Sie sind von ihm in Buchform unter dem Titel „Terpene und Campher“ (2. Aufl.: Leipzig 1914) zusammengefaßt worden.

— Bedeutung. In wissenschaftlichen und technischen Laboratorien wetteiferte man an der Klarstellung. Die Forscher, die in hervorragendem Maße hierbei mitgewirkt haben, sind schon in den früheren Teilen dieses Lehrbuches bei Besprechung der einzelnen Verbindungen genannt worden.

In auffallender Häufigkeit findet man unter den Komponenten der ätherischen Öle Verbindungen, welche im Molekül zehn C-Atome vereinigt enthalten; alle drei oben aufgestellte Rubriken weisen solche auf, z. B.:

I) 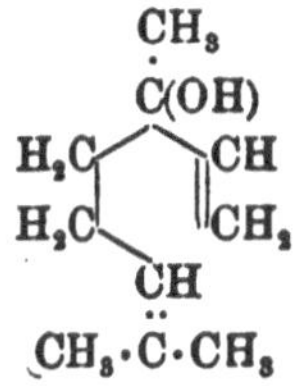, II) 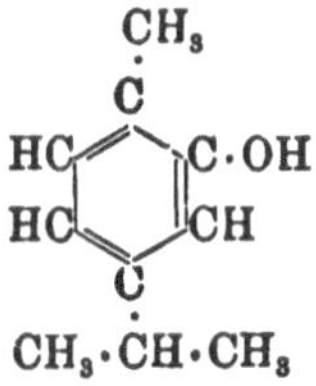, III) 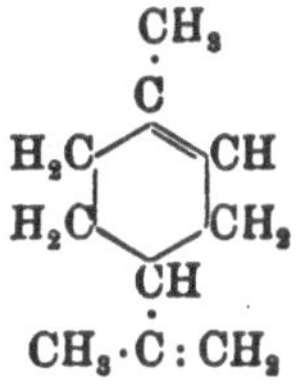.

Linalool — Carvacrol — Limonen

Auf den ersten Blick erkennt man an solchen Formeln die Ähnlichkeit des Kohlenstoffskeletts, die deutlich darauf hinweist, daß bei der Erzeugung der einzelnen Verbindungen im Lebensprozeß verschiedener Pflanzen im wesentlichen gleichartige chemische Vorgänge sich abgespielt haben müssen. Man nimmt ferner häufig wahr, daß die gleiche Pflanze nebeneinander verschiedene C_{10}-Körper entstehen läßt, die nach ihrer empirischen Zusammensetzung (z. B. $C_{10}H_{16}$, $C_{10}H_{18}O$, $C_{10}H_{16}O$) durch Abspaltung oder Anlagerung von Wasser, durch Oxydation oder Reduktion aus einander abgeleitet werden können und solche einfache gegenseitigen Beziehungen auch in ihrer Struktur erkennen lassen, z. B.:

IV) 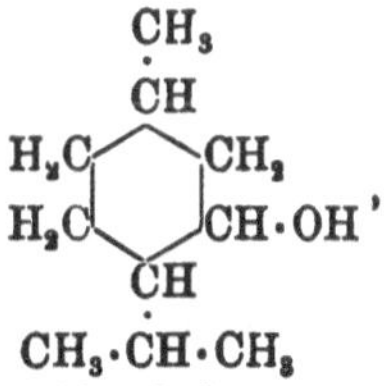, V) 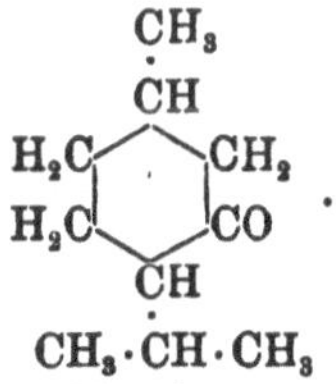.

Menthol — Menthon

Es ist daher offensichtlich und wird durch die physiologischen Untersuchungen über die Zusammensetzung der Öle in verschiedenen Vegetationsperioden bestätigt (vgl. S. 8), daß der Lebensprozeß Übergänge zwischen den einzelnen Ölbestandteilen schafft.

Man faßt, wie schon an früheren Stellen dieses Lehrbuchs mitgeteilt wurde, die C_{10}-Körper der Rubriken a und c als „Terpenkörper“ zusammen und gibt den Namen „Terpene“ den Kohlenwasserstoffen $C_{10}H_{16}$. Es ist nun sehr bemerkenswert, daß in den ätherischen Ölen sehr häufig Kohlenwasserstoffe $C_{15}H_{24}$, zuweilen auch Kohlenwasserstoffe $C_{20}H_{32}$ sich finden, deren Formeln das gleiche Verhältnis von C zu H zeigen wie die Terpenformel; man nennt sie daher Sesquiterpene ($C_{15}H_{24}$) und Diterpene ($C_{20}H_{32}$). Allgemein können diese Kohlenwasserstoffe durch die Formel $(C_5H_8)_x$ ausgedrückt werden. Es ergibt sich daraus, daß bei der physiologischen Bildung der Ölbestandteile die Angliederung oder Abspaltung eines C_5-Komplexes eine Rolle spielen muß. Dadurch wird man daran erinnert, daß in dem Isopren (Bd. I, Tl. I, S. 886—887) ein Kohlenwasserstoff C_5H_8 — ein „Hemiterpen" — vorliegt, mit dem Terpene pyrogenetisch in Zusammenhang gebracht sind. Die Strukturformeln der Terpenkörper lassen in der Tat unschwer sich derart zergliedern[1], daß in ihnen zweimal das Kohlenstoffskelett C—C—C(—C)—C des Isoprens erscheint, z. B.:

VI) 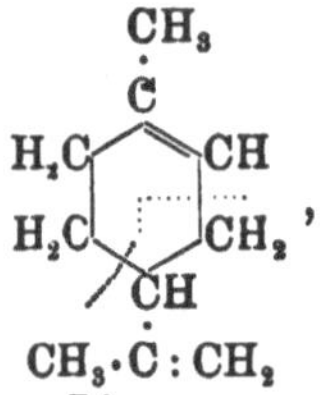 ,

Limonen

VII) 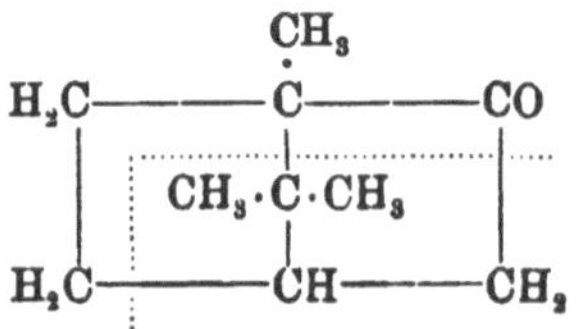 .

Campher

Eine *Übersicht über die wichtigeren Bestandteile ätherischer Öle* gibt die Tabelle Nr. 1 (S. 13). In ihr sind die Stoffe verzeichnet, welche Beachtung verdienen, weil man sie entweder häufig — also in verschiedenen Ölen — antrifft, oder weil sie für einzelne Öle charakteristisch sind, oder weil sie als Vertreter gewisser Formeln Interesse besitzen. Der größte Teil von ihnen ist strukturell vollständig oder nahezu aufgeklärt. Diese sind durch Hinzufügung eines Sternchens (*) kenntlich gemacht; sie sind bereits in den früheren Teilen dieses Lehrbuchs besprochen (vgl. die in der Tabelle hinzugefügten Hinweise), sofern bei Niederschrift der Abschnitte, in welche sie nach ihrem molekularen Bau gehören, ihre Struktur klar bzw. ihre Wichtigkeit für die ätherischen Öle bekannt war. Insoweit diese Voraussetzung nicht zutrifft, werden im Anschluß an die Tabelle „Nachträge zu den früheren Teilen des Lehrbuchs" gebracht, in denen man kurze Angaben über ihre Struktur oder ihr Vorkommen findet; in diesen „Nachträgen" wird auch über Änderungen der Strukturauffassung berichtet, welche die neuere Forschung für schon früher in diesem Lehrbuch behandelte Bestandteile ätherischer Öle veranlaßt hat. Die sich dann anschließenden Kapitel 2 und 3 schildern diejenigen Bestandteile, deren Struktur noch nicht feststeht. — In dem Kapitel 4 endlich wird eine Übersicht über die Industrie der ätherischen Öle gegeben, zugleich auch über die Methoden zur Prüfung dieser Öle.

[1] Vgl. Wallach, A. **239**, 48 (1887).

Tabelle Nr. 1.

(Bestandteile ätherischer Öle).

I. Acyclische Verbindungen.

a) Kohlenwasserstoffe.

C_7H_{16}: *Normales Heptan (Bd. I, Tl. I, S. 175—176).
$C_{10}H_{16}$: *Myrcen (Bd. I, Tl. I, S. 890).
„ *Ocimen (Bd. II, Tl. IV, S. 17).
$C_{15}H_{30}$: *Spilanthen (Bd. II, Tl. IV, S. 65).
$C_{15}H_{24}$: Sesquicitronellen (Bd. II, Tl. IV, S. 40).
$C_{17}H_{28}$: Aplotaxen (Bd. II, Tl. IV, S. 69).

b) Alkohole (bzw. deren Ester).

$C_6H_{14}O$: *Normaler Hexylalkohol (*Hexanol-[1]*; Bd. I, Tl. I, S. 243).
„ *Sekund. Hexylalkohol (*3-Methyl-pentanol-[1]*; Bd. I, Tl. I, S. 243).
$C_8H_{18}O$: *Normaler Octylalkohol (*Octanol-[1]*; Bd. I, Tl. I, S. 244).
$C_9H_{20}O$: *Normaler Nonylalkohol (*Nonanol-[1]*; Bd. I, Tl. I, S. 245).
$C_6H_{12}O$: *γ-Hexenol (*Hexen-[3]-ol-[1]*; Bd. II, Tl. IV, S. 17).
$C_8H_{16}O$: *Methylheptenol (*2-Methyl-hepten-[2]-ol-[6]*; Bd. I, Tl. I, S. 1025; Bd. II, Tl. IV, S. 18).
$C_{10}H_{20}O$: *Citronellol und *Rhodinol (Bd. I, Tl. I, S. 916—917; Bd. II, Tl. IV, S. 18).
„ Bupleurol (Bd. II, Tl. IV, S. 18).
$C_{10}H_{18}O$: *Geraniol (Bd. I, Tl. I, S. 922—924).
„ *Nerol (Bd. I, Tl. I, S. 924—925).
„ *Linalool (Bd. I, Tl. I, S. 925—928).
$C_{15}H_{28}O$: Doremol (Bd. II, Tl. IV, S. 67).
$C_{15}H_{26}O$: *Farnesol (Bd. II, Tl. IV, S. 55).

c) Sulfide.

C_2H_6S: *Dimethylsulfid (Bd. I, Tl. I, S. 829; Bd. II, Tl. IV, S. 18).
C_4H_6S: *Divinylsulfid (Bd. I, Tl. I, S. 904).

d) Carbonyl-Körper (Aldehyde und Ketone).

C_4H_8O: *Norm. Butyraldehyd (Bd. I, Tl. I, S. 684; Bd. II, Tl. IV, S. 18).
$C_8H_{16}O$: *Caprylaldehyd (Bd. I, Tl. I, S. 716).
$C_9H_{18}O$: *Pelargonaldehyd (Bd. I, Tl. I, S. 716).
$C_{10}H_{20}O$: *Caprinaldehyd (Bd. I, Tl. I, S. 716).
$C_{12}H_{24}O$: *Laurinaldehyd (Bd. I, Tl. I, S. 716).
$C_{14}H_{28}O$: *Myristinaldehyd (Bd. I, Tl. I, S. 716).
$C_7H_{14}O$: *Methyl-n-amyl-keton (*Heptanon-[2]*; Bd. I, Tl. I, S. 728, 737 Anm. 5).
$C_8H_{16}O$: *Äthyl-n-amyl-keton (*Heptanon-[3]*; Bd. I, Tl. I, S. 737 Anm. 5).
$C_9H_{18}O$: *Methyl-n-heptyl-keton (*Nonanon-[2]*; Bd. I, Tl. I, S. 738).
$C_{11}H_{22}O$: *Methyl-n-nonyl-keton (*Undecanon-[2]*; Bd. I, Tl. I, S. 738).
$C_6H_{10}O$: *β-Propyl-acrolein (*Hexen-[2]-al-[1]*; Bd. II, Tl. IV, S. 19).
$C_{10}H_{18}O$: *Citronellal (Bd. I, Tl. I, S. 1005—1007; Bd. II, Tl. IV, S. 19).
$C_{10}H_{16}O$: *Citral (Bd. I, Tl. I, S. 1010—1015).
$C_8H_{14}O$: *Methylheptenon (*2-Methyl-hepten-[2]-on-[6]*; Bd. I, Tl. I, S. 1023—1027).
$C_{15}H_{26}O$: Doremon (Bd. II, Tl. IV, S. 67).

e) Carbonsäuren (bzw. deren Ester).

$C_2H_4O_2$: *Essigsäure (Bd. I, Tl. I, S. 517, 592).
$C_4H_8O_2$: *Normale Buttersäure (Bd. I, Tl. I, S. 530, 592).
" *Isobuttersäure (Bd. I, Tl. I, S. 531).
$C_5H_{10}O_2$: *Isovaleriansäure (Bd. I, Tl. I, S. 534).
" *Methyläthylessigsäure (Bd. I, Tl. I, S. 535).
$C_6H_{12}O_2$: *Capronsäure (Bd. I, Tl. I, S. 539, 592).
$C_7H_{14}O_2$: *Önanthsäure (Bd. I, Tl. I, S. 540).
$C_{14}H_{28}O_2$: *Myristinsäure (Bd. I, Tl. I, S. 544).
$C_{16}H_{32}O_2$: *Palmitinsäure (Bd. I, Tl. I, S. 545).
$C_4H_6O_2$: *Methacrylsäure (Bd. I, Tl. I, S. 959).
$C_5H_8O_2$: *Angelicasäure (Bd. I, Tl. I, S. 964).

f) Cyanverbindungen.

CHN: *Blausäure (Bd. I, Tl. II, S. 1263—1264).
C_5H_9NS: *Sek. Butylsenföl (Bd. I, Tl. II, S. 1316—1317).
C_4H_5NS: *Allylsenföl (Bd. I, Tl. II, S. 1318—1319).
C_5H_7NS: *Crotylsenföl (Bd. I, Tl. II, S. 1319).

II. Isocyclische Verbindungen[1].

A. Aromatische Verbindungen.

a) Kohlenwasserstoffe.

$C_{10}H_{14}$: *Cymol (Paracymol; Bd. II, Tl. I, S. 110).
C_8H_8: *Styrol (Bd. II, Tl. I, S. 111).

b) Phenole und Alkohole (bzw. deren Ester).

C_7H_8O: **m*-Kresol (Bd. II, Tl. I, S. 368, 374; Bd. II, Tl. IV, S. 19).
" **p*-Kresol (Bd. II, Tl. I, S. 368, 374; Bd. II, Tl. IV, S. 19).
$C_{10}H_{14}O$: *Carvacrol (Bd. II, Tl. I, S. 376—377).
" *Thymol (Bd. II, Tl. I, S. 376, 377—378).
$C_{10}H_{14}O_2$: *Thymohydrochinon (Bd. II, Tl. I, S. 422, 445; Bd. II, Tl. IV, S. 19).
$C_9H_{10}O$: *Chavicol (Bd. II, Tl. I, S. 432).
C_7H_8O: *Benzylalkohol (Bd. II, Tl. I, S. 466—467; Bd. II, Tl. IV, S. 19).
$C_8H_{10}O$: *Phenyläthylalkohol (Benzylcarbinol; Bd. II, Tl. IV, S. 19).

c) Phenoläther.

$C_{12}H_{18}O_2$: *Thymohydrochinon-dimethyläther (Bd. II, Tl. IV, S. 20).
$C_{10}H_{12}O$: *Esdragol (Bd. II, Tl. I, S. 432).
" *Anethol (Bd. II, Tl. I, S. 432).
$C_{10}H_{12}O_2$: *Eugenol (Bd. II, Tl. I, S. 433—434).
" *Chavibetol (Bd. II, Tl. I, S. 433—434).
$C_{11}H_{14}O_2$: *Methyleugenol (Bd. II, Tl. I, S. 433—434).
$C_{10}H_{10}O_2$: *Safrol (Bd. II, Tl. I, S. 433, 435).
$C_{12}H_{16}O_3$: *Asaron (Bd. II, Tl. I, S. 436; Bd. II, Tl. IV, S. 20).
$C_{11}H_{12}O_3$: *Myristicin (Bd. II, Tl. I, S. 436—437; Bd. II, Tl. IV, S. 20).

---

[1] Die Hinweise auf Bd. II, Tl. I beziehen sich auf die erste Auflage dieses Teiles.

$C_{12}H_{16}O_3$: *Elemicin (Bd. II, Tl. IV, S. 20).
$C_{12}H_{14}O_4$: *Apiol (Petersiliencampher; Bd. II, Tl. I, S. 437; Bd. II, Tl. IV, S. 21).
„ *Dillapiol (Bd. II, Tl. I, S. 437; Bd. II, Tl. IV, S. 21).

d) Aldehyde und Oxyaldehyde (und deren Äther).

C_7H_6O: *Benzaldehyd (Bd. II, Tl. I, S. 481).
$C_{10}H_{12}O$: **p*-Cuminaldehyd (Bd. II, Tl. I, S. 483).
C_9H_8O: *Zimtaldehyd (Bd. II, Tl. I, S. 487).
$C_7H_6O_2$: *Salicylaldehyd (Bd. II, Tl. I, S. 518—519).
$C_8H_8O_2$: *Anisaldehyd (Bd. II, Tl. I, S. 520).
$C_8H_8O_3$: *Vanillin (Bd. II, Tl. I, S. 521—523).
$C_{10}H_{10}O_2$: **p*-Methoxy-zimtaldehyd (Bd. II, Tl. IV, S. 21).

e) Oxyketone (und deren Äther).

$C_8H_8O_2$: **o*-Oxy-acetophenon (Bd. II, Tl. I, S. 526; Bd. II, Tl. IV, S. 21).
$C_9H_{10}O_2$: **p*-Methoxy-acetophenon (Bd. II, Tl. IV, S. 21).
$C_9H_{10}O_3$: *Päonol (Bd. II, Tl. I, S. 527).
$C_{11}H_{14}O_3$: *Zingeron (Bd. II, Tl. IV, S. 21).
$C_{10}H_{12}O_4$: *Phloracetophenondimethyläther (Bd. II, Tl. IV, S. 21).

f) Carbonsäuren (bzw. deren Ester, auch Lactone von Oxycarbonsäuren).

$C_7H_6O_2$: *Benzoesäure (Bd. II, Tl. I, S. 537).
$C_7H_7O_2N$: *Anthranilsäure (Bd. II, Tl. I, S. 575; Bd. II, Tl. IV, S. 22).
$C_9H_8O_2$: *Zimtsäure (Bd. II, Tl. I, S. 605, 609).
$C_7H_8O_3$: *Salicylsäure (Bd. II, Tl. I, S. 628).
$C_9H_{11}O_3N$: *2-Methylamino-3-methoxy-benzoesäure (s. Damascenin; Bd. II, Tl. IV, S. 22).
$C_8H_8O_4$: *2-Oxy-4-methoxy-benzoesäure (s. Primulacampher; Bd. II, Tl. IV, S. 22).
$C_9H_6O_2$: *Cumarin (Bd. II, Tl. I, S. 672—673).
$C_{11}H_{10}O_4$: *5.7-Dimethoxy-cumarin (s. Citrapten; Bd. II, Tl. IV, S. 22).

g) Cyanverbindungen.

C_8H_7NS: *Benzylsenföl (Bd. II, Tl. IV, S. 23).
C_9H_9NS: *[β-Phenyl äthyl]-senföl (Bd. II, Tl. IV, S. 23).

B. Alicyclische Verbindungen.

a) Kohlenwasserstoffe.

C_9H_{14}: *Santen (Bd. II, Tl. IV, S. 23).
$C_{10}H_{16}$: *Limonen und Dipenten (Bd. II, Tl. I, S. 948—951).
„ *Terpinen (Bd. II, Tl. I, S. 953; Bd. II, Tl. IV, S. 24).
„ *α- und β-Phellandren (Bd. II, Tl. I, S. 956—957; Bd. II, Tl. IV, S. 25).
„ *Crithmen (Bd. II, Tl. IV, S. 25).
„ *Silvestren (Bd. II, Tl. I, S. 958).
„ *Sabinen (Bd. II, Tl. I, S. 979; Bd. II, Tl. IV, S. 25).
„ *α- und β-Pinen (Bd. II, Tl. I, S. 983; Bd. II, Tl. IV, S. 25—26).
„ *Camphen (Bd. II, Tl. I, S. 1038; Bd. II, Tl. IV, S. 26).
„ *Caren (Bd. II, Tl. IV, S. 27).

$C_{11}H_{18}$: Homoterpen aus Sandelholzöl (Bd. II, Tl. IV, S. 68).

$C_{15}H_{26}$: Ferulen (Bd. II, Tl. IV, S. 65).

$C_{15}H_{24}$: Cyclische Sesquiterpene (Bisabolen, Zingiberen, Caryophyllen, Cadinen, Gurjunene usw. (Bd. II, Tl. IV, S. 40—52).

$C_{15}H_{18}$: Azulen (Bd. II, Tl. IV, S. 66).

$C_{20}H_{32}$: α- und β-Camphoren (Bd. II, Tl. IV, S. 69).

b) Alkohole (bzw. deren Ester).

$C_9H_{16}O$: Santenonalkohol (Bd. II, Tl. IV, S. 70).

$C_{10}H_{20}O$: *Menthol (Bd. I, Tl. II, S. 902—903)

$C_{10}H_{18}O$: *Dihydrocarveol (*$\Delta^{8(9)}$-p-Menthenol-[2]*; Bd. I, Tl. II, S. 927—928; Bd. II, Tl. IV, S. 27).

„ *α-Terpineol (*Δ^1-p-Menthenol-[8]*; Bd. II, Tl. I, S. 929—931).

„ *Terpinenol-(4) (*Δ^1-p-Menthenol-[4]*; Bd. II, Tl. IV, S. 27).

„ *Thujylalkohol (Bd. II, Tl. I, S. 976; Bd. II, Tl. IV, S. 27).

„ *Borneol (Bd. II, Tl. I, S. 1030—1032).

$C_{10}H_{16}O$: *Dihydrocuminalkohol (Bd. II, Tl. IV, S. 27 Anm. 5).

„ *Myrtenol (Bd. II, Tl. IV, S. 27).

„ *Sabinol (Bd. II, Tl. I, S. 978).

„ *Teresantalol (Bd. II, Tl. IV, S. 28).

$C_{15}H_{26}O$: Cyclische Sesquiterpenalkohole, wie Guajol, Cedrol usw. (Bd. II, Tl. IV, S. 57—60).

$C_{15}H_{24}O$: Cyclische Sesquiterpenalkohole, wie *α-Santalol, Cedrenol usw. (Bd. II, Tl. IV, S. 60—65).

c) Carbonyl-Körper (Aldehyde und Ketone).

$C_9H_{14}O$: Santenon (Bd. II, Tl. IV, S. 70).

$C_{10}H_{14}O$: Perillaaldehyd (Bd. II, Tl. IV, S. 28).

$C_{10}H_{18}O$: *Menthon (Bd. II, Tl. I, S. 891—896).

$C_{10}H_{16}O$: *Pulegon (Bd. II, Tl. I, S. 918—920).

*Dihydrocarvon, Piperiton und andere Menthenone (Bd. II, Tl. I, S 923 bis 924; Bd. II, Tl. IV, S. 29).

„ *α- und β-Thujon (Bd. II, Tl. I, S. 975, Bd. II, Tl. IV, S. 29).

„ *Campher (Bd. II, Tl. I, S. 1000—1001, 1009—1012).

„ *Fenchon (Bd. II, Tl. I, S. 1029; Bd. II, Tl. IV, S. 29).

$C_{10}H_{14}O$: *Carvon (Bd. II, Tl. I, S. 938—939, 940—942).

„ *Umbellulon (Bd. II, Tl. IV, S. 31).

„ *Verbenon (Bd. II, Tl. IV, S. 31).

$C_{11}H_{16}O$: *Norekeantalal (Bd. II, Tl. IV, S. 63).

$C_{13}H_{20}O$: *Iron (Bd. II, Tl. I, S. 826—828, 831).

$C_{10}H_{16}O_2$: *Diosphenol (Bd. II, Tl. I, S. 934; Bd. II, Tl. IV, S. 31).

d) Carbonsäuren (bzw. deren Ester, auch Lactone von Oxycarbonsäuren).

$C_{10}H_{14}O_2$: *Teresantalsäure (Bd. II, Tl. IV, S. 32).

$C_{12}H_{18}O_2$: *Sedanolid (Bd. II, Tl. I, S. 856).

$C_{15}H_{22}O_2$: Costussäure und Dihydrocostuslacton (Bd. II, Tl. IV, S. 67).

$C_{15}H_{20}O_2$: Costuslacton und Alantolacton (Bd. II, Tl. IV, S. 67).

$C_{12}H_{18}O_3$: *Sedanonsäure (Bd. II, Tl. I, S. 857).

III. Heterocyclische Verbindungen.

$C_{10}H_{16}O$:	*Cineol (Bd. II, Tl. I, S. 910—911).
$C_{10}H_{16}O_2$:	*Ascaridol (Bd. II, Tl. IV, S. 32).
$C_{13}H_{10}O$:	*Carlinaoxyd (Bd. II, Tl. III, S. 81).
$C_{15}H_{26}O_2$:	Calameon (Bd. II, Tl. IV, S. 67).
$C_{12}H_8O_4$:	*Bergapten (Bd. II, Tl. III, S. 101).
„	*Xanthotoxin (Bd. II, Tl. III, S. 101).
C_8H_7N:	*Indol (Bd. II, Tl. III, S. 220—224).
C_9H_9N:	*Skatol (Bd. II, Tl. III, S. 231—232).

Nachträge zu den früheren Teilen dieses Lehrbuchs.

Außer dem **Myrcen** (Bd. I, Tl. I, S. 890) ist noch ein zweites *acyclisches Terpen*[1] als Naturprodukt aufgefunden worden: das **Ocimen**[2] (Siedep. unter 21 mm Druck: 73—74°, D^{15}: 0·803, n_D: 1·4856), das VAN ROMBURGH in einem Basilicumöl entdeckt hat. Es ist optisch inaktiv, absorbiert schon bei gewöhnlicher Temperatur Sauerstoff aus der Luft und verwandelt sich beim Sieden sehr rasch in ein höher siedendes und spezifisch leichteres Isomeres (Alloocimen[3]). ENKLAAR hat nachgewiesen, daß Ocimen bei der Perhydrierung denselben Kohlenwasserstoff $C_{10}H_{22}$ liefert, der auch aus Geraniol und Linalool erhalten wird, also 2.6-Dimethyl-octan ist, und daß Myrcen und Ocimen bei der Hydrierung mit Natrium und Alkohol ein und dasselbe Dihydrid $C_{10}H_{18}$ ergeben, das sich mit Brom zu einem Tetrabromid $C_{10}H_{18}Br_4$ vereinigt. Beide Terpene enthalten also das Kohlenstoffgerüst des 2.6-Dimethyl-octans und in diesem drei Doppelbindungen. Die Leichtigkeit, mit der sie zu Dihydriden reduziert werden, macht es wahrscheinlich, daß Doppelbindungen in konjugierter Lage vorhanden sind. Im Hinblick hierauf und auf die Bildung des gleichen Dihydrids aus beiden Kohlenwasserstoffen, sowie unter Berücksichtigung der Oxydationsprodukte leitet ENKLAAR die folgenden Strukturformeln ab:

VIII) $(CH_3)_2C{=}CH{-}CH_2{-}CH{=}C(CH_3){-}CH{=}CH_2$ (Ocimen), IX) $(CH_3)_2C{=}CH{-}CH_2{-}CH_2{-}C({=}CH_2){-}HC{=}CH_2$ (Myrcen).

Aus der Reihe der *einfach ungesättigten, acyclischen Alkohole* (Bd. I, Tl. I, S. 911 ff.) ist nachzutragen[4], daß man dem **γ-Hexenol** [*Hexen-(3)-ol-(1)*] $C_2H_5 \cdot CH{:}CH \cdot CH_2 \cdot CH_2 \cdot OH$ in ätherischen Ölen begegnet ist. WALBAUM fand es (verestert mit Phenylessigsäure) im japanischen Pfefferminzöl, VAN ROMBURGH im ätherischen Öl frisch fermentierter Teeblätter. Es ist ein farbloses Öl von ziemlich starkem Geruch, der in großer Verdünnung an Gras und frisches Laub erinnert,

---

[1] S. auch SEMMLER, SCHOSSBERGER, B. **44**, 2886 (1911).

[2] Vgl.: VAN ROMBURGH, C. **1901**, I, 1006. — ENKLAAR, R. **26**, 157 (1907); **27**, 422 (1908). B. **41**, 2084 (1908). — DAUFRESNE, A. ch. [8] **13**, 403 (1908). — S. ferner: ENKLAAR, C. **1912**, I, 726. — SEMMLER, JONAS, B. **46**, 1567 (1913). — LEBEDEW, C. **1914**, I, 1407.

[3] Vgl. dazu v. AUWERS, EISENLOHR, J. pr. [2] **84**, 41 (1911).

[4] Vgl.: WALBAUM, J. pr. [2] **96**, 245 (1917). — VAN ROMBURGH, C. **1920**, I, 83. Über ungesättigte Alkohole aus Blättern von Hainbuche und anderen Bäumen s.: CURTIUS, FRANZEN, A. **404**, 124 (1914). — FRANZEN, A. WAGNER, C. **1920**, III, 95. — FRANZEN, H. **112**, 314 (1921).

siedet unter 9 mm Druck bei 55—56° und zeigt $D^{15} = 0\cdot851$, $n_D^{20} = 1\cdot4803$. Es absorbiert Brom lebhaft ohne Entwickelung von Bromwasserstoff und ist als Alkohol durch Bildung von Estern und Urethanen gekennzeichnet. Daß es ein primärer Alkohol ist, ergibt sich aus der Bildung eines Hexensäurehexenylesters bei der Oxydation mit Kaliumpermanganat; als Hauptprodukt entsteht hierbei aber Propionsäure, woraus die obige Strukturformel abgeleitet wird. — Das dem natürlichen Methylheptenon entsprechende **Methylheptenol** [*2-Methyl-hepten-(2)-ol-(6)*, vgl. Bd. I, Tl. I, S. 1025] — wurde im Linaloe-Öl beobachtet[1].

Erneute Bearbeitung[2] hat die Frage gefunden, wie die Doppelbindung im **Citronellol** und **Rhodinol** (s. Bd. I, Tl. I, S. 916—917) gelagert ist. Harries und Himmelmann schließen aus Abbauversuchen nach der Ozon-Methode, daß Citronellol ein Gemisch der beiden Alkohole X und XI (s. u.) ist. Barbier und Locquin finden,

X) 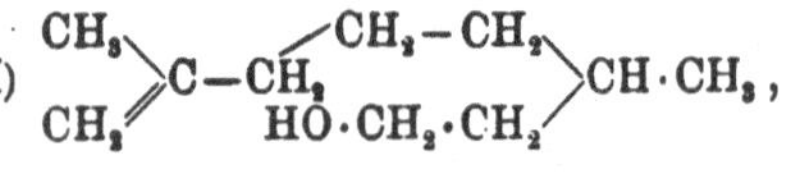 XI) 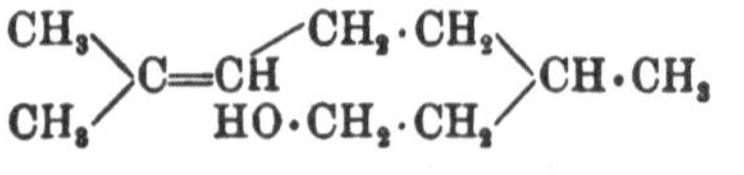

daß man vom Citronellol durch Anlagerung und Wiederabspaltung von Wasser zum optischen Antipoden des von ihnen *l*-Rhodinol genannten Alkohols $C_{10}H_{20}O$ des Rosenöls und Pelargoniumöls gelangt, und erteilen Formel X dem Reduktionsprodukt des Citronellals, Formel XI dem *d*- und *l*-Rhodinol. — Einen dem Citronellol isomeren, wahrscheinlich ebenfalls primären Alkohol $C_{10}H_{20}O$, welcher zufolge seiner Molekular-Refraktion eine Doppelbindung enthält, also gleichfalls acyclisch ist, fanden Francesconi und Sernagiotto[3] im Öl von Bupleurum fruticosum; sie nannten ihn **Bupleurol**. Er besitzt schwachen Arsengeruch, siedet bei 209—210° (ca. 15° niedriger als Citronellol), ist optisch inaktiv und zeigt $D^{17} = 0\cdot849$, $n_D = 1\cdot4508$.

Als Vertreter der *acyclischen Sulfide* ist zu dem Divinylsulfid (Bd. I, Tl. I, S. 904) das **Dimethylsulfid** $(CH_3)_2S$ hinzugetreten, das im Pfefferminzöl und in Geraniumölen gefunden wurde[4].

Sehr interessante Untersuchungen von Curtius und Franzen[5] beschäftigen sich mit flüchtigen *acyclischen Aldehyden*, die — in verhältnismäßig sehr kleiner Menge — bei der Destillation grüner Blätter von Laubbäumen (auch Wein, Steinklee usw.) mit Wasserdampf übergehen. Es handelt sich dabei um Gemische von gesättigten und ungesättigten Aldehyden. Unter den gesättigten überwiegt der ***n*-Butyraldehyd** $C_2H_5\cdot CH_2\cdot CHO$. Charakteristisch aber ist besonders ein ungesättigter Aldehyd $C_6H_{10}O$ („Blätteraldehyd"). Seine Menge ist bei den Hainbuchenblättern, die verhältnismäßig reich daran sind, etwa 15—20 mal so groß, als die Summe aller anderen Aldehyde. Er wird aus dem Destillat durch *m*-Nitrobenzoylhydrazin als *m*-Nitro-benzoylhydrazon $C_6H_{10}:N\cdot NH\cdot CO\cdot C_6H_4\cdot NO_2$ (Schmelzp. ca. 165°) gefällt; von diesem Kondensationsprodukt erhält man durchschnittlich 0·37 g aus 1 kg Hainbuchenblättern. Durch Zersetzung mit warmer verdünnter Schwefelsäure gewinnt man daraus den freien Aldehyd — ein farbloses Öl von eigentüm-

---

[1] Vgl.: Schimmel u. Co., C. **1909**, I, 22; **1911**, II, 1802. — Hoffmann, Gildemeister, Bd. II, S. 501.

[2] Vgl. Harries, Himmelmann, B. **41**, 2189, 2198 (1908). — Barbier, Locquin, C. r. **157**, 1114 (1913). — S. auch: Harries, B. **45**, 942 (1912). — Harries, Comberg, A. **410**, 40 (1915). — Prins, C. **1919**, I, 348.

[3] G. **43**, I, 153, 576 (1913).

[4] Schimmel u. Co., C. **1909**, I, 1564.

[5] Curtius, Franzen, A. **390**, 89 (1912); **404**, 93 (1914). — Franzen, A. **112**, 301 (1921).

lichem Geruch (Siedep. unter 17 mm Druck: 47—48°; D_4^{18} : 0·847; n_D^{18} : 1·44235). Er wird durch Silberoxyd zur *β*-Propyl-acrylsäure (Bd. I, Tl. I, S. 965—966) oxydiert und ist demnach **β-Propyl-acrolein** („α,β-Hexylenaldehyd", *Hexen-[2]-al-[1]*) $C_2H_5 \cdot CH_2 \cdot CH : CH \cdot CHO$. Sein Vorkommen in allen grünen Pflanzen, die bisher darauf geprüft wurden, deutet darauf hin, daß ihm Bedeutung für den Stoffwechsel zukommt.

Für das **Citronellal** (Bd. I, Tl. I, S. 1005—1008) wird Harries durch neue Abbauversuche mit Hilfe von Ozon zu dem Schluß geführt (s. auch S. 18 bei Citronellol), daß es nicht einheitlich, sondern ein Gemisch von eigentlichem Citronellal (Formel XII, s. u.) und Rhodinal (XIII) ist[1].

XII) 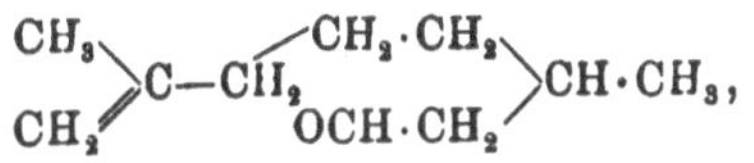 XIII) 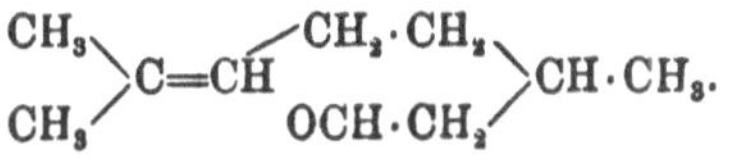

Von den einfachen *Phenolen* wurden das **m-Kresol** im ätherischen Öl der Heerabolmyrrhe, das **p-Kresol** im Ylang-Ylang-Öl und im Jasminblütenöl gefunden[2]. — Bemerkenswert ist das Auftreten geringer Mengen von **Thymohydrochinon**[3] $C_6H_2(OH)_2^{2,5}(CH_3)^1[CH(CH_3)_2]^4$ in einigen gelb bis rotbraun gefärbten Ölen (z. B. im Öl von Monarda fistulosa); es bedingt in ihnen wohl die Färbung, indem es Oxydation zu Thymochinhydron (vgl. Bd. II, Tl. I, S. 443—444) erleidet.

Der einfachste *aromatische Alkohol* — der **Benzylalkohol** $C_6H_5 \cdot CH_2 \cdot OH$ — ist seit den letzten Jahren des vorigen Jahrhunderts recht häufig in ätherischen Ölen nachgewiesen worden[4], und zwar sowohl im freien Zustand wie in Form von Estern (namentlich als Benzylacetat und Benzylbenzoat). Erwähnt sei das Vorkommen des freien Alkohols im Tuberosenöl, des Acetats im Jasminblütenöl und des Benzoats im Ylang-Ylang-Öl. — Auch dem **β-Phenyl-äthylalkohol** (Benzylcarbinol) $C_6H_5 \cdot CH_2 \cdot CH_2 \cdot OH$ — einer in Wasser ziemlich löslichen Flüssigkeit von äußerst mildem und schwachem Geruch (Siedep. unter 740 mm Druck: 220—222°, D^{15} = 1·024; n_D^{20} = 1·532) — ist man mehrfach bei der Durchforschung der Öle und Destillationswässer begegnet[5]. Er ist der Hauptbestandteil der Riechstoffe der Rose; das durch Destillation der Rosenblüten mit Wasser und Ausäthern

---

[1] Harries, Himmelmann, B. **41**, 2187 (1908). — Harries, A. **410**, 8 ff. (1915). — Harries, Comberg, A. **410**, 40 (1915). — S. ferner: Rupe, A. **402**, 150 (1914). — Prins, C. **1917**, II, 678.

[2] Vgl.: Darzens, Bl. [3] **27**, 84 (1902). — v. Friedrichs, Ar. **245**, 435 (1907). — Elze, Ch. Z. **34**, 912 (1910).

[3] Vgl.: Tardy, Bl. [3] **27**, 995 (1902). — Beck, C. **1903**, II, 627. — Brandel, C. **1903**, II, 627. — Grimal, C. r. **139**, 927 (1904).

[4] Vgl. z. B.: A. Hesse, F. Müller, B. **32**, 567, 771 (1899). — v. Soden, Rojahn, B. **34**, 2809 (1901). — Parone, C. **1902**, II, 703. — Schimmel u. Co., C. **1901**, II, 1007; **1903**, I, 1087; **1904**, I, 1264; **1920**, II, 452. — A. Hesse, B. **36**, 1466 (1903). — Walbaum, J. pr. [2] **68**, 241, 250 (1903). — Masson, C. r. **149**, 631 (1909). — Enklaar, C. **1910**, I, 646. — Elze, Ch. Z. **34**, 814 (1910). — Kummert, Ch. Z. **35**, 667 (1911).

[5] Vgl. z. B.: v. Soden, Rojahn, B. **33**, 1720, 3063 (1900); **34**, 2803 (1901). — Walbaum, B. **33**, 1904, 2299 (1900). — Walbaum, Stephan, B. **33**, 2305 (1900). — A. Hesse, Zeitschel, J. pr. [2] **64**, 259 (1901); **66**, 508 (1902). — Walbaum, Hüthig, J. pr. [2] **67**, 318 (1903). — Schimmel u. Co., C. **1902**, II, 1208; **1903**, II, 1125; **1910**, II, 1756. — Grimal, C. r. **144**, 434 (1907). — Brooks, Am. Soc. **33**, 1763 (1911). — Roure Bertrand fils, C. **1914**, II, 934.

des Destillats gewonnene „ätherische Rosenöl" besteht etwa zur Hälfte aus diesem Alkohol.

Zu der großen Zahl von Vertretern der Phenoläther mit ungesättigter Seitenkette, die in vielen ätherischen Ölen einen so bedeutenden Anteil ausmachen, ist auch ein *Phenoläther mit gesättigten Seitenketten* hinzugetreten: der **Thymohydrochinon-dimethyläther**[1] (1-Methyl-4-isopropyl-2.5-dimethoxy-benzol) $C_6H_2(O \cdot CH_3)_2(CH_3) \cdot CH(CH_3)_2$. Er bildet den Hauptbestandteil des Arnicawurzelöls, des Ayapana-Öls und des Hundefenchelöls. Er siedet unter 12 mm Druck bei 118° und zeigt $D^{20} = 0 \cdot 991$, $n_D = 1 \cdot 51339$.

Aus der Gruppe der *Äther von Phenolen mit ungesättigter Seitenkette* sind einige Untersuchungen zu erwähnen, die über früher noch strittige Strukturfragen Aufschlüsse gebracht haben. Das **Asaron** (Bd. II, Tl. I, S 436) haben Gattermann und Eggers[2] auf folgendem Wege synthetisiert:

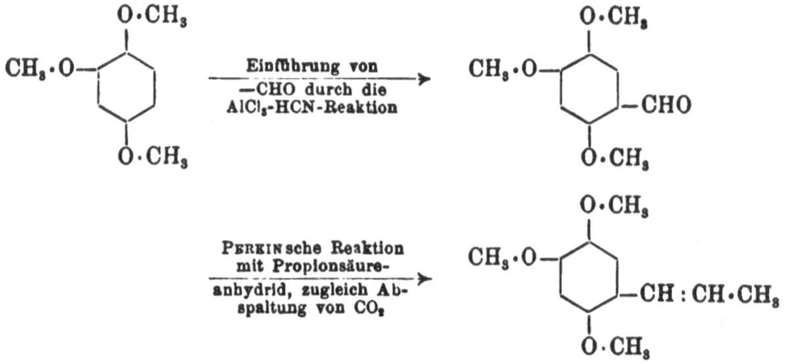

und damit als 1-Propenyl-2.4.5-trimethoxy-benzol erwiesen. Für das **Myristicin** (Bd. II, Tl. I, S. 436—437) hat sich herausgestellt, daß seine Seitenkette nicht — wie früher angenommen — die Zusammensetzung C_4H_7 besitzt, sondern die Allylgruppe C_3H_5 darstellt[3]; ihm kommt also die Strukturformel XIV (s. u.) des 1-Allyl-3-methoxy-4.5-methylendioxy-benzols zu. Den Trimethyläther XV (1-Allyl-3.4.5-trimethoxy-benzol), der auf das gleiche dreiwertige Phenol

XIV)
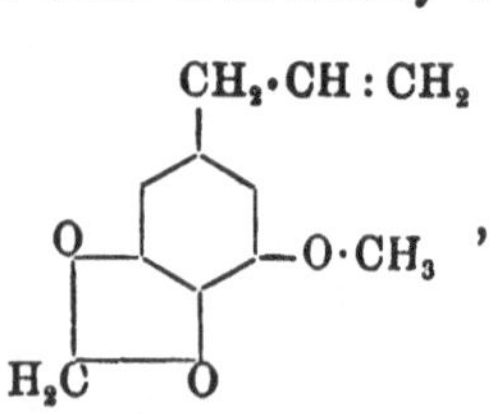

,

XV)
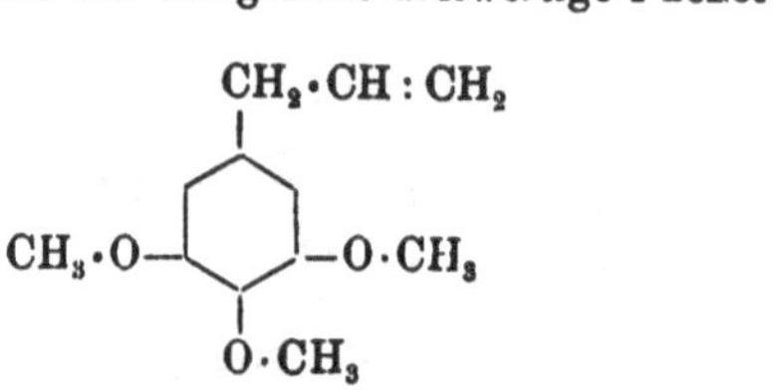

zurückgeht, stellt das **Elemicin** (Siedep. 144—147°, $D^{20} = 1 \cdot 063$, $n_D = 1 \cdot 52848$) dar, das Semmler[4] als Hauptbestandteil des Manila-Elemiöls entdeckte; die Struktur

[1] Vgl.: Sigel, A. **170**, 357 ff. (1873). — Semmler, B. **41**, 509 (1908). — E. R. Miller, vgl. Hoffmann Gildemeister, Bd. III, S. 637.

[2] B. **32**, 289 (1889).

[3] Vgl. Thoms, B. **36**, 3446 (1903). — S. auch Power, Salway, Soc. **91**, 2054 (1907).

[4] B. **41**, 1768, 1918, 2183, 2556 (1908). — Synthese: Mauthner, A. **414**, 250 (1916).

ergibt sich daraus, daß die Oxydation mit Kaliumpermanganat zur Trimethyläthergallussäure, die mildere Oxydation mit Ozon aber zur Trimethyläther-homogallussäure $(CH_3 \cdot O)_3C_6H_2 \cdot CH_2 \cdot CO_2H$ führt. — Mit den Äthern, die sich von dem vierwertigen Phenol $(HO)_4C_6H \cdot CH_2 \cdot CH : CH_2$ mit Nachbarstellung aller vier Hydroxyle ableiten (Bd. II, Tl. I, S. 437), hat sich THOMS erfolgreich beschäftigt. In einer sinnreichen Versuchsreihe wies er nach, daß dem **Petersilien-Apiol** die Formel XVI (s. u.) des 1-Allyl-2.5-dimethoxy-3.4-methylendioxy-benzols, dem **Dill-Apiol** die Formel XVIIa des 1-Allyl-2.3-dimethoxy-4.5-methylendioxy-benzols zukommt[1]; er isolierte ferner aus einem französischen Petersilien-

XVI) 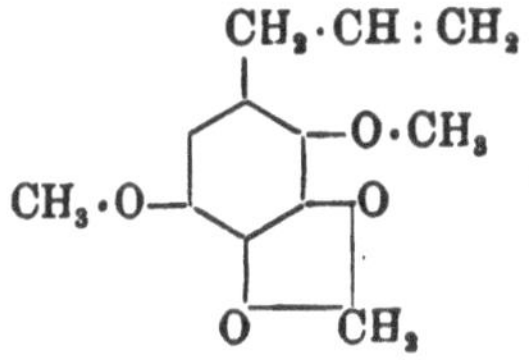 ,

XVIIa) 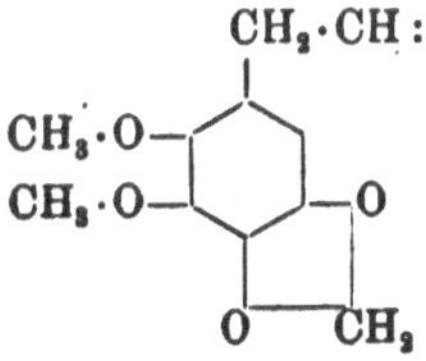 , XVIIb) 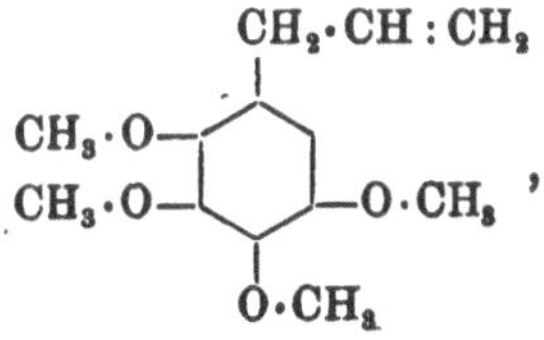 ,

samenöl den Tetramethyläther XVIIb (1-Allyl-2.3.4.5-tetramethoxy-benzol) jenes Phenols[2].

Aus der Reihe der *aromatischen Aldehyde* ist nachzutragen, daß der **p-Methoxyzimtaldehyd** $CH_3 \cdot O \cdot C_6H_4 \cdot CH : CH \cdot CHO$ von DAUFRESNE[3] im Esdragonöl aufgefunden wurde. Er siedet unter 14 mm Druck bei 170°.

Mehrere Ergänzungen sind aus dem Gebiete der *aromatischen Oxyketone* zu bringen. Das **o-Oxy-acetophenon** (Bd. II, Tl. I, S. 526) bildet, wie DUNSTAN und T. A. HENRY[4] fanden, den Hauptbestandteil des Öls von Chione glabra. — **[p-Methoxy-phenyl]-aceton**[5] $CH_3 \cdot O \cdot C_6H_4 \cdot CH_2 \cdot CO \cdot CH_3$ findet sich im russischen Anisöl und im chinesischen Sternanisöl; es siedet bei 261—265°. — Aus Ingwer extrahierte NOMURA[6] durch Äther ein Keton $C_{11}H_{14}O_3$ in farblosen, bei 40—41° schmelzenden Krystallen, das er **Zingeron** nannte und als [p-Oxy-m-methoxy-benzyl]-aceton $(CH_3 \cdot O)(HO)C_6H_3 \cdot CH_2 \cdot CH_2 \cdot CO \cdot CH_3$ erkannte; diese Auffassung wurde dadurch gesichert, daß der gleiche Stoff aus Vanillylidenaceton $(CH_3 \cdot O)(HO)C_6H_3 \cdot CH : CH \cdot CO \cdot CH_3$ synthetisch durch Reduktion gewonnen wurde. — **Phloracetophenondimethyläther** (2-Oxy-4.6-dimethoxy-acetophenon) $(CH_3 \cdot O)_2(HO)$

---

[1] THOMS, B. **36**, 1714 (1903). Ar. **242**, 344 (1904).

[2] THOMS, B. **41**, 2753 (1908).

[3] A. ch. [8] **13**, 409 (1908). — S. auch DAUFRESNE, FLAMENT, Bl. [4] **3**, 656 (1908).

[4] Soc. **75**, 66 (1899).

[5] Vgl.: BOUCHARDAT, TARDY, Bl. [3] **15**, 612 (1896). — TARDY, Bl. [3] **27**, 990 (1902). — HOFFMANN-GILDEMEISTER, Bd. II, S. 401; Bd. III, S. 368.

[6] Soc. **111**, 769 (1917). S. auch C. **1921**, I, 733. — S. ferner LAPWORTH, PEARSON, ROYLE, Soc. **111**, 785 (1917).

$C_6H_5 \cdot CO \cdot CH_3$ — Schmelzp. 85° — ist in den Ölen von Blumea balsamifera, von Xanthoxylum aubertia und von Xanthoxylum alatum konstatiert worden[1].

Eine *Aminocarbonsäure der aromatischen Reihe* — die **Anthranilsäure** (Bd. II, Tl. I, S. 575) — hat für die Chemie der ätherischen Öle überraschende Bedeutung gewonnen. Zwei Derivate von ihr:

Anthranilsäure-methylester $H_2N \cdot C_6H_4 \cdot CO \cdot OCH_3$ (Schmelzp. 24–25°, Siedep. unter 14 mm Druck = 132°) und

N-Methyl-anthranilsäure-methylester $CH_3 \cdot NH \cdot C_6H_4 \cdot CO \cdot OCH_3$ (Schmelzp. 18·5—19·5°, Siedep. unter 13 mm = 130—131°)

sind in solchen Ölen aufgefunden worden[2], der erstere besonders häufig. Beide sind durch prächtige blaue Fluorescenz ausgezeichnet, die sie sowohl unverdünnt wie in Lösung zeigen. Der Anthranilsäuremethylester ist z. B. im Neroliöl, im Tuberosenöl und Jasminblütenöl nachgewiesen; der *N*-Methyl-anthranilsäuremethylester bildet den Hauptbestandteil (ca. 50 % und mehr) des Mandarinenblätteröls.

Anzuschließen sind hier mehrere Ergänzungen aus dem Gebiete der *aromatischen Oxycarbonsäuren.* Im nächsten Zusammenhang mit der Auffindung der Anthranilsäure-Derivate in ätherischen Ölen steht die Aufklärung des schon 1890 von A. Schneider in den Samen von Nigella damascena entdeckten **Damascenins**[3] $C_{10}H_{13}O_3N$. Auf analytischem wie auf synthetischem Wege wurde nachgewiesen (von Keller und Ewins), daß dieser Stoff von basischem Charakter die Struktur des 2-Methylamino-3-methoxy-benzoesäure-methylesters $C_6H_3(NH \cdot CH_3)(O \cdot CH_3) \cdot CO \cdot OCH_3$ besitzt. Das Damascenin schmilzt bei 24—25° und siedet unter 17 mm Druck bei 156—157°; es erteilt dem Nigellaöl, von dem es etwa 9 % ausmacht, seine charakteristische Fluorescenz und besitzt angenehmen Blütengeruch. — Im ätherischen Öl der Wurzeln von Primula officinalis bildet der **2-Oxy-4-methoxy-benzoesäure-methylester** $C_6H_3(OH)(O \cdot CH_3) \cdot CO \cdot OCH_3$ (Primulacampher; Schmelzp. 49°) den Hauptbestandteil[4]. — Das Stearopten, das sich bei längerem Stehen von gepreßtem Citronenöl ausscheidet oder aus Destillationsrückständen des Citronenöls gewonnen werden kann[5] (Limettin, Citrapten), ist **5.7-Dimethoxy-**

[1] Jonas, C. **1909**, I, 1566. — Semmler, Schossberger, B. **44**, 2888, 2890 (1911).

[2] Vgl. z. B.: Walbaum, J. pr. [2] **59**, 350 (1899); **62**, 135 (1900). — E. u. H. Erdmann, B. **32**, 1565 (1899). — Schimmel u. Co., C. **1900**, I, 906; **1901**, II, 1007; **1902**, II, 1207; **1903**, I, 1087; **1903**, II, 1125; **1920**, II, 452. — A. Hesse, B. **33**, 1589 (1900); **34**, 2916 (1901); **36**, 1463, 1465, 1470 (1903). C. **1903**, II, 879. B. **37**, 1457 (1904). — A. Hesse, Zeitschel, J. pr. [2] **64**, 259 (1901); **66**, 489, 505, 513 (1902). — Theulier, Bl. [3] **25**, 762 (1901). — E. Erdmann, B. **34**, 2281 (1901). — Parone, C. **1902**, II, 703. — Charabot, Bl. [3] **27**, 1117 (1902). — Umney, Bennett, C. **1902**, II, 798. — v. Soden, J. pr. [2] **69**, 263 (1904). — Charabot, Laloue, Bl. [3] **31**, 195, 937 (1904). — Elze, Ch. Z. **34**, 814 (1910). — Laloue, Bl. [4] **7**, 1104 (1910). — Kummert, Ch. Z. **35**, 667 (1911). — Goulding, Roberts, Soc. **107**, 316 (1915). — S. auch Power, Am. Soc. **21**, 377 (1921).

[3] A. Schneider, P. C. H. **31**, 173, 191 (1890). — Pommerehne, Ar. **237**, 475 (1899); **238**, 531 (1900); **239**, 34 (1901); **242**, 295 (1904). — Schimmel u. Co., C. **1899**, II, 880. — O. Keller, Ar. **242**, 299 (1904); **246**, 1 (1908). — Ewins, Soc. **101**, 544 (1912). — A. Kaufmann, Rothlin, B. **49**, 578 (1916).

[4] Vgl.: Mutschler, A. **185**, 222 (1877). — Goris, Mascré, Vischniac, C. **1913**, I, 311. — Hoffmann-Gildemeister, Bd. III, S. 420.

[5] Vgl.: Tilden, Beck, Soc. **57**, 323 (1890). — Tilden, Soc. **61**, 344 (1892). — Crismer, Bl. [3] **6**, 30 (1891). — Tilden, Burrows, Soc. **81**, 508 (1902). — E. Schmidt, C. **1901**, II, 809. Ar. **242**, 288 (1904). — Dodge, Am. Soc. **38**, 451 (1916).

cumarin (Lacton der 2-Oxy-4.6-dimethoxy-zimtsäure, s. u. Formel XVIII); der Nachweis dieser Struktur erfolgte durch Vergleichung mit einem synthetisch

XVIII)
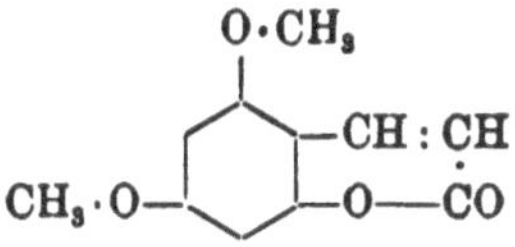

hergestellten Präparat (E. SCHMIDT). Es schmilzt bei 148° und fluoresciert in Lösung schön blauviolett.

Außer den aliphatischen Senfölen (vgl. Bd. I, Tl. II, S. 1316 ff.) hat man auch einige *aromatische Senföle* in flüchtigen pflanzlichen Ölen angetroffen[1]. Den Hauptbestandteil des Kapuzinerkressenöls und des Gartenkressenöls bildet, wie GADAMER fand, das **Benzylsenföl** $C_6H_5 \cdot CH_2 \cdot N:CS$ (Siedep. 243—247°). Das **[β-Phenyläthyl]-senföl** $C_6H_5 \cdot CH_2 \cdot CH_2 \cdot N:CS$ wiesen BERTRAM und WALBAUM als Hauptbestandteil des Resedawurzelöls nach; auch die ätherischen Öle der Brunnenkresse und Winterkresse, sowie der Wasserrübe bestehen daraus.

Aus der Reihe der *alicyclischen Kohlenwasserstoffe* ist als besonders bemerkenswert die Auffindung eines niedrigeren Homologen der Terpene — des Santens[2] C_9H_{14} — zu berichten. FR. MÜLLER fand diesen Kohlenwasserstoff 1900 im Vorlauf des ostindischen Sandelholzöls (vgl. S. 60) auf; später begegnete man ihm im sibirischen Fichtennadelöl und in mehreren anderen Nadelölen. Er siedet bei 140° (korr.) und zeigt $D^{20} = 0{\cdot}863$, $n_D = 1{\cdot}46658$. Zur Erkennung sind das in prächtig blauen Krystallen anschießende Nitrosochlorid $C_9H_{14}ONCl$ (Schmelzp. 109—110° unter Zers.), das innerhalb einiger Stunden in eine farblose Form übergeht, und das grünblaue, sich beim Aufbewahren nicht entfärbende Nitrosit (Schmelzpunkt 124—125°) geeignet. SEMMLER stellte sich die Aufgabe, die Struktur des Santens, das durch die Molekularrefraktion schon als einfach ungesättigter, bicyclischer Kohlenwasserstoff gekennzeichnet ist, zu ermitteln. Es gelang ihm in Gemeinschaft mit BARTELT, es ohne C-Verlust zu einem Diketon $C_9H_{14}O_2$ (Formel XX, s. u.) zu oxydieren, das durch alkalische Bromlösung in Cyclopentan-dicarbon-

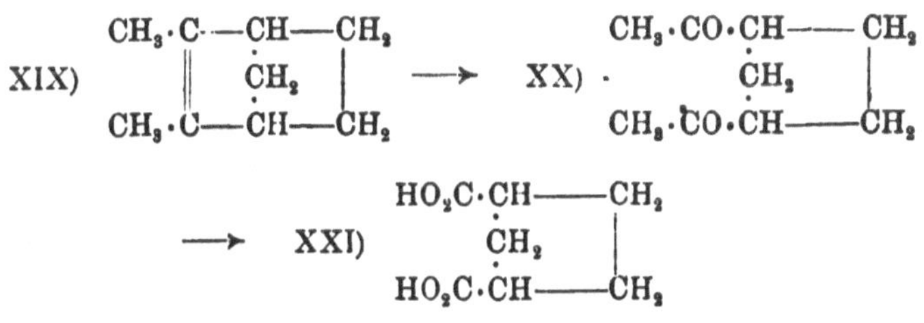

säure-(1.3) (XXI) übergeführt wird. Aus diesem Abbau ergibt sich für das Santen die Formel XIX des *2.3-Dimethyl-bicyclo-[1.2.2]-heptens-[2]*; es ist also ein Abkömmling des durch den Campher vertretenen bicyclischen Stammkerns. Bestätigt wurde dies durch eine Synthese von KOMPPA und HINTIKKA, die einen Übergang von dem

---

[1] BERTRAM, WALBAUM, J. pr. [2] **50**, 555 (1894). — GADAMER, Ar. **237**, 111 (1899). B. **32**, 2335 (1899). — KUNTZE, Ar. **245**, 661 (1907).

[2] FR. MÜLLER, Ar. **238**, 366 (1900). — SEMMLER, B. **40**, 4594 (1907). — ASCHAN, B. **40**, 4918 (1907). — SEMMLER, BARTELT, B. **40**, 4844 (1907); **41**, 125, 385, 866 (1908). — KONDAKOW, C. **1912**, I, 1010. — KOMPPA, HINTIKKA, C. **1917**, I, 406. Bl. [4] **21**, 13 (1917).

mit dem Campher genetisch verbundenen Camphenilon (Bd. II, Tl. I, S. 1039) zum Santen kennen lehrte.

Unter den monocyclischen Terpenen $C_{10}H_{16}$ hat das sogenannte **Terpinen** (vgl. Bd. II, Tl. I, S. 953—955) vielfache neue Bearbeitung gefunden[1], bei der es sich herausgestellt hat, daß die früher mit diesem Namen bezeichneten Präparate nicht einheitlich waren. Nach WALLACH unterscheidet man heute α-, β- und γ-Terpinen[2] im Sinne folgender Strukturformeln:

XXII) 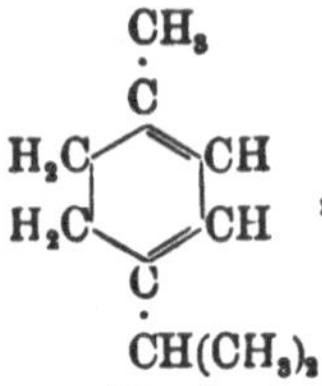 ,
α-Terpinen,
Δ^{1.3}-Menthadien

XXIII) 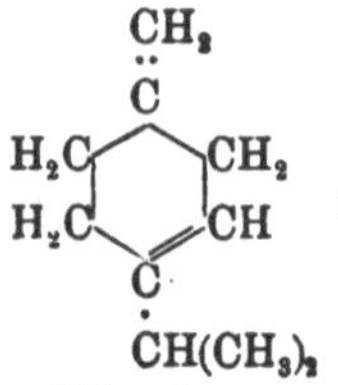 ,
β-Terpinen,
Δ^{3.1(7)}-Menthadien

XXIV) 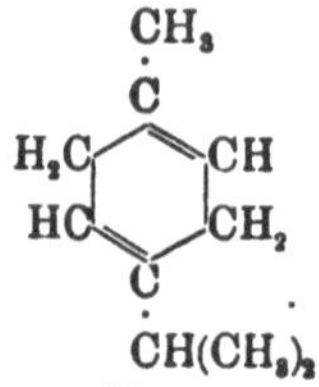 .
γ-Terpinen,
Δ^{1.4}-Menthadien

An dieser Stelle ist nur zu berichten, was über natürlich vorkommendes „Terpinen" ermittelt worden ist. Es hat sich gezeigt, daß α-Terpinen sich im Corianderöl und Sadebaumöl, γ-Terpinen im Ajowanöl, Citronenöl und Corianderöl findet.

Auch für die früher unter dem Namen **Phellandren** (Bd. II, Tl. I, S. 956 bis 957) zusammengefaßten Kohlenwasserstoffe hat WALLACH[3] gezeigt, daß man bei

---

[1] Vgl.: AMENOMIYA, B. **38**, 2730 (1905). — WALLACH, A. **350**, 141 (1906); **356**, 197 (1907); **362**, 285 (1908); **368**, 13 (1909); **374**, 224 (1910); B. **40**, 575 (1907). — SEMMLER, B. **40**, 751, 2965 (1907); **41**, 4474 (1908); **42**, 522, 4171 (1909). — HARRIES, MAJIMA, B. **41**, 2516 (1908). — KONDAKOW, J. pr. [2] **77**, 138 (1908); **79**, 497 (1909). — AUWERS, B. **42**, 2424, 4427 (1909). — HENDERSON, CAMERON, Soc. **95**, 969 (1909). — SEMMLER, SCHOSSBERGER, B. **42**, 4646 (1909). — GILDEMEISTER, W. MÜLLER, C. **1909**, II, 2159. — WALBAUM, W. MÜLLER, C. **1909**, II, 2160. — SCHIMMEL u. Co., C. **1909**, II, 2156; **1910**, I, 1719; **1911**, I, 1838. — AUWERS, EISENLOHR, J. pr. [2] **82**, 107 (1910). — CRYMBLE u. A., Soc. **99**, 1266 (1911). — AGNEW, CROAD, C. **1912**, II, 827. — SEMMLER, JAKUBOWICZ, B. **47**, 2252 (1914). — v. AUWERS, HINTERSEBER, B. **48**, 1358, 1367, 1375 (1915). — NELSON, Am. Soc. **42**, 1207 (1920). — WIELAND, REINDEL, A. **424**, 92 (1921).

[2] Die Strukturformel XXII des α-Terpinens wird von PICKLES (Soc. **93**, 862 [1908]) für ein von ihm aus cyprischem Origanumöl isoliertes und **Origanen** genanntes Terpen aufgestellt, das aber andere Eigenschaften besitzt als das α-Terpinen.

[3] A. **324**, 269 (1902); **336**, 9 (1904); **340**, 1 (1905); **343**, 29 (1905); **359**, 283 (1908); **362**, 281 (1908). C. **1905**, II, 674. — Vgl. ferner: SEMMLER, B. **36**, 1035, 1749 (1903). — HARRIES, JOHNSON, B. **38**, 1832 (1905). — KONDAKOW, SCHINDELMEISER, J. pr. [2] **72**, 193 (1905); **75**, 141 (1907). — CLOVER, C. **1907**, I, 1739. Am. **39**, 634 (1908). — SCHINDELMEISER, Ch. Z. **31**, 759 (1907). — KONDAKOW, J. pr. [2] **78**, 42 (1908). — DAUFRESNE, A. ch. [8] **13**, 403 (1908). — RUPE, LUKSCH, STEINBACH, B. **42**, 2576 (1909). — SCHIMMEL u. Co., C. **1909**, I, 22, 23; **1910**, I, 1720. — BACON, C. **1909**, II, 1448, 1449. — LEIMBACH, C. **1909**, II, 1870. — GILDEMEISTER, W. MÜLLER, C. **1909**, II, 2159. — AUWERS, EISENLOHR, B. **43**, 816 (1910). J. pr. [2] **82**, 105 (1910). — ELZE, Ch. Z. **34**, 1175 (1910). — FRANCESCONI, SERNAGIOTTO, G. **43**, I, 397, 402 (1913); **44**, II, 456 (1915); **46**, I, 119 (1916). — HANTZSCH, B. **45**, 553 (1912). — PAOLINI, LOMONACO, R. A. L. [5] **23**, II, 128 (1914).

ihnen — abgesehen von der Existenz optischer Antipoden — **strukturisomere** Formen zu unterscheiden hat, nämlich:

XXV) 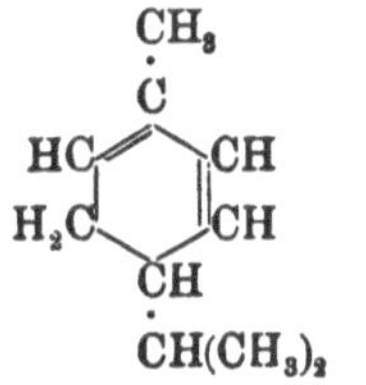 und XXVI) 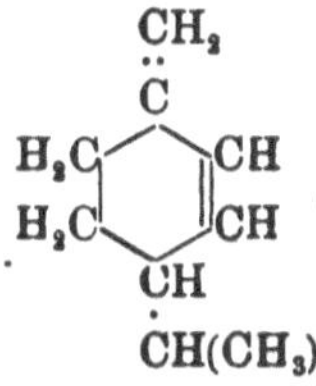 .

α-Phellandren, *Δ*[1.5]-*Menthadien* — β-Phellandren, *Δ*[2.1(7)]-*Menthadien*

Das α-Phellandren wiegt in der Natur vor; als *d*-Form hat man es z. B. im Bitterfenchelöl, Gingergrasöl, Ceylon-Zimtöl und Elemiöl, als *l*-Form im australischen Eucalyptusöl und Sternanisöl nachgewiesen. Es wird häufig von kleinen Mengen β-Phellandren begleitet; wesentlich β-Phellandren enthält das Wasserfenchelöl, und zwar in rechtsdrehender Form.

Im Öl von Crithmum maritimum haben Francesconi und Sernagiotto ein optisch inaktives Terpen gefunden, das bei 178—180° siedet, $D^{13} = 0·868$ und $n_D = 1·4806$ zeigt, kein krystallisiertes Tetrabromid liefert, sich aber mit Chlorwasserstoff zu demselben Bis-hydrochlorid vom Schmelzp. 52° (1.4-Dichlor-menthan) vereinigt, das aus α- und β-Terpinen durch Anlagerung von HCl entsteht. Sie schließen, daß hier ein neues monocyclisches Terpen der *p*-Menthanreihe vorliegt, das sie **Crithmen**[1] nennen, und dem sie die Formel XXVII des *Δ*[1(7).4(8)]-*p-Menthadiens* erteilen.

XXVII) 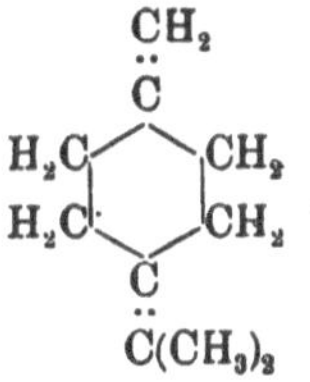 , XXVIII) 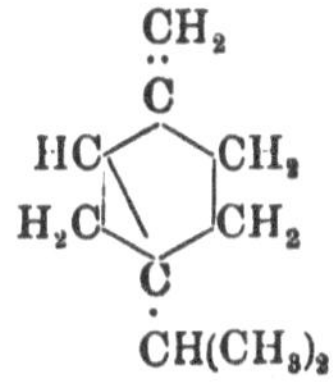

Auch aus der Reihe der **bicyclischen Terpene** sind einige wesentliche Fortschritte, die seit dem Druck der von ihnen handelnden Abschnitte (in Bd. II, Tl. I) erzielt sind, hier kurz zu verzeichnen. Für das **Sabinen** (Bd. II, Tl. I, S. 979) hat Semmler[2] von den beiden Strukturformeln, die früher zur Wahl standen, eine ausgeschlossen und die oben unter XXVIII aufgeführte als richtig erkannt. Man ist diesem Terpen, das früher nur als Bestandteil des Sadebaumöls bekannt war, noch in verschiedenen anderen Ölen — z. B. Ceylon-Cardamomenöl und Pileaöl — begegnet; im Pileaöl ist rechtsdrehendes Sabinen der Hauptbestandteil.

Als Begleiter des gewöhnlichen, in beiden optisch aktiven Formen auftretenden **Pinens** (Bd. II, Tl. I, S. 982), das man heute als **α-Pinen** näher zu bezeichnen pflegt, hatte man schon früher im Terpentinöl — auf Grund des Vorkommens von Nopinsäure (Bd. II, Tl. I, S. 997) unter dessen Oxydationsprodukten — das **Nopinen** (vgl. Bd. II, Tl. I, S. 998) der Formel XXIX (s. u.) vermutet. Mit den Eigenschaften

[1] Francesconi, Sernagiotto, R. A. L. [5] **22**, I, 312, 382 (1913); G. **43**, I, 608 (1913); G. **43**, II, 66 (1913). — Delépine, de Belsunce, Bl. [4] **23**, 34 (1918).

[2] B. **35**, 2045 (1902); **40**, 751, 2963, 2965 (1907). — Vgl. ferner: Wallach, B. **40**, 585 (1907). A. **357**, 77 (1907); **359**, 265 (1908). — Agnew, Croad, C. **1912**, II, 827.

dieses Kohlenwasserstoffs, der heute meist **β-Pinen**[1] genannt wird, hat WALLACH uns bekannt gemacht, indem er ihn aus Nopinon (Bd. II, Tl. I, S. 998) synthetisch

XXIX) 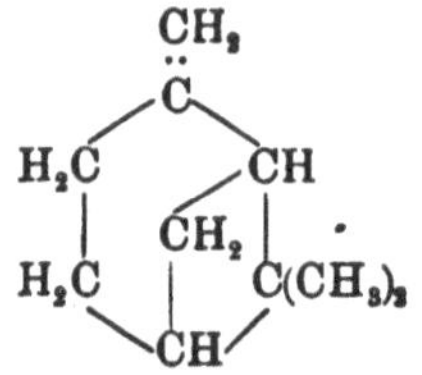 XXX) 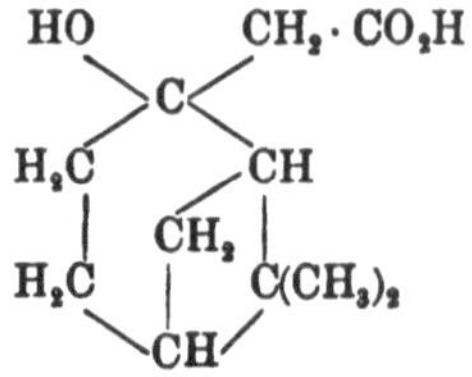

gewann; dies geschah derart, daß aus Nopinon durch Behandlung mit Bromessigester und Zink die Nopinolessigsäure (XXX) aufgebaut wurde, aus der dann durch Erwärmen mit Essigsäureanhydrid Wasser und Kohlendioxyd abgespalten wurden. Der so erhaltene linksdrehende Kohlenwasserstoff siedet bei 162—163° (also höher als α-Pinen) und zeigt $D^{22} = 0{\cdot}867$, $n_D^{22} = 1{\cdot}474$. Das β-Pinen ist — durch Oxydation zu Nopinsäure — nicht nur in den Terpentinölen, sondern auch in mehreren anderen ätherischen Ölen (z. B.: Citronenöl, Corianderöl, Ysopöl, Galbanumöl) nachweisbar. Als Hauptbestandteil findet es sich im Holzterpentinöl von Pinus ponderosa.

Für das **Camphen** (vgl. Bd. II, Tl. I, S. 1038—1042) wird heute die ursprünglich von G. WAGNER (vgl. Bd. II, Tl. I, S. 1041) aufgestellte Strukturformel XXXI (s. u.) des 2.2 Dimethyl-3-methylen-bicyclo-[1.2.2]-heptans als fast sicher betrachtet[2]. Maß-

XXXI) 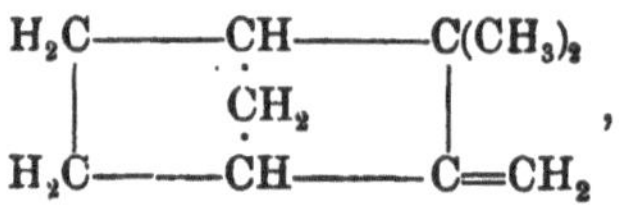, XXXII) 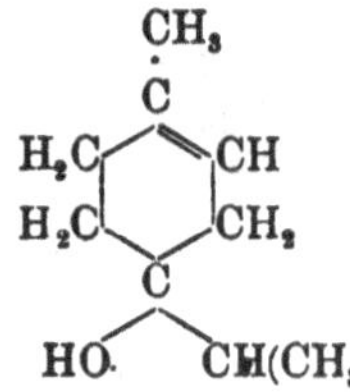

geblich ist hierfür besonders der Nachweis einer semicyclischen Doppelbindung durch BUCHNER und WEIGAND geworden. Dieser Nachweis beruht darauf, daß es gelingt, durch Reaktion mit Diazoessigester die Doppelbindung zu lösen, indem an ihre beiden C-Atome der Rest $>CH \cdot CO_2 \cdot C_2H_5$ tritt, und aus dem so gewonnenen Produkt durch Verseifung und darauf folgende Oxydation zur Cyclopropan-1.1.2-tricarbonsäure zu gelangen; wäre die Doppelbindung esocyclisch gelagert, so könnte man auf diesem Wege nicht zu einer ein Methylen enthaltenden Cyclopropantricarbonsäure kommen, müßte vielmehr die 1.2.3-Tricarbonsäure des Cyclopropans erhalten.

---

[1] Vgl.: WALLACH, A. **356**, 227 (1907); **357**, 49 (1907); **363**, 9 (1908); **368**, 7 (1909). — SCHINDELMEISER, Ch. Z. **32**, 8 (1908). — SCHIMMEL u. Co., C. **1908**, I, 1840; **1909**, II, 2156; **1910**, I, 1719; **1914**, I, 1654; **1915**, I, 1264. — DARMOIS, C. r. **149**, 730 (1909). — GILDEMEISTER, KÖHLER, C. **1909**, II, 2158 — GILDEMEISTER, W. MÜLLER, C. **1909**, II, 2159. — WALBAUM, W. MÜLLER, C. **1909**, II, 2160. — VAVON, C. r. **150**, 1127 (1910). — SEMMLER, JONAS, B. **47**, 2070 (1914). — HALSE, DEDICHEN, B. **50**, 623 (1917). — SCHORGER, Am. Soc. **39**, 1044 (1917).

Über „*γ-Pinen*" s. ASCHAN, C. **1918**, II, 953; **1919**, I, 284.

[2] Vgl. dazu besonders: ASCHAN, A. **383**, 39 (1911). — AUWERS, A. **387**, 240 (1912). — BUCHNER, WEIGAND, B. **46**, 759, 2108 (1913). — MEERWEIN, A. **405**, 138 (1914). — LANGLOIS, A. ch. [9] **12**, 193 (1919). — MEERWEIN, v. EMSTER, B. **53**, 1815 (1920).

Aus dem indischen Terpentinöl hat SIMONSEN[1] ein rechtsdrehendes Terpen abgeschieden, das sich vom Kohlenstoffgerüst des Carans (vgl. Bd. II, Tl. I, S. 780) ableitet, da bei der Oxydation *trans*-Caronsäure (Bd. II, Tl. I, S. 972) daraus erhalten wird. Er nennt es daher ***d*-Caren.**

Unter den Ergänzungen zur Reihe der *alicyclischen Alkohole* sei zunächst erwähnt, daß das früher nur künstlich erhaltene **Dihydrocarveol** (Bd. II, Tl. I, S. 928) nun auch in der Natur — nämlich im Kümmelöl und Krauseminzöl — aufgefunden worden ist[2]. — Ein neues Menthenol[3] — das Δ^1-*p-Menthenol-(4)* der Formel XXXII (s. o.) — fand man in rechtsdrehender Form im Ceylon-Cardamomenöl, Majoranöl und mehreren anderen ätherischen Ölen; auch bildet es sich — gleichfalls in aktiver Form aus dem Sabinen (s. S. 25) durch Schütteln mit verdünnter Schwefelsäure. Dieser mit dem Namen **Terpinenol-(4)** belegte Alkohol siedet bei 209—212° und zeigt $D^{19} = 0{\cdot}926$, $n_D^{19} = 1{\cdot}4785$. Seine Struktur ist von WALLACH festgestellt worden.

Wie man nach neueren Untersuchungen (vgl. S. 29) für das Thujon verschiedene strukturidentische Isomere zu unterscheiden hat, so gilt das Gleiche auch für den strukturell entsprechenden sekundären **Thujylalkohol**[4] (vgl. Bd. II, Tl. I, S. 907), bei welchem die Stereoisomerie-Möglichkeiten noch zahlreicher sind, da bei ihm zu den drei asymmetrischen C-Atomen des Thujons noch ein viertes — das mit Hydroxyl verbundene — hinzutritt. PAOLINI hat aus dem Reduktionsprodukt des rechtsdrehenden β-Thujons mit Hilfe des sauren Phthalsäureesters einen einheitlichen, flüssigen Alkohol — „β-Thujylalkohol" — abgeschieden, der bei 206° siedet, $D = 0{\cdot}923$, $n_D^{16} = 1{\cdot}4625$, $[\alpha]_D = +\,114{\cdot}7°$ zeigt und einen bei 120° schmelzenden sauren Phthalsäureester liefert. Daneben erhielten TSCHUGAEFF und FOMIN (aus käuflichem Thujon) einen festen, in Toluol linksdrehenden Thujylalkohol. Ein flüssiger rechtsdrehender Alkohol — „δ-Thujylalkohol" ($[\alpha]_D = +\,50°$) — dessen saures Phthalat bei 95—96° schmilzt, wurde reichlich in französischem und italienischem Absinthöl nachgewiesen.

Für einen **Myrtenol**[5] genannten Alkohol, den v. SODEN und ELZE im Myrtenöl gefunden haben, ermittelten SEMMLER und BARTELT, daß er die Zusammensetzung $C_{10}H_{16}O$ besitzt und ein primärer bicyclischer Alkohol ist, welcher zur Pinan-Gruppe gehört. Denn sie zeigten, daß er durch Oxydation mit Chromsäure einen Aldehyd $C_{10}H_{14}O$ liefert, und daß er in rechtsdrehendes α-Pinen übergeführt werden kann, indem man das aus ihm durch Phosphorpentachlorid entstehende Chlorid $C_{10}H_{15}Cl$ mit Natrium und Alkohol reduziert. Da er ferner bei der Oxydation

[1] Soc. **117**, 570 (1920); **123**, 549 (1923); vgl. auch Soc. **119**, 1644 (1921); **121**, 2292 (1922). [2] SCHIMMEL u. Co., C. **1905**, I, 1470; **1912**, I, 1716.

[3] Vgl.: WALLACH, A. **350**, 155, 168, 169 (1906); **356**, 206 (1907); **360**, 94, 97 (1908); **362**, 261, 279 (1908). B. **40**, 594 (1907). — SEMMLER, B. **39**, 4421, 4426 (1906); **40**, 2965 (1907). — WALLACH, BÖDECKER, B. **40**, 596 (1907). — SCHIMMEL u. Co., C. **1909**, II, 2157; **1910**, I, 1719.

[4] Vgl.: PAOLINI, R. A. L. [5] **20**, I, 765, 769 (1911). G. **42**, I, 41 (1912). — TSCHUGAEFF, FOMIN, B. **45**, 1293 (1912). — PAOLINI, DIVIZIA, R. A. L. [5] **21**, I, 570 (1912). — PAOLINI, LOMONACO, R. A. L. [5] **23**, II, 123 (1914).

[5] v. SODEN, ELZE, Ch. Z. **29**, 1031 (1905). — SEMMLER, BARTELT, B. **40**, 1363 (1907). — RUPE, A. **409**, 344 (1915). — LOWRY, ABRAM, Soc. **115**, 305ff. (1919).

Über einen primären monocyclischen Alkohol $C_{10}H_{16}O$, der in ätherischen Ölen vorkommt — **Dihydrocuminalkohol** (Perillaalkohol) — siehe: WALBAUM, HÜTHIG, Ch. Z. **28**, 1143 (1904). J. pr. [2] **71**, 464 (1905). — SCHIMMEL u. Co. **1904**, I, 1264; **1904**, II, 1469; **1905**, I, 1470; **1920**, II, 453. — ELZE, Ch. Z. **34**, 538, 1175 (1910). — SEMMLER, ZAAR, B. **44**, 460 (1911).

mit Kaliumpermanganat Pinsäure (Bd. II, Tl. I, 990—991) liefert, so ist ihm die Formel XXXIII (s. u.) zuzuschreiben. Myrtenol siedet bei 222—224° und zeigt D^{20} = 0·976, n_D = 1·49668, α_D (im 100 mm-Rohr) = + 45·45°.

XXXIII) 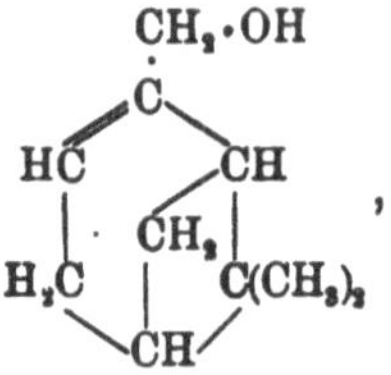 , XXXIV) 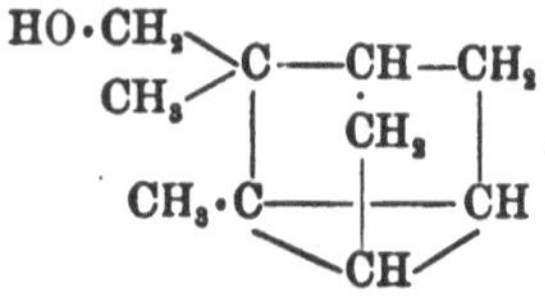 .

Endlich ist zu berichten, daß SCHIMMEL u. Co. aus ostindischem Sandelholzöl einen primären tricyclischen Alkohol — das **Teresantalol**[1] $C_{10}H_{16}O$ — isoliert haben, welcher auch aus der im gleichen Öl sich findenden Teresantalsäure (s. S. 32) durch Reduktion ihres Methylesters mit Natrium in Alkohol gewonnen wird. Ihm kommt daher unter Voraussetzung der später noch zu besprechenden SEMMLERschen Teresantalsäure-Formel (s. S. 63—64) die Formel XXXIV (s. o.) zu. Er ist durch ein außerordentliches Krystallisations- und Sublimationsvermögen ausgezeichnet, schmilzt bei 112—114° und dreht in alkoholischer Lösung links.

Ein *alicyclischer Aldehyd* liegt in dem **Perillaaldehyd**[2] $C_{10}H_{14}O$ vor, den SCHIMMEL u. Co. in dem aus Japan stammenden Perillaöl aufgefunden haben. SEMMLER und ZAAR zeigten, daß der aus ihm durch Reduktion mit Zinkstaub und Eisessig gewinnbare Alkohol $C_{10}H_{16}O$ durch Verwandlung in das entsprechende Chlorid $C_{10}H_{15}Cl$ und dessen Reduktion in *l*-Limonen übergeführt wird. Der Aldehyd kann danach eine der beiden Formeln XXXVa) und XXXVb) (s. u.) besitzen. Er ist optisch aktiv, ebenso wie die Perillasäure, die aus seinem Oxim durch Wasser-

XXXVa) 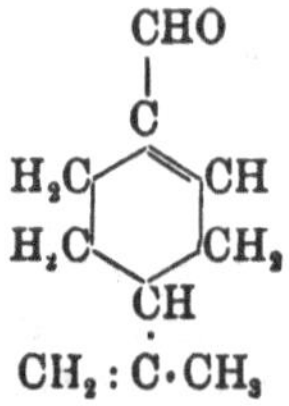 , XXXVb) 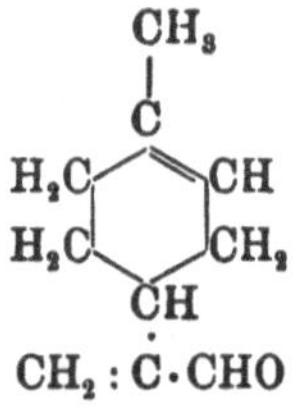

abspaltung und Verseifung des hierbei entstehenden Nitrils erhalten wird. Diese Säure $C_{10}H_{14}O_2$ liefert aber bei der Hydrierung mit Natrium in Amylalkohol eine optisch inaktive Dihydrosäure $C_{10}H_{16}O_2$ — ein Befund, der für die Formel XXXVa des $\Delta^{1,8}$-*p-Menthadienals-(7)* spricht. Der Perillaaldehyd siedet unter 10 mm Druck bei 104—105° und zeigt D^{18} = 0·962, n_D = 1·50746 und $[\alpha]_D$ = − 146°.

Alicyclische Ketone. Während als natürlich vorkommender Vertreter der Menthenone früher nur das Pulegon ($\Delta^{4(8)}$-*p-Menthenon-[3]*, Bd. II, Tl. I, S. 918) zu verzeichnen war, ist seither auch das **Δ^1-*p*-Menthenon-(3)**[3] in ätherischen Ölen

[1] SEMMLER, BARTELT, B. **40**, 3103 (1907). — SCHIMMEL u. Co., C. **1910**, II, 1757; **1911**, I, 1838.

[2] SCHIMMEL u. Co., C. **1910**, II, 1758. — SEMMLER, ZAAR, B. **44**, 52 (1911).

[3] Vgl.: WALLACH, A. **362**, 273 (1908); **397**, 217 (1913). — SCHIMMEL u. Co., C. **1910**, II, 1756. — ROBERTS, Soc. **107**, 1466 (1915).

Der früher als Δ^1-*p*-Menthenon-(3) aufgefaßte Stoff (Bd. II, Tl. II, S. 918) besitzt eine andere Struktur.

— und zwar im japanischen Pfefferminzöl als unwesentlicher Bestandteil, sehr reichlich aber im Öl von Cymbopogon sennaarensis — gefunden worden; als Δ^1-*p*-Menthenon-(3) hat sich auch das **Piperiton**[1], das reichlich im Öl von Eucalyptus dives, als Hauptbestandteil im Öl von Andropogon iwarancusa vorkommt, erwiesen. Sodann wurde das ursprünglich ebenfalls nur künstlich gewonnene **Dihydrocarvon** (*$\Delta^{8(9)}$-p-Menthenon-[2]*, s. Bd. II, Tl. I, S. 923) im Kümmelöl festgestellt[2]. Endlich hat FRANCESCONI[3] im Öl von Santolina Chamaecyparissus durch das Studium der daraus mit Hydroxylamin gewonnenen Derivate drei Menthenone (**α-, β- und γ-Santolinenon**) nachgewiesen, für deren eines er die Zugehörigkeit zur *meta*-Reihe als wahrscheinlich erachtet.

Für **Thujon**[4] (vgl. Bd. II, Tl. I, S. 974 ff.) ist die von SEMMLER aufgestellte Formel XXXVI (s. u.) auch heute noch gültig. WALLACH hat aber gezeigt, daß man

XXXVI) 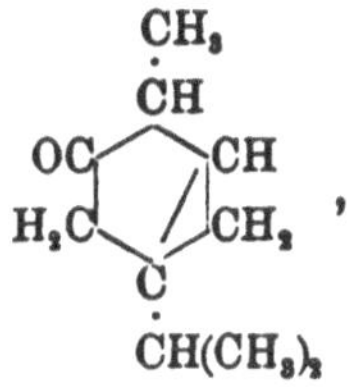 , XXXVII) 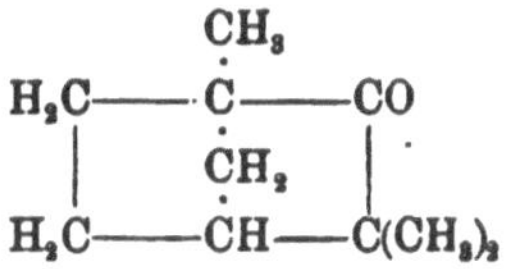

zwei stereoisomere Formen zu unterscheiden hat, die nicht als optische Antipoden aufzufassen sind und von ihm α- und β-Thujon genannt werden:

α-Thujon, hauptsächlich im Thujaöl enthalten, auch im Artemisiaöl und Salbeiöl sich findend; linksdrehend, $[\alpha]_D = -10{\cdot}23^\circ$;

β-Thujon (SEMMLERS Tanaceton), Hauptbestandteil des Rainfarnöls und Wermutöls, auch im Artemisiaöl und Salbeiöl vorkommend; rechtsdrehend, $[\alpha]_D = +76^\circ$.

Beim Erwärmen mit alkoholischem Alkali wandeln sich α- und β-Thujon teilweise ineinander um.

Die früher für das **Fenchon** (Bd. II, Tl. I, S. 1029—1030) aufgestellte Formel mußte indessen einer Änderung bezüglich der Stellung der Methyle unterzogen werden. SEMMLER schlug die Formel XXXVII (s. o.) des 1.3.3-Trimethyl-bicyclo-[1.2.2]-heptanons-(2) vor. Diese ist durch Untersuchungen von WALLACH u. A.

---

[1] Vgl.: READ, SMITH, Soc. **119**, 779 (1921). — SIMONSEN, Soc. **119**, 1644 (1921). — SCHIMMEL u. Co., C. **1922**, II, 149. — Bericht von SCHIMMEL u. Co. **1922**, S. 27—28, 160. — PENFOLD, C. **1922**, I, 860; **1923**, I, 1540. — HUGHESDON, SMITH, READ, Soc. **123**, 2916 (1923).

[2] SCHIMMEL u. Co., C. **1905**, I, 1470.

[3] FRANCESCONI, SCARAFIA, G. **42**, I, 297 (1912); **43**, I, 90 (1913). — FRANCESCONI, GRANATA, G. **44**, II, 150 (1914); **46**, II, 251 (1916).

[4] Vgl.: WALLACH, A. **323**, 369 (1902); **336**, 247 (1904); **350**, 167 (1906); **360**, 96 (1908). C. **1920**, I, 672. — KONDAKOW, Ch. Z. **26**, 720 (1902). — HILDEBRANDT, A. Pth. **48**, 455 (1902). H. **36**, 453 (1902). — SEMMLER, B. **36**, 4367 (1903). — NEUBERG, RAUCHWERGER, C. **1904**, II, 1435. — HALLER, C. r. **140**, 1626 (1905); **157**, 965 (1913). — CHARABOT, LALOUE, C. r. **144**, 435 (1907). Bl. [4] **1**, 483 (1907). — RIMINI, G. **39**, II, 196 (1909). — D. THOMSON, Soc. **97**, 1502 (1910). — KISHNER, C. **1911**, I, 221. — SCHAFFER, PHILIPPE, C. **1911**, I, 1160. — ENZ, C. **1911**, II, 576. — TSCHUGAEFF, Ph. Ch. **76**, 472 (1911). — ÖSTLING, Soc. **101**, 469 (1912). — ROSE, LIVINGSTON, Am. Soc. **34**, 201 (1912). — W. A. ROTH, ÖSTLING, B. **46**, 313 (1913). — AGOSTINELLI, G. **44**, II, 111 (1914). — GODCHOT, C. r. **158**, 1807 (1914). — PAOLINI, LOMONACO, R. A. L. [5] **23**, II, 127 (1914). — JONA, C. **1915**, I, 1168.

bestätigt und neuerdings durch eine Totalsynthese des *d,l*-Fenchons erhärtet worden[1], welche RUZICKA auf folgendem Wege — ausgehend vom Lävulinsäureester — gelungen ist:

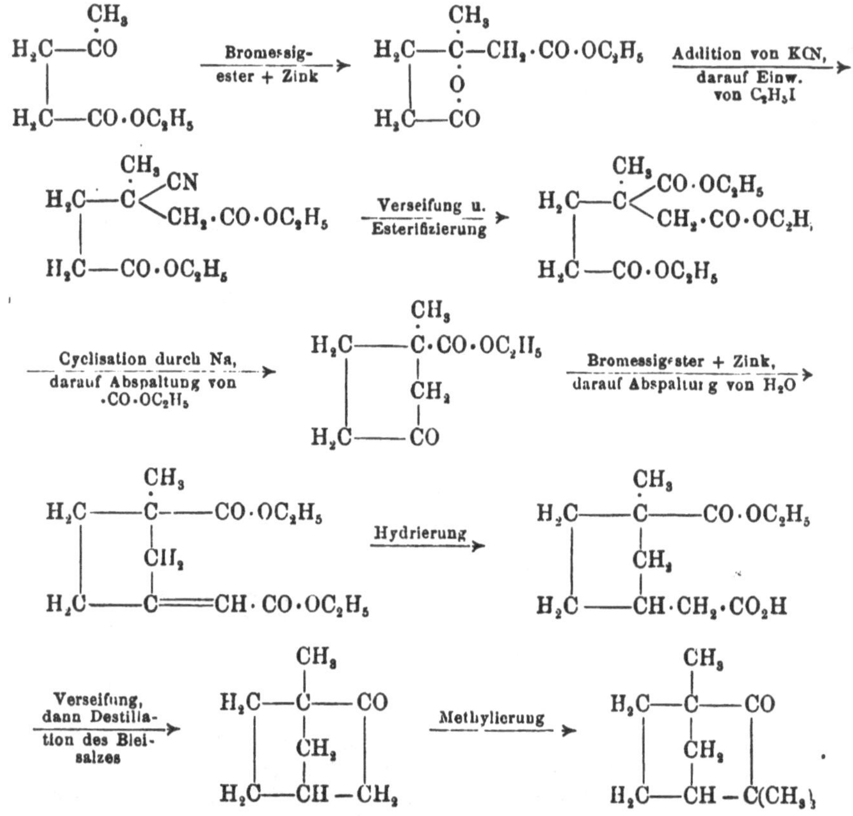

Für ein zuerst von POWER und LEES isoliertes Keton $C_{10}H_{14}O$, das den wesentlichsten Bestandteil des Öles von Umbellularia californica bildet und daher

XXXVIII) 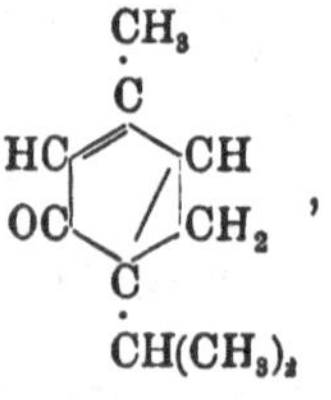 , XXXIX) 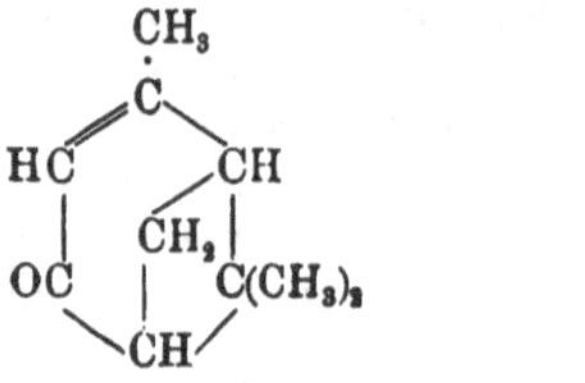

[1] Vgl.: SEMMLER, Ch. Z. **29**, 1313 (1905). B. **39**, 2581 (1906); **40**, 432, 4591 (1907). — WALLACH, A. **353**, 209 (1907); **362**, 174 (1908); **369**, 63 (1909); **379**, 182, 215 (1911); **388**, 61 (1912). — GLOVER, Soc. **93**, 1285 (1908). — BLUMANN, ZEITSCHEL, B. **42**, 2698 (1909). — RIMINI, G. **39**, II, 186, 196 (1909). — BOUVEAULT, LEVALLOIS, Bl. [4] **7**, 542, 683, 807, 963 (1910). — ASCHAN, A. **387**, 24 (1912). — HINTIKKA, KOMPPA, A. **387**, 293 (1912). — NAMETKIN, C. **1916**, II, 253. — RUZICKA, B. **50**, 1362 (1917).

Umbellulon[1] genannt wird, hat SEMMLER die Formel XXXVIII (s. o.) abgeleitet, nach welcher es dem Thujon $C_{10}H_{16}O$ (s. S. 29) nahe verwandt erscheint. Es siedet unter 10 mm Druck bei 92—94°, zeigt $D^{20} = 0{\cdot}950$, $n_D = 1{\cdot}4872$, ist linksdrehend und wird durch 18-stündiges Erhitzen auf ca. 280° im Einschlußrohr quantitativ zu Thymol isomerisiert.

Nur in geringer Menge (ca. 1 %) enthält das spanische Verbenaöl ein Keton $C_{10}H_{14}O$, welches KERSCHBAUM auffand und **Verbenon**[2] nannte. Dieses Keton hat für die Chemie des Pinens großes Interesse erlangt. Denn es liefert einerseits bei der Oxydation mit Permanganat die auch aus α-Pinen entstehende Pinononsäure (Bd. II, Tl. I, S. 992—993) und entsteht andererseits, wie BLUMANN und ZEITSCHEL fanden, bei der Autoxydation des Pinens an der Luft. So ergibt sich für das Verbenon die Formel XXXIX (S. 30) eines Keto-α-pinens (*2.6.6-Trimethyl-bicyclo-[1.1.3]-hepten-[2]-on-[4]*). Das im Verbenaöl vorkommende, sowie das aus griechischem Terpentinöl entstehende Verbenon (*d*-Verbenon) ist stark rechtsdrehend ($[\alpha]_D^{18} = +249{\cdot}62°$); es erstarrt in der Kälte und schmilzt dann bei +6·5°, siedet bei 227—228° und zeigt $D^{20} = 0{\cdot}978$, $n_D^{18} = 1{\cdot}49928$. Aus französischem Terpentinöl wird das *l*-Verbenon erhalten.

Schließlich ist zu berichten, daß SEMMLER und Mc KENZIE[3] die Struktur des **Diosphenols** („Buccocampher", vgl. Bd. II, Tl. I, S. 934) aufgeklärt haben. Sie zeigten durch Studium seines Verhaltens und Abbaues, daß es als ungesättigtes Oxyketon der Formel XXXX (s. u.) — *Δ¹-p-Menthenol-(2)-on-(3)* — aufzufassen ist, für das natürlich auch die desmotrope Formel des *p-Menthandions-(2.3)* in Betracht kommt. Diese Auffassung fand eine schöne Bestätigung dadurch, daß es

XXXX) 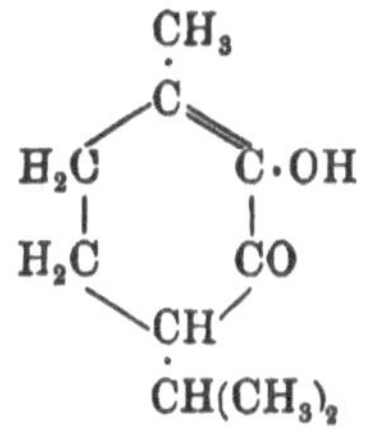 ,

gelang, das Oxymethylen-menthon zu Diosphenol zu oxydieren:

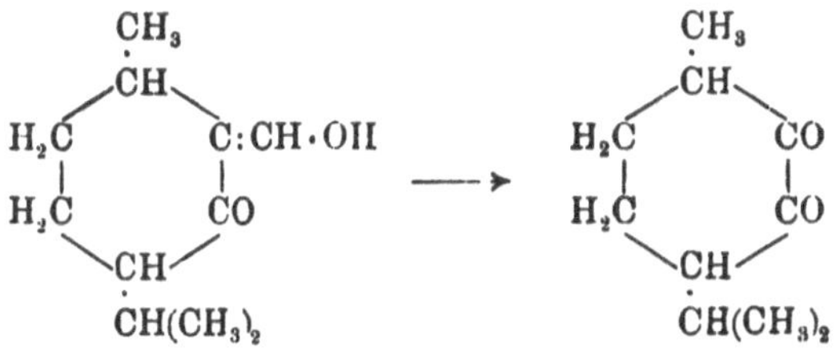

(desmotrope Form von XXXX).

[1] Vgl.: POWER, LEES, Soc. **85**, 634 (1904). — LEES, Soc. **85**, 639 (1904). — TUTIN, Soc. **89**, 1104 (1906); **91**, 271 (1907); **93**, 252 (1908). — SEMMLER, B. **40**, 5017 (1907); **41**, 3988 (1908).

[2] Vgl.: KERSCHBAUM, B. **33**, 889 (1900). — FROMM, AUTIN, A. **401**, 257 (1913). — BLUMANN, ZEITSCHEL, B. **46**, 1178 (1913). — S. auch: SEMMLER, JAKUBOWICZ, B. **47**, 1144 (1914). — BLUMANN, ZEITSCHEL, B. **54**, 887 (1921).

[3] B. **39**, 1158 (1906). — S. ferner: CUSMANO, R. A. L. [5] **22**, II, 569 (1913). — CUSMANO, POCCIANTI, R. A. L. [5] **23**, I, 347 (1914). — M. MAYER, R. A. L. [5] **23**, I, 439 (1914). — WALLACH, A. **418**, 36 (1918).

Diosphenol schmilzt bei 83—84°, siedet unter 10 mm Druck bei 109—110°, ist optisch inaktiv, löst sich allmählich in Laugen und besitzt starkes Reduktionsvermögen.

Eine interessante *alicyclische Carbonsäure* ist die **Teresantalsäure**[1] $C_{10}H_{14}O_2$, welche in geringer Menge sich im Vorlauf des ostindischen Sandelholzöls findet. Sie geht beim Kochen mit verdünnter Schwefelsäure unter Abspaltung von Kohlendioxyd in Santen (S. 23) über, während auf Grund der Molekularrefraktion ihres Methylesters in ihr nicht eine Doppelbindung, wie im Santen, angenommen werden kann. Semmler erblickt in ihr eine gesättigte tricyclische Säure von der Formel XXXXI (s. u.) und nimmt für den Übergang in Santen Aufspaltung des tricyclischen Systems zu einem bicyclischen an (näheres s. S. 63—64). Die Teresantalsäure schmilzt bei 157° und ist in alkoholischer Lösung linksdrehend.

Als *heterocyclischer* Bestandteil ist ein sehr merkwürdiger Stoff nachzutragen, der in der Chemie der ätherischen Öle kein Analogon findet. Er ist von Schimmel u. Co.[2] 1908 als Hauptbestandteil[3] des amerikanischen Wurmsamenöls (aus dem Kraut von Chenopodium ambrosioides) festgestellt worden, das als Anthelmintbicum mit großem Erfolg in Nordamerika benutzt wird, tötet Spulwürmer (Ascariden) nach kurzer Zeit und wurde wegen dieser Wirkung[4] **Ascaridol** genannt. Das Ascaridol besitzt die Zusammensetzung $C_{10}H_{16}O_2$ und ist eine ölige Flüssigkeit von widerlichem, betäubendem Geruch und unangenehmem Geschmack. Es siedet unter 4—5 mm Druck bei 83°; unter gewöhnlichem Druck erhitzt, zersetzt es sich, ehe es den Siedepunkt erreicht hat, mit explosionsartiger Heftigkeit, zuweilen sogar unter Entzündung. Nelson[5] und Wallach[6] haben seine Umsetzungen ausführlich untersucht. Die von Wallach

XXXXI) 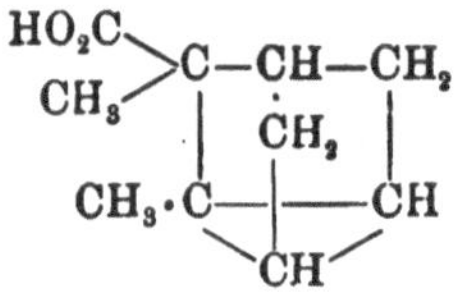 ,

XXXXII) 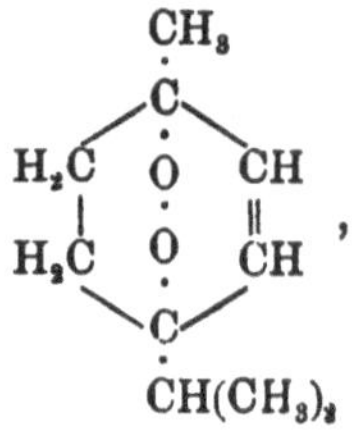 ,

XXXXIII) 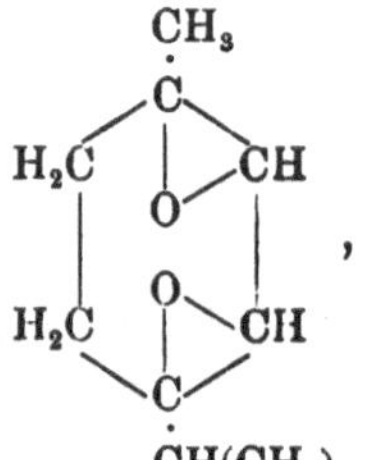 ,

XXXXIV) 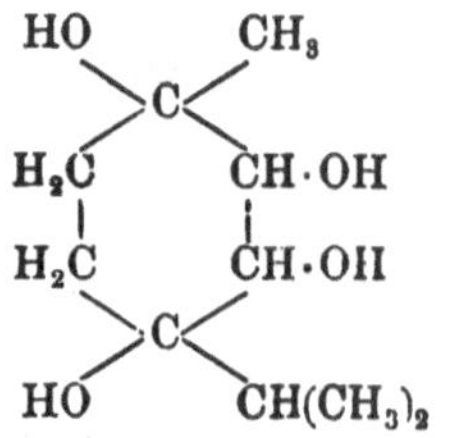

[1] Guerbet, C. r. **130**, 419 (1900). — Fr. Müller, Ar. **238**, 374 (1900). — Semmler, Bartelt, B. **40**, 3101, 4465 (1907); **41**, 389 (1908). — Semmler, Zaar, B. **43**, 1892, 1896 (1910); **44**, 462 (1911). — Rupe, Tomi, B. **49**, 2563 (1916). — Die beiden Formeln vom „Campher-Typus" oder vom „Camphen-Typus", die Semmler [B. **43**, 1896, 1898 (1910)] erörtert, sind miteinander identisch und unterscheiden sich nur in der Schreibweise.

[2] C. **1908**, I, 1839.

[3] S. auch Nelson, Am. Soc. **42**, 1204 (1920).

[4] Vgl. indessen Hall, Hamilton, C. **1919**, III, 1022.

[5] Am. Soc. **33**, 1404 (1911); **35**, 84 (1913).

[6] A. **392**, 59 (1912).

aufgestellte, peroxydartige Formel XXXXII (s. u.) erklärt das Verhalten in vollkommener Weise. Denn das Ascaridol ist indifferent gegen alle Reagenzien auf Hydroxyl- oder Carbonyl-Sauerstoff. Es absorbiert aber bei der katalytischen Hydrierung mit beispielloser Schnelligkeit vier Wasserstoffatome und geht dabei in einen zweiwertigen, dem gewöhnlichen Terpin isomeren Alkohol $C_{10}H_{20}O_2$ über, der als ein *p*-Menthandiol-(1.4) — 1.4-Terpin — erkannt wurde. Wird Ascaridol auf 150° erhitzt (in Cymol-Lösung), so erleidet es Umlagerung zu einem im Vakuum destillierbaren Produkt (Formel XXXXIII nach Nelson), das bei der Hydratation mit verdünnter Schwefelsäure neben anderen Stoffen einen „Erythrit" $C_{10}H_{20}O_4$ liefert. Für diesen vierwertigen Alkohol aber wird die Formel XXXXIV eines *p*-Menthantetrols-(1.2.3.4) dadurch bestätigt, daß er bei der Oxydation mit Permanganat in alkalischer Lösung eine Säure $C_{10}H_{18}O_6$ liefert, die bei weiterer Oxydation in saurer Lösung ω-Dimethyl-acetonylaceton ergibt und demnach offenbar eine der stereochemisch möglichen α-Methyl-α'-isopropyl-α.α'-dioxy-adipinsäuren (s. Bd. I, Tl. II, S. 698) darstellt.

Zweites Kapitel.

Sesquiterpen-Körper.

(Sesquiterpene $C_{15}H_{24}$. — Sesquiterpenalkohole $C_{15}H_{26}O$ und $C_{15}H_{24}O$. — Weitere Stoffe mit 15 C-Atomen, die in ätherischen Ölen gefunden worden sind.)

Daß in den ätherischen Ölen Kohlenwasserstoffe $C_{15}H_{24}$ vorkommen, welche entsprechend dieser Formel die gleiche prozentische Zusammensetzung wie die Terpene $C_{10}H_{16}$ zeigen, aber das anderthalbfache Molekulargewicht besitzen und daher „Sesquiterpene" genannt werden, ist S. 12 hervorgehoben worden. Aber diese Kohlenwasserstoffe sind nicht die einzigen Stoffe mit 15 C-Atomen, denen man in den ätherischen Ölen begegnet ist. Wie sich den Terpenen $C_{10}H_{16}$ natürliche Terpenalkohole, Terpenaldehyde und Terpenketone anreihen, die 10 C-Atome im Molekül vereinigen, so bildet der pflanzliche Organismus auch sauerstoffhaltige Stoffe der C_{15}-Reihe, besonders Alkohole der Formeln $C_{15}H_{26}O$ und $C_{15}H_{24}O$. Insgesamt wollen wir die Bestandteile ätherischer Öle, deren Kohlenstoffgerüst durch die Vereinigung von 15 C-Atomen ausgezeichnet ist, und die ihnen nahestehenden künstlich gewonnenen Stoffe der gleichen C-Zahl als „Sesquiterpen-Körper" bezeichnen. Bemerkenswert ist, daß hier — im Gegensatz zu den Monoterpen-Körpern — die Ketone kaum vertreten sind (vgl. Doremon, S. 67).

Die Sesquiterpen-Körper sind kaum weniger verbreitet und kaum minder wichtig für die Eigenschaften der ätherischen Öle als die Terpenkörper; für manche Öle sind sie vielmehr geradezu die charakteristischen Bestandteile, während sie in anderen an Menge und an Einfluß auf die Geruchwirkung oder arzneiliche Wirkung zurücktreten. Ihre chemische Erforschung aber ist längst nicht so weit gediehen, wie diejenige der

Terpenkörper, obwohl einige von ihnen schon seit fast 100 Jahren bekannt sind. Bis zum Ende des 19. Jahrhunderts hat man sich im wesentlichen auf die Versuche beschränkt, sie von den begleitenden Stoffen zu trennen, ihre äußeren Eigenschaften zu beschreiben und sie durch nächststehende Umwandlungsprodukte chemisch zu kennzeichnen. Selbst diese Versuche stießen schon auf erhebliche Schwierigkeiten und führten nur selten zu Ergebnissen, die hinsichtlich der Einheitlichkeit der untersuchten Präparate als einwandfrei bezeichnet werden konnten. Die Aufgabe, in ihre Struktur einzudringen, wurde erst im neuen Jahrhundert — besonders in einer großen, durch den Krieg leider unterbrochenen Untersuchungsreihe von SEMMLER und seinen Mitarbeitern — nachdrücklich in Angriff genommen. Wesentliche Fortschritte in der Konstitutionsaufklärung der Sesquiterpene verdanken wir in allerletzter Zeit veröffentlichten Arbeiten von RUZICKA und seinen Schülern. Beginnt das Bild auch sich zu klären, so können wir doch auch heute noch nur für wenige Vertreter die Atomlagerung bis in alle Einzelheiten angeben (vgl. Selinen, S. 47, Farnesol, S. 55 und α-Santalol, S. 61). Die Schwierigkeiten sind hier noch viel größer als in der Terpen-Reihe. Auch hier hat man es mit sehr veränderlichen Gebilden zu tun, bei deren chemischer Bearbeitung auf Schritt und Tritt mit Verschiebung von Doppelbindungen, Öffnung von Ringen und Schließung neuer Ringe, Umlagerung des C-Gerüsts zu rechnen ist. Komplexe mit 15 C-Atomen bieten natürlich für alle solche Wandlungen der Atomverknüpfung noch viel mehr Spielraum als die C_{10}-Gerüste der Terpene. Erinnert man sich, welchen chemischen Feingefühls es bedurft hat, um in der Terpen-Reihe Trugschlüsse zu vermeiden und zwischen anscheinend unvereinbaren Versuchsergebnissen zu vermitteln, so wird man nicht überrascht sein, daß wir in der Sesquiterpen-Reihe erst am Anfang der strukturellen Erkenntnis stehen.

Sesquiterpene $C_{15}H_{24}$.

Um die Sesquiterpene[1] aus den ätherischen Ölen **abzuscheiden**, benutzt man in erster Linie die fraktionierte Destillation. Ihre Trennung von den Terpenen gelingt hierbei leicht, da ihre Siedepunkte diejenigen der Terpene um etwa 100° übersteigen. Man läßt dann gewöhnlich eine Destillation im Vakuum über Natrium folgen, um sauerstoffhaltige Beimengungen zu zerstören bzw. zurückzuhalten; hierbei kann aber auch Hydrierung der Sesquiterpene erfolgen[2].

Die so gewonnenen Präparate bieten natürlich, da wir nach den bei den Terpenen gesammelten Erfahrungen stets mit dem Auftreten mehrerer Isomerer von naheliegenden Siedepunkten zu rechnen haben,

---

[1] Zur Geschichte der Sesquiterpene s. SEMMLER, „Die ätherischen Öle", Bd. II (Leipzig, 1906), S. 512ff., 600.

[2] Vgl. z. B. SEMMLER, SPORNITZ, B. **46**, 4026 (1913).

durchaus keine Gewähr der Einheitlichkeit. Krystallisationsvermögen ist bisher bei keinem Sesquiterpen beobachtet worden. So hat man sich bemüht, sie durch Überführung in krystallisierte Derivate näher zu kennzeichnen. Hierfür bediente man sich der in der Terpen-Reihe bewährten Additionsverfahren: Anlagerung von Halogenwasserstoffen zu Hydrochloriden, Hydrobromiden bzw. Hydrojodiden; von Nitrosylchlorid zu Nitrosochloriden[1], die dann weiter in Nitrolamine verwandelt werden können; von Oxyden des Stickstoffs zu Nitrositen und Nitrosaten (vgl. Bd. II, Tl. I, S. 881—883).

Auch in diesen Verfahren aber liegen nicht immer untrügliche Mittel für die Unterscheidung der einzelnen Individuen vor. Denn es können verschiedene Kohlenwasserstoffe z. B. mit Halogenwasserstoffen die gleichen Additionsprodukte geben (vgl. z. B.: Cadinen, S. 46 und Copaen, S. 52).

Von den Hydrohalogeniden kann man durch Abspaltung des Halogenwasserstoffs wieder zu Sesquiterpenen gelangen. Man kann diese Abspaltung durch Kochen mit Wasser nur schlecht, besser durch Erwärmen mit Anilin oder durch Kochen mit Natriumacetat in Eisessig bewirken[2]; bevorzugt wird in neuerer Zeit[3] hierfür methylalkoholische Kalilösung, die man zunächst längere Zeit bei Zimmertemperatur, dann bei allmählich gesteigerter Wärme wirken läßt. So gelangt man zu einem „regenerierten Sesquiterpen", das mit dem ursprünglich vorhandenen Kohlenwasserstoff („natürliches Sesquiterpen") identisch sein kann, aber keineswegs mit ihm identisch sein muß. Denn es können durch die Anlagerung und Wiederabspaltung von Halogenwasserstoff Doppelbindungen verlegt worden sein; ja, man hat sogar die Möglichkeit in Betracht zu ziehen, daß in polycyclischen Systemen durch die Anlagerung Brückenbindungen gesprengt sind und daß durch die Abspaltung Ringschluß erfolgt ist (vgl. z. B. Isozingiberen, S. 41), daß also das Ringsystem der 15 C-Atome eine wesentliche Umgruppierung erfahren hat. Man erinnere sich z. B. aus der Chemie der einfachen Terpene des Übergangs von Pinen über Pinenhydrochlorid in Camphen! Zum mindesten also hat man sich davon zu überzeugen, daß aus dem regenierten Sesquiterpen durch Anlagerung von Halogenwasserstoff wieder dasselbe Hydrohalogenid erhalten wird, wie aus dem ursprünglichen Öl. Aber selbst wenn dies der Fall ist, kann das regenierte Sesquiterpen von dem ursprünglich vorhandenen verschieden sein (vgl. α- und β-Selinen, S. 47).

Hiernach wird man ermessen, wie schwer — zurzeit in den meisten Fällen so gut wie unmöglich — es ist, genaue Kenntnis über die Kon-

---

[1] Apparat zur Darstellung der Nitrosochloride: Deussen, A. **369**, 58 (1909).

[2] Vgl. Wallach, A. **238**, 79ff. (1887).

[3] Vgl.: Semmler, Erw. Mayer, B. **43**, 3452 (1910). — Semmler, Risse, B. **45**, 3303 (1912).

stanten der „natürlichen" Sesquiterpene zu erlangen[1]. Man wird es danach auch begreiflich finden, daß in der Literatur eine verwirrend große Anzahl von Sesquiterpenen verzeichnet wird — sie sind meist mit Namen belegt, die an ihre pflanzliche Herkunft erinnern —, die höchstwahrscheinlich bei genauerer Untersuchung auf eine geringere Zahl chemischer Individuen reduziert werden würde, gerade so, wie wir es bei den Terpenen $C_{10}H_{16}$ dank der hierfür von WALLACH ausgebildeten Methodik erlebt haben. Zu den „natürlichen" und „regenerierten" Sesquiterpenen treten nun noch „künstliche Sesquiterpene", die durch Umwandlung sauerstoffhaltiger Sesquiterpenkörper — z. B. durch Wasserabspaltung aus Alkoholen $C_{15}H_{26}O$ — gewonnen wurden. Aus diesem gewaltigen Versuchsbestand kann im folgenden nur eine kleine Auswahl gegeben werden, für welche die vorwiegende Berücksichtigung solcher Stoffe maßgebend ist, die durch große Verbreitung ausgezeichnet oder als Vertreter gewisser Unterklassen beachtenswert sind, oder bei denen die Strukturerforschung zu hoffnungsvollen Ansätzen geführt hat.

Als allgemeine Eigenschaften kann man angeben, daß es sich um dicke, besonders leicht verharzende Flüssigkeiten handelt, die innerhalb der Grenzen von etwa 250—280° sieden, ein spezifisches Gewicht von 0·85 bis 0·94 zeigen und nur schwachen Geruch besitzen. Sie sind in reinem Zustand wohl stets farblos, werden aber meist schwach gefärbt erhalten; zuweilen beobachtet man eine dunkelblaue Färbung, die aber von der Beimengung eines wasserstoffärmeren Kohlenwasserstoffs (vgl. Azulen, S. 66) herrührt. Die natürlichen Sesquiterpene sind meist optisch aktiv.

Um zu einer Einteilung[2] der Sesquiterpene zu gelangen, erwägt man am besten nach dem Vorgang von SCHREINER und KREMERS[3] und unter Anlehnung an die über die einfachen Terpene gesammelten Erfahrungen die Hauptmöglichkeiten, die sich aus der gemeinsamen empirischen Formel $C_{15}H_{24}$ ableiten lassen. Da diese Formel von derjenigen der gesättigten acyclischen Kohlenwasserstoffe mit 15 C-Atomen ($C_{15}H_{32}$) sich durch den Mindergehalt von 8 H-Atomen unterscheidet, kann es sich handeln:

A) um acyclische Kohlenwasserstoffe mit vier Doppelbindungen;
B) um monocyclische Kohlenwasserstoffe mit drei Doppelbindungen;
C) um bicyclische Kohlenwasserstoffe mit zwei Doppelbindungen;
D) um tricyclische Kohlenwasserstoffe mit einer Doppelbindung;
E) um tetracyclische Kohlenwasserstoffe ohne Doppelbindung.

Praktisch kommen bislang nur vier Hauptklassen in Betracht, da für E ein Vertreter bisher nicht bekannt geworden ist. Auch die

[1] Vgl. WALLACH, A. **271**, 285 (1892); **279**, 391 (1894). — Ein einheitliches natürliches Sesquiterpen dürfte in dem β-Gurjunen (S. 50) vorliegen.

[2] Vgl. auch: WALLACH, A. **271**, 296 (1892). — SEMMLER, B. **36**, 1038 (1903).

[3] C. **1901**, II, 1226; s. ferner C. **1903**, I, 1409; **1903**, II, 762, 1177.

Klassen A und B sind noch wenig vertreten, während C und D reichlich ausgefüllt sind.

Zu den Bezeichnungen „bicyclisch", „tricyclisch" und „tetracyclisch" muß hier eine Bemerkung eingeschaltet werden. Man will mit ihnen nur ausdrücken, daß ein „bicyclisches" System aus einem monocyclischen System durch eine neue Verbindung zweier Ringglieder abgeleitet werden kann, ein „tricyclisches" in gleicher Weise aus einem „bicyclischen", ein „tetracyclisches" ebenso aus einem „tricyclischen"; diese neue Gliedverbindung kann entweder direkt durch Aneinanderbindung zweier vorher nicht direkt miteinander verknüpfter Ringglieder erfolgen (Einfügung einer „virtuellen Brücke" oder „Valenzbrücke") oder indirekt durch Einschaltung eines Atoms oder einer Atomkette („reelle Brücke"[1]). Aber jene Ausdrücke dürfen nicht dahin verstanden werden, daß sie die Anzahl der Einzelringe angeben sollen. An eine Deutung in solchem Sinne ist man zwar durch die orthokondensierten Ringsysteme der aromatischen Chemie gewöhnt, bei denen sie berechtigt ist, wenn man den größten, alle Ringglieder umfassenden Ring nicht mitrechnet; das Naphthalin z. B. (s. unten Schema a) enthält, wenn man den umfassenden Ring (1.2.3.4.10.5.6.7.8.9) außer acht läßt, zwei Einzelringe (9.10.4.3.2.1

a) 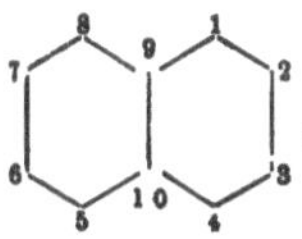, b) , c) 

und 9.10.5.6.7.8). In der „hydroaromatischen" Chemie aber handelt es sich meist um andersartige Kondensationen, bei denen ein alle Glieder umfassender Ring überhaupt nicht konstruierbar ist, und bei denen die Außerachtlassung irgendeines der konstruierbaren Ringe daher Willkür wäre. Das Norpinan z. B. (Schema b) enthält drei Einzelringe (1.6.5.7, 1.7.5.4.3.2 und 1.6.5.4.3.2), wird aber als bicyclisch bezeichnet; der durch Schema c wiedergegebene Kern wird tricyclisch genannt, obwohl er in vier Einzelringe (1.2.6, 1.2.3.4.7, 1.6.5.4.7 und 2.3.4.5.6) zerlegt werden kann[2].

Die Mittel, welche dazu dienen, die einzelnen Vertreter den oben abgeleiteten Hauptklassen einzuordnen, sind teils physikalischer, teils chemischer Art.

Unter den physikalischen Mitteln ist an erster Stelle das Lichtbrechungsvermögen zu nennen. Berechnet man auf Grund der Zahl vorhandener Doppelbindungen die Molekular-Refraktion (vgl. Bd. I, Tl. I, S. 132, 211—212, 659—660, 811), so ergeben sich für die fünf Hauptklassen die folgenden Werte[3]:

A) 69·60; B) 67·87; C) 66·13; D) 64·40; E) 62·66.

---

[1] Vgl. zu diesen Ausdrücken: Stelzner u. Kuh, „Materialien zur Nomenklatur und Bezifferung cyclischer Systeme" in der Einleitung zum „Literatur-Register der Organischen Chemie", Bd. III (Berlin 1921), S. 25.

[2] Vgl. hierzu: Grignard, Bl. [4] **11**, 127 (1912). — Bredt, Savelsberg, J. pr. [2] **97**, 5 (1918). — Stelzner, Kuh in dem oben zitierten Aufsatz, S. 92.

[3] Berechnet auf Grund der von Eisenlohr [Ph. Ch. **75**, 605 (1911)] angegebenen Atomrefraktionen; vgl. v. Auwers, Boennecke, Tabellen zur Berechnung der „theoretischen" Molrefraktionen organischer Verbindungen (Berlin 1914), S. 16.

Man erkennt aus den Differenzen dieser Zahlen, daß man aus dem Lichtbrechungsvermögen einen wertvollen Anhaltspunkt zur Beurteilung der Klassenzugehörigkeit gewinnen kann. Freilich ist dabei zu berücksichtigen, daß nach den neueren Erfahrungen Inkremente für konjugierte Doppelbindungen, für semicyclische Doppelbindungen und für Brückenbindungen hinzukommen[1]. — Auf rein empirischem Wege ist man dazu gelangt, das spezifische Gewicht als diagnostisches Hilfsmittel zu verwenden. Denn es hat sich gezeigt, daß dieses am geringsten bei den acyclischen Vertretern ist und mit zunehmender Ring-Kondensation steigt:

A) ca. 0·85; B) ca. 0·88; C und D) 0·89 bis 0·935.

Der chemische Weg besteht in der Feststellung des Additionsvermögens. In den älteren Untersuchungen hat man hierfür hauptsächlich die Aufnahmefähigkeit für Brom und für Halogenwasserstoffe zugrunde gelegt; dabei ist freilich zu beachten, daß durch die Wirkung der Säure Umlagerung unter Verschwinden einer Doppelbindung und Bildung eines neuen Rings („Invertierung", vgl. z. B. Zingiberen, S. 40) erfolgen kann. In neuerer Zeit hat man sich nach der modernen Ausbildung der katalytischen Hydrierungsmethoden mit Vorliebe auf das Aufnahmevermögen für Wasserstoff gestützt. Nach den vorliegenden Erfahrungen werden durch Wasserstoff z. B. in Gegenwart von fein verteiltem Platin die Doppelbindungen in einfache Bindungen verwandelt, während die Ringbindungen meist erhalten bleiben[2]. Man hat also hierin ein Mittel gewonnen, die Sesquiterpene zu den ihnen entsprechenden gesättigten Kohlenwasserstoffen zu hydrieren[3], und gelangt bei Klasse A zu Kohlenwasserstoffen von der Zusammensetzung $C_{15}H_{32}$, bei B zu $C_{15}H_{30}$, bei C zu $C_{15}H_{28}$ und bei D zu $C_{15}H_{26}$. Doch liegen auch einige Beobachtungen vor, nach denen die Hydrierung (in Gegenwart von Palladium) eine Doppelbindung unberührt läßt[4].

Reiche Früchte für die Aufklärung der Konstitution der Sesquiterpene hat neuerdings eine Methode getragen, die in der Gruppe der Monoterpene bisher noch nicht zur Konstitutionsermittelung gedient hat: durch Dehydrierung mit Schwefel bei 180—250° gelang es Ruzicka und seinen Mitarbeitern in verschiedenen Fällen, die den Sesquiterpenen zugrundeliegenden aromatischen Stammkörper zu fassen. Der aus Cadinen (vgl. S. 46) und mehreren anderen Sesquiterpenen gewonnene Kohlen-

[1] Vgl. darüber Zusammenstellungen im „Refraktometrischen Hilfsbuch" von W. A. Roth u. Eisenlohr (Leipzig), S. 81—84, 91 ff. und in Eisenlohrs „Spektrochemie organischer Verbindungen" (Stuttgart, 1912), S. 89—91, 96 ff., 135 ff.

[2] Vgl. indessen Semmler, Risse, B. **46**, 2306 (1913), über einen Fall von Ringsprengung.

[3] Vgl. z. B. Semmler, Risse, B. **45**, 3305 (1912). — Semmler, Jonas, B. **47**, 2075, 2079 (1914).

[4] Vgl. Deussen, A. **388**, 156 (1912); J. pr. [2] **90**, 324 (1914).

wasserstoff **Cadalin** erwies sich als ein 1.6-Dimethyl-4-isopropylnaphthalin (Formel I), während Eudesmen (S. 49) einen **Eudalin** ge-

I) 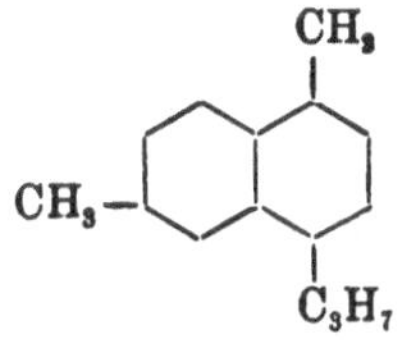 , II) 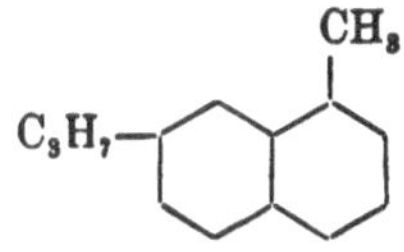

nannten Kohlenwasserstoff lieferte, der als 1-Methyl-7-isopropylnaphthalin (Formel II) erkannt wurde[1].

Die Eigenschaften[2] des Cadalins sind folgende: Siedep. unter 720 mm: 291 bis 292°; $D_4^{19} = 0{\cdot}9792$; $n_D^{19} = 1{\cdot}5851$; $M_D = 67{\cdot}78$. Das Pikrat schmilzt bei 115°, das Styphnat bei 138°. Eudalin siedet unter 720 mm bei 280—281° und zeigt $D_4^{17} = 0{\cdot}9734$; $n_D^{17} = 1{\cdot}5847$; $M_D = 63{\cdot}31$. Es liefert ein Pikrat vom Schmelzp. 90 bis 91° und ein Styphnat vom Schmelzp. 119—120°.

Die Konstitution beider Kohlenwasserstoffe wurde durch Abbau und Synthese sichergestellt[3]. Die Auffassung, daß die Sesquiterpene zum Teil als hydrierte Naphthaline zu betrachten seien, für die schon SEMMLER beachtenswerte Argumente beigebracht hatte[4], ist somit experimentell gut gestützt. Aus tricyclischen Sesquiterpenen sind Naphthalin-Kohlenwasserstoffe bisher nicht erhalten worden[5].

Von der Überlegung ausgehend, daß Terpene und höher molekulare Kohlenwasserstoffe durch Kondensation von Isopren bei hoher Temperatur entstehen, daß sich dieser Vorgang aber durch Variierung der Versuchsbedingungen umkehren läßt (vgl. Bd. I, Tl. I, S. 886—887) haben SEMMLER und JAKUBOWICZ gewisse Sesquiterpene unter Druck erhitzt (auf ca. 330°). Es ist ihnen dabei gelungen, nachzuweisen, daß — unter gleichzeitiger Bildung von Diterpenen $C_{20}H_{32}$ und wahrscheinlich unter Abspaltung von Isopren — die Sesquiterpene teilweise zu einfachen Terpenen abgebaut werden[6].

Auch durch oxydativen Abbau hat man natürlich versucht, Aufschlüsse über die Struktur zu erlangen. Aber diese Methode, die in der Reihe der einfachen Terpene zu so glänzenden Ergebnissen geführt hat, brachte bisher bei den Sesquiterpenen nur in seltenen Fällen Erfolg.

Aus dem sonstigen chemischen Verhalten[7] der Sesquiterpene sei noch erwähnt, daß es in einzelnen Fällen (z. B. beim Caryophyllen) gelungen ist, durch Wasser-

---

[1] RUZICKA, MEYER, MINGAZZINI, Helv. **5**, 345 (1922). — RUZICKA, STOLL, Helv. **5**, 923 (1922).

[2] RUZICKA, MEYER, Helv. **4**, 505 (1921).

[3] RUZICKA, SEIDEL, Helv. **5**, 369 (1922). — RUZICKA, MINGAZZINI, Helv. **5**, 710 (1922). — RUZICKA, STOLL, Helv. **5**, 923 (1922).

[4] Vgl. auch WALLACH, A. **239**, 49 (1887). — SEMMLER, B. **36**, 1038 (1903).

[5] RUZICKA, STOLL, Helv. **6**, 853 (1923).

[6] SEMMLER, JAKUBOWICZ, B. **47**, 2252 (1914).

[7] Addition von Formaldehyd: GENVRESSE, C. r. **138**, 1228 (1904).

anlagerung (mittels verdünnter Schwefelsäure in Eisessig) zu Sesquiterpenalkoholen $C_{15}H_{26}O$ zu gelangen [1].

Als natürlicher Vertreter der ***acyclischen Sesquiterpene*** ist bisher nur das **Sesquicitronellen** zu verzeichnen, das von SCHIMMEL u. Co. [2] aufgefunden, von SEMMLER und SPORNITZ [3] näher untersucht worden ist. Es findet sich neben Geraniol und anderen Alkoholen, Methyleugenol, Terpenen und einem „schweren" Sesquiterpen (vgl. dazu S. 41, 42) im Java-Citronellöl. Für ein möglichst gereinigtes Präparat wurden die Konstanten gefunden: Siedep. unter 9 mm Druck = 138—140°, $D^{20} = 0{\cdot}8489$, $n_D = 1{\cdot}53252$, α_D (100 mm) = + 0° 36'; auffällig ist die ungewöhnlich hohe Molekularrefraktion (74·5), die wohl auf Konjugation von Doppelbindungen zurückzuführen ist. In der Tat kann auf ein konjugiertes System auch daraus geschlossen werden, daß bei der Reduktion mit Natrium in Alkohol zwei Wasserstoffatome aufgenommen werden. Die Hydrierung mit Platin und Wasserstoff aber führt zu einem Oktahydrid $C_{15}H_{32}$ (Siedep. unter 9 mm Druck = 115—117°, $D^{20} = 0{\cdot}7789$, $n_D = 1{\cdot}43518$) und liefert damit den Beweis der acyclischen Struktur. Durch konzentrierte Ameisensäure läßt sich das Sesquicitronellen zu einem cyclischen Sesquiterpen (Siedep. unter 15 mm Druck = 129—132°, $D^{20} = 0{\cdot}8892$, $n_D = 1{\cdot}5069$) isomerisieren.

Von den ***monocyclischen Sesquiterpenen*** ist das zuerst im Bisabol-Myrrhenöl beobachtete **Bisabolen** [4] (Limen) recht verbreitet; es ist z. B. auch im sibirischen Fichtennadelöl, im Campheröl, Limettöl, Citronenöl, Cardamomwurzelöl nachgewiesen worden. Es wird durch sein Tris-hydrochlorid $C_{15}H_{27}Cl_3$ charakterisiert, das schöne Krystalle vom Schmelzp. 79—80° bildet. Der aus diesem Additionsprodukt durch Natriumacetat in Eisessig regenerierte Kohlenwasserstoff ist optisch inaktiv, siedet unter gewöhnlichem Druck fast ohne Zersetzung bei 260—268° und zeigt $D^{20} = 0{\cdot}8725$, $n_D^{20} = 1{\cdot}4903$; die Molekularrefraktion (67·63) besitzt den normalen Wert (s. S. 37). Aus dem regenerierten Kohlenwasserstoff erhält man durch Salzsäure wieder das bei 79—80° schmelzende Tris-hydrochlorid. Die Gegenwart von drei Doppelbindungen ist ferner durch katalytische Hydrierung zu einem Hexahydrid $C_{15}H_{30}$ (Siedep. unter 8 mm Druck = 123—125°, $D^{20} = 0{\cdot}8244$, $n_D = 1{\cdot}45423$) dargetan worden.

Vom Bisabolen weicht in seinem Verhalten wesentlich das **Zingiberen** [5] ab,

---

[1] WALLACH, A. **271**, 287 (1892). [2] C. **1899**, II, 880.

[3] B. **46**, 4025 (1913). — Vgl. RUZICKA, Helv. **6**, 498 (1923).

[4] TSCHOLKA, Ar. **235**, 292 (1897). — BURGESS, PAGE, Soc. **85**, 415, 1328 (1904). — R. SCHMIDT, WEILINGER, B. **39**, 657 (1906). — WALLACH, A. **368**, 19 (1909). — GILDEMEISTER, W. MÜLLER, C. **1909**, II, 2159. — SCHIMMEL u. Co., C. **1909**, II, 2156; s. auch C. **1904**, II, 1470; **1911**, II, 1804. — SEMMLER, ROSENBERG, B. **46**, 768 (1913).

[5] v. SODEN, ROJAHN, C. **1900**, II, 97. — SCHREINER, C. **1901**, II, 544. — SCHREINER, KREMERS, C. **1901**, II, 1226; **1902**, I, 41. — SEMMLER, A. BECKER, B. **46**, 1814 (1913).

das sich im Ingweröl findet. Es liefert ein krystallisiertes Nitrosochlorid, Nitrosit und Nitrosat, aber mit Chlorwasserstoff in Eisessig nicht ein Tris-hydrochlorid, sondern ein Bis-hydrochlorid $C_{15}H_{26}Cl_2$ (Schmelzp. 168—170°). Aus dem Rohöl herausfraktioniert und über Natrium gereinigt, siedete es unter 9 mm Druck bei 128—129° und zeigte $D^{20} = 0{\cdot}8684$, $n_D = 1{\cdot}4956$ (Mol.-Refr.: 68·37); es ist linksdrehend. Daß es trotz der Aufnahme von nur 2 Mol. HCl drei Doppelbindungen enthält, folgt aus der Bildung eines Hexahydrids $C_{15}H_{30}$ (Siedep. unter 11 mm Druck 128—130°, $D^{20} = 0{\cdot}8264$, $n_D = 1{\cdot}4560$) bei der katalytischen Hydrierung. Jenes Bis-hydrochlorid ist nicht ein unmittelbares Derivat des Zingiberens, sondern stammt von einem durch die Säure gebildeten Isomerisationsprodukt; denn man erhält es auch, wenn man das Zingiberen in Eisessig mit 50 proz. Schwefelsäure einige Stunden bei 60—65° schüttelt und das so gewonnene Präparat, das nun gegenüber dem Zingiberen einen niedrigeren Siedepunkt, eine höhere Dichte (0·9118) und eine geringere Molekularrefraktion (66·50) zeigt, mit Chlorwasserstoff behandelt. Es ist also anzunehmen, daß bei der Einwirkung von Säure zunächst Umlagerung des monocyclischen Zingiberens in ein bicyclisches Sesquiterpen erfolgt; dieses bicyclische Sesquiterpen — Isozingiberen (Siedep. unter 8 mm Druck = 120—123°, $D^{20} = 0{\cdot}9150$, $n_D = 1{\cdot}5034$, Mol.-Refr. = 65·95) — kann man aus dem Bis-hydrohalogenid durch alkoholisches Kali regenerieren, und es vereinigt sich mit Halogenwasserstoffen wieder zu den Bis-hydrohalogeniden, aus denen es entstanden ist. Es unterscheidet sich von dem Zingiberen aber — abgesehen von den physikalischen Konstanten — wesentlich dadurch, daß es bei der katalytischen Reduktion ein Tetrahydrid $C_{15}H_{28}$ liefert, sich jedoch mit Natrium in Alkohol nicht reduzieren läßt, während das Zingiberen mit Natrium in Alkohol ein Dihydrid $C_{15}H_{26}$ liefert. Das Zingiberen enthält also höchstwahrscheinlich ein konjugiertes System von zwei Doppelbindungen, deren eine beim Ringschluß zu Isozingiberen verschwindet.

Zingiberen wie Isozingiberen liefern nun bei der Dehydrierung mit Schwefel Cadalin (Formel vgl. S. 39)[1], so daß man ihnen mit Vorbehalt z. B. die Formeln I bzw. II zuerteilen kann:

I) 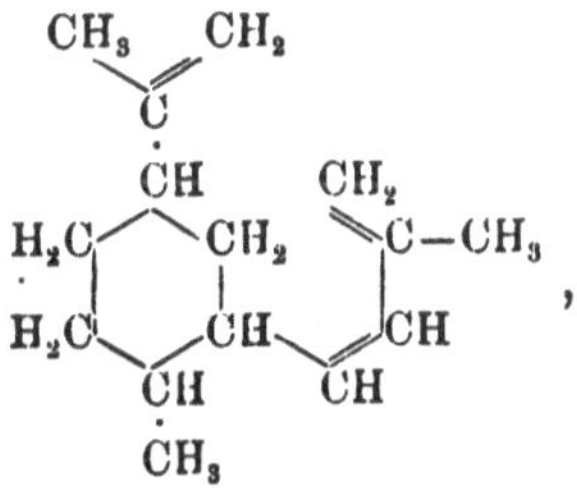 ,

II) 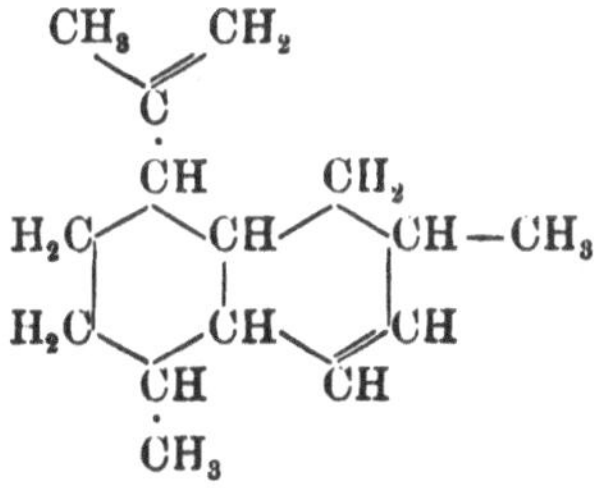 .

Über monocyclische synthetische Sesquiterpene s. S. 52—54.

In der Hauptklasse der ***bicyclischen Sesquiterpene*** (C, s. S. 36) unterscheidet SEMMLER[2] zwei Unterklassen. Für diese Unterscheidung gibt ihm das spezifische Gewicht eine physikalische Handhabe; denn man beobachtet bei einigen Vertretern dieser Klasse ein spez. Gew. um 0·90, bei anderen ein solches um 0·9175. SEMMLER erblickt in den „leichteren" Vertretern Abkömmlinge der bicyclischen Monoterpene,

[1] RUZICKA, MEYER, MINGAZZINI, Helv. **5**, 359 (1922).

[2] Vgl. SEMMLER, A. BECKER, B. **46**, 1817 (1913). — SEMMLER, TOBIAS, B. **46**, 2029 (1913). — Vgl. auch RUZICKA, PONTALTI, BALAS, Helv. **6**, 855 (1923).

während er die „schwereren" als hydrierte Naphthalinkörper ansieht. Die folgenden Formelbeispiele:

I) 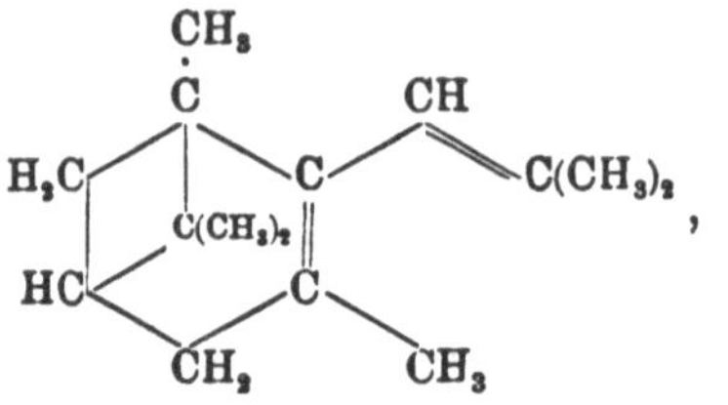

bicycl. Sesquiterpen
vom Terpen-Typus

II) 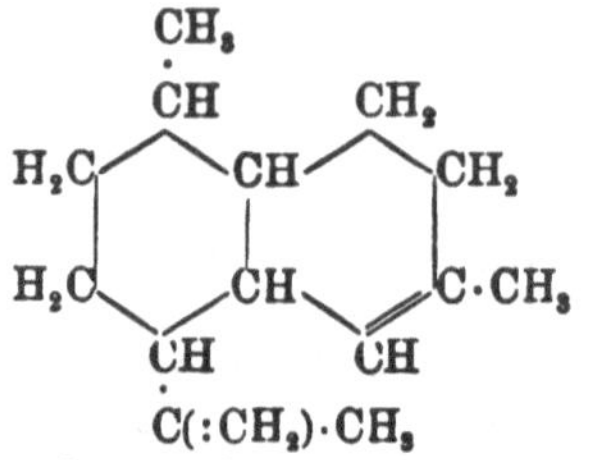

bicycl. Sesquiterpen
vom Naphthalin-Typus

mögen diese Anschauung erläutern. Der Unterschied der physikalischen Eigenschaften erhält sich auch bei den Perhydriden[1], zu denen die katalytische Reduktion führt. Man erhält aus den „leichteren" bicyclischen Sesquiterpenen Kohlenwasserstoffe $C_{15}H_{28}$ vom spez. Gew. ca. 0·87 und dem Brechungsexponenten ca. 1·470, aus den „schwereren" aber solche vom spez. Gew. ca. 0·89 und dem Brechungsexponenten ca. 1·482. Diese Regelmäßigkeiten haben wohl in strukturellen Verhältnissen ihren Grund. Wir schließen uns daher der Einteilung in spezifisch leichtere und schwerere Sesquiterpene im folgenden an; und es sei gleich bemerkt, daß die beiden meistuntersuchten und in der Natur meistverbreiteten Sesquiterpene — Caryophyllen und Cadinen — Vertreter der beiden Unterklassen sind; das Caryophyllen gehört der „leichteren", das Cadinen der „schwereren" an.

Der Name **Caryophyllen**[2] ist von Wallach[3] 1892 für eine Sesquiterpen-Fraktion des Nelkenöls eingeführt worden, das aus den an der Luft getrockneten Blütenknospen („Nelken") des Nelkenbaumes (Eugenia caryophyllata Thunb.) gewonnen wird und als wertvollsten Bestandteil das Eugenol enthält. Der Sesquiterpen-Gehalt dieses Öls war schon frühzeitig beobachtet worden[4]. Als identisch mit dem Caryophyllen betrachtete man dann das Sesquiterpen des Copaivabalsamöls[5]. Auch im Ceylonzimtöl wurde ein Sesquiterpen beobachtet, das mit demjenigen des Nelkenöls in einer charakteristischen, von Wallach aufgefundenen

---

[1] Vgl. Semmler, Jonas, B. **47**, 2075 (1914).

[2] Außer den im folgenden speziell zitierten Abhandlungen vgl. noch z. B.: Gadamer, Amenomiya, Ar. **241**, 38 (1903). — Genvresse, C. r. **138**, 1228 (1904) — Hantzsch, B. **45**, 558 (1912). — Semmler, Jakubowicz, B. **47**, 2257 (1914).

[3] A. **271**, 287 (1892).

[4] Vgl.: Brüning, A. **104**, 204 (1857); **107**, 242 (1858). — Church, J. **1875**, 853. — Darstellung von Caryophyllen aus Nelkenöl: E. Erdmann, J. pr. [2] **56**, 146 (1897).

[5] Vgl. dazu: Blanchet, A. **7**, 157 (1833). — Soubeiran, Capitaine, A. **34**, 321 (1840). — Posselt, A. **69**, 69 (1849). — E. G. Strauss, A. **148**, 151 (1868). — Brix, M. **2**, 507 (1881). — P. Levy, Engländer, A. **242**, 191 (1887). — Wallach, A. **271**, 294 (1892).

Reaktion — der Hydratation[1] zu einem bei 96° schmelzenden Sesquiterpenalkohol $C_{15}H_{26}O$ (Caryophyllenhydrat, s. S. 59, Fußnote 3) — übereinstimmt[2].

Heute ist dank einer seit 1907 fortgesetzten, außerordentlich sorgfältigen Untersuchungsreihe von DEUSSEN der Name Caryophyllen ein Sammelbegriff für mehrere Kohlenwasserstoffe $C_{15}H_{24}$ geworden. Zu ihrer Unterscheidung gelangte DEUSSEN durch ein eingehendes Studium der durch Nitrosylchlorid und durch Oxyde des Stickstoffs gebildeten Additionsprodukte[3]. Aus dem sehr reichlichen, zumeist an Caryophyllen aus Nelkenstielöl gesammelten Versuchsbestand sei zunächst hervorgehoben, daß man aus dem rohen Nitrosochlorid abscheiden kann[4]:

α-Caryophyllen-nitrosochlorid $C_{15}H_{24}ONCl$ in weißen Krystallen vom Schmelzp. 177°, das optisch fast inaktiv ist und mit Benzylamin ein bei 126—128° schmelzendes, völlig inaktives Nitrolbenzylamin $C_{15}H_{24}ON(NH \cdot C_7H_7)$ liefert;

und

β-Caryophyllen-nitrosochlorid vom Schmelzp. 159°, das stark links dreht ($[\alpha]_D^{17} = -98.07°$ in Benzol-Lösung, p = 0·868) und ein bei 172—173° schmelzendes, stark rechtsdrehendes Nitrolbenzylamin liefert.

Es ergibt sich hieraus der Schluß, daß in dem „natürlichen" Caryophyllen ein optisch inaktives Sesquiterpen (α-Caryophyllen) und ein aktives (β-Caryophyllen) vorhanden sind. Durch häufige Fraktionierung des rohen Caryophyllens im Vakuum wurden schließlich Fraktionen von folgenden Eigenschaften erhalten[5]:

I) Siedep. (16 mm): 132—134°; α_D^{20}: −4·67°; D_0^{20}: 0·9035; n_D^{20}: 1·49973; Mol.-Refr.: 66·45;

II) Siedep. (16 mm): 128°; α_D^{17}: −23·57°; D_0^{17}: 0·9103; n_D^{17}: 1·49899; Mol.-Refr.: 65·86,

bei denen ebenfalls der große Unterschied des Drehungsvermögens in die Augen fällt.

Wichtig ist ferner ein Nitrosit $C_{15}H_{24}O_3N_2$ (β-Caryophyllen-nitrosit), das man aus rohem Caryophyllen in Form blauer Nadeln vom Schmelzp. 115° gewinnt, wenn man die Lösung in 2½ Tln. Petroläther mit gesättigter Natriumnitritlösung vermischt und dann allmählich

---

[1] S. auch DEUSSEN, J. pr. [2] **90**, 328 (1914).

[2] WALBAUM, HÜTHIG, J. pr. [2] **66**, 54 (1902).

[3] A. **356**, 1 (1907); **359**, 245 (1908); **369**, 41 (1909); **374**, 111 (1910); **388**, 136 (1912). J pr. [2] **90**, 324 (1914).

[4] Ältere Untersuchungen hierüber: WALLACH, A. **271**, 295 (1892); **279**, 391 (1894). — KREMERS, SCHREINER, JAMES, C. **1899**, I, 108. — SCHREINER, KREMERS, C. **1899**, II, 943, 1119.

[5] DEUSSEN, A. **359**, 246 (1908).

Eisessig hinzusetzt. Dieses Nitrosit ist schon wegen seiner optischen Aktivität — es besitzt das enorm hohe Drehungsvermögen[1] $[\alpha]_D$ = ca. + 1600° (in Benzol, p = 0·473) — mit Wahrscheinlichkeit als Derivat des β-Caryophyllens anzusprechen, was dadurch zur Gewißheit erhoben wird, daß es mit Benzylamin das bei 172—173° schmelzende β-Nitrolbenzylamin (s. o.) liefert. Unter den Zersetzungsprodukten, welche beim Erhitzen des Nitrosits mit Ligroin entstehen, findet sich eine sehr charakteristische Verbindung $C_{12}H_{19}O_6N_3$, welche in den meisten Lösungsmitteln gar nicht oder sehr wenig löslich ist, etwas reichlicher in Aceton und daraus in weißen Nädelchen vom Schmelzp. 159° erhalten wird. Diese Verbindung bildet sich nun auch, wenn man in eine ätherische Lösung von Caryophyllen Salpetrigsäure-Gas längere Zeit einleitet, nach vorübergehender Blaufärbung als voluminöse Ausscheidung, und dieser Reaktion kann man sich mit Vorteil zum Nachweis und zur annähernden Bestimmung des β-Caryophyllens bedienen[2]. Auf solche Weise wurde das β-Caryophyllen (neben Cadinen) auch in Copaivabalsamölen verschiedener Herkunft[3] und im westindischen Sandelholzöl[4] nachgewiesen. Auch die Sesquiterpen-Fraktion des Hopfenblütenöls, in der man früher ein besonderes Sesquiterpen („Humulen") angenommen hatte[5], enthält eine geringe Menge β-Caryophyllen[6]; sie besteht aber der Hauptmenge nach[7] aus α-Caryophyllen.

Dafür, daß sowohl α- wie β-Caryophyllen bicyclisch sind, also zwei Doppelbindungen enthalten, hat Deussen Bestätigungen erbracht, indem er zeigte, daß sowohl das α-Nitrosochlorid wie das β-Nitrosit je 1 Mol. Halogenwasserstoff zu addieren vermögen[8]. Über die katalytische Hydrierung liegen zwei verschiedene Beobachtungen vor; während Deussen[9] aus einem Gemisch von viel β- mit wenig α-Caryophyllen in Methylalkohol bei Gegenwart von kolloidalem Palladium nur ein Dihydrid ($C_{15}H_{26}$) erhielt, gelangten Semmler und Erw. Mayer[10] von käuflichem Caryophyllen in Äther bei Gegenwart von Platinmohr zu einem Tetrahydrid ($C_{15}H_{28}$).

Man hat ferner aus Caryophyllen-Präparaten durch Anlagerung von Chlorwasserstoff ein krystallisiertes, in ätherischer Lösung rechtsdrehendes Bis-hydro-

[1] Deussen, A. **388**, 160 (1912). — Vgl. dazu: Deussen, J. pr. [2] **85**, 484 (1912). — Tschugaeff, J. pr. [2] **86**, 545 (1912).

[2] Deussen, A. **388**, 138 (1912).

[3] Vgl.: Deussen, A. Hahn, Ch. Z. **34**, 873 (1910). — Deussen, A. **388**, 141, 142 (1912). — Deussen, Eger, Ch. Z. **36**, 561 (1912). — Schimmel u. Co., C. **1914**, I, 1654.

[4] Deussen, A. **388**, 144 (1912).

[5] Vgl.: Chapman, Soc. **67**, 59, 780 (1895). C. **1898**, II, 360. — S. auch: Fichter, Katz, B. **32**, 3183 (1899). — Rabak, C. **1914**, II, 492.

[6] Deussen, A. **388**, 146 (1912).

[7] Deussen, J. pr. [2] **83**, 483 (1911).

[8] Deussen, A. **388**, 157 (1912). J. pr. [2] **90**, 325 (1914).

[9] A. **388**, 156 (1912).

[10] B. **45**, 1393 (1912).

chlorid[1] vom Schmelzp. 69—70° erhalten, aus dem nach verschiedenen Methoden durch Abspaltung von Chlorwasserstoff „regenerierte Caryophyllene" — wie es scheint, sowohl bicyclischer wie tricyclischer Art — bereitet worden sind[2]. Einen einheitlichen Kohlenwasserstoff, früher Isocaryophyllen, jetzt γ-Caryophyllen genannt, erhielt DEUSSEN[3] in recht glatter Reaktion aus dem β-Caryophyllennitrosit durch Einwirkung von siedendem Alkohol; er liefert in guter Ausbeute das eben erwähnte Bis hydrochlorid vom Schmelzp. 69—70°, nimmt aber bei der erschöpfenden Hydrierung in Methylalkohol bei Gegenwart von Palladium nur zwei H-Atome auf.

Trotz großen experimentellen Aufwands steht man in bezug auf die Komponenten des natürlichen Caryophyllens und die ihnen nahestehenden künstlichen Isomeren noch vor manchen ungelösten Fragen. Versuche, durch Dehydrierung des Caryophyllens zu einem Naphthalinkohlenwasserstoff zu gelangen[4], sind gescheitert, so daß ein einfacher Hydronaphthalinring für das Caryophyllen nur geringe Wahrscheinlichkeit besitzt. Auch der oxydative Abbau[5] hat zu keinen entscheidenden Ergebnissen geführt, und es muß daher betreffs der in größerer Zahl gewonnenen Abbauprodukte auf die Original-Literatur verwiesen werden. Erwähnt sei nur, daß man unter ihnen der asymm. Dimethylbernsteinsäure begegnet ist, woraus sich der Schluß auf die Gegenwart eines *gem.*-dimethylierten Kohlenstoffatoms ergibt.

In die Reihe der bicyclischen Sesquiterpene vom Terpen-Typus gehört ferner nach SEMMLER eines der Sesquiterpene, die sich in dem Vorlauf des ostindischen Sandelholzöls (vgl. S. 60) finden: das **β-Santalen**[6] (über α-Santalen s. S. 49). Durch Fraktionierung erhielt er diesen zuerst von GUERBET unterschiedenen Kohlenwasserstoff mit folgenden Eigenschaften: Siedep. unter 7 mm Druck = 125—126°, $D^{20} = 0{\cdot}894$, $n_D^{20} = 1{\cdot}49460$, Mol.-Refr. = 66·53, $\alpha_D = -41^\circ 3'$ (l = 100 mm). Bei der Behandlung mit Ozon wurde ein Aldehyd gewonnen, der sich über Oxim und Nitril in eine von der tricyclischen Eksantalsäure (s. S. 62) verschiedene Säure überführen ließ.

Der wichtigste Vertreter der „schwereren" bicyclischen Sesquiterpene (vgl. S. 41, 42) ist ein Kohlenwasserstoff, der durch seine Überführbarkeit in ein bei 117—118° schmelzendes Bis-hydrochlorid charakterisiert wird und in so vielen ätherischen Ölen angetroffen ist[7], daß

---

[1] SCHREINER, KREMERS, C. **1899**, II, 1119; **1902**, I, 41. — SEMMLER, ERW. MAYER, B. **43**, 3453 (1910).

[2] Vgl. darüber: SEMMLER, ERW. MAYER, B. **43**, 3451 (1910); **45**, 1394 (1912). — SCHIMMEL u. Co., C. **1910**, II, 1758. — DEUSSEN, A. **388**, 151 (1912).

[3] A. **356**, 20 (1907); **359**, 251 (1908); **388**, 154 (1912). J. pr. [2] **90**, 324 (1914). — S. ferner SEMMLER, ERW. MAYER, B. **44**, 3677 (1911).

[4] DEUSSEN, Z. Ang. **36**, 348 (1923). — RUZICKA, STOLL, Helv. **6**, 834 (1923).

[5] Vgl.: DEUSSEN, B. **42**, 376, 680 (1909). A. **369**, 37, 54 (1909); **388**, 162 (1912). — HAARMANN, B. **42**, 1062 (1909); **43**, 1505 (1910). — SEMMLER, ERW. MAYER, B. **44**, 3657 (1911).

[6] Vgl.: v. SODEN, FR. MÜLLER, C. **1899**, I, 1082. — GUERBET, Bl. [3] **23**, 540 (1900). — v. SODEN, Ar. **238**, 363 (1900). — SEMMLER, B. **40**, 3321 (1907); **43**, 445 (1910). — SCHIMMEL u. Co., C. **1910**, II, 1757. — HOFFMANN-GILDEMEISTER, Bd. II, S. 355. — Versuch zur Dehydrierung: RUZICKA, STOLL, Helv. **6**, 834 (1923).

[7] Vgl. z. B.: SOUBEIRAN, CAPITAINE, A. **34**, 323 (1840). — E. SCHMIDT, Ar. **191**, 16 (1870). B. **10**, 190 (1877). — OGLIALORO, G. **5**, 467 (1875). — WALLACH, A. **238**, 78 (1887); **271**, 297, 302 (1892). — BECKURTS, TRÖGER, Ar. **236**, 392 (1898). —

man ihn als das meistverbreitete Sesquiterpen bezeichnen darf. WALLACH[1] gab diesem zuerst von SOUBEIRAN und CAPITAINE 1840 beobachteten Kohlenwasserstoff den Namen **Cadinen**[2], weil er in dem altbekannten und leicht beschaffbaren „Oleum cadinum" (Kadeöl, Wachholderteeröl), das aus dem Holz von Juniperus-Arten durch trockene Destillation gewonnen wird, sich in reichlicher Menge findet. Er ist ferner z. B. im Cubebenöl, Cypressenöl, Angosturarindenöl und Cedrelaholzöl enthalten, welch letzteres hauptsächlich aus Cadinen besteht. Das Bis-hydrochlorid $C_{15}H_{26}Cl_2$ krystallisiert aus Äther in großen, weißen Prismen, schmilzt bei 117—118°, ist in Alkohol ziemlich schwer, in warmem Essigester leicht löslich; es ist optisch aktiv, und zwar wurde, sofern eine optische Untersuchung erfolgte, in ca. 7-prozent. Chloroform-Lösung $[\alpha]_D$ meist gleich ca. —37° gefunden[3]. Der daraus mit Natriumacetat in Eisessig oder mit Natriumalkoholat regenerierte, leicht verharzende und Sauerstoff absorbierende[4] Kohlenwasserstoff[5] ist linksdrehend und liefert mit Chlorwasserstoff das Bis-hydrochlorid mit dem gleichen Schmelzpunkt und dem gleichen Drehungsvermögen zurück. Beobachtet wurden an ihm z. B. die folgenden Konstanten: Siedep. = 274—275°, $D^{20} = 0{\cdot}918$, $n_D = 1{\cdot}50647$, $[\alpha]_D = -98{\cdot}6°$ (bis —111°). Man bezeichnet den linksdrehenden Kohlenwasserstoff, der jenes linksdrehende Bis-hydrochlorid liefert, als *l*-Cadinen.

d-Cadinen[6], das ein rechtsdrehendes Bis-hydrochlorid vom Schmelzp. 117 bis 118° liefert und — daraus regeneriert — ebenfalls rechts dreht, wurde im Atlas-Cedernöl gefunden.

In einigen Fällen — z. B. beim westindischen Sandelholzöl und dem Galbanumöl — ist beobachtet worden, daß aus rechtsdrehenden Sesquiterpen-Fraktionen das linksdrehende Bis-hydrochlorid vom Schmelzp. 117—118° erhalten wurde, das nach der HCl-Abspaltung *l*-Cadinen lieferte. Die nächstliegende Deutung hierfür besteht darin, daß in der ursprünglichen Sesquiterpen-Fraktion neben dem *l*-Cadinen ein stark rechtsdrehender Stoff vorhanden ist. Es wird aber auch die Möglichkeit

---

SCHIMMEL u. Co., C. **1902**, I, 1059; **1904**, II, 1469; **1914**, I, 1654; **1920**, II, 451. — PAVESI, C. **1904**, II, 224. — v. SODEN, ROJAHN, B. **37**, 3353 Anm., 3355 (1904). — KIMURA, C. **1910**, I, 275. — SEMMLER, ROSENBERG, B. **46**, 769 (1913). — LENZ, B. **47**, 1990 (1914). — UCHIDA, Am. Soc. **38**, 693, 701 (1916). — HUERRE, C. **1921**, III, 43.

[1] A. **271**, 297 (1892).

[2] Vgl. außer den speziell zitierten Abhandlungen noch z. B.: BERTHELOT, J. **1869**, 333. — SCHREINER, KREMERS, C. **1899**, II, 1119. — CATHELINEAU, HAUSSER, Bl. [3] **25**, 931 (1901). — GENVRESSE, C. r. **138**, 1228 (1904). — DEUSSEN, A. **359**, 260 (1908). — SEMMLER, JAKUBOWICZ, B. **47**, 2258 (1914).

[3] Vgl. z. B.: WALLACH, A. **252**, 150 (1889). — KIMURA, C. **1910**, I, 275. — DEUSSEN, J. pr. [2] **85**, 487 (1912).

[4] SCHINDELMEISER, C. **1908**, II, 598.

[5] Vgl.: WALLACH, A. **238**, 85 (1887); **252**, 150 (1889). — LEPESCHKIN, C. **1908**, II, 1354. Ch. Z. **38**, 276 (1914). — KIMURA, C. **1910**, I, 275.

[6] Vgl.: GRIMAL, C. r. **135**, 583, 1057 (1902).

in Betracht gezogen, daß das *l*-Cadinen-bis-hydrochlorid aus einem rechtsdrehenden Sesquiterpen entstanden sein könnte[1].

Wie durch das Vermögen zur Bindung zweier Chlorwasserstoff-Moleküle, so wird auch durch das Verhalten bei der katalytischen Hydrierung[2] das Cadinen als bicyclisches Sesquiterpen gekennzeichnet; denn es entsteht in absolut-ätherischer Lösung bei Gegenwart von Platin ein Tetrahydrid $C_{15}H_{28}$ (Siedepunkt unter 10 mm Druck = 125—128°, $D^{21} = 0{\cdot}883$, $n_D^{21} = 1{\cdot}4807$). Daß Cadinen beim Erhitzen mit Schwefel in Cadalin übergeht, wurde schon oben (S. 38) angegeben. Untenstehende Formel entspricht dem heutigen Stand unserer Kenntnisse von der Kon-

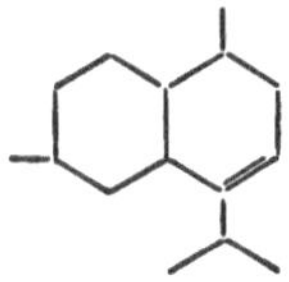

stitution des Cadinens[3]. Wie man sieht, ist nur noch die Lage einer Doppelbindung zu bestimmen.

Ein schweres Sesquiterpen ist ferner das von Schimmel u. Co. 1910 im Selleriesamenöl aufgefundene **Selinen**[4]. Es ist ebenfalls durch ein krystallisierbares Bis-hydrochlorid $C_{15}H_{26}Cl_2$ charakterisiert; dieses schmilzt bei 72—74°, ist wie das Ausgangsmaterial rechtsdrehend (höchste beobachtete Drehung in Chloroform: $[\alpha]_D = +18°$) und liefert durch vorsichtige Abspaltung von HCl mittels methylalkoholischer Kalilauge (vgl. S. 35) einen Kohlenwasserstoff $C_{15}H_{24}$, der folgende Konstanten zeigt: Siedep. unter 11 mm Druck = 128—132°, $D^{20} = 0{\cdot}919$, $n_D^{20} = 1{\cdot}50920$, Mol.-Refr. = 66·28, $\alpha_D = +61°36'$ (l = 100 mm). Trotzdem dieses „regenerierte" Selinen (α-Selinen) sich mit HCl wieder zu dem bei 72—74° schmelzenden Bis-hydrochlorid vereinigt, ist es doch strukturverschieden von dem „natürlichen" Selinen (β-Selinen), das ihm in Siedepunkt, Dichte und Lichtbrechung sehr ähnlich ist, aber schwächer nach rechts dreht (α_D = ca. + 38°). Denn, wie Semmler und Risse nachwiesen, liefert das β-Selinen bei der Oxydation mit Ozon (in Eisessig) in reichlicher Ausbeute ein Diketon $C_{13}H_{20}O_2$ neben sehr wenig sauren Oxydationsprodukten; das α-Selinen dagegen gibt bei der gleichen Behandlung jenes Diketon nur in ganz untergeordneter Menge, während reichlich eine Diketomonocarbonsäure $C_{14}H_{22}O_4$ entsteht. Durch weitere Oxydation mit alkalischer Bromlösung wird sowohl aus dem Diketon $C_{13}H_{20}O_2$ wie aus der Diketomonocarbonsäure $C_{14}H_{22}O_4$ eine und dieselbe

[1] Vgl. hierzu: Deussen, Ar. **238**, 149 (1900); **240**, 291 (1902); **388**, 142, 144 (1912). — v. Soden, Ch. Z. **33**, 428 (1909). — Semmler, Jonas, B. **47**, 2072 (1914).

[2] Semmler, Jonas, B. **47**, 2074 (1914).

[3] Ruzicka, Meyer, Helv. **4**, 505 (1921). — Ruzicka, Meyer, Mingazzini, Helv. **5**, 351 (1922). — Ruzicka, Stoll, Helv. **7**, 87 (1924).

[4] Schimmel u. Co., C. **1910**, I, 1719. — Semmler, Risse, B. **45**, 3301, 3725 (1912); **46**, 599 (1913).

Tricarbonsäure $C_{12}H_{18}O_6$ (s. u.) gebildet. SEMMLER und RISSE schließen aus diesen Beobachtungen, daß sich die beiden Selinene in bezug auf die Lage einer Doppelbindung von einander in ähnlicher Weise unterscheiden, wie die beiden Phellandrene (s. S. 25), d. h. daß im β-Selinen eine semicyclische Doppelbindung vorhanden ist, die bei dem Übergang in α-Selinen durch Anlagerung und Wiederabspaltung von HCl in den Ring verlegt wird.

Bei der Dehydrierung mit Schwefel geben beide Selinene in annähernd gleicher Ausbeute Eudalin (Formel s. S. 39). Im Verein mit den Resultaten der SEMMLERschen Arbeiten führt diese Beobachtung zu den folgenden Formeln für α-Selinen (II) und β-Selinen (I):

I) 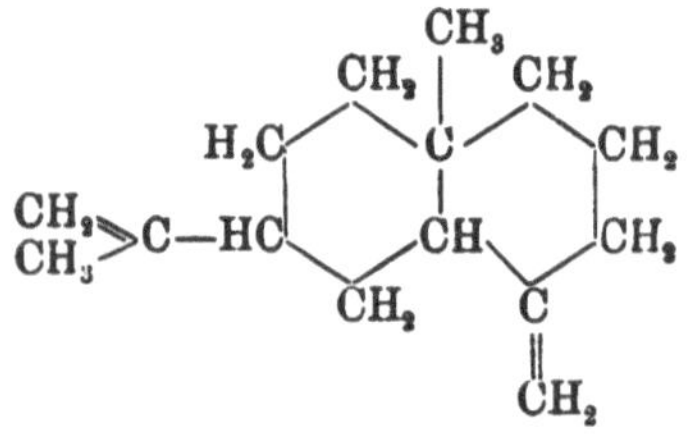 , II) 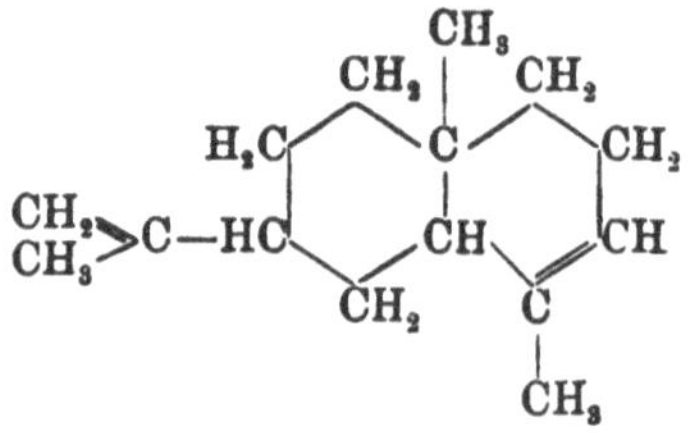 ,

III) 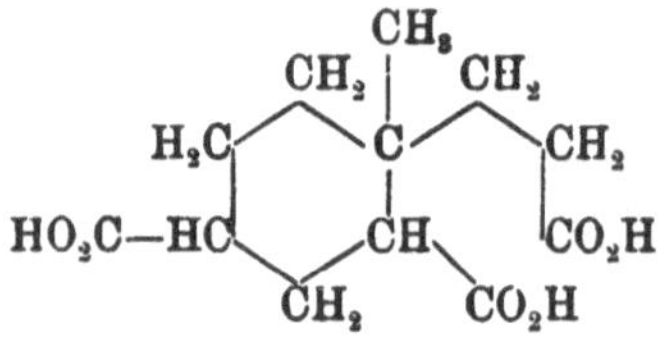 , IV) 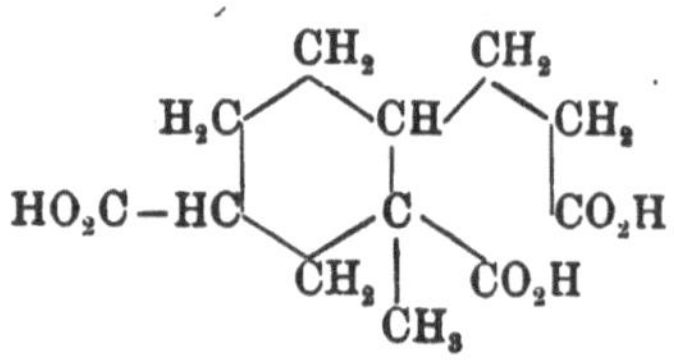 .

Die hier angenommene Stellung des tertiär gebundenen Methyls, das beim Erhitzen mit Schwefel abgespalten wird, gewinnt einen hohen Grad von Wahrscheinlichkeit dadurch, daß die Tricarbonsäure $C_{12}H_{18}O_6$, für die die Formeln III und IV zur Auswahl stehen, nach ihrem Verhalten bei der Veresterung zu urteilen, keine tertiär gebundene Carboxylgruppe enthalten kann[2]; Formel IV scheidet also aus.

Durch Kochen der Selinene mit alkoholischer Schwefelsäure sind RUZICKA und STOLL[3] zu einem „invertierten" Selinen von folgenden Eigenschaften gelangt: Siedepunkt unter 12 mm Druck = 130°; D_4^{14} = 0·9234; n_D^{14} = 1·5167; α_D = + 194·3°.

V) 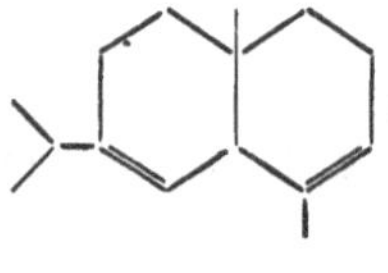 , VI) 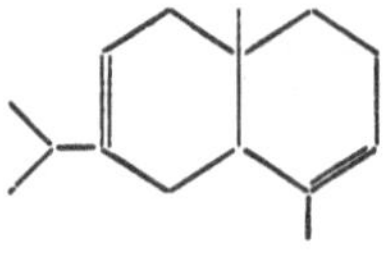

Dieser Kohlenwasserstoff ist vielleicht ein Gemisch von V und VI; er liefert kein krystallisiertes Hydrochlorid mehr und gibt bei der Dehydrierung mehr Eudalin

[1] RUZICKA, MEYER, MINGAZZINI, Helv. 5, 364 (1922). — RUZICKA, STOLL, Helv. 5, 926 (1922).

[2] RUZICKA, STOLL, Helv. 6, 846 (1923).

[3] RUZICKA, STOLL, Helv. 6, 849 (1923).

als α- und β-Selinen, was verständlich wird, wenn man berücksichtigt, daß im letzteren Fall zugleich eine Verschiebung der extracyclischen Doppelbindung in den Ring erfolgen muß.

Die bicyclische Struktur der beiden Selinene ist — abgesehen von ihrer Molekularrefraktion und der Bildung des Bis-hydrochlorids — noch dadurch bestätigt, daß bei der katalytischen Hydrierung ein Tetrahydrid $C_{15}H_{28}$ (D^{20} = 0·888, n_D = 1·48259) gewonnen wurde.

Durch längeres Erwärmen mit Kalkmilch erhält man aus dem Bis-hydrochlorid $C_{15}H_{26}Cl_2$ einen ungesättigten Alkohol $C_{15}H_{26}O$ (Selinenol), der — in Äther mit Wasserstoff bei Gegenwart von Platin hydriert — in das gesättigte Dihydro-selinenol $C_{15}H_{28}O$ übergeht; dieses ist ein krystallisierbarer Stoff vom Schmelzp. 86—87° und eignet sich zum Nachweis der Selinene.

Als Beispiel eines bicyclischen „künstlichen Sesquiterpens" (vgl. S. 36), das nach seinen physikalischen Eigenschaften dem „Naphthalin-Typus" angehört, sei noch das **Eudesmen**[1] erwähnt. Es wird aus einem Sesquiterpenalkohol $C_{15}H_{26}O$ — dem in Eucalyptusölen vorkommenden Eudesmol (S. 58) — durch Erhitzen mit Ameisensäure gewonnen, siedet unter 10 mm Druck bei 129—132° und zeigt D^{20} = 0·9204, n_D^{20} = 1·50738, Mol.-Refr. = 66·39, $[\alpha]_D^{20} = +49°$, vereinigt sich mit HCl in Eisessig zu einem bei 79—80° schmelzenden Bis-hydrochlorid, aus dem es durch alkoholische Kalilauge mit annähernd denselben Eigenschaften regeneriert wird, und gibt bei der katalytischen Hydrierung ein Tetrahydrid $C_{15}H_{28}$ (D^{20} = 0·889, n_D = 1·48278). Eudesmen geht, mit Schwefel erhitzt, in Eudalin (Formel S. 39) über[2], wodurch seine Zugehörigkeit zur Naphthalingruppe auch chemisch nachgewiesen ist.

Auch unter den ***tricyclischen Sesquiterpenen*** (Hauptklasse D, s. S. 36) unterscheidet Semmler[3] auf Grund des spezifischen Gewichts (vgl. S. 41) verschiedene Typen.

Zu den „leichteren" Sesquiterpenen dieser Hauptklasse gehört das **α-Santalen**[4], das sich von dem etwas höher siedenden (bicyclischen) β-Santalen (s. S. 45) durch Fraktionierung einigermaßen abtrennen läßt. Man erhielt es z. B. mit folgenden Eigenschaften: Siedep. unter 7 mm Druck = 118°, D^{15} = 0·913, n_D^{15} = 1·49205, Mol.-Refr. = 64·87, $\alpha_D = -3° 34'$ (l = 100 mm). Oxydiert man es mit Ozon in feuchtem Benzol, so entsteht ein Aldehyd, aus dessen Oxim durch Wasserabspaltung und darauf folgende Verseifung die tricyclische Eksantalsäure $C_{12}H_{18}O_2$ (s. S. 62) gebildet wird. Zur Konstitution s. S. 61—65.

Aus zwei interessanten tricyclischen Sesquiterpenen besteht das Gurjunbalsamöl, das aus dem Gurjunbalsam — einer aus Dipterocarpus-Arten in Süd- und Ostasien in ähnlicher Weise wie Terpentin gewonnenen Droge — durch Dampfdestillation erhalten wird. Ihrer Herkunft

[1] Semmler, Tobias, B. **46**, 2028 (1913). — Semmler, Risse, B. **46**, 2303 (1913).
[2] Ruzicka, Meyer, Mingazzini, Helv. **5**, 362 (1922).
[3] Vgl. B. **47**, 2557 (1914).
[4] Vgl.: Guerbet, Bl. [3] **23**, 218, 221, 540. — Semmler, B. **40**, 3321 (1907); **43**, 445 (1910). — Schimmel u. Co., C. **1910**, II, 1757. — Hoffmann-Gildemeister, Bd. II, S. 355.

nach werden sie als **Gurjunene**[1] bezeichnet. Das in geringerer Menge (zu ca. 33 %) sich im rohen Gurjunen findende β-Gurjunen kann man verhältnismäßig leicht in reinem Zustand isolieren, weil es gegen Oxydationsmittel weniger empfindlich ist, als das den Hauptbestandteil (ca. 67 %) darstellende α-Gurjunen. Es wird also angereichert, wenn man das rohe Gurjunen der Oxydation — zuerst mit Chromsäure in Eisessig, dann mit Kaliumpermanganat — unterwirft; und da es im Gegensatz zum α-Gurjunen rechtsdrehend ist, hat man ein Merkmal für die völlige Befreiung von α-Gurjunen darin, daß bei wiederholter Oxydation die Rechtsdrehung nicht mehr steigt. Es siedet unter 13 mm Druck bei 120—123° und zeigt D = 0·935, gehört also zu den „schwereren“ Sesquiterpenen dieser Hauptklasse (vgl. oben die Dichte des α-Santalens, unten diejenige des α-Gurjunens); n_D = 1·50275, Mol.-Refr. = 64·45, α_D = + 74·5° (l = 100 mm). Wie durch die Molekular-Refraktion, so erweist es sich auch bei der katalytischen Hydrierung als tricyclisch; denn es entsteht ein Dihydrid $C_{15}H_{26}$ (Siedep. unter 8 mm Druck = 120°, D = 0·926, n_D = 1·49775). Sehr bemerkenswert ist die Zersetzung des β-Gurjunens durch Erhitzen unter Druck (vgl. S. 39); SEMMLER und JAKUBOWICZ erhielten hierbei ein braunes Rohöl, aus dem durch Fraktionieren Terpinen (der Hauptmenge nach α-Terpinen, vgl. S. 24) abgeschieden wurde. Hiermit ist zum erstenmal die Überführbarkeit eines natürlichen Sesquiterpens in eines der bekannten Monoterpene nachgewiesen worden.

Interessant ist auch das Verhalten bei der Oxydation. Sowohl mit Chromsäure wie mit Permanganat entsteht in vorzüglicher Ausbeute ein Keton von der Formel $C_{15}H_{22}O$ (Gurjunenketon), das aus dem α-Gurjunen (s. u.) nicht erhalten wird. Nach dieser Zusammensetzung ist zu vermuten, daß — ähnlich wie beim Übergang von Pinen in Verbenon, vgl. S. 31 — ein zu einer Doppelbindung benachbartes Methylen in Carbonyl übergegangen ist. Dies wird dadurch bestätigt, daß sich das Semicarbazon des Gurjunenketons durch Erhitzen mit alkoholischem Natriumäthylat (vgl. dazu Bd. II, Tl. III, S. 162 unter c) in β-Gurjunen zurückführen läßt.

Für die Abscheidung des α-Gurjunens ist man auf die fraktionierte Destillation des rohen Gurjunens angewiesen, die sich darauf stützt, daß das α-Gurjunen etwas niedriger siedet (unter 10 mm Druck bei 114—116°) als β-Gurjunen und stark links dreht, so daß man bei oft wiederholter Fraktionierung unter Vereinigung der am stärksten linksdrehenden Anteile schließlich zu Präparaten kam, welche im 100 mm-Rohr bis zu 113° nach links drehten. An solchen Präparaten wurden D^{20} = 0·918 und n_D = 1·5010 beobachtet, woraus sich die Molekular-Refraktion zu 65·43 ergibt. Ist dieser Wert auch etwa um eine Einheit höher als der Normalwert für Klasse D (vgl. S. 37), so liegt doch ein tricyclisches Sesquiterpen vor, da bei der katalytischen Hydrierung nur

[1] DEUSSEN, A. **374**, 105 (1910). J. pr. [2] **86**, 428 (1912). — SEMMLER, SPORNITZ, B. **47**, 1029 (1914). — SEMMLER, JAKUBOWICZ, B. **47**, 1141, 2254 (1914). — RUZICKA, PONTALTI, BALAS, Helv. **6**, 855 (1923).

zwei H-Atome aufgenommen werden. Beim Erhitzen unter Druck entsteht — wie aus dem β-Gurjunen (s. o.) — ein Gemisch, aus dem sich ein Monoterpen herausfraktionieren läßt, das indessen nicht mit einem bekannten Monoterpen identifiziert werden konnte; bemerkenswert aber ist, daß das Rohprodukt des Erhitzens ebenso wie die daraus sich ergebenden Fraktionen von höherem Siedepunkt prachtvoll blaue Farbe zeigen (vgl. dazu S. 66). Sodann ist hervorzuheben, daß das α-Gurjunen, wenn man seine Eisessig-Lösung mit etwas frisch bereiteter Natriumnitrit-Lösung versetzt und dann vorsichtig über konz. Schwefelsäure schichtet, schnell eine violette Färbung gibt. Diese Farbenreaktion (TURNERsche Reaktion), die für den Gurjunbalsam charakteristisch ist, liefert das β-Gurjunen nicht.

Unter dem Namen **Cedren**[1] werden mehrere sehr ähnliche Sesquiterpen-Präparate zusammengefaßt, nämlich:

I) natürliches Cedren, das sich im Cedernholzöl findet;

II) künstliches Cedren, das aus dem im gleichen Öl vorkommenden primären Alkohol $C_{15}H_{24}O$ (Cedrenol, s. S. 65) erhalten wird, wenn man ihn durch PCl_5 in ein Chlorid $C_{15}H_{23}Cl$ überführt und dieses mit Natrium in Alkohol reduziert;

III) künstliches Cedren, das aus dem im Cedernholzöl ebenfalls vorkommenden flüssigen Alkohol $C_{15}H_{26}O$ (Pseudocedrol, s. S. 59) durch Wasserabspaltung mittels Ameisensäure bereitet wird;

IV) künstliches Cedren, das auf gleiche Weise aus dem festen Alkohol $C_{15}H_{26}O$ (Cedrol, s. S. 58) gewonnen wird, welcher ebenfalls in Cedernholzölen — aber nicht in allen — angetroffen wird.

Beobachtet wurden die folgenden Konstanten:

	Siedepunkt	D	n_D	α_D (100 mm)
für I:	124—126° (12 mm)	0·935 (15°)	1·50233	— 55°
„ II:	117—130° (7 mm)	0·931 (20°)	1·5080	— 3°
„ III:	119—121° (3 mm)	0·934 (20°)	1·50339	— 60°
„ IV:	118—119° (12 mm)	0·934	1·49817	— 85°

Aus allen Präparaten wird durch Oxydation mit Ozon in Eisessig und weitere Oxydation der hierbei neben anderen Produkten gebildeten Ketonsäure mit Natriumhypobromit (oder mit Salpetersäure) eine und dieselbe Dicarbonsäure $C_{14}H_{22}O_4$ vom Schmelzp. 182·5° gewonnen. SEMMLER schließt daraus, daß es sich im wesentlichen

[1] Vgl. WALTER, A. **39**, 249 (1841); **48**, 36 (1843). — GLADSTONE, Soc. **45**, 248 (1884). — ROUSSET, Bl. [3] **17**, 485 (1897). — v. SODEN, ROJAHN, B. **37**, 3354 (1904). — SCHIMMEL u. Co., C. **1904**, II, 1469; **1910**, I, 1718. — SEMMLER, A. HOFFMANN, B. **40**, 3521 (1907). — SEMMLER, RISSE, B. **45**, 355 (1912). — SEMMLER, ERW. MAYER, B. **45**, 789, 1384 (1912). — SEMMLER, SPORNITZ, B. **45**, 1553 (1912). — SEMMLER, JAKUBOWICZ, B. **47**, 1143, 2257 (1914). — PRINS, C. **1919**, III, 1002; **1920**, I, 425.

um das gleiche Sesquiterpen handelt, das in dem künstlichen Präparat IV vom höchsten Drehwert am einheitlichsten vorliegt, im natürlichen Präparat aber vielleicht von anderen Sesquiterpenen begleitet wird. Die tricyclische Natur geht aus der Bildung eines Dihydrids $C_{15}H_{26}$ durch katalytische Hydrierung hervor, ferner daraus, daß aus natürlichem Cedren bei der Oxydation mit Permanganat in Aceton neben anderen Stoffen ein Glykol $C_{15}H_{26}O_2$ (Cedrenglykol) erhalten wurde. Dieses krystallisiert in langen Prismen, schmilzt bei 160° und kann — ebenso wie die oben erwähnte Dicarbonsäure — zum Nachweis des Cedrens dienen. Bei der Oxydation mit Chromsäure lieferte das natürliche Cedren als Hauptprodukt ein Keton $C_{15}H_{22}O$ (Cedron); vgl. S. 50 das analoge Verhalten des β-Gurjunens.

Erwähnt mag noch ein Sesquiterpen werden, das dadurch bemerkenswert ist, daß sein tricyclisches System leicht in das bicyclische System des Cadinens übergeht: das **Copaen**[1]. Es ist neben anderen Sesquiterpenen im afrikanischen Copaivabalsamöl enthalten. Durch fraktionierte Destillation wurde aus diesem Öl eine Fraktion abgeschieden, welche in guter Ausbeute das Bis-hydrochlorid des *l*-Cadinens (s. S. 46) liefert. An dieser (linksdrehenden) Fraktion wurden z. B. die Konstanten beobachtet: Siedep. unter 10 mm Druck = 119—120°, $D^{15} = 0{\cdot}908$, $n_D = 1{\cdot}48943$ Mol.-Refr. = 64·97. Sie erweist sich — abgesehen von der Molekular-Refraktion — auch dadurch als tricyclisch, daß bei der katalytischen Reduktion ein Dihydrid $C_{15}H_{26}$ ($D^{18} = 0{\cdot}893$, $n_D = 1{\cdot}47987$) erhalten wird (vgl. dagegen S. 47 über Cadinentetrahydrid).

Auf die in großer Zahl beschriebenen übrigen Sesquiterpen-Präparate — teils natürliche[2], teils künstliche[3] — braucht hier nicht eingegangen

[1] Semmler, Stenzel, B. **47**, 2555 (1914).

[2] Vgl. z. B.:

Amorphen (aus Amorpha fruticosa): Pavesi, C. **1904**, II, 224.

Aralien (aus Aralia nudicaulus): Alpers, C. **1899**, II, 623.

Aromadendren (aus Eucalyptus haemostoma): H. G. Smith, Ch. N. **85**, 3 (1902).

Sesquiterpen aus Balaoharzbalsam: Bacon, C. **1909**, II, 1450.

Sesquiterpen aus Birkenrindenöl: Haensel, C. **1908**, II, 1437.

Inaktives Sesquiterpen aus Oleum cadinum: Tröger, Feldmann, Ar. **236**, 692 (1898). — Lepeschkin, C. **1908**, I, 2010. — Schindelmeiser, C. **1908**, II, 598.

Calamen (aus Kalmusöl) (bicyclisch): Semmler, Spornitz, B. **46**, 3702 (1913).

Carlinen (aus Carlina acaulis) (monocyclisch): Semmler, B. **39**, 727 (1906).

α- und β-Costen (aus Costuswurzelöl): Semmler, Feldstein, B. **47**, 2692 (1914).

Sesquiterpene aus Cryptomeriaöl: Kimura, C. **1910**, I, 275. — Uchida, Am. Soc. **38**, 692 (1916).

Cypressen (aus Taxodium distichum): Odell, Am. Soc. **33**, 756 (1911).

Evoden (aus Xanthoxylum aubertia) (monocyclisch): Semmler, Schossberger, B. **44**, 2886 (1911).

Sesquiterpene aus Galgantöl: Fromm, Fluck, A. **405**, 184 (1914).

Galipen (aus Angosturarindenöl): Beckurts, Tröger, Ar. **236**, 392 (1898).

Sesquiterpen aus Hanföl: Vignolo, G. **25**, I, 110 (1895).

Heerabolen (aus Heerabolmyrrhe) (tricyclisch): v. Friedrichs, Ar. **245**, 441 (1907).

Libocedren (aus der Weihrauchfichte): Schorger, C. **1916**, I, 609.

Sesquiterpene aus Patschuliöl: v. Soden, Rojahn, B. **37**, 3354 (1904). — de Jong, C. **1905**, II, 1180.

Sesquiterpen aus Pittosporum undulatum (bicyclisch): Power, Tutin, Soc. **89**, 1090 (1906).

zu werden. Das Bild der Sesquiterpene, das im voranstehenden durch die Schilderung der wichtigsten Vertreter gezeichnet wurde, muß indessen noch durch einen Bericht über synthetische Sesquiterpene vervollständigt werden. Es besitzt natürlich ein erhebliches Interesse, Sesquiterpene aus Monoterpenen oder aus ihnen nahestehenden O-haltigen Verbindungen aufzubauen. Diese Aufgabe hat SEMMLER auf zwei Wegen erfolgreich gelöst.

Der eine Weg besteht darin, ein Monoterpen mit Isopren unter der Einwirkung höherer Temperatur zu kondensieren: $C_{10}H_{16} + C_5H_8 = C_{15}H_{24}$. SEMMLER und JONAS wählten hierzu das acyclische Myrcen, und sie erhielten durch $3^1/_2$-stündiges Erhitzen auf 225° ein Produkt, aus dem sich in der Tat ein (optisch inaktives) Sesquiterpen herausfraktionieren ließ, welches die folgenden Konstanten zeigte: Siedep. unter 8 mm Druck = 125—135°, $D^{18} = 0{\cdot}868$, n = 1·49166, Mol.-Refr. = 68·10. Wie die Molekularrefraktion für seine Zugehörigkeit zu den monocyclischen Sesquiterpenen spricht, so auch sein chemisches Verhalten. Denn es vereinigt sich mit HCl zu einem Tris-hydrochlorid $C_{15}H_{27}Cl_3$ (Schmelzp. 83°, aber verschieden von dem ähnlich schmelzenden Tris-hydrochlorid des Bisabolens, s. S. 40) und gibt bei der katalytischen Hydrierung ein Hexahydrid $C_{15}H_{30}$ ($D^{20} = 0{\cdot}824$, $n_D = 1{\cdot}45497$). Im Hinblick auf seine Bildung und seine cyclische Natur wird dieses neue Sesquiterpen **Cyclo-isoprenmyrcen**[1] genannt.

Sesquicamphen (aus Campheröl) (bicyclisch): SEMMLER, ROSENBERG, B. **46**, 769 (1913).

Sesquiterpene aus Terpentinsorten: SCHIMMEL u. Co., C. **1911**, I, 1838. — ASCHAN, C. **1919**, I, 285. — SIMONSEN, Soc. **117**, 578 (1920).

Vetiven (aus Vetiveröl): GENVRESSE, LANGLOIS, C. r. **135**, 1060 (1902). — SEMMLER, RISSE, SCHRÖTER, B. **45**, 2354 (1912).

[3] Vgl. z. B.:

Betulene (aus Betulol): SEMMLER, JONAS, W. RICHTER, B. **51**, 420 (1918).

Caparrapen (aus Caparrapiol): TAPIA, Bl. [3] **19**, 643 (1898).

Cloven (aus Caryophyllenhydrat): WALLACH, A. **271**, 294 (1892). — GENVRESSE, C. r. **138**, 1228 (1904). — DEUSSEN, A. **359**, 257 (1908). — S. auch DEUSSEN, A. **369**, 50 (1909).

Isocosten (aus Costol) (bicyclisch): SEMMLER, FELDSTEIN, B. **47**, 2689 (1914).

Elemen (aus Elemol): SEMMLER, LIAO, B. **49**, 796 (1916).

Farnesen (aus Farnesol): KERSCHBAUM, B. **46**, 1733 (1913).

Gonostylen (aus Gonostylol): EYKEN, R. **25**, 46 (1906).

Guajen (aus Guajol): WALLACH, A. **279**, 396 (1894). — GADAMER, AMENOMIYA, Ar. **241**, 43 (1903). — GANDURIN, B. **41**, 4363 (1908). — RUZICKA, PONTALTI, BALAS, Helv. **6**, 862 (1923)

Leden (aus Ledumcampher): RIZZA, B. **20** Ref., 562 (1887). — HJELT, B. **28**, 3088 (1895).

Maali-Sesquiterpen (aus Maalialkohol): SCHIMMEL u. Co., C. **1909**, I, 23.

Patschulen (aus Patschulialkohol): MONTGOLFIER, C. r. **84**, 90 (1877). — GLADSTONE, Soc. **49**, 617 (1886). — WALLACH, A. **279**, 394 (1894). — GADAMER, AMENOMIYA, Ar. **241**, 42 (1903).

[1] SEMMLER, JONAS, B. **46**, 1569 (1913); **47**, 2079 (1914).

Der andere Weg[1] ermöglicht einen fast sicheren Einblick in die Struktur des entstehenden Kohlenwasserstoffs. Er beruht darauf, daß aus einem Terpenketon $C_{10}H_{14}O$ durch Reaktion mit Isoamylmagnesiumjodid ein Sesquiterpenalkohol $C_{15}H_{26}O$ aufgebaut wird, der nun durch Wasserabspaltung ein Sesquiterpen $C_{15}H_{24}$ liefert. Benutzt wurde als Ausgangsstoff das Carvon. Erhalten wurde ein (rechtsdrehendes) Sesquiterpen, das unter 11 mm Druck bei 130—132° siedet und $D^{20} = 0{\cdot}868$, $n_D^{20} = 1{\cdot}49478$ zeigt. Die Molekularrefraktion (68·52) ist fast identisch mit derjenigen des Zingiberens (vgl. S. 40) und übersteigt den theoretischen Wert für ein monocyclisches Sesquiterpen um 0·65 — ein Inkrement, das höchstwahrscheinlich ebenso wie beim Zingiberen durch die Konjugation zweier Doppelbindungen (vgl. S. 41) bedingt ist. Für dieses synthetische Sesquiterpen können auf Grund seiner Bildung aus Carvon (Formel III, s. u.) nur die beiden Formeln IV und V in Betracht gezogen werden. Daß es in seinen physikalischen Eigenschaften so weitgehende Übereinstimmung mit einem natürlichen monocyclischen Sesqui-

III) 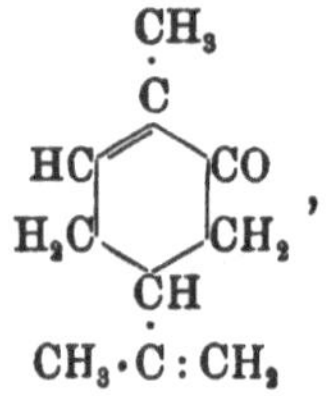 ,

IV) 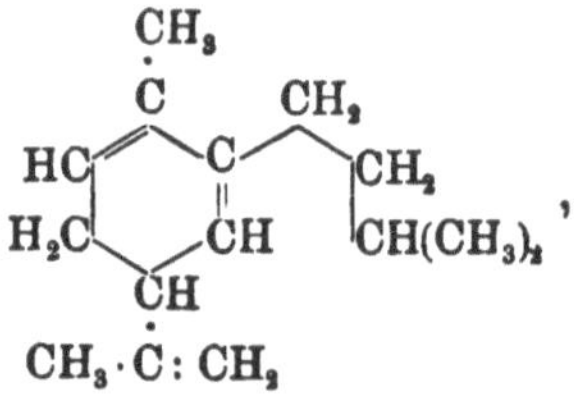 ,

V) 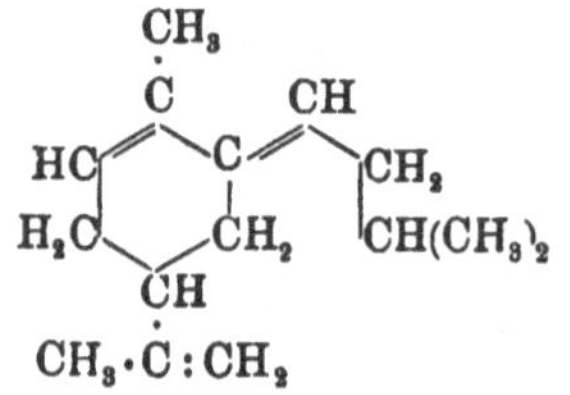

terpen zeigt, ist jedenfalls eine sehr wichtige Feststellung. Semmler bevorzugt die Formel IV und gibt ihm auf Grund der Beziehungen, welche diese Formel zu derjenigen des α-Phellandrens (s. S. 25) zeigt, den Namen **Isoamyl-α-dehydrophellandren.** Durch katalytische Hydrierung wurde aus ihm das entsprechende Hexahydrid $C_{15}H_{30}$ (2-Isoamyl-p-menthan) hergestellt, dessen physikalische Konstanten — Siedep. unter 14 mm Druck = 131—133°, $D^{22} = 0{\cdot}825$, $n_D^{22} = 1{\cdot}45562$ — ebenfalls mit den Werten harmonieren, welche an den Hexahydriden der natürlichen monocyclischen Sesquiterpene beobachtet worden sind (vgl. S. 40).

Sesquiterpenalkohole $C_{15}H_{26}O$.

Sesquiterpenalkohole $C_{15}H_{26}O$ stehen ihrer empirischen Zusammensetzung nach in demselben Verhältnis zu den Sesquiterpenen wie die

[1] Semmler, Jonas, Roenisch, B. **50**, 1833 (1917). — S. auch Langlois, A. ch. [9] **12**, 358 (1919).

Terpenalkohole $C_{10}H_{18}O$ (Geraniol, Terpineole, Borneol usw.) zu den Monoterpenen. Eine erhebliche Zahl hat man in den ätherischen Ölen gefunden. Ihre Abscheidung ist im allgemeinen leichter als diejenige der Sesquiterpene; denn manche Alkohole dieser Reihe sind durch großes Krystallisationsvermögen ausgezeichnet. Es ist daher eigentlich verwunderlich, daß man sie nicht vor den Sesquiterpenen für Untersuchungen bevorzugt hat, die sich auf die Strukturermittelung richteten.

Zu den „natürlichen" Sesquiterpenalkoholen kommen noch „künstliche" hinzu, die aus Sesquiterpenen durch Wasseranlagerung ($C_{15}H_{24} + H_2O = C_{15}H_{26}O$) oder auf anderen Wegen gewonnen wurden (vgl. S. 59).

Zur Diagnose tertiärer Sesquiterpenalkohole empfiehlt WIENHAUS[1] ihre Fähigkeit, mit Chromtrioxyd beim Schütteln in Tetrachlorkohlenstoff- oder in Petroläther-Lösung zu Chromsäureestern $[CrO_4(C_{15}H_{25})_2]$ zusammenzutreten. Diese gut krystallisierbaren Ester bilden sich zuweilen auch, wenn man die Petrolätherlösung des Alkohols mit wäßriger Chromsäurelösung schüttelt; da Petroläther an sich freie Chromsäure nicht löst, kann die Reaktion in dieser Form durch Rotfärbung der Petroläther-Schicht zum Nachweis tertiärer Alkohole dienen. Voraussetzung ist freilich, daß das Molekül des Alkohols gegen die oxydierende Wirkung der Chromsäure beständig ist.

Analog der S. 36 begründeten Einteilung der Sesquiterpene kann man hier natürlich vier Klassen unterscheiden:

A) acyclische Alkohole mit drei Doppelbindungen,
B) monocyclische „ „ zwei „
C) bicyclische „ „ einer „
D) tricyclische „ „ ohne Doppelbindung.

Alle vier Klassen sind vertreten, am reichlichsten anscheinend die Klasse C.

Die theoretischen Werte der Molekularrefraktion (vgl. S. 37) sind die folgenden:

A) 71·59, B) 69·86, C) 68·12, D) 66·40.

Für die Klasse *A* ist mit Sicherheit nur ein Vertreter zu nennen, dem aber besondere Bedeutung zukommt, weil er sehr häufig vorkommt und einer der wenigen Sesquiterpenkörper ist, dessen Struktur mit Gewißheit erkannt ist. Es ist das 1902 von KERSCHBAUM in der Fabrik von HAARMANN und REIMER entdeckte **Farnesol**[2]. Am besten wird es aus den „Moschuskörnern" (Hibiscus Abelmoschus) dargestellt, die etwa 0·12 % Farnesol enthalten. In geringerer Menge findet es sich im Lindenblütenöl, in den Blütenölen verschiedener Akazienarten (z. B. Acacia Farnesiana) und in vielen anderen Blütenölen; der Geruch der Lindenblüten ist in der Hauptsache auf den Gehalt an

[1] B. **47**, 322 (1914).

[2] HAARMANN, REIMER, D.R.P. 149603, 150501 (C. **1904**, I, 975, 1507). — v. SODEN, TREFF, B. **37**, 1095 (1904). — KERSCHBAUM, B. **46**, 1732 (1913). — HARRIES, R. HAARMANN, B. **46**, 1737 (1913). — SCHIMMEL u. Co., C. **1914**, I, 1654. — SEMMLER, JONAS, ROENISCH, B. **50**, 1836 (1917).

Farnesol zurückzuführen. Farnesol ist ein farbloses, ziemlich dünnflüssiges Öl, siedet unter 10 mm Druck bei 160°, zeigt $D_0^{18} = 0·885$, $n_D = 1·48809$, Mol.-Refr. = 72·27 und ist optisch inaktiv. Während es in reinem Zustand fast geruchlos zu sein scheint, verbreitet sich ein intensiv süßer, an Maiglöckchen erinnernder Geruch, wenn man einen mit seiner sehr verdünnten alkoholischen Lösung benetzten Glasstab an der Luft liegen läßt.

Als primärer Alkohol erweist sich das Farnesol bei der Oxydation mit Chromsäure-Gemisch. Denn es entsteht in guter Ausbeute der entsprechende Aldehyd $C_{15}H_{24}O$ (Farnesal), dessen bei 133—135° schmelzendes Semicarbazon für den Nachweis des Farnesols geeignet ist, und das Oxim dieses Aldehyds gibt durch Wasserabspaltung ein Nitril. Dieses Nitril nun liefert bei der Verseifung mit alkoholischem Natron nicht nur die entsprechende Säure (Farnesensäure), sondern zugleich unter Abspaltung von Essigsäure ein Keton $C_{13}H_{22}O$, das als Dihydropseudojonon (Formel VI, s. u.; vgl. über Pseudojonon Bd. I, Tl. I, S. 1030) durch eine von Tigges[1] ausgeführte Synthese erkannt worden ist. Das gleiche Keton wird nämlich erhalten, wenn man Geranylchlorid — aus Geraniol (vgl. Bd. I, Tl. I, S. 923) durch Phosphortrichlorid gewonnen — mit Natrium-acetessigester kombiniert und den so bereiteten α-Geranylacetessigester (VII) der Ketonspaltung unterwirft. Die Bildung des

VI) $(CH_3)_2C:CH·CH_2·CH_2·C(CH_3):CH·CH_2·CH_2·CO·CH_3$,

VII) $(CH_3)_2C:CH·CH_2·CH_2·C(CH_3):CH·CH_2·CH(CO·OC_2H_5)·CO·CH_3$,

Dihydropseudojonons (VI) aus Farnesensäure bzw. ihrem Nitril durch Abspaltung von Essigsäure erscheint nun nur verständlich, wenn man dem Farnesol die Formel VIII des *2.6.10-Trimethyl-dodecatrien-(2.6.10)-ols-(12)* zuerteilt (vgl. Bd. I, Tl. I, S. 1024 über die analoge Bildung von

VIII) $(CH_3)_2C:CH·CH_2·CH_2·C(CH_3):CH·CH_2·CH_2·C(CH_3):CH·CH_2·OH$,

Methylheptenon aus Geraniumsäurenitril). Bestätigt wird diese Formel noch dadurch, daß das Farnesol beim Abbau durch Ozon neben Aceton den Lävulinaldehyd (und Lävulinsäure) liefert und bei der katalytischen Hydrierung 6 H-Atome aufnimmt.

Ein weiterer aliphatischer Sesquiterpenalkohol ist das von Hesse und Zeitschel 1902 im Orangenblütenöl aufgefundene **Nerolidol** $C_{15}H_{26}O$[2]. Mit ihm identisch ist, wie Schimmel u. Co. nachwiesen, das schon vorher von Thoms[3] aus Perubalsam isolierte Peruviol. Der nur schwach blumenartig riechende Alkohol siedet unter 760 mm Druck bei 276 bis

[1] B. **46**, 1735 (1913). — Dupont, Labaune, C. **1911**, II, 138.
[2] J. pr. [2] **66**, 503 (1902).
[3] Ar. **237**, 271 (1897). — Schimmel u. Co., C. **1914**, I, 1655.

277°, unter 6 mm bei 128—129° und zeigt $D_4^{22} = 0{\cdot}8778$; $n_D^{22} = 1{\cdot}4786$; $[\alpha]_D = + 15{\cdot}5°$; er gibt ein bei 37° schmelzendes Phenylcarbamat. Sein chemisches Verhalten kennzeichnet das Nerolidol als „das Linalool der Sesquiterpenreihe", indem man durch Oxydation mit Chromsäure Farnesal, durch Behandeln mit Essigsäureanhydrid Farnesol (Formel VIII, auf S. 56) und ein aliphatisches, dem Myrcen (S. 17) entsprechendes Sesquiterpen Farnesen (Formel III) erhält. Die auf Grund dieser Umwandlungen von RUZICKA[1] aufgestellte Formel des Nerolidols (Formel II) wurde durch eine Totalsynthese endgültig bewiesen. Das aus Geranylchlorid gewonnene Dihydropseudojonon (vgl. Formel VI auf S. 56) liefert bei der Kondensation mit Acetylen und Natriumamid das Dehydro-d,l-nerolidol (Formel I), das mit Natrium in feuchtem Äther zu d,l-Nerolidol reduziert wurde. Bis auf die optische Aktivität stimmt das synthetische Präparat mit dem natürlichen Nerolidol vollkommen überein, namentlich liefert es mit Essigsäureanhydrid Farnesol, dessen Totalsynthese damit gleichfalls verwirklicht ist. Nerolidol ist demnach als *2.6.10-Trimethyl-dodekatrien-(2.6.11)-ol-(10)* zu bezeichnen.

I) $(CH_3)_2C:CH{\cdot}CH_2{\cdot}CH_2{\cdot}C(CH_3):CH{\cdot}CH_2{\cdot}CH_2{\cdot}C(CH_3)(OH){\cdot}C:CH$,

II) $(CH_3)_2C:CH{\cdot}CH_2{\cdot}CH_2{\cdot}C(CH_3):CH{\cdot}CH_2{\cdot}CH_2{\cdot}C(CH_3)(OH){\cdot}CH:CH_2$,

III) $(CH_3)_2C:CH{\cdot}CH_2{\cdot}CH_2{\cdot}C(CH_3):CH{\cdot}CH_2{\cdot}CH:C(CH_3){\cdot}CH:CH_2$.

Klasse *B* ist bisher nur durch das **Elemol** vertreten, welches das Elemicin (S. 20) im Manila-Elemiöl begleitet, die Mol.-Refr. 69·73 besitzt und bei der katalytischen Hydrierung 4 H-Atome aufnimmt[2].

In die Klasse *C* gehört z. B. das **Guajol**[3] (Champacol), das sich im Guajac-Holzöl findet und auch in einigen anderen Holzarten festgestellt worden ist. Es krystallisiert aus verdünntem Alkohol in großen Prismen, schmilzt bei 91°, siedet bei 288°, ist geruchlos und in alkoholischer Lösung linksdrehend. Sowohl die Molekularrefraktion des Guajols selbst, wie diejenige seines (bei gewöhnlicher Temperatur flüssigen) Methyläthers sprechen für seine bicyclische Natur. Desgleichen wird die Gegenwart nur einer Doppelbindung durch die Bildung eines dreiwertigen Alkohols (Guajol-glycerin) $C_{15}H_{28}O_3$ bei der Oxydation mit Permanganat (in wäßrigem Aceton) angezeigt, der bei 210—211° schmilzt und sich zur Charakterisierung des Guajols eignet. Bei der katalytischen Hydrierung des Guajols wird nicht nur Wasserstoff angelagert, sondern auch Sauer-

[1] Helv. **6**, 483, 492 (1923).
[2] SEMMLER, LIAO, B. **49**, 794 (1916); **50**, 1286 (1917).
[3] Vgl.: WALLACH, A. **279**, 395 (1894). — GADAMER, AMENOMIYA, A. **241**, 42 (1903). — EYKEN, R. **25**, 40 (1906). — GANDURIN, B. **41**, 4359 (1908); **42**, 1423 (1909). — HAENSEL, C. **1908**, II, 1437. — H. G. SMITH, C. **1912**, II, 365. — SEMMLER, ERW. MAYER, B. **45**, 1390 (1912). — SEMMLER, RISSE, B. **46**, 2305 (1913). — HOFFMANN-GILDEMEISTER, Bd. II, S. 649. — RUZICKA, PONTALTI, BALAS, Helv. **6**, 855 (1923).

stoff eliminiert; es entsteht ein Kohlenwasserstoff $C_{15}H_{28}$ (Guajen-tetrahydrid). Mehrere Reaktionen sprechen dafür, daß das Hydroxyl des Guajols tertiär gebunden ist[1].

Der optische Antipode des Guajols liegt vielleicht in dem Gonystylol[2] vor, das aus dem verharzten Holz von Gonystylus Miquelianus durch Wasserdampf-Destillation isoliert worden ist; es findet sich darin in einer Menge von 6 %.

Als tertiärer Alkohol ist durch die S. 55—56 erwähnte Chromsäure-Reaktion das **Ledol**[3] (Ledum-campher) charakterisiert, das man aus Ledum palustre durch Wasserdampf-Destillation erhält. Es krystallisiert aus Alkohol in weißen Nadeln, schmilzt bei 104—105°, siedet bei 282—283°, besitzt nur schwachen Geruch und ist in alkoholischer Lösung schwach rechtsdrehend; schon bei schwachem Erwärmen mit 50-prozentiger Schwefelsäure geht es in ein Sesquiterpen $C_{15}H_{24}$ (Leden) über. Das Chromat $CrO_4(C_{15}H_{25})_2$ krystallisiert in weinroten Prismen, die bei 92° zu einer schwarzen Flüssigkeit schmelzen. Sichere Unterlagen für die bicyclische Natur des Ledols liegen noch nicht vor.

Eudesmol[4], das in einer großen Zahl von Eucalyptus-Ölen nachgewiesen worden ist, schmilzt bei 84°, siedet unter 10 mm Druck bei 156° und zeigt in 12-proz. Chloroform-Lösung $[\alpha]_D^{20} = +31^0 21'$. Als Alkohol ist es durch Überführbarkeit in ein Acetat $C_{15}H_{25}\cdot O\cdot CO\cdot CH_3$ charakterisiert; dieses ist bei gewöhnlicher Temperatur flüssig und seine Molekular-Refraktion spricht für bicyclische Struktur. Hiermit stimmt überein, daß Eudesmol sich mit Schwefel zu Eudalin (Formel S. 39) dehydrieren läßt[5] und durch Hydrierung in Äther bei Gegenwart von Platinmohr ein Dihydrid $C_{15}H_{28}O$ liefert. Hydriert man aber in Eisessig, so bildet sich — ebenso wie beim Guajol (s. o.) — unter Eliminierung des Hydroxyls ein Kohlenwasserstoff $C_{15}H_{28}$ (Eudesmen-tetrahydrid), zu dem man auch gelangt, wenn man aus Eudesmol zunächst durch Aufsieden mit Ameisensäure Wasser abspaltet und dann das so entstandene „künstliche" Sesquiterpen (Eudesmen) hydriert.

In Klasse *D* ist ein altbekannter Sesquiterpenalkohol zu nennen: das **Cedrol**[6] (festes Cedrol), das Walter 1841 im Cedernholzöl auffand, von dem sich aber später herausstellte, daß es sich nicht immer in diesem Öl findet. Es kommt auch im Cypressenöl vor, schmilzt bei 86—87°, siedet bei 282°, löst sich in Wasser sehr wenig, in Alkohol reichlich und ist in Chloroform rechtsdrehend. Seine tricyclische Struktur

---

[1] Vgl. indessen Wienhaus, B. **47**, 330 (1914).

[2] Eyken, R. **25**, 44 (1906). — Boorsma, C. **1907**, II, 164.

[3] Vgl.: Trapp, B. **8**, 542 (1875). — Iwanow, J. **1876**, 909. — Hjelt, Collan, B. **15**, 2500 (1882). — Rizza, B. **16**, 2311 (1883); **20** Ref., 562 (1887). — Hjelt, B. **28**, 3087 (1895). — Semmler, Erw. Mayer, B. **45**, 1391 (1912). — Wienhaus, B. **47**, 330 (1914).

[4] Baker, Smith, vgl. Schimmel u. Co., C. **1899**, I, 1043. — Semmler, Erw. Mayer, B. **45**, 1391 (1912). — Semmler, Tobias, B. **46**, 2026 (1913). — Semmler, Risse, B. **46**, 2303 (1913).

[5] Ruzicka, Meyer, Mingazzini, Helv. **5**, 362 (1922).

[6] Walter, A. **39**, 247 (1841); **48**, 35 (1843). — Rousset, Bl. [3] **17**, 488 (1897). — Schimmel u. Co., C. **1904**, II, 1469; **1910**, I, 1718; **1911**, II, 1804. — Kimura-Osaka, C. **1910**, II, 803. — Semmler, Erw. Mayer, B. **45**, 786, 1391 (1912). — Wienhaus, B. **47**, 329 (1914). — Maccculloch, C. **1920**, I, 267.

geht daraus hervor, daß es durch Wasserabspaltung Cedren (S. 51) liefert. Die Bildung eines Chromats $CrO_4(C_{15}H_{25})_2$ zeigt die tertiäre Bindung des Hydroxyls an (vgl. S. 55—56).

Semmler und Erw. Mayer[1] fanden im Cedernholzöl einen flüssigen, rechtsdrehenden Sesquiterpenalkohol $C_{15}H_{26}O$ auf, der ebenfalls in Cedren übergeht; sie nennen ihn **Pseudocedrol** und fassen ihn als Stereoisomeres des festen Cedrols auf.

Auf die übrigen „natürlichen" Sesquiterpenalkohole[2] $C_{15}H_{26}O$ kann hier nicht näher eingegangen werden. — Daß auch einige „künstliche" Sesquiterpenalkohole[3] erhalten worden sind, wurde schon erwähnt (S. 55). Man gelangte zu ihnen durch direkte Hydratation von Sesquiterpenen (vgl. S. 39) oder durch Kochen von Bis-hydrochloriden der bicyclischen Sesquiterpene mit Kalkmilch (vgl. Selinenol, S. 49).

---

[1] B. **45**, 1384 (1912).

[2] Vgl. z. B.:

Amyrol (aus Amyris balsamifera): v. Soden, C. **1900**, I, 858. — v. Soden, Rojahn, C. **1900**, II, 1274. — Heine u. Co, D.R.P. 122097 (C. **1901**, II, 326).

Atractylol (aus Atractylis ovata): Gadamer, Amenomiya, Ar. **241**, 22 (1903).

Cadinol (aus Galbanumöl) (wahrscheinlich bicyclisch, tertiär): Semmler, Jonas, B. **47**, 2073 (1914).

Caparrapiol (aus Caparrapiöl): Topia, Bl. [3] **19**, 642 (1898).

Sesquiterpenalkohole aus Cryptomeria japonica: Kimura, C. **1910**, I, 276. — Uchida, Am. Soc. **38**, 693 (1916).

Cubebencampher: C. Müller, A. **2**, 90 (1832). — Blanchet, Sell, A. **6**, 294 (1833). — Winckler, A. **8**, 203 (1833). — E. Schmidt, Z. **1870**, 190. B. **10**, 189 (1877). — Schaer, Wyss, J. **1875**, 497.

Galipol (aus Angosturarindenöl): Beckurts, Tröger, Ar. **235**, 526 (1897); **236**, 408 (1898).

Globulol (aus Eucalyptus globulus): Schimmel u. Co., C. **1904**, I, 1264. — Semmler, Tobias, B. **46**, 2030 (1913). — Ruzicka, Pontalti, Balas, Helv. **6**, 855, (1913).

Gurjuresinol (aus Gurjunbalsam): Tschirch, Weil, Ar. **241**, 385, 392 (1903).

Maalialkohol (aus Maaliharzöl) (tertiär): Schimmel u. Co., C. **1909**, I, 22.

Maticocampher: Kügler, B. **16**, 2841 (1883). — Thoms, C. **1904**, II, 1125.

Sesquiterpenalkohol aus Nelkenstielöl (wahrscheinlich bicyclisch): Semmler, Erw. Mayer, B. **45**, 1392 (1912).

Patschulialkohol: Gal, C. r. **68**, 406 (1869). — Montgolfier, C. r. **84**, 88 (1877). — Wallach, A. **279**, 394 (1894). — Gadamer, Amenomiya, Ar. **241**, 39 (1903). — v. Soden, Rojahn, B. **37**, 3353 (1904). — Semmler, Erw. Mayer, B. **45**, 1391 (1912).

Sesquicamphenol (aus Campheröl): Semmler, Rosenberg, B. **46**, 770 (1913).

Zingiberol (aus Ingweröl): Brooks, Am. Soc. **38**, 430 (1916).

[3] Vgl. z. B.:

Caryophyllenhydrat: Wallach, A. **271**, 288 (1892); **279**, 392 (1894). — Béhal, D.R.P. 115334 (C. **1900**, II, 1141). — Gadamer, Amenomiya, Ar. **241**, 39 (1903). — Semmler, Erw. Mayer, B. **45**, 1391 (1912). — Deussen, J. r. [2] **90**, 328 (1914). — S. auch Schimmel u. Co., C. **1910**, II, 1758.

Sesquiterpenalkohol aus Santalen: Schimmel u. Co., C. **1910**, II, 1757.

Selinenol (aus Selinen): Semmler, Risse, B. **45**, 3305 (1912).

Sesquiterpenalkohole $C_{15}H_{24}O$.

Alkohole von der Bruttoformel $C_{15}H_{24}O$, die zu den Sesquiterpenen in struktureller Beziehung stehen, kann man als Oxy-sesquiterpene bezeichnen. Von ihnen ist nicht eine so große Zahl in den ätherischen Ölen aufgefunden worden, wie von den wasserstoffreicheren Alkoholen $C_{15}H_{26}O$, die wir im vorangehenden Abschnitt besprochen haben; aber es befinden sich darunter die sehr wichtigen Santalole. Nur cyclische Vertreter sind bisher festgestellt worden, und es ist bemerkenswert, daß sie sich als primäre Alkohole erwiesen haben, während unter den cyclischen Sesquiterpenalkoholen der Formel $C_{15}H_{26}O$ tertiäre Alkohole vorwiegen. Hiermit mag in Zusammenhang stehen, daß im Gegensatz zu den meist gut krystallisierbaren cyclischen Alkoholen $C_{15}H_{26}O$ die in der Natur beobachteten Alkohole $C_{15}H_{24}O$ sämtlich bei gewöhnlicher Temperatur flüssig sind[1].

Als wichtigste Vertreter dieser Alkoholgruppe wurden soeben schon die Santalole genannt. Sie entstammen dem Sandelholz[2] (von Santalum album), das schon im Altertum seines eigenartigen Geruchs wegen gepriesen wurde. Aus dem Holz wird durch Destillation mit Wasser das ostindische Sandelholzöl[3] in einer Ausbeute von ca. 2·6—4·4 °/₀ gewonnen, das unter der Bezeichnung Oleum santali offizinell ist und als Heilmittel bei katarrhalischen Erkrankungen der Schleimhäute, namentlich aber bei akuter Gonorrhoe viel benutzt wird. Dieses Öl, das in seiner Zusammensetzung besonders von Chapoteaut[4], v. Soden und Fr. Müller[5], Guerbet[6] und Schimmel u. Co.[7] untersucht wurde, ist reich an bemerkenswerten Bestandteilen. Von ihnen haben wir das Santen C_9H_{14} (S. 15), das Teresantalol $C_{10}H_{16}O$ (S. 28), die Teresantalsäure $C_{10}H_{14}O_2$ (S. 32) und die Santalene $C_{15}H_{24}$ (S. 45, 49) schon kennen gelernt; über weitere Nebenbestandteile s. S. 63, 68, 70, 72. Hier haben wir es nun mit den Hauptbestandteilen zu tun, die zugleich die Träger seiner medizinischen Wirkung sind[8], — zwei Alkoholen $C_{15}H_{24}O$, die als α- und β-Santalol unterschieden werden. Das Ge-

[1] Über einen künstlich erhaltenen festen Sesquiterpenalkohol $C_{15}H_{24}O$ s. Semmler, Jonas, W. Richter, B. **51**, 422 (1918).

[2] Zur Geschichte des Sandelholzes und Sandelholzöls s. Gildemeister-Hoffmann, Bd. I, S. 20, 128.

[3] Über Herkunft, Gewinnung usw. s. Hoffmann-Gildemeister, Bd. II, S. 344 ff.

[4] Chapoteaut, Bl. [2] **37**, 303 (1882).

[5] v. Soden, Fr. Müller, C. **1899**, I, 1082. — v. Soden, Ar. **238**, 353 (1900). — Fr. Müller, Ar. **238**, 366 (1900).

[6] Bl. [3] **23**, 217, 542 (1900).

[7] C. **1899**, I, 1043; **1910**, II, 1757; **1911**, I, 1838.

[8] Riehl, vgl. v. Soden, Fr. Müller, C. **1899**, I, 1082. — S. auch Siedler, C. **1904**, II, 1250.

misch dieser beiden Isomeren bezeichnet man als **Santalol**[1,2] schlechthin (es wird auch unter dem Namen „Gonorol" in den Handel gebracht); dieses Gemisch macht etwa 90 % des Sandelholzöls aus.

Mehrere Abkömmlinge des Santalols (Ester usw.) sind für therapeutische Verwendung vorgeschlagen worden[3].

Die beiden Gemengteile des Santalols unterscheiden sich physikalisch in dem Sinne, daß der eine (α-Santalol) etwas niedriger siedet und nur schwache Rechtsdrehung zeigt, der andere (β-Santalol) etwas höher siedet und stark nach links dreht[4]. Aber da sie beide flüssig sind, da auch ihre sauren Phthalsäureester, die zu ihrer Trennung von den nicht alkoholischen Bestandteilen des Öles benutzt werden, nicht krystallisieren, so bietet es große Schwierigkeiten, sie in einheitlichem Zustand zu gewinnen. Eine sehr sorgfältige, im Laboratorium der Firma Schimmel u. Co. ausgeführte Fraktionierung führte zu Präparaten[5] mit folgenden Konstanten:

	Siedep.	D_{20}	n_D	α_D
α-Santalol	147—148° (4·5 mm)	0·974	1·50552	+ 0° 36′
β-Santalol	158—158·5° (5 mm)	0·972	1·51357	− 41° 47′

Ein Verfahren zur weiteren Reinigung fanden Paolini und Divizia[6] darin, daß sie die Phthalestersäuren in alkoholischer Lösung mit Strychnin kombinierten und die Strychninsalze mehrfach umkrystallisierten:

	Siedep. (10 mm)	D^{15}	n_D^{19}	α_D	Schmelzp. des phthalestersauren Strychninsalzes
α-Santalol	159°	0·979	1·499	+ 1° 10′	155°
β-Santalol	168°	0·973	1·5092	− 42°	134—135°

[1] Zur Darstellung s. Heine u. Co., D.R.P. 110485 (C. **1900**, II, 461); 116815 (C. **1901**, I, 148).

[2] Vgl. außer den im folgenden zitierten Abhandlungen noch Kimura-Osaka, C. **1910**, II, 803.

[3] Vgl.: Stephan, D.R.P. 148944 (C. **1904**, I, 846). — Knoll u. Co., D.R.P. 173240 (C. **1906**, II, 1093). — Vieth, C. **1906**, II, 1448. — Riedel, D.R.P. 193960 (C. **1908**, I, 1113); 208637 (C. **1909**, I, 1442); 275794 (C. **1914**, II, 279). — Bayer u. Co., D.R.P. 202352 (C. **1908**, II, 1396); 226209 (C. **1910**, II, 1174). — Mason, C. **1911**, II, 692. — Chem. Fabr. Schering, D.R.P. 242421 (C. **1912**, II, 298). — Grimme, C. **1921**, IV, 79.

[4] Vgl.: v. Soden, Ar. **238**, 359 (1900). — Guerbet, Bl. [3] **23**, 542 (1900). — Semmler, B. **43**, 1894 (1910).

[5] Vgl. Semmler, Risse, B. **46**, 2306 (1913).

[6] R.A.L. [5] **23**, II, 226 (1914).

Unterstützt von mehreren Mitarbeitern, hat SEMMLER[1] in den Jahren 1907—1913 sich bemüht, in die Struktur der beiden Santalole einzudringen. Diese Untersuchungsreihe hat für das α-Santalol zu dem größten Erfolge geführt, der bisher bei der strukturellen Aufklärung cyclischer Sesquiterpen-Körper zu verzeichnen ist. Leider mußte sie größtenteils an dem Gemisch der beiden Alkohole, wie es in dem schlechthin als „Santalol" bezeichneten Präparat vorliegt, ausgeführt werden.

Zunächst ist hervorzuheben, daß bei der Oxydation des Santalols $C_{15}H_{24}O$ mit Chromsäure in Eisessig in guter Ausbeute ein Carbonyl-Körper der gleichen C-Zahl $C_{15}H_{22}O$ (Santalal) erhalten wird, der sich als Aldehyd dadurch erweist, daß er über Oxim und Nitril in eine Säure $C_{15}H_{22}O_2$ übergeführt werden kann. Das „Santalol" enthält demnach zweifellos in großer Menge einen primären Alkohol. Die Oxydation des Santalols mit Kaliumpermanganat aber bewirkt Abspaltung von drei C-Atomen und führt zu einer krystallisierbaren Monocarbonsäure $C_{12}H_{18}O_2$, die Eksantalsäure (Tricyclo-eksantalsäure) genannt wird; desgleichen werden bei der Oxydation mit Ozon drei C-Atome abgespalten, und es entsteht als Hauptprodukt ein Aldehyd $C_{12}H_{18}O$ (Eksantalal, Tricyclo-eksantalal), welcher der Eksantalsäure entspricht, da er sich über Oxim und Nitril in diese verwandeln läßt. Da nun ferner die Eksantalsäure und das Eksantalal auch aus Santalal durch Oxydation mit Permanganat bzw. Ozon gewonnen werden, so sind sie Abbauprodukte des primären Alkohols, aus welchem das Santalal hervorgeht. Als dieser primäre Alkohol darf aber das α-Santalol angesehen werden; denn man erhält die besten Ausbeuten an Eksantalsäure bzw. an Eksantalal aus den Santalol-Fraktionen von niedrigerem Siedepunkt, höherer Dichte, kleinerem Brechungsexponenten und schwacher Polarisation (vgl. die Zahlen auf S. 61).

Eksantalsäure kann, da sie gegen Kaliumpermanganat beständig ist, keine Doppelbindung enthalten. Hieraus ergibt sich bei Berücksichtigung ihrer Bruttoformel $C_{12}H_{18}O_2$, daß sie sich von einem tricyclischen System ableitet. Im α Santalol-Molekül muß dieses tricyclische System gleichfalls vorhanden sein, zugleich aber eine Doppelbindung, da es sich bei der Oxydation wie ein ungesättigter Körper verhält. Diese Doppelbindung muß nun außerhalb des C_{12}-Komplexes der Eksantalsäure liegen, also in einer Seitenkette des tricyclischen Systems, und zwar geht sie offenbar von demjenigen C-Atom aus, welches dem Carboxyl der Eksantalsäure angehört, da bei der Oxydation des Santalols an dieser Stelle die Abspaltung des C_3-Restes erfolgt. In diesem abgespaltenen C_3-Rest muß selbstverständlich auch das Hydroxyl des Santalols seinen Sitz

[1] SEMMLER, BODE, B. **40**, 1124 (1907). — SEMMLER, B. **40**, 1120 (1907); **41**, 1488 (1908); **42**, 584 (1909); **43**, 1722, 1893 (1910). — SEMMLER, ZAAR, B. **43**, 1890 (1910). — SEMMLER, RISSE, B. **46**, 2306 (1913).

haben, da es ja primär gebunden ist, und da die Zusammensetzung der Eksantalsäure $C_{12}H_{18}O_2 = C_{11}H_{17}\cdot CO_2H$ zeigt, daß es in ihrem Rest $C_{11}H_{17}$ nicht steckt, das zwölfte C-Atom (dasjenige des Carboxyls) aber im Santalol an zwei C-Atome gebunden sein muß, also nicht der Angriffspunkt eines primären Hydroxyls sein kann.

Es ist nun SEMMLER in sehr schöner Weise gelungen, von jenen C_{12}-Körpern (Eksantal-Reihe) zu C_{11}-Körpern (Noreksantal-Reihe) abzusteigen und zugleich nachzuweisen, daß die Eksantalsäure neben ihrem Carboxyl ein Methylen enthält, ihre Formel also in $C_{10}H_{15}\cdot CH_2\cdot CO_2H$ aufgelöst werden darf. Das Eksantalal $C_{12}H_{18}O$ nämlich gibt beim Kochen mit Essigsäureanhydrid und Natriumacetat einen Essigsäureester $C_{12}H_{17}\cdot O\cdot CO\cdot CH_3$ (*enol*-Eksantalal-acetat), was nur erklärlich ist, wenn das C-Atom neben seinem Carbonyl Wasserstoff trägt, also zur Enolisierung des Carbonyls Anlaß geben kann. Dieses C-Atom könnte hiernach mit zwei H-Atomen oder nur mit einem verbunden sein. Da aber jenes *enol*-Acetat bei der Oxydation mit Kaliumpermanganat unter Verlust nur eines C-Atoms eine Monocarbonsäure $C_{11}H_{16}O_2$ (Noreksantalsäure) liefert, so trifft die erstere Möglichkeit zu, und wir dürfen die Formeln aufstellen:

$C_{10}H_{15}\cdot CH_2\cdot CHO$	$\longrightarrow$	$C_{10}H_{15}\cdot CH:CH\cdot O\cdot CO\cdot CH_3$	$\longrightarrow$	$C_{10}H_{15}\cdot CO_2H$.
Eksantalal		*enol*-Eksantalal-acetat		Noreksantalsäure

Noreksantalsäure läßt sich in den ihr entsprechenden Aldehyd — Noreksantalal $C_{11}H_{16}O$ — überführen, indem man ihren Methylester mit Natrium in absolutem Alkohol zum Noreksantalol $C_{10}H_{15}\cdot CH_2\cdot OH$ reduziert und dieses mit Chromsäuregemisch wieder oxydiert. Es ist interessant, daß dieser Aldehyd auch als Bestandteil des Sandelholzöl-Vorlaufs nachgewiesen werden konnte[1].

In der gleichen Weise, wie vom Eksantalal zur Noreksantalsäure, konnte nun SEMMLER vom Noreksantalal $C_{11}H_{16}O$ zu der schon S. 32 als Nebenbestandteil des Sandelholzöls erwähnten Teresantalsäure $C_{10}H_{14}O_2$ absteigen, und es ergibt sich daraus, daß auch die Noreksantalsäure Methylen neben Carboxyl enthält:

$C_9H_{13}\cdot CH_2\cdot CHO$	$\longrightarrow$	$C_9H_{13}\cdot CH:CH\cdot O\cdot CO\cdot CH_3$	$\longrightarrow$	$C_9H_{13}\cdot CO_2H$.
Noreksantalal		*enol*-Noreksantalal-acetat		Teresantalsäure

Wir können hiernach, wenn wir die auf S. 64 gegebene Strukturformel der Teresantalsäure zugrunde legen, für das α-Santalol eine vollständige Strukturformel aufstellen. Indem wir den im obigen dargelegten Abbau rückwärts verfolgen, kommen wir zu der Formel VI (s. u.). Möglich wäre allerdings auch die Formel VII, die sich von VI dadurch unterscheidet, daß der an die Doppelbindung geknüpfte C_3-Rest nicht

[1] Vgl.: SCHIMMEL u. Co., C. 1910, II, 1757. — GILDEMEISTER-HOFFMANN, Bd. II, S. 354.

VI) 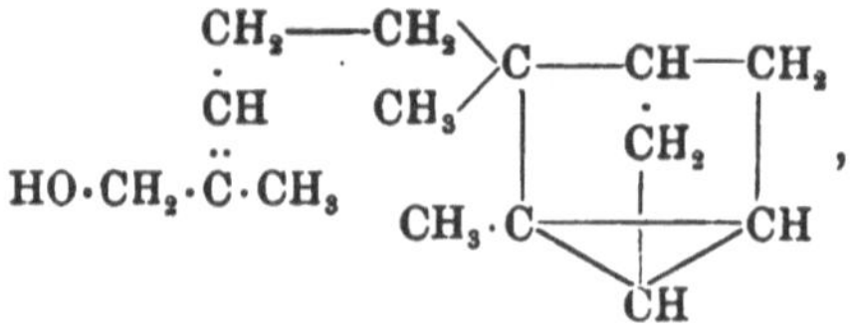

VII) 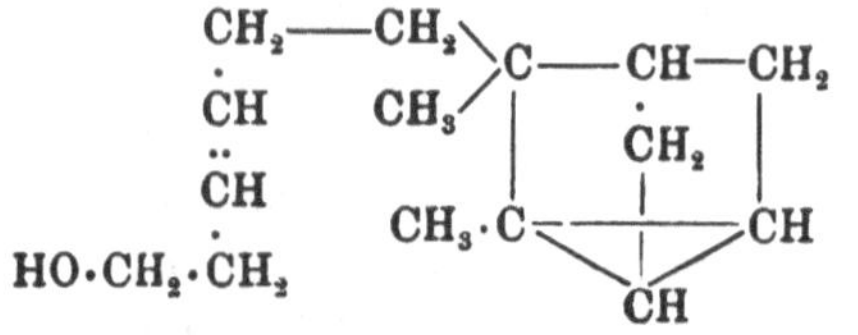

Isopropyl-Struktur, sondern norm.-Propyl-Struktur besitzt; aber sie ist weniger wahrscheinlich[1].

Es ist nun wichtig, sich darüber Rechenschaft zu geben, inwieweit die Formel der Tersantalsäure begründet ist. Daß der in ihrem Molekül mit Carboxyl verbundene Rest C_9H_{13}, tricyclisch sein muß, ergibt sich aus dem oben geschilderten Abbau, der von der Eksantal-Reihe über die Noreksantal-Reihe zu ihr führt, und wird durch die Molekularrefraktion ihres Methylesters bestätigt. Daß dieser Rest zwei Methyle (bzw. ein Methyl und ein carboxyliertes Methyl) enthalten muß, folgt aus dem Übergang der Teresantalsäure in Santen (vgl. S. 32), über dessen Struktur kein Zweifel herrscht (s. S. 23—24). Es bleiben demnach für den tricyclischen Kern 7 C-Atome übrig, die derart miteinander verkettet sein müssen, daß der Übergang des gesättigten tricyclischen Kernes in den ungesättigten bicyclischen Norcamphan-Kern, wie er im Santen vorliegt, erklärlich erscheint. Im Sinne der Semmlerschen Formel beruht er darauf, daß bei der Carboxyl-Abspaltung ein Dreiring gesprengt wird und statt der Brückenbindung sich eine Doppelbindung einstellt.

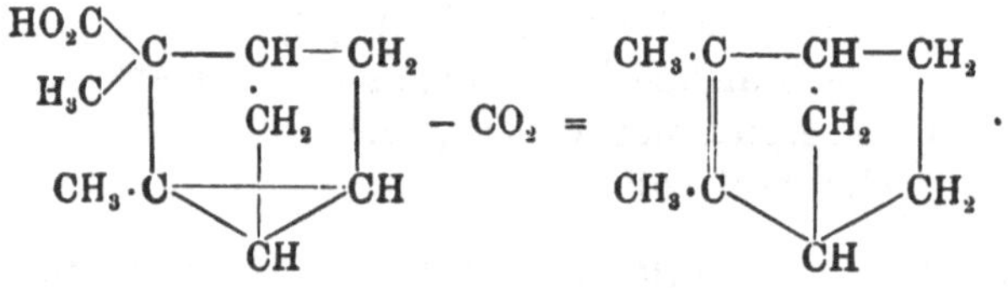

Diese Deutung erscheint durchaus plausibel; auch andere Umwandlungen der Teresantalsäure, auf die hier nicht näher eingegangen werden kann, ließen sich mit Hilfe der Semmlerschen Formel verfolgen. Steht auch ein strenger Beweis für sie noch aus, so wird man doch erkennen, daß es nur wenige — und sehr ähnliche — Möglichkeiten der Atomlagerung gibt, die außer ihr in Erwägung gezogen werden könnten.

Auch das β-Santalol ist nach Guerbet, da es mit dem α-Santalol fast genau in der Geschwindigkeit und dem Grenzwert der Esterifizierung übereinstimmt, ein

[1] Vgl. dazu Semmler, B. **43**, 1897 (1910).

primärer Alkohol. Aus der Molekularrefraktion, welche diejenige des α-Santalols um ca. 1·4 übertrifft, schließt SEMMLER, daß in ihm ein bicyclisches System mit einer Doppelbindung vorliegt.

Zwei primäre Alkohole $C_{15}H_{24}O$, von denen der eine tricyclisch, der andere bicyclisch ist, — **Vetivenole** — finden sich ferner im Vetiveröl[1].

Das α-Santalol $C_{15}H_{24}O$ enthält offenbar dasselbe C-Skelett wie das im gleichen Öl vorkommende α-Santalen $C_{15}H_{24}$ (s. S. 49); denn sowohl aus dem Alkohol wie aus dem Kohlenwasserstoff wird durch Oxydation das tricyclische Eksantalal erhalten. Das analoge interessante Zusammentreffen eines primären Sesquiterpenalkohols $C_{15}H_{24}O$ und des ihm zugrunde liegenden Sesquiterpens finden wir beim Cedernholzöl. Wie das in diesem Öl enthaltene **Cedrenol**[2] in Cedren sich überführen läßt, wurde schon S. 51 kurz angegeben. Cedrenol stellt einen farblosen Sirup dar, siedet unter 10 mm Druck bei 161—167° und zeigt $D^{20} = 1{\cdot}010$, $n_D^{20} = 1{\cdot}5230$, $\alpha_D^{20} = +1^0$.

Weitere primäre Sesquiterpenalkohole $C_{15}H_{24}O$ sind im Birkenknospenöl[3] **(Betulol)** und im Costuswurzelöl[4] **(Costol**, vgl. dazu S. 67**)** gefunden worden. Ein tertiärer Alkohol scheint im Kalmusöl enthalten zu sein[5].

Weitere Sesquiterpen-Körper.

In den drei vorangehenden Abschnitten haben wir diejenigen in den ätherischen Ölen aufgefundenen C_{15}-Körper behandelt, welche den besonders häufig vertretenen Bruttoformeln $C_{15}H_{24}$, $C_{15}H_{26}O$ und $C_{15}H_{24}O$ entsprechen. Es bleibt nur übrig, eine Nachlese solcher Bestandteile zu halten, welche ebenfalls 15 C-Atome im Molekül vereinigen, aber nicht unter jene drei Bruttoformeln fallen und doch in ihrer Struktur offenbar den Sesquiterpenen nahe verwandt sind.

Wir beginnen mit *Kohlenwasserstoffen*. Als künstlich gewonnene Hydride von Sesquiterpenen lernten wir schon Kohlenwasserstoffe von den Formeln $C_{15}H_{32}$, $C_{15}H_{30}$, $C_{15}H_{28}$ und $C_{15}H_{26}$ kennen (vgl. S. 38, 40, 41, 42, 47, 49, 50, 52, 53, 54, 57, 58). Als Naturprodukt isolierte GERBER[6] aus dem ätherischen Öl der Parakresse (Spilanthes oleracea) das **Spilanthen** $C_{15}H_{30}$ (Siedepunkt = 220—225°, $D^{15} = 0{\cdot}845$), das wahrscheinlich acyclisch ist, da es Brom addiert. Das „Ammoniakgummiöl", das aus dem von Ferula-Arten stammenden Gummiharz gewonnen wird, enthält nach SEMMLER, JONAS und ROENISCH ein hydriertes monocyclisches Sesquiterpen $C_{15}H_{26}$; es wurde in nicht ganz einheitlichem Zustand gewonnen, **Ferulen**[7] genannt und zum Be-

[1] SEMMLER, RISSE, F. SCHRÖTER, B. **45**, 2347 (1912).
[2] SEMMLER, ERW. MAYER, B. **45**, 786 (1912).
[3] v. SODEN, ELZE, B. **38**, 1636 (1905). — SEMMLER, JONAS, W. RICHTER, B. **51**, 417 (1918).
[4] SEMMLER, FELDSTEIN, B. **47**, 2687 (1914).
[5] SEMMLER, SPORNITZ, B. **46**, 3704 (1913). — Siehe dazu THOMS, BECKSTRÖM, B. **46**, 3947 (1913).
[6] Ar. **241**, 278 (1903). [7] B. **50**, 1826 (1917).

weis seiner monocyclischen Struktur katalytisch zu einem Tetrahydrid $C_{15}H_{30}$ reduziert.

Wichtiger ist ein Kohlenwasserstoff, der sich von den Sesquiterpenen durch geringeren Wasserstoffgehalt unterscheidet und durch blaue Färbung ausgezeichnet ist. Man hatte schon häufig bei der Destillation ätherischer Öle blaue hochsiedende Fraktionen beobachtet; einige Öle (z. B. Wermutöl und Cubebenöl) zeigen auch vor der Fraktionierung blaue oder grüne Färbung. Es ist nun 1914 SHERNDAL[1] gelungen, den färbenden Bestandteil, der nur in sehr geringer Menge (höchstens einige Zehntelprozente) vorhanden ist und **Azulen**[2] genannt wird, in reinem Zustand abzuscheiden und als einen Kohlenwasserstoff von der Zusammensetzung $C_{15}H_{18}$ zu erweisen. Er stützte sich für die Isolierung auf die Eigenschaft des Azulens, sich in Mineralsäuren von gewisser Stärke (z. B. 63-proz. Schwefelsäure, 85-proz. Phosphorsäure) zu lösen. Schüttelt man die blauen Fraktionen oder Öle mit solchen Säuren, so geht das Azulen in die saure Schicht und kann daraus durch Verdünnen mit Wasser und darauffolgendes Ausschütteln mit Äther oder Benzin wiedergewonnen werden. Nachdem es weiter durch Destillation mit Wasserdampf und Vakuumdestillation gereinigt war, stellte es sich als ziemlich zähe Flüssigkeit ($D^{25} = 0{\cdot}974$) von schwachem Phenolgeruch dar, die in dünnen Schichten intensiv blau, in dicken schwarz erscheint; es siedet unter 25 mm Druck bei 185—195°, erleidet aber dabei etwas Zersetzung und mischt sich mit 95-proz. Alkohol in jedem Verhältnis. Zur Identifizierung sowohl wie zur völligen Reinigung eignet sich sein Pikrat $C_{15}H_{28} + C_6H_3O_7N_3$, das beim Vermischen der alkoholischen Lösungen von Azulen und Pikrinsäure in schwarzen, glänzenden Nadeln ausfällt, bei ca. 120° unter Zersetzung schmilzt und in Berührung mit Wasser oder verdünnten Alkalien den Kohlenwasserstoff wieder zurückliefert. Mit Hilfe dieses Pikrats konnte SHERNDAL zeigen, daß der gleiche färbende Bestandteil sich im Cubebenöl und Campheröl findet, wie auch in dem blauen Öl, das aus Gurjunöl durch Behandlung mit einer Mischung von konz. Schwefelsäure und Essigsäureanhydrid erhalten wird (vgl. auch S. 51). Nach KREMERS[3] kommt dem Azulen vielleicht nebenstehende Formel zu. Löslichkeit in konz. Mineralsäuren und das Vermögen, sich mit Pikrinsäure zu vereinigen, sprechen für die Gegenwart eines aromatischen Kerns im Molekül des Azulens.

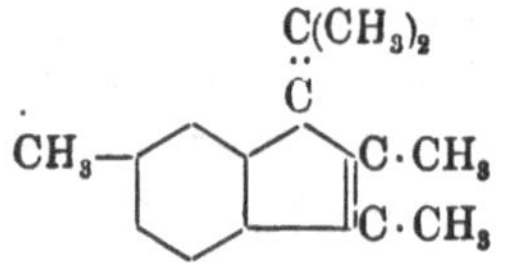

Bei der Hydrierung nimmt Azulen 10 H-Atome auf und liefert einen fast farblosen, optisch inaktiven Kohlenwasserstoff ($D^{22} = 0{\cdot}8920$; $n_D^{22} = 1{\cdot}4870$). Hieraus ergibt sich die Gegenwart von 5 Doppelbindungen in seinem Molekül, also bicyclische Struktur.

[1] Am. Soc. **37**, 167, 1537 (1915).
[2] Vgl.: PIESSE, C. r. **57**, 1016 (1863). — DE JONG, C. **1905**, II, 1180.
[3] KREMERS, Am. Soc. **45**, 717 (1923).

In dem S. 65 erwähnten „Ammoniakgummiöl“ (aus dem Gummiharz von Dorema Ammoniacum Don.) finden sich ein *Alkohol* $C_{15}H_{28}O$ (**Doremol**) als Essigsäureester und ein ihm entsprechendes *Keton* $C_{15}H_{26}O$ (**Doremon**). In diesen Verbindungen[1] sind sowohl auf Grund der Molekularrefraktion wie der katalytischen Hydrierung zwei Doppelbindungen anzunehmen; sie sind also acyclisch. Das Doremon ist das einzige Keton der Sesquiterpenreihe, das bisher in ätherischen Ölen gefunden wurde.

Sodann sind mehrere *Carbonsäuren* und *Lactone* von Oxysäuren zu nennen. In dem Öl der Costuswurzel, die in Kaschmir als Schutzmittel gegen Insekten, in China für Räucherungen Verwendung findet, kommen neben einander die **Costussäure** $C_{15}H_{22}O_2$, das **Costuslacton** $C_{15}H_{20}O_2$ und das **Dihydrocostuslacton** $C_{15}H_{22}O_2$ vor. Diese drei Stoffe sind Flüssigkeiten, und sie gehören strukturell zusammen, da Costussäure durch Erwärmen mit 33-proz. Schwefelsäure in Dihydrocostuslacton übergeht, und da Costuslacton und Dihydrocostuslacton bei der katalytischen Hydrierung das gleiche Tetrahydrocostuslacton liefern[2]. Auch der in demselben Öl enthaltene Sesquiterpenalkohol $C_{15}H_{24}O$ (Costol, s. S. 65) steht zu ihnen in genetischer Beziehung; denn er kann aus dem Methylester der Costussäure durch Reduktion mit Natrium in Alkohol künstlich bereitet werden[3]. Alle diese Verbindungen sind bicyclisch, wie sich aus der Molekularrefraktion und der katalytischen Hydrierung ergibt.

Isomer mit der Costussäure ist die **Vetivensäure**, die als Vetivenol-ester (vgl. S. 65) im Vetiveröl vorkommt[4].

Isomer mit dem Costuslacton ist das **Alantolacton**[5], das den Hauptbestandteil des Alantöls (aus der Wurzel von Inula Helenium) bildet und darin von einer geringen Menge des gleich zusammengesetzten Isoalantolactons[6] begleitet wird. Alantolacton krystallisiert aus verdünntem Alkohol in farblosen Nadeln, schmilzt bei 76° und siedet unter 10 mm Druck bei 192°. Es wird beim Erwärmen mit verdünnten Alkalien zu Salzen der Alantolsäure $C_{15}H_{22}O_3$ aufgespalten, aus deren heißen Lösungen es beim Ansäuern mit Mineralsäuren wieder ausfällt. Das Alantolacton addiert 2 Mol. Halogenwasserstoff, das erste leicht, das zweite schwer; es enthält also zwei Doppelbindungen und ist wahrscheinlich bicyclisch.

Eine wasserstoffreichere Oxysäure — **Caparrapisäure**[7] $C_{15}H_{26}O_3$, Schmelzpunkt 84·5° — ist im Caparrapiöl gefunden worden.

Zum Schluß ist zu erwähnen, daß in ätherischen Ölen auch solche C_{15}-Körper gefunden worden sind, bei denen wahrscheinlich *Sauerstoff in heterocyclischer Form als Oxyd-Sauerstoff* (ähnlich wie im Cineol) gebunden ist. Das im japanischen Kalmusöl vorkommende **Calameon**[8] $C_{15}H_{26}O_2$ —

[1] Semmler, Jonas, Roenisch, B. **50**, 1828, 1831 (1917).
[2] Semmler, Feldstein, B. **47**, 2433 (1914).
[3] Semmler, Feldstein, B. **47**, 2689 (1914).
[4] Semmler, Risse, F. Schröter, B. **45**, 2347 (1912).
[5] Kallen, B. **9**, 155 (1876). — Bredt, Posth, A. **285**, 349 (1895). — Tunmann, P.C.H. **53**, 1175 (1912). — Semmler, Feldstein, B. **47**, 2437 (1914).
[6] Sprinz, Ar. **239**, 201 (1901).
[7] Tapia, Bl. [3] **19**, 640 (1898).
[8] v. Soden, Rojahn, C. **1901**, I, 893. — Schimmel u. Co., C. **1901**, I, 1007. — Thoms, Beckström, B. **34**, 1022 (1901); **35**, 3190, 3195 (1902); **46**, 3946 (1913).

Krystalle vom Schmelzp. 168°, in alkoholischer Lösung linksdrehend — zeigt weder das Verhalten eines Alkohols, noch eines Aldehyds oder Ketons, noch einer Säure, eines Lactons oder eines Esters; es bleibt also für seine Sauerstoffatome nur die Möglichkeit der acyclischen oder cyclischen Oxyd-Bindungsform übrig. Die acyclische Bindung aber wird dadurch ausgeschlossen, daß beim Erwärmen mit 10-proz. Schwefelsäure in fast theoretischer Ausbeute ein Kohlenwasserstoff[1] $C_{15}H_{22}$ entsteht.

Möglicherweise gehört hierher auch das in den höher siedenden Anteilen des Möhrenöls (aus den Früchten von Daucus Carota) sich findende, dem Calameon isomere **Daucol**[2] (Schmelzp. 115—116°, in alkoholischer Lösung linksdrehend), bei dem indessen ein Sauerstoffatom als alkoholisches Hydroxyl gebunden ist, da durch Kochen mit Essigsäureanhydrid und Natriumacetat ein Essigsäureester $C_{15}H_{25}O(O\cdot CO\cdot CH_3)$ erhalten wird.

Drittes Kapitel.

Weitere Bestandteile, deren Struktur noch fraglich ist.

(Diterpene und andere Kohlenwasserstoffe. — Sauerstoffhaltige Bestandteile, wie Curcumon usw.)

Außer den C_{15}-Körpern, denen das vorige Kapitel gewidmet war, gibt es noch eine beträchtliche Zahl von Bestandteilen der ätherischen Öle, für welche die Strukturermittlung einstweilen aussteht. Eine kurze Übersicht über solche Stoffe, die auf Vollständigkeit keinen Anspruch erhebt, soll in diesem Kapitel gegeben werden. Indem wir dabei zwei Abteilungen — Kohlenwasserstoffe und sauerstoffhaltige Stoffe — bilden, wollen wir in jeder von ihnen mit Verbindungen niederer C-Zahl beginnen und zu solchen von höherer C-Zahl aufsteigen.

Kohlenwasserstoffe.

Ein rechtsdrehendes Monoterpen $C_{10}H_{16}$, das ein Nitrosochlorid vom Schmelzp. 120—121° gibt und den Namen **Dacryden** erhalten hat, wurde als Hauptbestandteil des Öls aus den Blättern von Dacrydium Franklinii aufgefunden[3]. — Interessant ist das von Schimmel u. Co.[4] entdeckte Vorkommen eines „Homoterpens" $C_{11}H_{18}$ im Vorlauf des ostindischen Sandelholzöls (s. S. 60); es siedet bei 183° und zeigt $D^{20} = 0\cdot909$, $n_D^{20} = 1\cdot47860$, $\alpha_D = -23°55'$ (l = 100 mm). Infolge seiner Molekularrefraktion (46·74) ist es als tricyclisch anzusehen (ber. 46·40), gehört also wahrscheinlich in die „Noreksantal-Reihe" (vgl. S. 63 ff.).

---

[1] Siehe dazu auch Semmler, Spornitz, B. **46**, 3706 (1913).
[2] E. Richter, Ar. **247**, 404 (1909).
[3] H. G. Smith, C. **1912**, II, 365.
[4] C. **1910**, II, 1757.

Für das Stearopten (vgl. S. 9) des Rosenöls[1] sind Analysen und Dampfdichte-Zahlen gefunden worden, nach denen es zu den Paraffin-Kohlenwasserstoffen C_nH_{2n+2} mit C_{16} gehören könnte. Es ist aber nicht einheitlich; man hat daraus Fraktionen von den Schmelzpunkten 22° und 40—41° abscheiden können.

Ein acyclischer Kohlenwasserstoff mit 17 C-Atomen und 4 Doppelbindungen (also homolog den acyclischen Sesquiterpenen) — das **Aplotaxen**[2] $C_{17}H_{28}$ — bildet einen Hauptbestandteil des Costuswurzelöls.

Wichtig ist das Vorkommen von Dimeren der einfachen Terpene: Diterpene $C_{20}H_{32}$. Ältere Angaben über Diterpene aus ätherischen Ölen sind zwar dahin berichtigt worden, daß es sich um Sesquiterpene handelte. Aber durch neuere Arbeiten ist doch sichergestellt worden, daß Kohlenwasserstoffe von dieser Zusammensetzung und dementsprechend von sehr hohem Siedepunkt zuweilen als Bestandteile der ätherischen Öle auftreten[3]. Am genauesten untersucht ist in dieser Hinsicht das hochsiedende Campheröl. SEMMLER und ROSENBERG erhielten aus ihm eine Kohlenwasserstoff-Fraktion vom Siedep. 180—190° unter 11 mm Druck, deren kryoskopische Molekulargewichtsbestimmung auf die Formel $C_{20}H_{32}$ stimmte, und konnten nachweisen, daß in ihr zwei verschiedene Diterpene — **Camphorene** — enthalten sind. Das eine von ihnen — α-Camphoren — ist dadurch gekennzeichnet, daß es mit Chlorwasserstoff sich zu einem krystallisierbaren Tetrakis-hydrochlorid $C_{20}H_{36}Cl_4$ (Schmelzp. 129—131°) vereinigt. Der aus dieser Verbindung regenerierte, optisch inaktive Kohlenwasserstoff, der mit Chlorwasserstoff das bei 129—131° schmelzende Produkt zurückliefert, siedete bei 177 bis 178° unter 6 mm Druck und zeigte $D^{20} = 0{\cdot}887$, $n_D = 1{\cdot}50339$; seine Molekularrefraktion (90·6) spricht für die Gegenwart von 4 Doppelbindungen in seinem Molekül (ber.: 90·49), also für monocyclische Struktur, die auch durch katalytische Hydrierung zu einem Oktahydrid $C_{20}H_{40}$ bestätigt wurde[4]. Der gleiche Kohlenwasserstoff konnte unter den „Dimyrcenen" nachgewiesen werden, die aus dem Myrcen $C_{10}H_{16}$ durch mehrstündiges Erhitzen im Einschlußrohr auf 250—260° entstehen[5]; auch bildet er sich aus Linalool $C_{10}H_{18}O$ durch Erhitzen mit wasserfreier Oxalsäure im Einschlußrohr[6]. Er ist also aus acyclischen Monoterpenkörpern durch Synthese herstellbar.

---

[1] Vgl.: BLANCHET, A. 7, 155 (1833). — FLÜCKIGER, Z. **1870**, 126. Pharmakognosie des Pflanzenreiches, 2. Aufl. (Berlin 1883), S. 156. — SCHIMMEL u. Co., Bericht vom Oktober **1890**, S. 42. — ECKART, Ar. **229**, 385 (1891). — MARKOWNIKOW, REFORMATSKY, J. pr. [2] **48**, 311 (1893). — BERTRAM, GILDEMEISTER, J. pr. [2] **49**, 196 (1894). — DUPONT, GUERLAIN, C. r. **123**, 701 (1896). — JEANCARD, SATIE, Bl. [3] **31**, 934 (1904).

[2] SEMMLER, FELDSTEIN, B. **47**, 2690 (1914).

[3] Vgl.: TH. A. HENRY, Soc. **79**, 1150 (1901). — H. G. SMITH, C. **1912**, II, 365. — SEMMLER, ROSENBERG, B. **46**, 771 (1913). — UCHIDA, Am. Soc. **39**, 694 (1916).

[4] SEMMLER, JONAS, B. **47**, 2077 (1914).

[5] SEMMLER, JONAS, B. **46**, 1566 (1913).

[6] SEMMLER, JONAS, B. **47**, 2078 (1914).

Wenn man die öligen Rückstände, die bei der Bereitung des krystallisierbaren Tetrakis-hydrochlorids abfallen, mit alkoholischem Kali kocht, erhält man das ebenfalls optisch inaktive β-Camphoren mit folgenden Konstanten: Siedepunkt unter 7 mm Druck = 170—180°, $D^{20} = 0 \cdot 930$, $n_D = 1 \cdot 518$; seine Molekularrefraktion (88·61) spricht für bicyclische Struktur.

Feste Diterpene liegen in dem **Phyllocladen** (krystallinisch; Schmelzp. 95°), das etwa 3% des Öls aus Phyllocladus rhomboidalis — einer australischen Kiefer — ausmacht (Smith), und in dem **α-Cryptomeren** (Uchida) vor; letzteres ist in dem Blätteröl von Cryptomeria japonica zu etwa 18% enthalten, krystallisiert aus Essigester in weißen geruchlosen Nadeln, schmilzt bei 61°, siedet unzersetzt bei 345°, dreht in Chloroform-Lösung links und wird durch Chlorwasserstoff in Äther zu dem bei 211—212° schmelzenden β-Cryptomeren isomerisiert.

Sauerstoffhaltige Stoffe.

Im Latschenkieferöl (von Pinus pumilio) fanden Böcker und A. Hahn ein Isomeres des Methylheptenons (Bd. I, Tl. I, S. 1023) — **Pumilon** $C_8H_{14}O$ — auf, das zwar nur in geringer Menge (1—2%) darin enthalten ist, aber den eigenartigen Geruch dieses Öls bedingt. Es siedet unzersetzt bei 216—217°, zeigt $D^{20} = 0 \cdot 929$, $n_D = 1 \cdot 46459$ und ist linksdrehend. Da es sich mit Natriumdisulfit vereinigt, Aldehydreaktionen aber nicht zeigt, wird es als Keton angesprochen[1]. Sein hohes spezifisches Gewicht und sein hoher Siedepunkt sprechen für cyclische Struktur.

Der Vorlauf des ostindischen Sandelholzöls (vgl. S. 60) enthält, wie Schimmel u. Co.[2] gezeigt haben, außer dem Santen C_9H_{14} (s. S. 15) zwei sauerstoffhaltige Stoffe der C_9-Reihe, die mit dem Santen in genetische Beziehung gebracht worden sind: einen Alkohol $C_9H_{16}O$ (Santenonalkohol) und ein Keton $C_9H_{14}O$ (Santenon). Das **Santenon**[3] (Schmelzpunkt 48—52°, Siedep. 193—194°, Schmelzp. des Semicarbazons: 224°) kann man aus dem Santen erhalten, indem man daraus zunächst durch Behandlung mit Eisessig-Schwefelsäure oder mit Ameisensäure das Acetat oder Formiat eines Alkohols $C_9H_{16}O$ herstellt, der von Aschan „Santenol" genannt wird, und diesen Alkohol dann mit Chromsäuregemisch oxydiert[2,4]:

$$C_9H_{14} \xrightarrow{+H_2O} C_9H_{15}\cdot OH \xrightarrow{\text{Oxydation}} C_9H_{14}:O.$$

Das in dieser Formelreihe als Zwischenglied erscheinende „Santenol" entsteht ferner aus der Teresantalsäure $C_{10}H_{14}O_2$ (s. S. 32, 63—65) durch Kochen mit Ameisensäure und Verseifung des hierbei gebildeten

[1] Böcker, A. Hahn, J. pr. [2] **83**, 496 (1911).
[2] Bericht vom Oktober **1910**, S. 98, 100 (C. **1910**, II, 1757).
[3] Siehe auch Rimini, G. **43**, II, 522 (1913); **44**, I, 568 (1914).
[4] Vgl.: Aschan, B. **40**, 4922 (1907). — Semmler, Bartelt, B. **41**, 128 (1908). — Komppa, Hintikka, Bl. [4] **21**, 13 (1917). — Siehe auch A. **387**, 312 (1912). — Ruzicka, Liebl, Helv. **6**, 267 (1923).

Formiats $C_{10}H_{16}O_2$ mit alkoholischer Kalilauge[1]. SEMMLER und BARTELT formulieren diesen Übergang folgendermaßen:

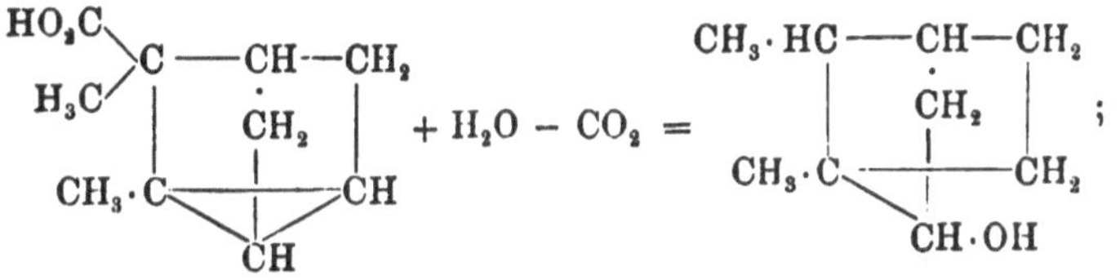

gibt man der Formel rechts vom Gleichheitszeichen die etwas veränderte Schreibweise I (s. u.), so erkennt man, daß nach dieser Auf-

I) 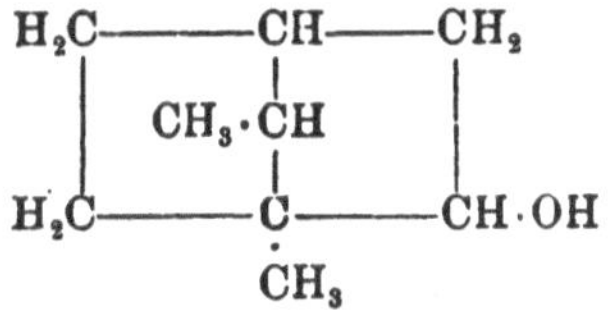 , II) 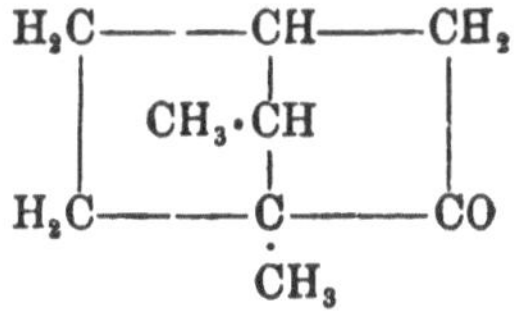

fassung ein niedrigeres Homologes des Borneols vorliegen würde, das sich vom Borneol durch Verlust eines seiner geminal gestellten Methyle ableitet. Da man in der Campherreihe Substitution in diesen Methylgruppen als π-Substitutionen zu bezeichnen pflegt, so geben SEMMLER und BARTELT dem Santenol den Namen π-Norborneol und dem Santenon, für das sich nach ihrer Auffassung Formel II (s. o.) ergibt, den Namen π-Norcampher[2]. Eine zuverlässige Grundlage für die Formulierungen I und II fehlt noch. Als sicher aber kann man betrachten, daß Santenon ein gesättigtes bicyclisches Keton mit 2 Methylgruppen ist, neben dessen Carbonyl sich ein Methylen befindet; denn es kondensiert sich[3] mit Ameisensäureester zu einem Oxymethylen- und mit Benzaldehyd zu einem Benzal-Derivat. Der **Santenonalkohol** des Sandelholzöls (s. S. 70) schmilzt bei 58—62°, siedet bei 196—198° und gibt bei der Oxydation Santenon; er ist indessen nicht identisch mit dem Santenol (π-Norborneol), vielleicht aber mit dem „π-Norisoborneol", das durch Reduktion des Santenons mit Natrium in Alkohol entsteht[4].

Aus mehreren Eucalyptus-Ölen hat H. G. SMITH[5] einen Aldehyd $C_9H_{12}O$ gewonnen, den er **Aromadendral** nennt. Er siedet bei 218—219° unter Zersetzung und ist optisch aktiv. Er ist neuerdings von PENFOLD[6] als Gemisch von Cuminaldehyd und Phellandral (S. 72) erkannt worden.

---

[1] SEMMLER, BARTELT, B. **40**, 4465 (1907).

[2] Diese Namen sind unzweckmäßig, da man in der Campher-Reihe die Vorsilbe „Nor" schon vielfach benutzt hat, um die Entfernung aller dreier Methyle zu bezeichnen; zweckmäßiger wären die Namen „π-Apoborneol" und „π-Apocampher" gewählt worden. Vgl. KOMPPA, B. **42**, 898 Anm. (1909).

[3] SEMMLER, BARTELT, B. **40**, 4468 (1907); **41**, 126 (1908).

[4] Vgl. SEMMLER, BARTELT, B. **40**, 4468 (1907).

[5] Vgl. SCHIMMEL u. Co., C. **1901**, II, 1006. — Siehe ferner: BAKER, SMITH, C. **1905**, II, 1342. — SMITH, C. **1919**, II, 180.

[6] Soc. **121**, 266 (1922).

Aus Wasserfenchelöl isolierten SCHIMMEL U. Co.[1] einen dem Citronellol isomeren Alkohol $C_{10}H_{20}O$ **(Androl)** und einen dem Citral isomeren Aldehyd[2] $C_{10}H_{16}O$ **(Phellandral)**, welcher bei der Oxydation mit Kaliumpermanganat als Hauptprodukt eine zweibasische Säure $C_9H_{16}O_4$ ergibt.

Aus Weihrauchöl (Olibanumöl) gewannen FROMM und AUTIN[3] das **Olibanol** $C_{10}H_{16}O$ (Siedep. 210—211°). Über die Bindungsart seines Sauerstoffatoms konnte noch keine Gewißheit erlangt werden. Da es durch Oxydation Pinononsäure liefert, steht es dem Verbenon (s. S. 31) jedenfalls nahe.

Das Öl von Elsholtzia cristata besteht nach ASAHINA und MURAYAMA[4] hauptsächlich aus **Elsholtziaketon** $C_{10}H_{14}O_2$ (Siedep. 210°, $D^{20} = 0{\cdot}982$; $n_D^{20} = 1{\cdot}484$), das ein Semicarbazon $C_{11}H_{17}O_2N_3$ (Schmelzp. 171°) liefert und das zweite — nicht als Carbonyl-Sauerstoff vorhandene — Sauerstoffatom in cyclischer Bindung zu enthalten scheint, da es keine Hydroxylreaktionen zeigt, und da auch die Methoxyl-Bestimmung negativ ausfiel. Bei der Oxydation entsteht Isovaleriansäure, bei der Reduktion mit Zinkamalgam und Schwefelsäure eine nicht mehr mit Semicarbazid reagierende Verbindung $C_{10}H_{16}O$.

Das seit langer Zeit bekannte **Anemonin**[5], das bei der Destillation des frischen Krautes von Anemone pulsatilla und von anderen Ranunculaceen mit Wasserdampf übergeht und dem Destillat durch Chloroform entzogen wird, ist ein wasserstoffarmer und sauerstoffreicher Stoff der C_{10}-Reihe. Es besitzt die Zusammensetzung $C_{10}H_8O_4$, bildet tafelförmige, farblose Krystalle, ist geruch- und geschmacklos, schmilzt bei 157—158° (unkorr.) und erstarrt wieder bei weiterem Erhitzen gegen 180° zu einer weißen Masse unter schwacher Gasentwicklung. In ihm liegt das Anhydrid einer Dicarbonsäure $C_{10}H_{10}O_5$ (Anemonsäure) vor; denn bei der Behandlung mit Natriumäthylat und Methyljodid liefert es einen Dimethylester $C_8H_8O(CO\cdot O\cdot CH_3)_2$. In die Anemonsäure geht es beim Kochen mit Bleioxyd und Wasser über, während es beim Kochen mit Alkalien oder verdünnten Säuren die um ein Wassermolekül reichere Anemoninsäure $C_{10}H_{12}O_6$ liefert. Durch katalytische Hydrierung wird Anemonin zu Tetrahydro-anemonin $C_{10}H_{12}O_4$ (Schmelzpunkt 155°) reduziert.

Aus Jasminblütenöl isolierte A. HESSE ein Keton der C_{11}-Reihe mit Hilfe seines bei 45° schmelzenden Oxims $C_{11}H_{17}ON$. Aus dem Oxim durch Schwefelsäure regeneriert, stellt dieses mit dem Namen **Jasmon**[6] belegte Keton $C_{11}H_{16}O$ ein hellgelbes, beim Aufbewahren sich dunkler färbendes Öl ($D^{15} = 0{\cdot}945$) dar, das unter 755 mm Druck bei 257—258° siedet; es besitzt einen äußerst intensiven, angenehmen Jasmingeruch. — In sehr geringer Menge kommt ein isomeres Keton — **Santalon**[7] $C_{11}H_{16}O$ — im Sandelholzöl vor; es siedet bei 214—215°, zeigt $D^{15} = 0{\cdot}991$, dreht links und liefert ein bei 75° schmelzendes Oxim.

---

[1] C. **1904**, II, 1470.

[2] Vgl. auch PENFOLD, Soc. **121**, 266 (1922). — Über weitere dem Citral isomere Aldehyde aus Gingergrasöl und Lemongrasöl s. SCHIMMEL U. Co., C. **1904**, II, 1469; **1905**, II, 1341.

[3] A. **401**, 253 (1913). — Über einen anderen, gleichfalls „Olibanol" genannten Stoff aus Weihrauchöl s. HAENSEL, C. **1908**, I, 1837; **1908**, II, 1437.

[4] Ar. **252**, 435 (1914).

[5] Vgl.: LÖWIG, WEIDMANN, A. **32**, 276 (1839). — FEHLING, A. **38**, 278 (1841). — BECKURTS, Fr. **25**, 286 (1886). Ar. **230**, 182 (1892). — HANRIOT, Bl. [2] **47**, 683 (1887). — H. MEYER, M. **17**, 283 (1896); **20**, 634 (1899). — ASAHINA, B. **47**, 914 (1914). Ar. **253**, 590 (1915). — KOBERT, Ch. Z. **41**, 63 (1917).

[6] HESSE, B. **32**, 2617 (1899). — HEINE U. Co., D.R.P. 119890 (C. **1901**, I, 1076).

[7] FR. MÜLLER, Ar. **238**, 373 (1900). — SCHIMMEL U. Co., C. **1910**, II, 1757.

Im Cypressenöl von Taxodium distichum fand ODELL[1] das **Cypral** $C_{12}H_{20}O$ — einen Aldehyd, der unter 35 mm Druck bei 182—185° siedet, $D_4^{20} = 0{\cdot}947$, $n_D^{20} = 1{\cdot}5040$ zeigt, rechts dreht und wahrscheinlich der aliphatischen Reihe angehört.

Aus dem Curcumaöl[2] erhält man durch Kochen mit starker Kalilauge das **Curcumon**[3] $C_{13}H_{18}O$ (Siedep. unter 10 mm Druck 121°, $D^{20} = 0{\cdot}957$, $n_D^{20} = 1{\cdot}50526$, $[\alpha]_D^{20} = +\ 80{\cdot}55°$), das sich als ein Methylketon dadurch erweist, daß es ein Oxim und ein Semicarbazon liefert und bei der Behandlung mit unterbromigsaurem Alkali eine Säure $C_{12}H_{16}O_2$ liefert. Seine Bruttoformel weist auf die Zugehörigkeit zur aromatischen Reihe hin; diese wird dadurch gesichert, daß bei der Oxydation mit Kaliumpermanganat Terephthalsäure, p-Methyl-acetophenon und p-Acetyl-benzoesäure gebildet werden.

Die **Eudesmiasäure**[4] (weiße Prismen vom Schmelzp. 160°), die BAKER u. SMITH als Isoamylester im Öl von Eucalyptus aggregata auffanden, könnte nach ihrer Bruttoformel $C_{14}H_{18}O_2$ zur Zimtsäure-Reihe gehören. Hierauf weist auch ihre Vereinigung mit Brom zu einem Dibromid $C_{14}H_{18}O_2Br_2$ hin. — Auch das **Amyrolin** $C_{14}H_{12}O_3$ (Schmelzp. 117°), das v. SODEN u. ROJAHN[5] aus dem westindischen Sandelholzöl nach dem Verseifen mit Laugen isolierten, dürfte im Hinblick auf seinen geringen Wasserstoffgehalt den aromatischen Verbindungen zuzurechnen sein.

Aus Champaca-Öl scheidet sich beim Stehen ein krystallinischer Stoff vom Schmelzp. 165—166° — das **Champacaketon**[6] — ab, welcher die Zusammensetzung $C_{16}H_{20}O_5$ besitzt, ein Carbonyl-Sauerstoffatom enthält und unter Bildung von Äthylalkohol und Bernsteinsäure verseift werden kann. Er wird als Ester der Bernsteinsäure mit Äthylalkohol und einem Ketonalkohol $C_{10}H_{12}O_2$ aufgefaßt ($C_{16}H_{20}O_5 = C_{10}H_{11}O{\cdot}O{\cdot}CO{\cdot}CH_2{\cdot}CH_2{\cdot}CO{\cdot}O{\cdot}C_2H_5$).

Wenn auch nicht pflanzlicher Herkunft, so mag doch hier der Geruchsträger des natürlichen Moschus (eines Sekrets des männlichen Moschustieres) erwähnt werden, weil er als hochgeschätzter Riechstoff den Bestandteilen der ätherischen Öle nahe steht. Es ist das von WALBAUM aufgefundene **Muskon**[7], das zu etwa 0·5—2% im Moschus enthalten ist und die Formel $C_{15}H_{28}O$ oder $C_{16}H_{30}O$ besitzt. Muskon — ein dickes farbloses Öl — siedet unter 752 mm Druck bei 327—330°, zeigt $D^{15} = 0{\cdot}927$, $n_D^{15} = 1{\cdot}4844$ und dreht links. Durch Bildung eines Oxims und eines Semicarbazons (Schmelzp. 134°) ist es als Carbonylkörper gekennzeichnet.

Ein weiterer, für die Parfümerie wichtiger Tierstoff ist der Zibet, der schon in Bd. II, Tl. III, S. 231, bei Besprechung des Skatols erwähnt worden ist. In ihm fand SACK[8] das **Zibeton** $C_{17}H_{30}O$, das in

[1] Am. Soc. **33**, 757 (1911).

[2] Siehe auch JACKSON, MENKE, Am. **4**, 368 (1882); **6**, 81 (1884). — JACKSON, WARREN, Am. **18**, 111 (1896).

[3] RUPE, B. **40**, 4909 (1907). — RUPE, LUKSCH, STEINBACH, B. **42**, 2515 (1909). — RUPE, STEINBACH, B. **43**, 3465 (1910); **44**, 584 (1911).

[4] Vgl. GILDEMEISTER-HOFFMANN, Bd. III, 306.

[5] C. **1900**, II, 1274.

[6] Vgl. BROOKS, Am. Soc. **33**, 1765, 1769 (1911).

[7] SCHIMMEL u. Co., C. **1906**, I, 1498. D.R.P. 180719 (C. **1907**, I, 108). — WALBAUM, J. pr. [2] **73**, 488 (1906).

[8] D.R.P. 279313 (C. **1914**, II, 1173). Ch. Z. **39**, 538 (1915).

reinem Zustand zu einer farblosen Krystallmasse erstarrt, bei 32·5° schmilzt, unter 741·5 mm Druck bei 342° siedet, moschusartig riecht und ein Semicarbazon vom Schmelzp. 187° liefert.

Unter den scharfen Bestandteilen des Ingwers fand NOMURA[1] neben Zingeron (s. S. 21) eine phenolartige Verbindung $C_{17}H_{24}O_3$ — das **Shogaol** (Siedep. unter 15 mm Druck: 231°), das ein freies Hydroxyl enthält und bei der katalytischen Hydrierung ein Dihydrid $C_{17}H_{26}O_3$ liefert.

Als ein Oxyd der Diterpen-Reihe verdient das **Dicitronelloxyd** $C_{20}H_{34}O$ Interesse, das SPORNITZ[2] unter den hochsiedenden Bestandteilen des Java-Citronellöls entdeckte. Es siedet unter 12 mm Druck bei 182—183°, zeigt $D_{20}^{20} = 0·920$, $n_D = 1·49179$ und dreht links. Die oxydische Bindung des Sauerstoffatoms ergibt sich daraus, daß es weder durch Sieden über Natrium noch durch Behandlung mit Natrium und Alkohol verändert wird. Bei der katalytischen Hydrierung nimmt es vier H-Atome auf.

Viertes Kapitel.

Gewerbliche Gewinnung und Verwendung, sowie analytische Untersuchung der ätherischen Öle.

Pflanzenteile, an denen man besonders willkommene Geruchs- oder Geschmackswirkungen wahrgenommen hatte, sind in getrockneter Form schon seit alten Zeiten als Spezereien und Gewürze Gegenstände des Welthandels gewesen. Aber es hat langer Zeit bedurft, bis man — anfangs natürlich nur mit rohen Mitteln — die Kunst lernte[3], ihre wirksamen Bestandteile von den für die gewünschte Wirkung nutzlosen Bestandteilen zu sondern. Diese Aufgabe in möglichst praktischer Weise zu lösen, setzt sich die Industrie der ätherischen Öle zum Ziel. Da es sich meist um die Abscheidung wohlriechender Stoffgemische handelt, und da die Industrie neben den von der Natur gebotenen Geruchsträgern auch künstlich herzustellende, durch ihren Geruch ausgezeichnete Stoffe einbezog, so bezeichnet man diesen Zweig gewerblicher Tätigkeit meist als Riechstoff-Industrie. Diese Industrie, die ursprünglich auf rein empirischer Grundlage fußte, ist seit etwa 1880 von wissenschaftlicher Methodik durchdrungen worden[4]; Richtung gebend

---

[1] C. **1921**, I, 1016.

[2] B. **47**, 2478 (1914).

[3] Über die Geschichte der ätherischen Öle findet man eine ausführliche Schilderung bei GILDEMEISTER-HOFFMANN, „Die ätherischen Öle", 2. Aufl., Bd. I (Leipzig 1910), S. 1—256.

[4] Über die neuere Entwicklung der Riechstoff-Industrie s. besonders A. HESSE in der „Festschrift OTTO WALLACH" (Göttingen 1909). — S. ferner A. HESSE, Z. Ang. **25**, 337 (1912).

hierfür wirkten in erster Linie die Untersuchungen von TIEMANN über den Riechstoff der Vanille und über das Veilchenaroma (vgl. Bd. II, Tl. I, S. 522, 828) und von WALLACH über die Bestandteile der ätherischen Öle (vgl. Bd. II, Tl. I, S. 752).

Die Industrie sammelt ihre Rohmaterialien in allen Teilen der Welt, wo Pflanzen gedeihen, aus denen ätherische Öle von praktischem Wert bereitet werden können. Teils werden diese Öle schon in den Heimatländern der Pflanze gewonnen, teils werden die Pflanzenteile selbst zur Verarbeitung versandt. Aber die Mittelpunkte der Industrie sind Deutschland und Frankreich. In Deutschland haben wir eine Anzahl hochbedeutender Fabriken — meist aus dem Drogenhandel erwachsen —, welche die Gewinnung bzw. Reinigung ätherischer Öle oder die Herstellung einfacher Riechstoffe betreiben. Man schätzt den Produktionswert[1] der deutschen Riechstoffindustrie für das Jahr 1910 auf 50 Millionen Mark gegenüber nur 10 Millionen Mark im Jahre 1880. In Frankreich hat sich die Industrie im unmittelbaren Anschluß an die landwirtschaftliche Kultur der wohlriechende Blüten tragenden Pflanzen (Veilchen, Jasmin, Tuberosen usw.) entwickelt, für welche das Klima seiner südlichen Teile günstige Bedingungen bietet.

Man hat die Riechstoff-Industrie zuweilen in Parallele mit der Farbstoff-Industrie gesetzt. Dieser Vergleich trifft jedoch nur insofern zu, als in beiden Fällen der Aufstieg durch die Entwickelung der organischen Chemie eingeleitet und durch dauerndes Zusammenwirken von technischer und wissenschaftlicher Laboratoriumsarbeit stetig erhalten wurde. Aber in ihren Zielen gehen die beiden Industriezweige weit auseinander. Dies kann nicht wundernehmen, wenn man die Verschiedenheit der Sinnesorgane erwägt, an die sie sich wenden. Während das Auge eine große Zahl von nebeneinander ihm zugehenden Eindrücken getrennt empfinden kann, besitzt die Nase nicht dieses weitgehende Vermögen der Differenzierung. Während also die Farbstoff Industrie es sich angelegen sein lassen muß, daß ihre Erzeugnisse nicht nur für einheitliche Farbenwirkungen, sondern auch für das Zusammenwirken verschiedener Farben in Mustern zweckdienlich sind, handelt es sich für die Riechstoff-Industrie darum, der Nase wohlgefällige Gesamteindrücke zu bieten, bei denen eine Zergliederung der Empfindung nach etwa vorhandenen einzelnen Geruchsträgern nicht stattfindet. Die Erfahrung hat nun gezeigt, daß gerade die feinsten Geruchsempfindungen nicht durch chemisch einheitliche Riechstoffe hervorgebracht werden[2], sondern durch Gemische mehrerer Riechstoffe, für deren nachhaltige Wirkung auch die Gegenwart geruchloser Stoffe (vgl. S. 80, Fixierung) wichtig sein kann.

---

[1] Neuere wirtschaftliche Angaben s. in A. HESSES Artikel „Riechstoffe", ULLMANNS Enzyklopädie der technischen Chemie, Bd. IX (Berlin und Wien 1921), S. 623—624.

[2] Vgl. dazu z. B. TIEMANN, R. SCHMIDT, B. **29**, 923—924 (1896).

Für die Riechstoff-Industrie ist daher die Gewinnung geeigneter **Mischungen** eine Aufgabe von besonderer Bedeutung.

Damit hängt es zusammen, daß die Riechstoff-Industrie im Gegensatz zur Farbstoff-Industrie wenig darauf bedacht gewesen ist, für die Gewinnung der von ihr gewünschten Erzeugnisse den Lebensprozeß auszuschalten. Denn die „ätherischen Ole“, die von den Pflanzen gebildet werden, stellen häufig Mischungen dar, die den Anforderungen der Parfümerie in sehr vollkommener Weise gerecht werden, und deren Herstellung auf rein synthetischen Wegen weit kostspieliger wäre, als die Gewinnung aus dem Pflanzenkörper. Die Aufgabe der Industrie ist es also zunächst, diese Öle den Pflanzenteilen durch Verfahren zu entziehen, welche Beimengung schädlicher Zersetzungsprodukte nach Möglichkeit ausschließen, dann ihre Zusammensetzung methodisch zu erforschen und aus diesem Studium Handhaben dafür zu gewinnen, wie man ihre Wirkung durch Fortschaffung gewisser Bestandteile oder durch Änderung des Mengenverhältnisses verbessern kann. Da die methodische Erforschung gelehrt hat, daß häufig in billigeren Ölen die gleichen Geruchsträger sich finden wie in sehr kostbaren Olen, so kommt es auch in Betracht, aus billigen Quellen Bestandteile abzuscheiden, und durch deren zweckmäßige Mischung — zuweilen auch Hinzuziehung synthetisch herstellbarer Riechstoffe — die Geruchswirkungen der teureren Öle zu erzielen.

Man kann von den „einfachen“ — d. h. chemisch einheitlichen — Riechstoffen die natürlichen oder künstlichen Mischungen als „komplexe“ oder „zusammengesetzte“ Riechstoffe unterscheiden. Nur mit der Technik der „komplexen“ Riechstoffe, wie sie in den ätherischen Ölen vorliegen oder durch künstliche Veränderungen aus ihnen hervorgehen bzw. zu ihrer Nachahmung hergestellt werden, haben wir es in diesem Kapitel zu tun. Über die technische Herstellung und Bedeutung der „einfachen“ Riechstoffe finden sich Angaben — soweit sie in den Rahmen dieses Lehrbuchs passen[1] — an den Stellen, wo diese Verbindungen nach ihrer systematischen Stellung beschrieben worden sind (vgl. z. B.: Fruchtäther, Bd. I, Tl. I, S. 592; aliphatische Aldehyde, Bd. I, Tl. I, S. 716; Jonon, Bd. I, Tl. I, S. 1031; Nitrobenzol und Trinitrotert.-butyltoluol, Bd. II, Tl. I, S. 156, 157—158; Benzaldehyd, Bd. II, Tl. I, S. 481; Anisaldehyd, Vanillin, Heliotropin, Bd. II, Tl. I, S. 520—524; Cumarin, Bd. II, Tl. I, S. 673; Terpineol, Bd. II, Tl. I, S. 933; Methyläther des α- und β-Naphthols, Bd. II, Tl. II, S. 365, 366).

[1] Ausführlichere Angaben s. in R. Knolls Monographie „Synthetische und isolierte Riechstoffe und deren Darstellung“ (Halle a./S. 1908).

Die Gewinnung[1] der ätherischen Öle.

Sieht man von dem nur für die Schalen der Citrus-Arten (Citronen, Pomeranzen, Bergamotten) üblichen Verfahren des **Auspressens** ab, so sind die folgenden Methoden zu unterscheiden:

I. Destillation, II. Maceration,
III. Extraktion, IV. Enfleurage.

Die **Destillation**[2] **mit Wasser oder mit Wasserdampf** wird zuweilen noch heute in sehr primitiver Form mit Hilfe von wandernden Destillierapparaten ausgeführt. Wenn dieses Verfahren auch den Vorteil hat, daß die Pflanzenteile unmittelbar nach der Ernte zur Verarbeitung gelangen können — ein Umstand, der besonders bei Blüten wichtig ist —, so bietet doch der Wanderapparat nicht die Möglichkeit, die Destillation derart zu leiten, daß überflüssig starkes oder langes Erhitzen vermieden bleibt. In den modernen Fabriken hat man sehr vollkommene Destillations-Einrichtungen von außerordentlich großen Abmessungen (Blasen von ca. 60000 Liter Fassungsraum) geschaffen, durch die erreicht wird, daß die Pflanzenteile nur möglichst geringe Zeit der zersetzenden Wirkung höherer Temperatur ausgesetzt bleiben. Über die Ausnutzung der „Destillationswässer“ durch Kohobation vgl. S. 9.

Die **Maceration** besteht darin, daß Blüten in ein mit besonderer Sorgfalt gereinigtes Fett (Gemisch von Schweinefett und Ochsenfett) oder in Olivenöl (auch Paraffinöl) bei gelinder Wärme eingetragen werden. Nach ein- bis zweitägigem Stehen erfolgt dann mechanische Trennung des Fetts, das die Riechstoffe der Blüten aufgenommen hat, von den Blüten; es wird zu neuen „Macerationen“ verwendet, bis es mit Blumenduft gesättigt ist, und kommt dann als „**Pomade**“ in den Handel. Das Verfahren ist in Südfrankreich ausgebildet, wo in der Gegend um Grasse seit Jahrhunderten die Blütenkultur zur Gewinnung von Riechstoffen betrieben wird[3].

Die Maceration ist ein Extraktionsvorgang, bei dem aber das Extraktionsmittel wegen seiner Nichtflüchtigkeit nicht von den extrahierten Stoffen abgetrennt wird. Im Gegensatz dazu arbeitet man bei der eigentlichen **Extraktion** mit leicht flüchtigen Lösungsmitteln (meist

---

[1] Ausführliche Schilderungen: Gildemeister-Hoffmann, „Die ätherischen Öle“ 2. Auflage (Leipzig 1910—1916). — R. Leimbach, „Die ätherischen Öle“ (Halle a./S. 1910). — A. Hesse in Ullmanns Enzyklopädie der technischen Chemie, Bd. IX (Berlin u. Wien 1921), S. 502—526. — Kürzere Übersicht: Rochussen, „Ätherische Öle und Riechstoffe“, 2. Aufl. (Berlin u. Leipzig 1920), S. 9 ff.

[2] Siehe dazu das Werk von C. v. Rechenberg, „Theorie der Gewinnung und Trennung der ätherischen Öle durch Destillation“, bearbeitet im Auftrag der Firma Schimmel u. Co. (Leipzig 1910). — Geschichte s. bei Gildemeister-Hoffmann, Bd. I, S. 214—256.

[3] Vgl. die Schilderung von A. Hesse, Z. Ang. **25**, 345 ff. (1912).

Petroläther, zuweilen auch Äther, Benzol usw.), die man in der Kälte oder gelinder Wärme mit dem Pflanzenmaterial (Blüten, auch Hölzer, Wurzeln usw.) in Berührung läßt. Indem man darauf aus der gewonnenen Lösung nach ihrer Trennung vom extrahierten Material das Lösungsmittel abdestilliert, gewinnt man — falls Blüten[1] angewendet wurden — die „konkreten Blütenöle" (essences concrètes), die aber noch mit Blütenfarbstoffen, Wachsen und anderen Extraktivstoffen verunreinigt sind. Sie werden meist durch Extraktion mit Alkohol in alkohollösliche Öle (essences absolues) umgewandelt, die aber auch noch nichtflüchtige Extraktivstoffe enthalten. Reine ätherische Öle kann man aus ihnen durch Destillation mit Dampf bereiten.

Das interessanteste Verfahren ist die Enfleurage, die gleich der Maceration in Grasse ihre Heimat hat und auf Erfahrungen des Altertums zurückgeht. Wie bei der Maceration dient auch hier meist festes Fett als Aufnahmemittel für die Riechstoffe. Aber man bedeckt die Blüten nicht mit Fett, sondern streut sie auf eine Fettschicht, die sich auf einer Glasplatte in einem Holzrahmen („chassis") befindet. Auch auf ihrer unteren Seite ist die Glasplatte mit Fett bestrichen. Indem man nun eine große Zahl solcher „chassis" aufeinander stellt, erreicht man, daß die Blüten sich in Hohlräumen befinden, die von Fettwänden umschlossen sind. In ihnen läßt man sie 1—3 Tage; dann werden sie entfernt und durch frische Blüten ersetzt. In solcher Weise fährt man fort, bis das Fett mit Riechstoff gesättigt ist, und gewinnt so die Blütenpomade des Handels, die also gewissermaßen durch Aushauchen der Riechstoffe in Fett entstanden sind. In der Parfümerie[2] stellt man gewöhnlich aus diesen Pomaden alkoholische Auszüge dar, die als Taschentuchparfüms Verwendung finden.

Statt festen Fetts kann man für die Enfleurage auch fette Öle verwenden, die man von Flanelltüchern aufsaugen läßt. Auch ist empfohlen worden[3], alkohollösliche, möglichst geruchlose chemische Verbindungen, wie Phthalsäurediäthylester, Benzylalkohol oder die Bestandteile der Blütenöle selbst (Phenyläthylalkohol, Geraniol) anzuwenden und so direkt für die Parfümerie benutzbare alkohollösliche und fettfreie Erzeugnisse zu gewinnen.

Man hat früher den Vorzug der Enfleurage gegenüber den anderen Verfahren nur in der Zartheit erblickt, mit der sie die Blüten behandelt. Die schon an früherer Stelle (S. 8) erwähnten Untersuchungen von A. Hesse haben aber erkennen lassen, daß — wenigstens bei gewissen Blüten — ein ganz anderes Moment von viel größerer Bedeutung hinzukommt, daß nämlich bei der Enfleurage nicht nur die ursprünglich vorhandene Riechstoffmenge angesammelt wird, sondern daß eine viel größere Menge von den abgepflückten Blüten erzeugt wird, während sie in den

[1] Vgl. dazu v. Soden, J. pr. [2] **69**, 256 (1903).

[2] Vgl. darüber den Artikel von Volz in Ullmanns Enzyklopädie der technischen Chemie, Bd. IX (Berlin und Wien 1921), S. 3 ff.

[3] Hesse, D.R.P. 251273 (C. **1912**, II, 1246); 266876 (C. **1913**, II, 2070).

von Fett umschlossenen Hohlräumen verweilen. Dieser Prozeß des „Nachlebens“ wird durch die Verfahren der Destillation, Maceration und Extraktion unterdrückt, die daher für die Verarbeitung solcher Blüten, die seiner fähig sind, — Jasminblüten und Tuberosenblüten — unrationell sind. Bei anderen Blüten (z. B. Orangenblüten) dagegen erhält man durch Maceration oder Extraktion größere Riechstoffmengen als durch Enfleurage, weil sie von vornherein schon reichliche Mengen Öl in Ölzellen abgelagert enthalten, und die Ölzellen zwar bei den mit höheren Temperaturen arbeitenden Verfahren gesprengt werden, nicht aber bei dem milden Verfahren der Enfleurage[1].

Die Verfahren der Enfleurage und Maceration sind ausschließlich für die Verarbeitung von Blüten geeignet, das Extraktionsverfahren in manchen Fällen auch für diejenige von anderen Pflanzenteilen. Die Destillation aber ist das Verfahren von allgemeinster Anwendbarkeit und daher am meisten gebräuchlich.

Verwendung der ätherischen Öle. — Einzelne Öle.

In bezug auf die Verwendung fällt das Terpentinöl — vgl. über seine Gewinnung und wirtschaftliche Bedeutung Bd. II, Tl. I, S. 982 — aus dem Rahmen der übrigen ätherischen Öle heraus, da man bei ihm nicht die Geruchswirkung oder andere physiologische Wirkungen schätzt, sondern dieses verhältnismäßig billige Öl vor allem seit altersher als Lösungsmittel oder Anreibemittel verwendet. In neuerer Zeit ist es ferner Ausgangsmaterial für die synthetische Darstellung des Camphers geworden, der aus seinem Hauptbestandteil — dem Pinen — auf verschiedenen Wegen bereitet werden kann[2].

Seiner Billigkeit wegen ist das Terpentinöl ein Massenartikel geworden. Die übrigen ätherischen Öle werden bei weitem nicht in so gewaltigen Mengen erzeugt. Aber ihr Handelswert ist trotzdem sehr bedeutend. Denn es befinden sich unter ihnen Öle von größter Kostbarkeit, wie Rosenöl und andere Blütenöle; 1 Kilo Jasminblütenöl z. B. kostete vor dem Weltkrieg 3000 Mark.

Ihre Verwendung finden sie größtenteils auf Grund ihres Geruchs oder Geschmacks zur Herstellung von Parfümerieprodukten, Seifen[3] und anderen kosmetischen Mitteln, Likören, Frucht- und Gewürz-Essenzen. Viele ätherische Öle dienen aber auch arzneilichen Zwecken (z. B. Euca-

---

[1] Vgl. Hesse, Zeitschel, J. pr. [2] **64**, 245 (1901).

[2] Vgl.: Ullmanns Enzyklopädie der technischen Chemie, Bd. III (Berlin und Wien 1916), S. 256. — Ergänzungsband III zu Muspratts enzyklopädischem Handbuch der technischen Chemie (Braunschweig 1917), S. 626.

[3] Über ein Verfahren zur Herstellung leicht emulgierender, wasserlöslicher ätherischer Öle vgl. Gesellsch. zur Verwertung der Boleg'schen wasserlöslichen Mineralöle u. Kohlenwasserstoffe, D.R.P. 146976 (C. **1904**, I, 332).

lyptusöl, Kamillenöl, Sandelholzöl). Aus einigen ätherischen Ölen scheidet man fabrikmäßig ihre Hauptbestandteile ab — z. B. Citral aus Lemongrasöl, Anethol aus Anisöl, Eugenol aus Nelkenöl (vgl. S. 42) —, um diese entweder als solche an Stelle der Rohöle dem Handel darzubieten (z. B. Anethol) oder als Ausgangsstoffe zur Bereitung wertvollerer Stoffe (z. B. Jonon aus Citral, Anisaldehyd aus Anethol, Vanillin aus Eugenol) zu benutzen.

Für die Zwecke der Parfümerie werden die alkoholischen Lösungen der ätherischen Öle (vgl. S. 77, 78) noch mit geringen Mengen von Zusätzen versehen: teils mit künstlichen Riechstoffen, die den Geruch „abrunden" sollen, teils mit riechenden (z. B. Moschus) oder mit geruchlosen (z. B. Phthalsäureester, Glycerindiacetat und -triacetat) Stoffen, die bestimmt sind, den Geruch „haftender" zu machen (Fixateure).

Die Anzahl der beschriebenen ätherischen Öle ist außerordentlich groß. Eine bis Januar 1917 fortgeführte Tabelle[1] führt deren etwa tausend auf. Sind auch viele von ihnen nur gelegentlich untersucht worden, so befinden sich doch gewiß einige Hunderte im Handel. Das im Auftrage der Firma Schimmel u. Co. bearbeitete Werk von E. Gildemeister und Fr. Hoffmann[2] gibt in zwei Bänden — geordnet nach Pflanzenfamilien — eine ausführliche Zusammenstellung. Hier können nur ganz wenige Öle als Beispiele kurz erwähnt werden.

Als Beispiel von Blätterölen seien die Eucalyptusöle genannt, die hauptsächlich in Australien aus Blättern von Eucalyptus-Bäumen in großem Maßstab durch Wasserdampf-Destillation bereitet werden. Man unterscheidet etwa 120 Sorten[3], die von verschiedenen Eucalyptus-Arten herstammen. Die Ausbeuten, in denen sie erhalten werden, schwanken je nach den Arten zwischen 0·0084 % und 4·215 %. Auch die Zusammensetzung wechselt sehr. Die wichtigste Sorte stammt von Eucalyptus Globulus und ist durch einen hohen Gehalt von Cineol (vgl. Bd. II, Tl. I, S. 910—911) und durch die Abwesenheit von Phellandren ausgezeichnet. In anderen Sorten treten als Hauptbestandteile Pinen, Phellandren, Limonen, Sesquiterpene, Geranylacetat, Eudesmiasäureisoamylester (S. 73), Citronellal oder Piperiton (S. 29) auf. Die Eucalyptusöle dienen hauptsächlich pharmazeutischen Zwecken (für Einreibungen, Inhalationen, für Herstellung von Bonbons gegen Husten, als Wurmmittel). Der Wert der australischen Jahresproduktion wird auf 40000 bis 50000 Pfd. Sterling angegeben.

Neroliöl oder Orangenblütenöl möge als Beispiel für die Blütenöle dienen. Man gewinnt es hauptsächlich in Südfrankreich aus den Blüten der bitteren Orange durch Destillation, seltener durch Maceration, in neuerer Zeit auch durch Extraktion[4]. Es enthält etwa 35 % Kohlenwasserstoffe (Pinen, Camphen, Dipenten und ein bei 55° schmelzendes Paraffin), ca. 47 % Terpenalkohole und Acetate von solchen (hauptsächlich Linalool, daneben Terpineol, Geraniol und Nerol), ca. 6 % Sesquiterpenalkohole, 0·6 % Anthranilsäuremethylester, Spuren von Indol, ferner

---

[1] von Reclaire, erschienen in der Deutschen Parfümerie-Zeitung, besonders herausgegeben von Schimmel u. Co. (Berlin 1919); vgl. C. **1918**, II, 370, 1028.

[2] „Die ätherischen Öle", 2. Aufl. von E. Gildemeister, Bd. II u. III (Leipzig 1913 und 1916).

[3] Vgl. dazu H. G. Smith, C. **1907**, II, 1089.

[4] Vgl. Hesse, Zeitschel, J. pr. [2] **64**, 245 (1901); **66**, 481 (1902).

Essigsäure, Palmitinsäure, Ester der Benzoesäure und Phenylessigsäure, Jasmon (s. S. 72). Man verwendet es sehr viel in der Parfümerie, besonders für die Herstellung von „Kölnischen Wassern". Das bei der Gewinnung des Neroliöls abfallende Destillationswasser wird nicht kohobiert (vgl. S. 9), sondern als Orangenblütenwasser in den Handel gebracht; es enthält 11·6—16 % Anthranilsäuremethylester und dient in Frankreich als Hausmittel, wird auch als Zusatz zu Getränken und in der Zuckerbäckerei verwendet.

Ein Fruchtöl stellt das Citronenöl dar, das in Sizilien und Calabrien aus den Fruchtschalen des Citronenbaums hergestellt wird, und zwar durch Auspressen (vgl. S. 77). Sein Hauptbestandteil ist das *d*-Limonen; Citral findet sich in einer Menge von ca. 5 % darin und stellt den Geruchsträger dar; fernere Bestandteile sind Pinen und andere Monoterpene, Bisabolen, Pelargonaldehyd, Citronellal, Methylheptenon, Terpineol, Geranylacetat, Citrapten (S. 22). Man verwendet es in der Parfümerie und Limonadenfabrikation, arzneilich als Geschmackskorrigens.

In den Geraniumölen oder Pelargoniumölen, die aus verschiedenen Pelargonium-Arten — und zwar aus den Blättern — in Südfrankreich, Algier, Sizilien, auf Réunion gewonnen werden, liegen Öle vor, die im wesentlichen aus acyclischen Stoffen bestehen. Hauptbestandteile sind Geraniol und Citronellol bzw. deren Ester; daneben sind Terpene und andere hydroaromatische Verbindungen und als Vertreter der aromatischen Reihe der für den Geruch wesentliche β-Phenyläthylalkohol vorhanden. Die Geraniumöle werden wegen ihres Rosengeruchs in der Seifen- und Riechstoff-Industrie verwendet; auch dienen sie als Verfälschungsmittel des Rosenöls. — Auch im Rosenöl, für welches Bulgarien das wichtigste Produktionsland ist, sind acyclische Alkohole — Geraniol, Citronellol, daneben Nerol — die Hauptbestandteile, denen sich in erheblicher Menge als „Stearopten" (vgl. S. 69) acyclische Kohlenwasserstoffe anschließen; auch hier ist der β-Phenyläthylalkohol, der sich hauptsächlich in dem Destillationswasser („Rosenwasser") ansammelt (vgl. S. 19—20), neben Pelargonaldehyd ein wesentlicher Geruchsträger, während hydroaromatische Bestandteile fehlen.

Dagegen bieten die Pfefferminzöle, die in Nordamerika, Japan, England, Frankreich und Deutschland aus dem Kraut von Mentha-Arten bereitet werden, ein Beispiel dafür, daß fast ausschließlich hydroaromatische Stoffe als Komponenten auftreten. Ihr Hauptbestandteil ist Menthol (zum größeren Teil frei, zum kleineren Teil verestert); daneben finden sich Menthon und geringe Mengen anderer hydroaromatischer, auch einiger acyclischer Verbindungen.

Veredlung der ätherischen Öle und künstliche Darstellung von komplexen Riechstoffen.

In früheren Zeiten verwendete man die ätherischen Öle ausschließlich in der Form, wie sie durch die verschiedenen Methoden der Abscheidung aus den Pflanzenteilen dargeboten wurden. Die methodische Erforschung ihrer Zusammensetzung hat während der letzten Jahrzehnte hierin nach zweierlei Richtung Änderung gebracht.

Man erkannte, daß für die erwünschte Geruchswirkung keineswegs immer die Hauptbestandteile maßgeblich sind, daß vielmehr häufig Stoffe, die nur in geringer Menge vorhanden sind, den charakteristischen Duft bestimmen. Insbesondere sind die Terpene (und Sesquiterpene), die bei vielen ätherischen Ölen einen großen Betrag des Gesamtöls ausmachen, für den Geruch wenig wichtig, andererseits aber für die Verwendung durch ihre Neigung zur Verharzung schädlich. Aus dieser Erkenntnis erwuchs der Wunsch, die Kohlenwasserstoffe aus den Ölen auszuscheiden. Seit 1876 werden „terpenfreie ätherische Öle" in den Handel gebracht[1] (zuerst von der Firma HAENSEL eingeführt); die Verfahren zu ihrer Darstellung werden geheim gehalten. Sie haben sich besonders für die Limonaden-Industrie bewährt, weil sie sich auch in sehr verdünntem Weingeist leicht lösen, während die „natürlichen" Öle wegen des Vorhandenseins von schwer löslichen Bestandteilen (Terpene und Sesquiterpene) zu Trübungen der Getränke Anlaß geben.

Diejenigen Bestandteile aber, durch deren Zusammenwirken der Duft kostbarer Öle zustande kommt, sind meist auch in wohlfeileren Ölen enthalten; zum Teil können sie auf verhältnismäßig billigen Wegen synthetisch hergestellt werden (z. B. Benzylacetat, β-Phenyl-äthylalkohol, Indol). Die genaue Kenntnis der Zusammensetzung wertvoller Öle und die Abwägung des Geruchswertes der einzelnen Bestandteile geben also Handhaben, um unter Benutzung von Materialien aus billigeren Quellen künstliche Erzeugnisse zu bereiten, welche der Parfümerie bei viel geringerem Preise ähnliche Dienste leisten wie die „natürlichen" Öle. Mit mehreren „künstlichen Blütenölen"[2] sind große wirtschaftliche Erfolge erzielt worden. Die Firma SCHIMMEL u. Co. ist in dieser Richtung 1895 mit künstlichem Neroliöl vorangegangen. Als Beispiel sei hier künstliches Jasminblütenöl erwähnt, das nach einem Patent der Firma HEINE u. Co. durch Mischen von 0·03 kg Jasmon, 0·55 kg Benzylacetat, 0·15 kg Linalylacetat, 0·1 kg Linalool, 0·025 kg Indol, 0·005 kg Anthranilsäuremethylester und 0·14 kg Benzylalkohol bereitet wird.

Die analytische Untersuchung der ätherischen Öle[3].

Die ätherischen Öle sind wegen ihres meist hohen Preises Verfälschungen besonders ausgesetzt. Es ist daher sehr wichtig, sie auf Echtheit prüfen zu können. Man stützt sich dabei auf die Erfahrungen,

---

[1] Vgl. BÖCKER, J. pr. [2] **81**, 266 (1910). — S. auch den Artikel „Riechstoffe" von BÖCKER im dritten Ergänzungsband zu MUSPRATTS enzyklopädischem Handb. d. techn. Chemie (Braunschweig 1917), S. 739.

[2] Vgl.: HEINE u. Co., D.R.P. 119890 (C. **1901**, I, 1076); 132425 (C. **1902**, II, 174); 134788 (C. **1902**, II, 1486); 139822 (C. **1903**, I, 800); 139869 (C. **1903**, I, 859); 155287 (C. **1904**, II, 1677). — E. u. H. ERDMANN, D.R.P. 122290 (C. **1901**, II, 800). — SCHIMMEL u. Co., D.R.P. 125308 (C. **1901**, II, 1192); 126736 (C. **1901**, II, 1375); 134789 (C. **1902**, II, 1486); 139635 (C. **1903**, I, 749); 142859 (C. **1903**, II, 272); 150170 (C. **1904**, I, 1186). — HAARMANN u. REIMER, D.R.P. 150501 (C. **1904**, I, 1507).

[3] Ausführliche Besprechung s. in dem Artikel von HELLE für POSTS Chemisch-technische Analyse, 3. Aufl. Bd. II (Braunschweig 1909), S. 717 ff., ferner bei GILDEMEISTER-HOFFMANN, Bd. I, S. 571 ff. — Vorschläge zur Vereinheitlichung der Untersuchungsverfahren: JEANCARD, SATIE, C. **1912**, II, 1495. — Quantitative Bestimmung von ätherischen Ölen in Gewürzen: MANN, Ar. **240**, 149 (1902); BECKMANN, Ar. **245**, 211 (1907).

die in jahrelangen Beobachtungen über die Eigenschaften und die chemische Zusammensetzung an unzweifelhaft echten Proben gesammelt worden sind. Diese Erfahrungen sind besonders den Chemikern der Firma SCHIMMEL u. Co. zu danken.

Von physikalischen Eigenschaften werden regelmäßig die Dichte, das Verhalten bei der fraktionierten Destillation, das Lichtbrechungsvermögen und das Verhalten im polarisierten Licht[1], in geeigneten Fällen auch der Erstarrungspunkt und die Löslichkeit in Weingeist von verschiedener Stärke herangezogen.

Durch chemisch-analytische Methoden bei komplizierten Gemischen organischer Verbindungen einen Überblick über die Prozentzahlen der einzelnen Bestandteile zu gewinnen, ist ein besonders schwieriges Unterfangen. Aber gerade bei der wissenschaftlichen Erforschung der ätherischen Öle ist man hierin recht weit gelangt. Für die technische Prüfung begnügt man sich indessen meist damit, die Menge gewisser besonders charakteristischer „individueller" Bestandteile zu bestimmen und ferner Zahlen zu ermitteln, welche den quantitativen Betrag gewisser Körpergruppen kennzeichnen. Für letzteren Zweck sind die folgenden Verfahren gebräuchlich:

1. Bestimmung der Säurezahl, Esterzahl und Verseifungszahl[2] in ähnlicher Weise, wie dies für die fetten Öle üblich ist (vgl. Bd. I, Tl. II, S. 149); diese Bestimmung ist sehr wichtig, da in sehr vielen Ölen gerade die Ester von Alkoholen die für den Geruch wesentlichsten Bestandteile sind.
2. Acetylierung. Man erwärmt die Ölprobe mit Essigsäureanhydrid und Natriumacetat, um die darin vorhandenen freien Alkohole in Essigsäureester zu verwandeln; indem man nun bei dem acetylierten Öl die Esterzahl durch Titration des bei der Verseifung verbrauchten Alkalis bestimmt und von ihr die Esterzahl des ursprünglichen Öls (vgl. Nr. 1) abzieht, gewinnt man ein Maß für die im Öl vorhandenen freien Alkohole (etwa in größerer Menge vorhandene Phenole müssen vorher durch Ausschütteln mit Alkali entfernt sein; auch müssen aldehydreiche Öle vorher von den Aldehyden befreit sein).
3. Bestimmung der freien Phenole durch Ausschütteln mit 3- bis 5-prozentiger Natronlauge und Beobachtung der hierdurch eintretenden Volumverminderung.
4. Bestimmung von Aldehyden und Ketonen: Von den hierfür

[1] In der Literatur über ätherische Öle wird gewöhnlich mit α_D schlechthin der Drehungswinkel angegeben, der im 100 mm-Rohr beobachtet worden ist; leider wird dieser Wert zuweilen auch unter dem Signum $[\alpha]_D$ angegeben, ohne daß Umrechnung auf das spezifische Drehungsvermögen erfolgt ist.

[2] Vgl. dazu NIVIÈRE, Bl. [4] **15**, 677 (1914).

vorgeschlagenen Methoden[1] werden diejenigen bevorzugt, welche auf der Anwendung des sauren oder neutralen Natriumsulfits beruhen. Bei der „Bisulfitmethode“ digeriert man das Öl mit einer warmen Lösung von saurem Natriumsulfit, beobachtet die Volumverminderung und gewinnt dadurch ein Urteil über die Menge der vorhandenen Aldehyde. Bei der „Sulfitmethode“ schüttelt man in der Wärme mit einer neutralen Natriumsulfit-Lösung, die mit einem Tropfen Phenolphthalein-Lösung versetzt ist, neutralisiert das durch die Reaktion freiwerdende Natriumhydroxyd von Zeit zu Zeit durch Essigsäure, liest ebenfalls die Volumverminderung ab und erhält damit einen Anhalt für die Menge der Aldehyde und gewisser Ketone (wie Carvon und Pulegon).

Vielfach ist empfohlen worden, ein Maß für die ungesättigten Verbindungen — ähnlich wie bei der Analyse der fetten Öle — durch Bestimmung der Bromzahl oder Jodzahl zu gewinnen. Doch haben sich diese Vorschläge[2] nicht eingebürgert. Vielleicht wird sich die Bestimmung der Wasserstoffzahl[3] — durch Messung des bei der katalytischen Hydrierung aufgenommenen Wasserstoffs — besser bewähren.

Balbiano[4] benutzt wäßrige Mercuriacetat-Lösung, die mit Terpenen, aber nicht mit Paraffinen, Cycloalkanen und aromatischen Kohlenwasserstoffen reagiert, zur Abtrennung der Terpene aus Kohlenwasserstoff-Gemischen.

---

[1] Vgl. z. B.: Benedikt, Strache, M. **14**, 270 (1893). — Burgess, C. **1904**, I, 1456. — Sadtler, C. **1904**, I, 1671. Am. Soc. **27**, 1321 (1905). — Nelson, C. **1911**, II, 913. — Jeancard, Satie, C. **1912**, II, 1495. — Dupont, Labaune, C. **1913**, II, 262.

[2] Vgl. z. B.: Barenthin, Ar. **224**, 848 (1886). — Mossler, C. **1907**, I, 1758; **1907**, II, 102. — Klimont, W. Neumann, C. **1911**, II, 953. — Klimont, Ar. **250**, 264 (1912). — Marcille, C. r. **159**, 1004 (1914). — Huerre, C. **1920**, II, 408.

[3] Vgl. Albright, Am. Soc. **36**, 2188 (1914).

[4] B. **48**, 394 (1915).

B. Kohlenwasserstoffe der pflanzlichen Milchsäfte.

Fünftes Kapitel.

Allgemeines über die pflanzlichen Milchsäfte.

Jedermann ist das Herausquellen eines milchartig aussehenden Saftes beim Abbrechen der Stiele unserer heimischen, im Volksmunde „Wolfsmilch“ genannten Pflanze (Euphorbia helioscopia) bekannt. Solche Säfte, die der tierischen Milch äußerlich gleichen und daher „Milchsäfte“ genannt werden, treten im Pflanzenreich sehr häufig auf. Sie sind in „Milchröhren“ enthalten[1] und führen Stoffe in sich, die als „Sekrete“ des Pflanzenkörpers anzusehen sind, teils aber auch solche, die im Lebensprozeß der Pflanze noch weiteren Veränderungen unterliegen können[2].

Die internationale pflanzenphysiologische Bezeichnung für die Milchsäfte ist „latex“. Die Zusammensetzung[3] des Latex ist bei den verschiedenen Pflanzen sehr verschiedenartig. Wir finden in den Milchsäften — abgesehen von meist nur geringen Mengen mineralischer Bestandteile — organische Stoffe, die auch sonst in den Geweben der Pflanzen verbreitet sind, wie Proteine, Fette, Zuckerarten, Harze, Sterine, Pflanzensäuren usw.; einige Milchsäfte (vgl. Opium) sind reich an Alkaloiden. Mit solchen Bestandteilen haben wir es in den hier anschließenden Kapiteln nicht zu tun. Ihren Gegenstand bilden vielmehr eigenartige **hochmolekulare Kohlenwasserstoffe**, die aus manchen Milchsäften zwar nur in geringer Menge, aus anderen aber in so großer Menge abgeschieden werden können, daß sie (bzw. ihre Generatoren, vgl. S. 85) als Hauptbestandteile erscheinen. Sie besitzen, wie vorweg hervorgehoben sein mag, die Zusammensetzung $(C_5H_8)_x$, enthalten also C und H im gleichen Verhältnis wie die Terpene, Sesquiterpene und Diterpene, mit denen wir uns in den vorangehenden Kapiteln beschäftigt haben.

---

[1] Vgl. über Milchröhren Tschirch, „Die Harze und die Harzbehälter mit Einschluß der Milchsäfte“ (Leipzig 1906), S. 1214 ff.

[2] Vgl. darüber Czapek, „Biochemie der Pflanzen“, 2. Aufl., Bd. III (Jena 1921), S. 708 ff.

[3] Vgl. Czapek, 2. Aufl., Bd. III, S. 712 ff.

Auch stehen sie gleich diesen natürlichen Kohlenwasserstoffen in konstitutionellem Zusammenhang mit dem Isopren (vgl. dazu S. 12). Aber sie besitzen höhere Molekulargewichte, sind nicht mehr ohne Zersetzung destillierbar und liefern kolloide Lösungen. Sie werden in der Literatur zuweilen unter dem an Isopren anklingenden Namen „Polyprene" zusammengefaßt, der aber eigentlich auch für die niederen Isopren-Polymeren (Terpene, Sesquiterpene) zutrifft. Im Hinblick auf ihr Auftreten in kolloidem Zustand erscheint es zweckmäßiger, ihnen den Sammelnamen „Kolloprene" zu geben.

In diese Gruppe von Kohlenwasserstoffen gehören Stoffe, die in das tägliche Leben eingedrungen sind: Kautschuk und Guttapercha. Die außerordentliche wirtschaftliche Bedeutung, die ihnen zukommt, mußte den Wunsch erregen, ihre chemische Natur kennen zu lernen. Aber die Schwierigkeiten, die allgemein der chemischen Erforschung hochmolekularer Stoffe sich entgegenstellen, haben lange Zeit die Chemiker von diesem Gebiet ferngehalten. Seitdem um die Mitte des vorigen Jahrhunderts durch Beobachtungen von Himly und von Williams der Zusammenhang des Kautschuks mit dem Isopren entdeckt war (vgl. S. 91), ist durch Jahrzehnte kein wesentlicher Fortschritt erzielt worden. Erst am Beginn des neuen Jahrhunderts eröffnete Harries[1] einen Einblick in die Art, wie sich das Kautschuk-Molekül aus einzelnen Isopren-Bausteinen zusammenfügen mag. Aber auch seine, mit größter Experimentierkunst ausgeführten, an grundlegenden Ergebnissen reichen Arbeiten haben eine abschließende Lösung des spröden Problems noch nicht gebracht. Man muß sich auch gegenwärtig halten, daß man bei der Untersuchung von Stoffen solcher Art, deren Eigenschaften die Individualisierung durch scharfe Konstanten nicht zulassen, nicht erwarten kann, zu Ergebnissen von gleicher Bestimmtheit zu gelangen, wie bei krystallisierbaren und destillierbaren Verbindungen. Der heutige Stand der Methodik kann bei ihnen vielmehr nur zu „Näherungsresultaten" führen. Man muß sich begnügen, durch Ausschluß von Möglichkeiten dem Ziele ihrer Aufklärung allmählich näher zu rücken.

Die Milchsäfte enthalten jene Stoffe in Form von Kügelchen („Globuloiden"), die zum Teil für mikroskopische Beobachtung groß genug sind, dispergiert[2]. Wir werden später die Mittel kennen lernen (s. S. 104), durch welche man sie zu rascher „Koagulation" bringt und kompakte Massen gewinnt, die zum Versand geeignet sind. Auch durch einfaches Stehen erfolgt allmählich Koagulation[3] (zuweilen schon beim Ausfluß,

[1] Harries hat seine Untersuchungen unter Mitberücksichtigung der Arbeiten von anderen Autoren in einer Monographie „Untersuchungen über die natürlichen und künstlichen Kautschukarten" (Berlin 1919) zusammengefaßt. Dieses Buch wird im folgenden unter der Abkürzung „Harries, Kautschukarten" mehrfach zitiert.

[2] Vgl. dazu Ditmar, „Der Kautschuk" (Berlin 1912), S. 4—5, 44.

[3] Vgl.: Whitby, C. **1913**, I, 2159. — Campbell, C. **1917**, II, 816. — Barowcliff, C. **1919**, II, 854. — Wavelet, C. **1920**, II, 494. — Vernet, C. **1920**, IV, 602.

vgl. S. 105, 122), die vielleicht darauf zurückzuführen ist, daß durch enzymatische Zersetzung aus gewissen Milchsaft-Bestandteilen Säuren gebildet werden, welche als Beförderer der Koagulation wirken. Die Frage, ob die Koagulation der Globuloide ein physikalischer oder ein chemischer Vorgang ist, d. h. ob sie nur auf dem Übergang eines und desselben Stoffes in den Zustand gröberer Dispersität beruht oder etwa durch die Polymerisation eines einfacheren Stoffes zu einem höheren Polymeren bedingt wird, hat mehrfache Bearbeitung gefunden. Erschwert wird ihre Entscheidung durch den Umstand, daß die Milchsäfte zu veränderlich sind, um ohne Änderung ihrer Beschaffenheit transportiert werden zu können, daher am Ort ihrer Abzapfung untersucht werden müssen. Nach den bisherigen Untersuchungen[1] darf man es indes als wahrscheinlich betrachten, daß Isopren-Polymere von sehr hohem Molekulargewicht schon in den Milchsäften selbst vorhanden sind.

Unter den sauerstoffhaltigen Bestandteilen der Milchsäfte befinden sich weiße krystallisierbare Stoffe, die teils alkoholischen, teils esterartigen Charakter zeigen. Man hat sie zuweilen unter der Bezeichnung Albane zusammengefaßt. Sie werden an anderen Stellen dieses Bandes Besprechung finden (vgl. S. 122, 152, 153).

Sechstes Kapitel.

Kautschukarten.

(Natürlicher Kautschuk. — Künstliche Kautschukarten.)

Aus einer großen Zahl von Milchsäften kann man jene durch Elastizität ausgezeichneten Rohstoffe abscheiden, die unter dem Namen „Kautschuk" so allgemein bekannt sind, daß in der Umgangssprache das Beiwort „kautschukartig" eine viel gebrauchte Bezeichnung für alles Dehnbare geworden ist. Aber unsere heimischen Pflanzen sind für ihre praktische Gewinnung nicht geeignet. Sie werden uns als „Rohkautschuk" aus tropischen und subtropischen Ländern zugeführt[2], in

[1] Vgl.: Weber, B. **36**, 3108 (1903); C. **1905**, I, 185, 886. — Tromp, de Haas, B. **37**, 3301 (1904). — Harries, B. **37**, 3842 (1904). „Kautschukarten", S. 242 (1919). — de Jong, B. **37**, 4398 (1904). — Esch, Chwolles, C. **1905**, I, 186. — Strunk, C. **1906**, II, 689. — Henri, C. r. **144**, 431 (1907). — Eduardoff, C. **1908**, I, 741; **1909**, II, 41. — Spence, C. **1908**, I, 1635. — Hinrichsen, Kindscher, B. **42**, 4329 (1909). — Hinrichsen, Z. El. Ch. **17**, 810 (1911). — Fickendey, C. **1911**, I, 733. — Frank, Gnädinger, C. **1911**, II, 809. — Beadle, Stevens, C. **1913**, II, 2141. — van Rossem, Heurn, Kolloidchem. Beihefte **10**, 9 (1918). — Henry, Ammann, C. **1920**, II, 134. — S. auch Ditmar, „Der Kautschuk" (Berlin 1912), S. 22 ff.

[2] Zur Geschichte des Kautschuks siehe v. Wiesner, „Die Rohstoffe des Pflanzenreiches", 3. Aufl., Bd. I (Leipzig u. Berlin 1914), S. 462—464.

denen die Gewächse[1] gedeihen, deren Milchsäfte kautschukreich sind und so reichlich fließen, daß ihre Abzapfung mit praktischem Erfolg vorgenommen werden kann. Wir werden später (S. 103 ff.) zu besprechen haben, aus welchen Quellen die Rohkautschuke des Handels stammen, und in welcher Weise sie weiterbearbeitet werden, um Erzeugnisse von technisch wertvollen Eigenschaften zu liefern. Hier wollen wir uns zunächst damit beschäftigen, wie ihr wesentlicher Bestandteil — der Kautschuk-Kohlenwasserstoff, den wir schlechthin als Naturkautschuk bezeichnen wollen[2], — zum Zwecke wissenschaftlicher Untersuchung von seinen Beimengungen abgetrennt wird.

Reinigung, Zusammensetzung und Eigenschaften des Naturkautschuks.

Die Beimengungen[3] bestehen — abgesehen von Wasser, geringen Mengen von mineralischen Verunreinigungen und wasserlöslichen organischen Stoffen (vgl. Bd. II, Tl. I, S. 809, Dambonit und Matezit) — im wesentlichen einerseits aus harzartigen organischen Stoffen, die außer C und H nur Sauerstoff enthalten, in Wasser unlöslich, aber in Alkohol und Aceton löslich[4] sind und unter der Bezeichnung „Kautschukharze" zusammengefaßt werden[5], andererseits aus einer stickstoffhaltigen organischen Materie[6], die von organischen Lösungsmitteln nicht aufgenommen wird (daher „das Unlösliche" genannt) und entweder ein Protein darstellt oder jedenfalls den Proteinen sehr nahe steht, da sie bei der hydrolytischen Spaltung die bekannten Spaltungsprodukte der Proteine liefert[7].

Um den Naturkautschuk von diesen Beimengungen zu trennen[8], läßt man zunächst klein geschnittenen Rohkautschuk mehrere Wochen

---

[1] Übersicht der kautschukliefernden Gewächse: v. WIESNER, 3. Aufl., Bd. I, S. 438—454. — FONROBERT in ABDERHALDENS Handbuch der biologischen Arbeitsmethoden, Abt. I, Tl. 10 (Berlin u. Wien 1921), S. 2—3.

[2] TSCHIRCH, „Die Harze und die Harzbehälter" (Leipzig 1906), S. 989, nennt ihn Kautschugutta.

[3] Vgl. v. WIESNER, 3. Aufl., Bd. I, S. 501 ff.

[4] Über eine in geringer Menge vorhandene, acetonlösliche, stickstoffhaltige Beimengung s. SPENCE, C. **1919**, II, 429.

[5] Vgl.: TERRY, Journ. of the Soc. of Chem. Ind. **8**, 173 (1889). — TSCHIRCH, „Die Harze und die Harzbehälter" (Leipzig 1906), S. 1025—1032. — HINRICHSEN, MARCUSSON, Z. Ang. **23**, 49 (1910); **24**, 725 (1911). — HILLEN, Ar. **251**, 94 (1913). — KLASSERT, P. C. H. **54**, 1129 (1913). — VAN ROSSEM, DEKKER, Kolloidchem. Beihefte **10**, 151 (1918).

[6] Vgl.: SPENCE, C. **1908**, I, 744—745. — BEADLE, STEVENS, C. **1912**, II, 1408; **1913**, I, 971. — SCHMITZ, C. **1913**, II, 917. — SPENCE, KRATZ, C. **1914**, II, 852. — BERNSTEIN, C. **1914**, II, 853. — VAN ROSSEM, DEKKER, Kolloidchem. Beihefte **10**, 62 (1918).

[7] FR. FRANK, C. **1915**, I, 1345.

[8] HARRIES, „Kautschukarten", S. 5, 7. — S. auch DITMAR, M. **25**, 467 (1904).

mit Benzol bei gewöhnlicher Temperatur stehen und hebt dann die überstehende klare Schicht, welche den Kautschuk-Kohlenwasserstoff und die Kautschuk-Harze enthält, ab. Diese Lösung, die vor Luftzutritt möglichst zu hüten ist (vgl. S. 94), gießt man unter Umrühren in Alkohol, wobei der Kohlenwasserstoff ausgeschieden wird, die Harze zum Teil in Lösung bleiben. Um den mitgefällten Teil der Harze zu entfernen, extrahiert man die ausgeschiedene und abgepreßte Masse 12 Stdn. im Soxhlet-Apparat mit Aceton. Zur völligen Reinigung wiederholt man diese Operationen — Lösen in Benzol, Fällen mit Alkohol und Ausziehen mit Aceton — noch mindestens zweimal.

Man gewinnt auf diese Weise ein Produkt, das nach dem Trocknen im Vakuumexsiccator durchsichtig erscheint. Seine Analysen[1] führen zum Prozentverhältnis der Formel C_5H_8. Doch kann diese einfache Formel in Anbetracht der Nichtflüchtigkeit als Molekularformel selbstverständlich nicht in Betracht kommen. Da die Lösungen kolloid sind (vgl. S. 91), ergaben die Versuche zur Molekulargewichtsbestimmung keine brauchbare Grundlage[2] zur Aufstellung einer Molekularformel. Man drückt daher die Zusammensetzung des Kautschuk-Kohlenwasserstoffs durch die Formel $(C_5H_8)_n$ aus, wobei man für n angesichts der physikalischen Eigenschaften des Kautschuks einen hohen Wert im Auge hat. Im Hinblick auf die Zusammensetzung der „Nitrosite" (s. S. 94) darf man vielleicht einen Schritt weiter gehen und die Formel $(C_{10}H_{16})_x$ benutzen, durch welche ungerade Vielfache der einfachen Formel C_5H_8 ausgeschlossen werden (vgl. dagegen S. 101).

Der Kautschuk gehört nicht zu den Stoffen, welche man durch die im Laboratorium des Chemikers üblichen physikalischen Methoden zahlenmäßig kennzeichnen kann. Er besitzt keinen scharfen Schmelzpunkt[3], er kann selbst unter sehr niedrigem Druck nicht ohne Veränderung destilliert werden[4]; seine Lösungen zeigen kein optisches Drehungsvermögen[5]. — Auch die Löslichkeit in verschiedenen Lösungsmitteln kann man nicht in bestimmten Zahlen angeben. Denn sie wird durch die Vorbehandlung des Kautschuks wesentlich beeinflußt, nämlich durch Lagern verringert, durch Walzen erhöht[6]; auch treten beim Kochen der Lösungen Veränderungen ein[7]. Diese eigenartigen Verhältnisse er-

---

[1] Vgl.: Gladstone, Hibbert, Soc. **53**, 680 (1888). — Weber, B. **33**, 781, 783 (1900). — Harries, B. **38**, 1199 (1905). „Kautschukarten", S. 7. — Alexander, B. **44**, 2322 (1911).

[2] Vgl. dazu: Ditmar, „Der Kautschuk" (Berlin 1912), S. 40. — Caspari, Soc. **105**, 2140, 2150 (1914). — S. auch Staudinger, B. **53**, 1081 (1920).

[3] Vgl. dazu Gladstone, Hibbert, Soc. **53**, 685—686 (1888).

[4] E. Fischer, Harries, B. **35**, 2162 (1902).

[5] Harries, B. **38**, 1197 (1905). — Über Brechungsvermögen vgl. Gladstone, Hibbert, Soc. **53**, 681 (1888).

[6] Vgl. dazu Harries, „Kautschukarten", S. 5.

[7] Vgl. Lichtenberg, A. **406**, 238 (1914). — Pummerer, Burkard, B. **55**, 3463 (1922).

scheinen vom Standpunkt der Kolloidchemie als Folge von Veränderungen des Dispersitätsgrades.

Es wäre daher nicht leicht, durch physikalische Untersuchung Aufschluß darüber zu gewinnen, ob der Kautschuk-Kohlenwasserstoff in Rohkautschuken verschiedener Herkunft der gleiche ist. Die wenigen Angaben, die zur Beurteilung dieser Frage vorliegen, gründen sich auf chemische Umwandlungen und lassen erhebliche Unterschiede nicht erkennen (vgl. S. 93, 95). Die beträchtlichen Verschiedenheiten, welche man an den einzelnen Rohkautschuken wahrnimmt, scheinen daher von der Art, der Menge und der Verteilung der Beimengungen herzurühren.

Diejenige Eigenschaft, welche den Kautschuk besonders kennzeichnet, ist die Elastizität. Sie ist beim Kautschuk-Kohlenwasserstoff viel geringer als beim Rohkautschuk[1]. Wir werden später sehen, daß sie durch Behandlung des Kautschuks mit Schwefel und mit anderen Stoffen — „Vulkanisation" (S. 105 ff.) — wesentlich erhöht werden kann.

Ostromysslenski[2] schlägt als Konstanten zur Kennzeichnung der Kautschukarten den „Elastizitätspunkt" und den „toten Punkt" vor. Der „Elastizitätspunkt" (bei rohem Naturkautschuk unter 0°) ist die Temperatur, bei welcher der Übergang in den „Kautschukzustand" erfolgt, und wird an einer charakteristischen Krümmung der Oberflächenspannungskurve von Kautschuklösungen erkannt; der „tote Punkt" (niedriger als der Elastizitätspunkt) ist die Temperatur, bei welcher die elastischen Eigenschaften verschwinden, und kann besonders scharf an den Dichtigkeitskurven der Lösungen beobachtet werden. Das Intervall zwischen den beiden Punkten wird als „Elastizitätsintervall" bezeichnet.

Das Verhalten gegen Lösungsmittel ist an Rohkautschuken vielfach untersucht worden[3]. Gute Lösungsmittel sind Benzin, Benzol und seine Homologen, Schwefelkohlenstoff, Chloroform und andere Halogenderivate der Fettreihe (z. B. Äthylenbromid). Auch von Äther wird frischer Kautschuk aufgenommen. Aus nicht mechanisch bearbeitetem Rohkautschuk erhält man durch Benzol bei Zimmertemperatur eine Lösung, welche 1·2 bis 1·4 g in 1 Liter enthält[4].

---

[1] Vgl. Harries, „Kautschukarten", S. 7. — Über die Abhängigkeit der Elastizität des Rohkautschuks von der Art, in welcher die Koagulation des Milchsaftes bewirkt ist, s. Henri, C. r. **144**, 433 (1907). — Über Erscheinungen bei der Dehnung von Kautschuk s. Philips, C. **1905**, I, 1292.

[2] Ostromysslenski, C. **1916**, I, 700. — Ostromysslenski, Kielbasinski, C. **1916**, I, 702.

[3] Vgl: Payen, J. **1852**, 638. — Gladstone, Hibbert, Soc. **53**, 679 (1888). — Weber, B. **33**, 780 (1900); C. **1905**, I, 886. — Ditmar, M. **25**, 467 (1904); Ch. Z. **29**, 175 (1904). — Fendler, C. **1904**, II, 1671. — Tromp de Haas, B. **37**, 3300 (1904). — Tschirch, „Die Harze und die Harzbehälter" (Leipzig 1906), S. 1021. — Spence, C. **1908**, I, 745. — Ahrens, Ch. Z. **34**, 266 (1910). — Caspari, C. **1914**, I, 1194; Soc. **107**, 162 (1907).

Löslichkeit krystallinischer Substanzen in Kautschuk: Bruni, C. **1921**, I, 811.

[4] Harries, „Kautschukarten", S. 4—5.

Der Lösung geht Quellung[1] vorauf, die besonders bei Chloroform und Schwefelkohlenstoff bedeutend, bei Äther gering ist; durch mechanische Bearbeitung geht die Quellbarkeit verloren. Die Lösungen selbst erweisen sich als kolloid[2] durch Hervorrufung des „Tyndall-Phänomens". Die Bestimmung ihrer Viscosität[3] bietet eine wichtige Methode für die Bewertung der Rohkautschuke; Äther liefert die am wenigsten viscosen Lösungen, Benzol und Chloroform die viscosesten. Die Viscosität erleidet beim Erwärmen der Lösungen beträchtliche Verringerung.

Chemisches Verhalten des Naturkautschuks.

Bei der Besprechung des chemischen Verhaltens muß vorausgeschickt werden, daß häufig — in den älteren Untersuchungen stets — als Ausgangsmaterial Rohkautschuk-Sorten gedient haben. Man hat natürlich einen möglichst guten Rohkautschuk (meist Parakautschuk, vgl. dazu S. 103) gewählt. Aber erst in den neueren Untersuchungen, besonders denen von HARRIES, wurde der von Harzen und „Unlöslichem" befreite, reine Kautschuk-Kohlenwasserstoff (vgl. S. 88) zugrunde gelegt.

Das Verhalten bei der trockenen Destillation[4] ist schon um die Mitte des vorigen Jahrhunderts untersucht worden. Versuche von HIMLY, VON GREVILLE WILLIAMS und besonders von G. BOUCHARDAT lieferten das grundlegende Ergebnis, daß der Kautschuk hierbei in eine Reihe flüchtiger Kohlenwasserstoffe von der allgemeinen Zusammensetzung $(C_5H_8)_x$ zerfällt. Das flüchtigste Produkt, das nach HARRIES in einer Menge von ca. 3 % auftritt, ist das Isopren C_5H_8 (Bd. I, Tl. II, S. 886 bis 887). In erheblich größerer Menge bilden sich Terpene $C_{10}H_{16}$, unter denen WALLACH das Dipenten nachwies. Der Hauptanteil besteht aus höher (bis 300°) siedenden Ölen, deren Natur noch nicht aufgeklärt ist. Bemerkenswert ist, daß bei der Destillation des Kautschuks im

---

[1] Vgl.: DITMAR, C. **1905**, II, 797—798. — POSNJAK, C. **1912**, II, 2007. — SPENCE, KRATZ, C. **1915**, II, 1298. — DUBOSC, C. **1919**, IV, 415, 784, 785.

[2] Vgl. HARRIES, „Kautschukarten", S. 4. — Kautschuk als Schutzkolloid: LEWIS, WAUMSLEY, C. **1912**, II, 709. — Osmotische Eigenschaften der Kautschuk-Lösungen: CASPARI, Soc. **105**, 2139 (1914).

[3] Vgl.: AXELROD, C. **1905**, II, 1630, 1631; **1909**, II, 29. — SCHIDROWITZ, GOLDSBOROUGH, C. **1909**, I, 656; **1913**, II, 1172. — WOUNDSTRA, C. **1909**, II, 2160. — FR. FRANK, C. **1911**, II, 800. — VAN ROSSEM, C. **1913**, I, 1797. — Kolloidchem. Beihefte **10**, 83 ff., 129 ff. (1918). — BERNSTEIN, C. **1913**, I, 2190. — CASPARI, C. **1914**, I, 1195. — KIRCHHOF, C. **1914**, II, 851. — GAUNT, C. **1914**, II, 1440. — GORTER, C. **1916**, I, 393. — LABORATOIRE DE DELFT, C. **1920**, II, 141. — LE BLANC, KRÖGER, Z. El. Ch. **27**, 335 (1921). — S. auch DITMAR, „Der Kautschuk" (Berlin 1912), S. 51—60.

[4] Vgl.: GREGORY, A. **16**, 61 (1835). — A. BOUCHARDAT, A. **27**, 30 (1838). — HIMLY, A. **27**, 40 (1838). — G. WILLIAMS, J. **1860**, 494. — M. G. BOUCHARDAT, Bl. [2] **24**, 108 (1875). — WALLACH, A. **227**, 292 (1885). — GLADSTONE, HIBBERT, Soc. **53**, 686 (1888). — HARRIES, B. **35**, 3260, 3265 (1902); Ch. Z. **34**, 316 (1910). „Kautschukarten", S. 9—11. — DITMAR, C. **1904**, II, 1223. — ASCHAN, C. **1918**, II, 940.

Hochvakuum[1] nur sehr wenig Isopren und Terpene gebildet werden, die höher siedenden Öle dagegen noch stärker vorwiegen; auch in diesen höher siedenden Ölen ist indessen, wie ihre Prüfung mit salpetriger Säure (vgl. S. 93) und mit Ozon (vgl. S. 95) ergeben hat, kein unveränderter Kautschuk mehr enthalten[2].

Wichtig ist ferner der Nachweis, daß Kautschuk sich gegen Brom und gegen Halogenwasserstoffsäuren wie ein Stoff verhält, der auf je 5 C-Atome eine Doppelbindung enthält. Bei der Einwirkung von Brom[3] (in Chloroform- oder Tetrachlorkohlenstoff-Lösung), die freilich nicht glatt verläuft, sondern von Bromwasserstoff-Entwicklung begleitet wird, erhält man ein Produkt, das man — indem man seine Zusammensetzung auf die Kautschukformel $(C_{10}H_{16})_x$ (vgl. S. 89) zurückführt — mit der Formel $(C_{10}H_{16}Br_4)_x$ belegt und demnach Kautschuk-tetrabromid nennt. Es wird aus seiner Chloroform-Lösung durch Benzin und Alkohol in schneeweißen Flocken gefällt; seine Lösungen sind kolloid. — Bei der Einwirkung von Halogenwasserstoffen[4] wird auf je 5 C-Atome 1 Mol. Halogenwasserstoff aufgenommen. Leitet man z. B. Chlorwasserstoff in eine Chloroform-Lösung des Kautschuks bis zur Sättigung ein und fällt nach 12-stündigem Stehen mit absolutem Alkohol, so scheidet sich in fast quantitativer Ausbeute das Kautschuk-bis-hydrochlorid $(C_{10}H_{18}Cl_2)_x$ als elastisches weißes Produkt ab, das nach einiger Zeit fest und bröcklig wird und sich in warmem Chloroform und Benzol löst, nicht aber in Äther und Alkohol. Es verliert beim Erwärmen allmählich Chlorwasserstoff, ohne daß aber völlige Abgabe des Chlors erfolgt oder bei der Bildung eines Rückstandes von der Zusammensetzung $(C_{10}H_{17}Cl)_x$ ein Haltepunkt der thermischen Zersetzung zu bemerken ist; über die Abspaltung von Chlorwasserstoff durch Pyridin (oder Piperidin) s. S. 96. Analog erhält man durch Bromwasserstoff ein Bis-hydrobromid $(C_{10}H_{18}Br_2)_x$, das beim Erwärmen noch rascher Halogenwasserstoff abspaltet als das Bis-hydrochlorid; seine Benzol-Lösung zeigt bei der ultramikroskopischen Prüfung deutliches Auftreten der Brownschen Bewegung, ist daher — ebenso wie die Lösungen des Kautschuks selbst (vgl. S. 91) — noch kolloid.

Mit Chromylchlorid[5] erhält man in Schwefelkohlenstoff-Lösung ein dunkel-

---

[1] E. Fischer, Harries, B. **35**, 2162 (1902).

[2] Harries, „Kautschukarten", S. 11. — S. auch Harries, Evers, C. **1921**, III, 1359.

[3] Vgl.: Gladstone, Hibbert, Soc. **53**, 683 (1888). — Weber, B. **33**, 786, 791. — Budde, C. **1905**, II, 172. — Hinrichsen, Quensell, Kindscher, B. **46**, 1285 (1913). — Kirchhof, C. **1915**, I, 14. — Ostromysslenski, C. **1916**, I, 1029. — Aschan, C. **1918**, II, 954. — Harries, „Kautschukarten", S. 12—15, 23, 175—176. — S. auch Schmitz, C. **1920**, I, 165.

Einwirkung von Jod: Hinrichsen, Kempf, B. **46**, 1287 (1913).

[4] Vgl.: Weber, B. **33**, 789 (1900). — Harries, B. **46**, 733 (1913); A. **406**, 195 (1914); „Kautschukarten", S. 15—20. — Hinrichsen, Quensell, Kindscher, B. **46**, 1283 (1913). — Lichtenberg, A. **406**, 236 (1914).

[5] Spence, Galletly, Am. Soc. **33**, 190 (1911).

braunes pulvriges Additionsprodukt $(C_{10}H_{16} + 2CrO_2Cl_2)_x$, das durch Wasser unter Bildung eines Aldehyds zersetzt wird.

Diesem Aufnahmevermögen für Halogene und Halogenwasserstoffsäuren entspricht, wie PUMMERER und BURKARD[1] gefunden haben, auch das Verhalten des Kautschuks gegen Wasserstoff: unterwirft man 0·2 bis 0·6%ige Hexahydrotoluol-Lösungen der Hydrierung mit Platinmohr und Wasserstoff nach WILLSTÄTTER bei 70—80°, so entsteht ein schwach gelblicher Hydrokautschuk $[C_5H_{10}]_x$, der sich in Äther unter Quellung langsam löst. Die Eigenschaften dieses Hydrierungsproduktes sind auffallend; es ist hochelastisch und geht beim Schütteln mit Sauerstoff (in Gegenwart von Platin) in einen Isokautschuk $[C_5H_8]_x$ über. Es ist HARRIES und EVERS[2] gelungen, eine partielle Hydrierung auf indirektem Wege zu bewirken, indem sie eine Lösung von Kautschuk in Äthylenchlorid, die mit Chlorwasserstoff gesättigt war, also Kautschuk-bis-hydrochlorid enthielt (vgl. oben), mit Zinkstaub behandelten. Nach passender Reinigung erhielten sie ein weißes festes Produkt — α-Hydrokautschuk —, dessen Analysen und dessen Verhalten gegen Ozon (vgl. unten) darauf hinweisen, daß es nicht durch vollständige Hydrierung entstanden ist, sondern noch Doppelbindungen enthält. Von besonderem Interesse ist, daß dieses Reduktionsprodukt im Gegensatz zum Kautschuk selbst (vgl. S. 89, 91) bei der Destillation im Hochvakuum, wenn es auch zum Teil starke Zersetzung erleidet, zu einem anderen Teil unverändert übergeht, und zwar unter 0·1 bis 0·5 mm Druck bei 240—300°. Die genannten Autoren schätzen aus diesem Siedepunkt unter gleichzeitiger Berücksichtigung ihrer Analysen die Molekularformel des α-Hydrokautschuks auf $C_{35}H_{62}$ oder $C_{40}H_{70}$ und ziehen weiterhin hieraus einen Rückschluß auf die analoge Molekulargröße des Kautschuks. Ob diese Schlußfolgerung berechtigt ist, müssen weitere Untersuchungen lehren.

Auf einer Addition — aber nur an einer Stelle je eines C_{10}-Komplexes — beruht in erster Phase auch die Einwirkung der nitrosen Gase[3]. Denn man erhält, wenn man in eine benzolische Kautschuk-Lösung das über Phosphorpentoxyd getrocknete Gas, das aus verdünnter Salpetersäure (D: 1·25) durch Arsenik entwickelt wird („Salpetrigsäure-Gas"), leitet, einen hellgrünen, nach dem Trocknen zerreiblichen Niederschlag, der annähernd die Zusammensetzung des „normalen Kautschuknitrosits" $(C_{10}H_6O_3N_2)_x$ zeigt. Bei durchgreifender Behandlung

[1] PUMMERER, BURKARD, B. **55**, 3459 (1922). — Vgl. HARRIES, „Kautschukarten", S. 48. — HINRICHSEN KEMPF, B. **45**, 2106 (1912). — STAUDINGER, FRITSCHI, Helv. **5**, 798 (1922). — HARRIES, B. **56**, 1050 (1923). [2] C. **1921**, III, 1358.

[3] Vgl.: HARRIES, B. **34**, 2991 (1901); **35**, 3257, 4429 (1902); **38**, 87 (1905). Z. Ang. **20**, 1969 (1907). „Kautschukarten", S. 26—48, 69 Anm., 126. — WEBER, B. **35**, 1949 (1902). — ALEXANDER, B. **38**, 181 (1905); **40**, 1070 (1907). Z. Ang. **20**, 1355 (1907); **24**, 680 (1911). — GOTTLOB, Z. Ang. **20**, 2213 (1907).

Über Einwirkung von Salpetersäure s.: DITMAR, B. **35**, 1401 (1902). M. **25**, 464 (1904). — HARRIES, B. **39**, 3265 (1906). „Kautschukarten", S. 48—49.

mit Salpetrigsäure-Gas aber geht die Reaktion über die Bildung dieses in Essigester ganz unlöslichen und daher offenbar noch sehr hochmolekularen Stoffs hinaus. Denn es scheidet sich durch Einleiten eines raschen Stromes und darauf folgendes eintägiges Stehen ein gelbes, in Essigester vollkommen lösliches Produkt ab, das sich weiter reinigen läßt, indem man seine Essigester-Lösung nochmals mit Salpetrigsäure-Gas behandelt, wiederum einen Tag stehen läßt, dann im Vakuum konzentriert und durch Eingießen in absoluten Äther fällt. Diese von HARRIES entdeckte und „Nitrosit c" genannte, in reichlicher Ausbeute entstehende Verbindung besitzt eine der Formel $C_{10}H_{15}O_7N_3$ entsprechende Zusammensetzung, ist ein gelbes Pulver und zersetzt sich gegen 160°. Ihre Bedeutung liegt darin, daß man sie vermöge ihrer konstanten Zusammensetzung und ihres Zersetzungspunktes dazu benutzen konnte, um verschiedene Rohkautschuke miteinander zu vergleichen; sie wurde aus mehreren Kautschuksorten verschiedenen botanischen Ursprungs mit den gleichen Eigenschaften erhalten. Auch hat sie zum ersten Nachweis der Kautschukbildung bei der Wärmepolymerisation des Isoprens (vgl. S. 116) gedient. Ihre Lösungen sind nicht mehr kolloid. Ebullioskopische Bestimmungen an ihnen ergaben Werte, die annähernd der Molekularformel $C_{20}H_{30}O_{14}N_6 = (C_{10}H_{15}O_7N_3)_2$ entsprechen. Es findet daher bei der Behandlung mit Salpetrigsäure-Gas sicher ein Abbau des Kautschuks statt.

Durch die im Voranstehenden aufgeführten Additionsreaktionen ist der Kautschuk als ungesättigte Verbindung gekennzeichnet. Man muß danach erwarten, daß er oxydativen Einflüssen leicht zugänglich ist. In der Tat unterliegt er schon bei längerem Liegen an der Luft oder beim Einleiten von Luft bzw. Sauerstoff in seine Lösungen[1] einer Oxydation; man muß daher Kautschuk-Lösungen in geschlossenem Gefäß unter einer Kohlendioxyd-Atmosphäre aufbewahren[2]. Beim Schütteln verdünnter Hexahydrotoluol-Lösungen von Kautschuk mit Sauerstoff wird pro Mol. Isopren $^1/_2$ Mol. Sauerstoff absorbiert; die Einwirkung von Benzopersäure auf Kautschuk führt zu einem unlöslichen Kautschukoxyd $[C_5H_8O]_x$ [3]. Auch die übrigens bei nicht gewalztem Kautschuk sehr langsam verlaufende Einwirkung von Kaliumpermanganat[4] hat noch nicht zu klaren Ergebnissen geführt.

---

[1] Vgl.: SPILLER, J. **1865**, 575. — HERBST, B. **39**, 524 (1906). — PEACHEY, C. **1913**, I, 926. — WHITBY, C. **1913**, I, 2160. — KIRCHHOF, C. **1913**, II, 1146; **1914**, I, 1831. — PEACHEY, LEON, C. **1919**, IV, 938. — WEIL, vgl. HARRIES, „Kautschukarten", S. 50.

[2] HARRIES, „Kautschukarten", S. 5.

Über Einwirkung des Lichtes auf Kautschuk vgl.: BRINDEJONC, Bl. [4] **3**, 39 (1908). — REPONY, C. **1919**, IV, 668. — PORRIT, C. **1921**, II, 363.

Zersetzung durch Mikroben: SÖHNGEN, FOL, C. **1914**, I, 1231.

[3] PUMMERER, BURKARD, B. **55**, 3462 (1922).

[4] Vgl.: HARRIES, B. **35**, 3257 (1902); **37**, 2708 Anm. (1904). A. **406**, 198 Anm. (1914). „Kautschukarten", S. 50—51. — VAN ROSSEM, Kolloidchem. Beihefte **10**, 137 (1918).

Dagegen hat HARRIES durch Anwendung seiner schönen Ozon-Methode (vgl. Bd. I, Tl. I, S. 835) einen sehr großen Erfolg erzielt[1]. Es entstehen zunächst beim Einleiten von Ozon in Chloroform-Lösungen von Kautschuk Additionsprodukte, die man reinigen kann, indem man die nach dem Verdunsten des Chloroforms verbleibenden Rückstände in Essigester löst und durch Petroläther wieder fällt. Hat man niedrigprozentiges Ozon, das durch Waschen mit Natronlauge und Schwefelsäure von „Oxozon" befreit war, angewendet, so erhält man das normale Kautschukdiozonid als farbloses dickes, im Vakuumexsiccator zuweilen glasig erstarrendes Öl, das explosiv ist und die Zusammensetzung der Formel $C_{10}H_{16}O_6$ zeigt, in einer Ausbeute von ca. 80 % der Theorie. Hat man dagegen mit hochprozentigem und nicht gewaschenem Ozon gearbeitet, so bleibt in etwas geringerer Ausbeute das viel weniger explosive und leichter lösliche Kautschuk-bis-oxozonid von der Zusammensetzung $C_{10}H_{16}O_8$ zurück. Diese Ozonide lassen kryoskopische und ebullioskopische Molekulargewichts-Bestimmungen zu, denen freilich wegen ihrer großen Zersetzlichkeit nicht besonderes Gewicht beizumessen ist; erwähnt sei, daß in Benzol für das normale Diozonid Werte gefunden wurden, welche auf die Formel $C_{25}H_{40}O_{15}$ hindeuten. Von größter Bedeutung aber ist ihr Zerfall bei der Zersetzung durch heißes Wasser; denn — abgesehen von der Bildung kleiner Mengen von Kohlendioxyd, Kohlenoxyd, Ameisensäure und zuweilen Bernsteinsäure — erfolgt hierbei nahezu quantitative Spaltung in acyclische Verbindungen der C_5-Reihe; es entstehen als Hauptprodukte Lävulinaldehyd (Bd. I, Tl. II, S. 861—862) und Lävulinsäure, daneben — je nach den Bedingungen mehr oder weniger — ein Peroxyd des Lävulinaldehyds. Aus dem Diozonid, das aus Parakautschuk gewonnen worden ist, erhält man mehr Aldehyd als Säure, aus dem Bis-oxozonid mehr Säure als Aldehyd. Die Folgerungen, welche sich aus diesem überraschend glatten Zerfall für die Struktur des Kautschukmoleküls ziehen lassen, werden später (S. 98 ff.) erörtert. Hier sei aber noch hervorgehoben, daß in der Spaltung jener Ozonide durch Wasser eine neue Handhabe (vgl. dazu S. 94) gewonnen wurde, um verschiedene Kautschukarten — natürlicher oder künstlicher Herkunft (vgl. dazu S. 115) — miteinander zu vergleichen, wobei HARRIES mit seinen Schülern nicht nur das gegenseitige Mengenverhältnis der Spaltungsprodukte, sondern auch die Geschwindigkeit der Spaltung in Rücksicht zog. Bei der Untersuchung von afrikanischen Kautschukarten haben sich hierbei gewisse, wenn auch nicht sehr große Abweichungen gegenüber dem Parakautschuk ergeben (etwas raschere Spaltung der Diozonide und Bildung erheblich größerer Mengen von Lävulinsäure im Vergleich zur gleichzeitig entstehenden Lävulinaldehyd-Menge). Will

[1] Vgl.: HARRIES, B. **37**, 2708 (1904); **38**, 1198 (1905); **45**, 943 (1912). „Kautschukarten", S. 51—66, 69. — GOTTLOB, C. **1908**, I, 467. — HARRIES, HAGEDORN, A. **395**, 231 (1913). — HARRIES, FONROBERT, B. **49**, 1397 (1916).

man diese Abweichungen nicht auf den katalytischen Einfluß von Beimengungen zurückführen, so kann man schließen, daß in der Natur verschiedene, wenn auch einander sehr nahestehende Kautschuk-Kohlenwasserstoffe auftreten.

Überführung des Naturkautschuks in Isomere[1].

Wir haben bei den Terpenen und Sesquiterpenen (vgl. S. 35) mehrfach zu berichten gehabt, daß aus den Hydrohalogeniden dieser Kohlenwasserstoffe durch Wiederabspaltung von Halogenwasserstoff Kohlenwasserstoffe erzeugt wurden, welche die gleiche empirische Zusammensetzung besitzen, wie die Ausgangs-Kohlenwasserstoffe. Diese „regenerierten" Terpene bzw. Sesquiterpene waren zuweilen identisch mit den ursprünglichen, zuweilen aber von ihnen verschieden.

Durch Übertragung dieses Verfahrens auf die Kautschukchemie ist Harries zu sehr wichtigen Ergebnissen gelangt. Er nannte zunächst die nach verschiedenen Arbeitsweisen aus dem Naturkautschuk hervorgehenden Isomeren „Regenerate". Da aber dieser Ausdruck in der Kautschuk-Technik schon in ganz anderer Bedeutung gebräuchlich war (vgl. S. 113), hat er ihn neuerdings durch die zweckmäßigere Bezeichnung „Isokautschuke" ersetzt.

Wir wollen hier nur das am ausführlichsten untersuchte Präparat besprechen, das α-Isokautschuk (früher Regenerat I) genannt und erhalten wird, wenn man das Kautschuk-bis-hydrochlorid (S. 92) mit wasserfreiem Pyridin im Autoklaven 24 Stdn. auf 125—145° erhitzt. Es ist praktisch chlorfrei, ähnelt äußerlich dem Naturkautschuk, läßt sich auch „vulkanisieren" (vgl. S. 105 ff.), liefert aber dabei ein Vulkanisat von geringerer Zugfestigkeit. Gleich dem Naturkautschuk bildet es Bishydrohalogenide $C_{10}H_{18}Hlg_2$, die indessen viel beständiger sind als diejenigen des Naturkautschuks. Auch läßt es sich durch Salpetrigsäure-Gas in ein gelbes, pulvriges, in Essigester lösliches Nitrosit überführen, dessen Analysenzahlen aber erheblich von denjenigen des „Nitrosits c" (S. 94) abweichen.

Die größten Unterschiede gegenüber dem Naturkautschuk ergeben sich nun bei der „Ozonisierung". Während das Vermögen zur Aufnahme von 2 Mol. Halogenwasserstoff (auf 10 C-Atome) zeigt, daß auch der α-Isokautschuk noch auf je fünf C-Atome eine Doppelbindung enthält, darf man aus dem Verlauf der „Ozonid-Spaltung" schließen, daß beim Übergang von Naturkautschuk in α-Isokautschuk eine Verlegung von Doppelbindungen stattfindet. Denn die Ozonid-Spaltung ergibt

---

[1] Harries, B. **46**, 733, 2590 (1913); **47**, 784 (1914). D.R.P. 267277 (C. **1913**, II, 2070); 267993, 267994 (C. **1914**, I, 207). A. **406**, 181, 200 (1914). „Kautschukarten", S. 21—26, 66—101.

S. auch: Ostromysslenski, C. **1912**, I, 1982; **1916**, I, 1029. — Kirchhof, C. **1915**, I, 14.

zwar auch Lävulinaldehyd und Lävulinsäure (vgl. S. 95), daneben aber in großer Menge Ameisensäure und α,γ-Diacetyl-propan $CH_3 \cdot CO \cdot CH_2 \cdot CH_2 \cdot CH_2 \cdot CO \cdot CH_3$, in kleinerer Menge dessen Cyclisationsprodukt 1-Methyl-cyclohexen-(1)-on-(3) (vgl. dazu Bd. I, Tl. II, S. 848), ein gesättigtes Triketon $C_{11}H_{18}O_3$, ein gesättigtes Tetraketon $C_{15}H_{24}O_4$, Hydrochelidonsäure $C_7H_{10}O_5$ (Bd. I, Tl. II, S. 1225) und 1-Methyl-cyclohexen-(1)-on-(3)-essigsäure-(2), die wahrscheinlich während der Verarbeitung des Reaktionsgemisches durch Cyclisation aus der acyclischen Diketocarbonsäure $CH_3 \cdot CO \cdot [CH_2]_3 \cdot CO \cdot [CH_2]_2 \cdot CO_2H$ hervorgegangen ist. Während also beim Naturkautschuk ausschließlich C_5-Bruchstücke (abgesehen von den in sehr kleinen Mengen auftretenden Produkten weiterer Zertrümmerung) entstehen, werden hier auch Abbauprodukte mit 7, 9, 11 und 15 C-Atomen erhalten.

Schlüsse auf die Struktur des Naturkautschuks[1].

Wenn man die Konstitution des Kautschuks erörtert, muß man sich zunächst die Frage vorlegen, inwieweit man dieses Problem vom strukturchemischen Standpunkt aus für lösbar hält. Der Kautschuk erleidet durch Einflüsse, die man kaum als chemische Eingriffe ansehen kann — mechanische Bearbeitung (Walzen), Verweilen in Lösungsmitteln — Veränderungen seiner Eigenschaften (Löslichkeit, Quellbarkeit, Viscosität, vgl. S. 89, 91). Solche Veränderungen findet man in der Kautschuk-Literatur meist als Folgeerscheinungen von „Polymerisation" oder „Depolymerisation" bezeichnet. Nun versteht man unter „Polymerisation" und „Depolymerisation" gewöhnlich Vorgänge, die man chemisch als Zusammenlagerung mehrerer gleich zusammengesetzter Moleküle zu einem größeren Molekül bzw. umgekehrt als Zerfall eines größeren Moleküls in mehrere gleich zusammengesetzte Moleküle deuten kann, wobei man entweder dieses Zusammentreten bzw. Auseinanderfallen in Strukturformeln mit Hilfe veränderter Beanspruchung von Hauptvalenzen[2] ausdrückt oder wenigstens — falls unsere Kenntnis des Vorgangs hierfür noch nicht ausreicht — voraussetzt, daß bei besserer Kenntnis eine Erklärung auf solcher Grundlage gegeben werden könnte. Da der Kautschuk ein Kohlenwasserstoff ist, so käme für eine strukturchemische Erklärung nur die Annahme von Bindungsveränderungen zwischen Kohlenstoff und Kohlenstoff (eventuell begleitet von Wasserstoff-Verschiebung) in Frage; d. h. es müßten durch die „Polymerisation" Bindungen zwischen C-Atomen sich herstellen, die vorher nicht mit-

[1] Vgl.: HARRIES, B. **38**, 1195, 3989 (1905); **46**, 2590 (1913); **47**, 786 (1914). A. **383**, 222 (1911); **406**, 173 (1914). „Kautschukarten", S. 68—77, 224—232. — PICKLES, Soc. **97**, 1087 (1910). — OSTROMYSSLENSKI, C. **1912**, I, 1982; **1916**, I, 1068. — DITMAR, „Der Kautschuk" (Berlin 1912), S. 45—48. — STAUDINGER, B. **53**, 1082 (1920). — SCHMITZ, C. **1920**, I, 165.

[2] Vgl. dagegen SCHROETER, B. **49**, 2697 (1916).

einander verbunden waren, und umgekehrt durch die „Depolymerisation" bestehende C-Bindungen sich lösen. Derartige Erklärungen sind zwar für die reversiblen Veränderungen des Kautschuks herangezogen worden. Größere Wahrscheinlichkeit aber besitzt wohl, wenn man die Umstände in Erwägung zieht, unter denen die Zustandsänderungen des Kautschuks erfolgen, die den Kolloidchemikern geläufige Annahme, daß es sich hierbei um physikalische, durch Strukturformeln nicht wiederzugebende Vorgänge handelt, bei denen die Kautschuk-Moleküle (eventuell unter Beteiligung von Molekülen des Lösungsmittels) Änderungen ihrer gegenseitigen Beziehungen erleiden, d. h. sich zu größeren oder kleineren Gruppen zusammentun. Auch wollen wohl die meisten Autoren der Kautschuk-Literatur die Ausdrücke „Polymerisation" und „Depolymerisation" in diesem Sinne verstanden wissen; zweckmäßiger wäre es dann aber, von größerer oder geringerer „Aggregation" (Aggregation oder Desaggregation) zu sprechen[1].

Schließen wir uns dieser Annahme an, so beschränkt sich die chemische Erörterung der Kautschuk-Konstitution auf den „Grund-Kohlenwasserstoff" des Kautschuks — oder besser im Hinblick auf das mögliche Vorkommen verschiedener „Naturkautschuke" und auf das Vorliegen mehrerer, zweifellos nahe verwandter „künstlicher" Kautschukarten (S. 114ff.) gesagt — auf die „Grundkohlenwasserstoffe" der Kautschukarten. D. h. es soll für jede Kautschukart die einfachste Atomkombination ermittelt werden, die ihre Bildungen und Umwandlungen zu formulieren gestattet und zugleich mit den physikalischen Eigenschaften verträglich ist. Durch größere oder geringere Aggregation der Moleküle dieser Grundkohlenwasserstoffe untereinander (bzw. mit Molekülen der Lösungsmittel) hätten wir uns dann die verschiedenen Zustände der Kautschukarten zu erklären.

An dieser Stelle haben wir es mit dem „Naturkautschuk" zu tun, dessen Charakteristik in den vorhergehenden Abschnitten gegeben wurde. Da in einem späteren Abschnitt (S. 118) berichtet wird, daß ein ihm zum mindesten sehr ähnliches Produkt durch Polymerisation von Isopren gewonnen wird, müssen wir an seine Strukturformel insbesondere die folgenden Forderungen stellen:

a) Erklärung des Aufbaues aus Isopren und des Abbaues (S. 91) zum Isopren;

b) Erklärung der Bildung von Bis-hydrohalogeniden $(C_{10}H_{18}Hlg_2)_x$ (siehe S. 92);

c) Erklärung der aus dem Kautschuk selbst und aus dem α-Isokautschuk durch den Ozon-Abbau entstehenden Produkte (siehe S. 95—96).

Wir wollen zunächst die Frage erörtern, ob diese Forderungen durch Annahme einer *acyclischen* Struktur für den Grundkohlenwasser-

[1] Vgl. Harries, B. **56**, 1048 (1923).

stoff des Kautschuks erfüllt werden können. Da unter den Abbauprodukten des α-Isokautschuks ein gesättigtes Tetraketon $C_{15}H_{24}O_4$ gefunden worden ist, die Bildung eines solchen ohne Kohlenstoff-Abspaltung aber nicht verständlich erscheint, so darf man schließen, daß **zum mindesten vier Isopren-Moleküle** zum Kautschuk zusammentreten. Von den verschiedenen Möglichkeiten[1], die für die Art des Zusammentritts bestehen, sei als einfachste diejenige in Erwägung gezogen, welche bei Vereinigung zweier Isopren-Moleküle durch die Gleichung A

$$CH_2:\overset{CH_3}{C}\cdot CH:CH_2 + CH_2:\overset{CH_3}{C}\cdot CH:CH_2 = CH_2:\overset{CH_3}{C}\cdot CH_2\cdot CH_2\cdot CH:\overset{CH_3}{C}\cdot CH:CH_2 \quad (A)$$

erläutert wird. Bei Vereinigung von vier Molekülen ergibt sich dann die Formel I (s. u.), die eine Hauptkette von 16 C-Atomen (in der Formel numeriert) aufweist, an welcher sich als Seitenketten in gleichen

$$\text{I)}\quad \underset{(1)}{CH_2}:\overset{CH_3}{\underset{(2)}{C}}\cdot\underset{(3)}{CH_2}\cdot\underset{(4)}{CH_2}\cdot\underset{(5)}{CH}:\overset{CH_3}{\underset{(6)}{C}}\cdot\underset{(7)}{CH_2}\cdot\underset{(8)}{CH_2}\cdot\underset{(9)}{CH}:\overset{CH_3}{\underset{(10)}{C}}\cdot\underset{(11)}{CH_2}\cdot\underset{(12)}{CH_2}\cdot\underset{(13)}{CH}:\overset{CH_3}{\underset{(14)}{C}}\cdot\underset{(15)}{CH}:\underset{(16)}{CH_2}$$

Abständen 4 Methyle befinden. Diese Formel enthält nun 5 Doppelbindungen und steht daher nicht mit der Forderung b (s. o.) in Einklang, wenn man nicht annehmen will, daß bei der Anlagerung von Halogenwasserstoff eine Doppelbindung untätig bleibt. Sie würde zwar das reichliche Auftreten von Lävulinaldehyd $CH_3\cdot CO\cdot CH_2\cdot CH_2\cdot CHO$ (bzw. von Lävulinsäure) bei der Ozonid-Spaltung gut erklären, da durch die Aufspaltung der vier zwischen den C-Atomen 1 und 2, 5 und 6, 9 und 10, 13 und 14 gelegenen Doppelbindungen drei Mol. Lävulinaldehyd sich bilden können. Aber es müßten daneben noch andere Spaltungsprodukte auftreten; denn man sollte erwarten, das C-Atom 1 als Ameisensäure und die C-Atome 14, 15, 16 mit dem an 14 hängenden Methyl als Methylglyoxal (bzw. Brenztraubensäure) + Ameisensäure wiederzufinden. Für die Bildung solcher Produkte hat sich aber kein experimenteller Anhaltspunkt ergeben. Es ist leicht ersichtlich, daß auch bei jeder anderen Annahme über die Art der acyclischen Isopren-Kondensation sich bezüglich der Doppelbindungszahl die gleiche Unstimmigkeit einstellen würde und außer Lävulinaldehyd (bzw. -säure) noch weitere Produkte des Ozon-Abbaues zu erwarten wären. Aus diesen Gründen lehnt Harries die acyclische Struktur des Kautschuk-Kohlenwasserstoffs überhaupt ab.

Es muß indessen dazu bemerkt werden, daß die Inaktivität einer Doppelbindung gegen Halogenwasserstoff angesichts des Umstandes, daß die einzelnen Doppelbindungen unähnlich gelagert sind (vgl. in Formel I z. B. die Doppelbindung zwischen 15 und 16 gegenüber den anderen), nicht ganz unwahrscheinlich ist. Auch verliert der aus dem Ozon-Abbau hergeleitete Einwand um so mehr an Gewicht, je mehr Isopren-Moleküle man sich zum Kautschuk-Molekül vereinigt

---

[1] Siehe dazu auch Lebedew, C. 1914, I, 1403.

denkt; denn um so kleiner wird die zu erwartende Menge der außer Lävulinaldehyd (bzw. -säure) entstehenden Abbauprodukte, um so größer also die Wahrscheinlichkeit, daß sie sich der Beobachtung entziehen. Als durchaus ausgeschlossen darf daher die acyclische Struktur des Kautschuks wohl nicht gelten. Doch sei auch auf die quantitative Bildung von Acetonylaceton aus synthetischem Dimethylbutadien-Kautschuk (S. 120) hingewiesen, die noch schärfer als der Ozon-Abbau des Naturkautschuks gegen acyclische Anordnung spricht.

Mit der Annahme *cyclischer* Struktur lassen sich dagegen die bisher vorliegenden Beobachtungen gut vereinbaren. Ursprünglich, als der Ozon-Abbau nur beim Naturkautschuk untersucht war und hier ausschließlich C_5-Körper ergeben hatte (vgl. S. 95), zog HARRIES die Vereinigung zweier Isopren-Moleküle zu einem Achtring-Körper in Erwägung. Formuliert man den Zusammentritt ähnlich wie in Gleichung A (S. 99), so kommt man nach Gleichung B (s. u.) zur Formel II des

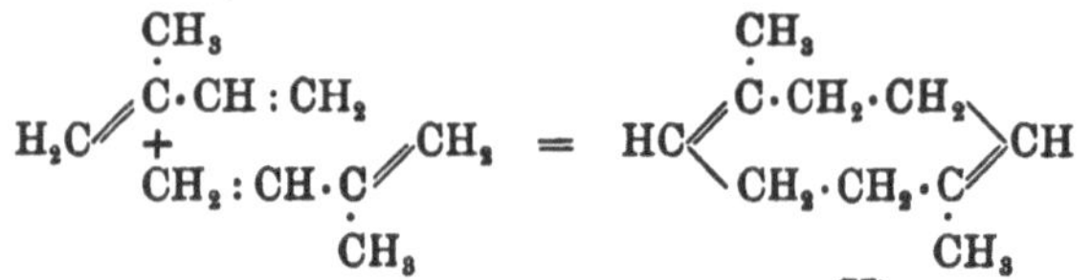
(B)

(II)

1.5-Dimethyl-cyclooctadiens-(1.5). Es ist ohne weiteres ersichtlich, daß diese Formel glatte Aufspaltung zu Lävulinaldehyd bzw. Lävulinsäure beim Ozon-Abbau verlangt.

Doch könnte man auch annehmen, daß zwei Isopren-Moleküle nach dem Schema der 1.4-Addition (vgl. Bd. I, Tl. I, S. 795) sich miteinander vereinigen. Zusammentritt dieser Art kann ebenfalls zur Formel II führen, wie die Gleichung C (s. u.) zeigt. Möglich erscheint aber auch die durch Gleichung D (s. u.) erläuterte

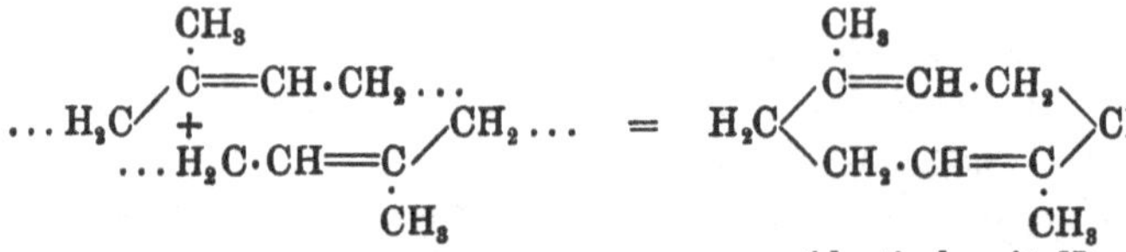
(C)

(identisch mit II)

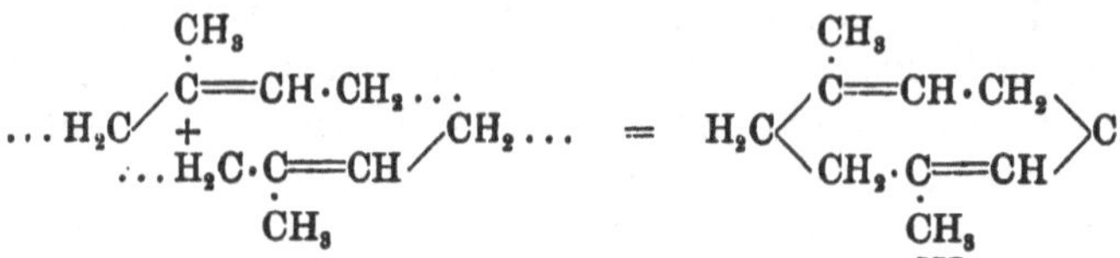
(D)

(III)

Art der Polymerisation, welche zu der strukturisomeren Formel III des 1.4-Dimethyl-cyclooctadiens (4. 8) führt. Diese letztere Form des Aufbaues kommt zwar für den Naturkautschuk nicht in Betracht, da unter seinen Abbauprodukten das aus Formel III neben Succindialdehyd (bzw. Bernsteinsäure) zu erwartende Acetonylaceton $CH_3 \cdot CO \cdot CH_2 \cdot CH_2 \cdot CO \cdot CH_3$ nicht auftritt. Sie ist aber für die später zu besprechenden synthetischen Kautschuke in Erwägung zu ziehen (vgl. S. 115, 118, 120); insbesondere ist die quantitative Bildung von Acetonylaceton aus dem durch Wärmepolymerisation entstehenden Dimethylbutadien-Kautschuk (s. S. 119) nur mit dem Aufbau nach C (bei diesem Beispiel mit D zusammenfallend) vereinbar (vgl. S. 115).

Die Achtring-Formulierung mußte fallen, als beim Abbau des α-Isokautschuks Ergebnisse erzielt wurden, aus denen geschlossen werden mußte, daß der Kautschuk sich aus mindestens vier Isopren-Molekülen zusammensetzt (vgl. S. 99). Aber ihr Grundgedanke — die rein cyclische Vereinigung von C_5H_8-Resten — konnte weiter verfolgt werden, indem man Bildung von gliederreicheren Kohlenstoffringen statt des Achtrings annahm (zu den Konfigurations-Möglichkeiten solcher Ringe vgl. Bd. II, Tl. III, S. 1560), wobei nur daran festzuhalten war, daß innerhalb dieser weiteren Ringe lauter Teilstücke $=C(CH_3)\cdot CH_2\cdot CH_2\cdot CH=$ sich aneinander reihen, die an ihren Enden durch Doppelbindungen mit den beiden benachbarten Teilstücken verbunden sind. Denn alle Formeln, die man auf solche Weise konstruieren kann, genügen der Forderung b (S. 98), da sie auf je fünf C-Atome eine Doppelbindung enthalten, und erklären auch den Totalzerfall des Naturkautschuks in Lävulinaldehyd $OC(CH_3)\cdot CH_2\cdot CH_2\cdot CHO$ (bzw. Lävulinsäure). Im Hinblick darauf, daß bei der kryoskopischen Untersuchung des „normalen Kautschukdiozonids" Andeutungen für die Molekularformel $C_{25}H_{40}O_{15}$ gefunden wurden (vgl. S. 95), hat Harries seinen Erörterungen als einfachsten Fall die Annahme zugrunde gelegt, daß sich das Kautschuk-Molekül aus 5 Isopren-Molekülen aufbaut (über Andeutungen für Zusammenlagerung von 7 bis 8 Isopren-Molekülen vgl. S. 93 bei α-Hydrokautschuk). Aus ihr ergibt sich bei Verfolgung obiger Erwägung als möglicher Ausdruck der Kautschuk-Struktur die Formel IV (s. u.), die einen Ring von 20 C-Atomen aufweist.

$$\text{IV)}\quad H_2C\left\langle\begin{array}{l} CH{=}\overset{CH_3}{C}\cdot CH_2\cdot CH_2\cdot CH{=}\overset{CH_3}{C}\cdot CH_2\cdot CH_2\cdot CH \\ CH_2\cdot \underset{CH_3}{C}{=}CH\cdot CH_2\cdot CH_2\cdot \underset{CH_3}{C}{=}CH\cdot CH_2\cdot CH_2 \end{array}\right\rangle C\cdot CH_3.$$

Wenn man nun — von dieser Formel ausgehend — versucht, die Abbau-Produkte des α-Isokautschuks (s. S. 96) zu erklären, der durch Verschiebung von Doppelbindungen entsteht, so ist zunächst in Erwägung zu ziehen, daß keine Gewähr für die Einheitlichkeit des α-Isokautschuks vorliegt. Es ist daher nicht nötig, eine Formel zu finden, aus welcher sich alle beobachteten Abbauprodukte herleiten lassen. Vielmehr darf man mit der Möglichkeit oder sogar Wahrscheinlichkeit rechnen, daß die Abbauprodukte von verschiedenen, einander isomeren Gemengteilen des α-Isokautschuks herrühren. Die Formel V (s. u.) z. B. — aus IV durch Verschiebung zweier Doppelbindungen um je ein Ring-

$$\text{V)}\quad H_2C\left\langle\begin{array}{l} CH_2\cdot\overset{CH_3}{C}{=}CH\cdot CH_2\cdot CH_2\cdot\overset{CH_3}{C}{=}CH\cdot CH_2\cdot CH \\ CH_2\cdot \underset{CH_3}{C}{=}CH\cdot CH_2\cdot CH_2\cdot \underset{CH_3}{C}{=}CH\cdot CH_2\cdot CH_2 \end{array}\right\rangle C\cdot CH_3$$

glied entstehend — würde beim Ozon-Abbau 1 Mol. α,γ-Diacetyl-propan, 3 Mol. Lävulinaldehyd (bzw. -säure) und 1 Mol. Malondialdehyd $OCH \cdot CH_2 \cdot CHO$ ergeben. Das Isomere von der Formel VI — aus V durch Verschiebung noch einer weiteren Doppelbindung im Ring und

VI) 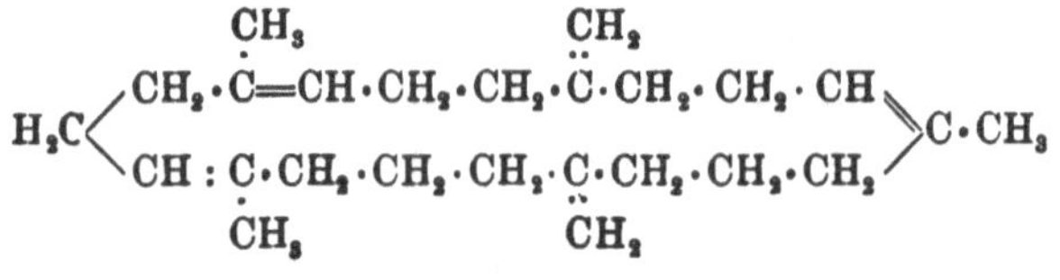

Wanderung zweier Doppelbindungen in Seitenketten sich ableitend — könnte nur 1 Mol. Lävulinaldehyd liefern, daneben aber 1 Mol. Hydrochelidonsäure $HO_2C \cdot CH_2 \cdot CH_2 \cdot CO \cdot CH_2 \cdot CH_2 \cdot CO_2H$, 1 Mol. Triketon $CH_3 \cdot CO \cdot CH_2 \cdot CH_2 \cdot CH_2 \cdot CO \cdot CH_2 \cdot CH_2 \cdot CH_2 \cdot CO \cdot CH_3$ und 2 Mol. Ameisensäure. Endlich kann man aus Formel VII die Bildung von 1 Mol. Tetraketon $CH_3 \cdot CO \cdot [CH_2]_3 \cdot CO \cdot [CH_2]_3 \cdot CO \cdot [CH_2]_3 \cdot CO \cdot CH_3$ neben 1 Mol. Lävulin-

VII) 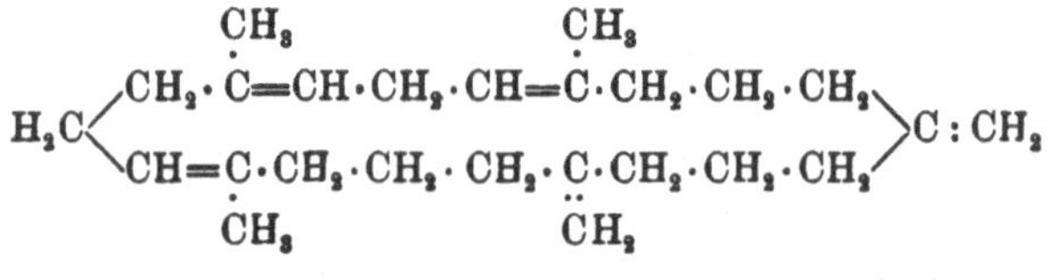

aldehyd, 1 Mol. Malondialdehyd und 2 Mol. Ameisensäure herleiten.

In den obigen Erörterungen ist die Bildung von Ameisensäure beim Abbau des α-Isokautschuks durch Abspaltung von außerhalb des Ringes stehenden (an Ringglieder doppelt gebundenen) Methylengruppen begründet. Aber die Ameisensäure bildet sich in so reichlicher Menge, daß für sie noch eine andere Quelle gesucht werden muß: Harries zieht hierfür den Malondialdehyd heran, der nach obigem unter den Abbauprodukten auftreten sollte, aber nicht gefunden worden ist; dieser Dialdehyd könnte z. B. in Form eines Peroxyds abgespalten werden, das sich mit Hydroperoxyd in folgender Weise zu Ameisensäure umsetzen könnte:

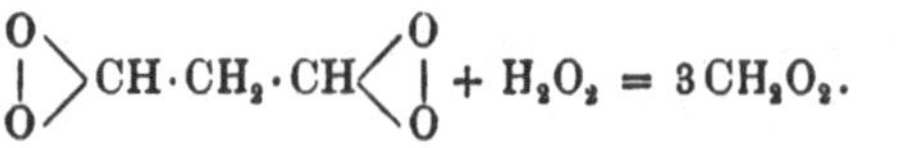 (E)

Die Formel IV (S. 101) läßt sich also mit allen bisher bekannt gewordenen Verwandlungen des Naturkautschuks vereinbaren. Trotzdem wird man in ihr keineswegs eine endgültige Lösung der Strukturfrage sehen, besonders, da die Molekulargröße des Kautschuk-Grundkohlenwasserstoffs noch fraglich ist; aber durch Einschaltung weiterer Teilstücke $=C(CH_3) \cdot CH_2 \cdot CH_2 \cdot CH=$ (vgl. S. 101) läßt sie sich auch höheren Molekularformeln anpassen. Jedenfalls haben die bedeutungsvollen Untersuchungen von Harries unseren Blick auf vorzugsweise zu beachtende Möglichkeiten der Struktur gelenkt und überhaupt erst die Grundlagen dafür geliefert, unter den für die Isopren-Kondensation bestehenden Möglichkeiten eine einschränkende Auswahl zu treffen (vgl. dazu S. 86).

Gewerbliche Gewinnung und Verarbeitung des Kautschuks.

Daß uns die „Rohkautschuke“ aus tropischen und subtropischen Ländern zugehen, wurde schon erwähnt (S. 87). Wir wollen nun die Quellen des Kautschuks kennen lernen und seine technische Verarbeitung verfolgen. Nur eine sehr beschränkte Schilderung ist im Rahmen dieses Lehrbuchs möglich; für eingehendere Beschreibung muß auf die Darlegungen verwiesen werden, die sich in Monographien und technischen Sammelwerken finden[1].

Die wichtigsten kautschukliefernden Pflanzen gehören der Familie der Euphorbiaceen an. Seit alten Zeiten wurde von Indianerstämmen Brasiliens und Guayanas aus der Hevea brasiliensis — einem dort wild wachsenden Baume von durchschnittlich 20—30 m Höhe — ein „caoutchouc“ genannter Stoff hergestellt, der zur Verfertigung von Gefäßen, Schuhen, Fackeln und Spielbällen diente; auf ihn lenkte CH. M. DE LA CONDAMINE 1736 in einem Reisebericht die Aufmerksamkeit europäischer Kreise. Noch heute nehmen die Hevea-Arten unter den Kautschukquellen eine hervorragende Stellung ein; sie liefern eine Sorte von besonders geschätzten Eigenschaften, die hauptsächlich von der brasilianischen Handelsstadt Parà aus verschifft wird und daher im Handel die Bezeichnung „Parakautschuk“ führt. Ebenfalls in Brasilien wird die Manihot Glaziovii zur Kautschuk-Gewinnung ausgebeutet. Neben den Hevea-Arten hat noch Bedeutung die in die Familie der Moraceen gehörige Ficus elastica, ein Baum, der bei uns als Zimmerschmuck bekannt ist, in Ostindien aber sich bis zu Höhen von 60 m entwickelt; aus der gleichen Familie ist noch die Castilloa elastica zu nennen, aus der man in Zentralamerika (besonders in Mexiko) Kautschuk gewinnt. Wichtige Kautschukbäume — Landolphia- und Funtumia-Arten (darunter besonders die Funtumia elastica oder Kickxia elastica), sämtlich in Afrika heimisch — enthält ferner die Familie der Apocynaceen.

Während es sich bei den genannten Kautschukquellen um baumartige Gewächse handelt, ist als strauchartige Pflanze noch eine im nordmexikanischen Bergland vorkommende, besonders kautschukreiche[2] Spezies der Korbblütler — Parthenium argentatum Gray — zu nennen; die aus ihr gewonnene Sorte führt den Handelsnamen „Guayule“.

---

[1] Vgl. z. B.: v. WIESNER, Die Rohstoffe des Pflanzenreichs, 3. Aufl., Bd. I (Leipzig u. Berlin 1914), S. 462 ff. — DITMAR, Die Technologie des Kautschuks (Wien u. Leipzig 1915). — GOTTLOB, Technologie der Kautschukwaren (Braunschweig 1915). — ALEXANDER im dritten Ergänzungsband zu MUSPRATTS enzyklopäd. Handb. d. techn. Chemie (Braunschweig 1917), S. 632 ff. — FRANK und GELLER in ULLMANNS Enzyklopädie d. techn. Chemie, Bd. VI (Berlin u. Wien 1919), S. 688 ff., 700 ff. — WOLF-CZAPEK, Der Kautschuk, 2. Aufl. (Berlin 1920). — FONROBERT in ABDERHALDENS Handbuch der biologischen Arbeitsmethoden, Abt. I, Tl. 10 (Berlin und Wien 1921), S. 1 ff.

[2] Vgl. ALEXANDER, B. **44**, 2320 (1911).

Ursprünglich ging man für die Kautschukgewinnung den wild wachsenden Pflanzen nach („Wildkautschuk"); auch heute noch hat diese Art der Kautschuksammlung Bedeutung. Aber seit dem letzten Viertel des letzten Jahrhunderts hat man — veranlaßt durch den immer steigenden Bedarf an Kautschuk — Versuche verfolgt, die kautschukliefernden Gewächse, hauptsächlich Hevea-Arten, in Pflanzungen anzubauen; diese anfänglich wenig erfolgreichen Bemühungen haben schließlich dazu geführt, daß der „Plantagenkautschuk" den „Wildkautschuk" überflügelt hat. Während noch 1907 neben ca. 68000 Tonnen Wildkautschuk nur 1000 Tonnen Plantagenkautschuk gewonnen wurden, ist für 1917 eine Erzeugung von rund 200000 Tonnen Plantagenkautschuk neben rund 50000 Tonnen Wildkautschuk verzeichnet (vgl. auch S. 113); besonders die malaiischen Länder, Niederländisch-Indien und Ceylon sind an der Kautschuk-Kultur beteiligt.

Die Anzapfung der Kautschukbäume zum Zweck der Sammlung ihres Milchsafts auf maschinellem Wege vorzunehmen, hat sich bisher nicht ermöglichen lassen. Immer noch ist man dafür auf Handarbeit angewiesen. Die Arbeitsweisen sind in den einzelnen Kautschukgebieten verschiedenartig und passen sich der Eigenart der Kautschukbäume an. In Zentralamerika z. B. schlägt man die Hevea mit einer kleinen Schlagaxt („Machadinka") an, biegt dann die Rinde nach oben und unten auseinander und schiebt unter den Einschnitt den Becher in die Rinde, in welchen die Milch langsam einfließt. Sowohl die Ausbeute an Milchsaft wie dessen Kautschukgehalt schwanken sehr stark bei den einzelnen Bäumen. Bei Hevea brasiliensis z. B., die in den malayischen Staaten kultiviert war, fand man als durchschnittliche Ausbeute eines Baumes pro Tag 7·12 g, als höchste ca. 42 g Milchsaft; dessen Kautschukgehalt 23—55 g in 100 ccm betrug[1]. In den Urwäldern Brasiliens werden die Einschnitte in gewissen Abständen zueinander jeden zweiten Tag während der Zapfperiode (Mai bis November) wiederholt. Sind die Einschnitte sorgfältig angebracht, so vernarben sie und sind bis zur Zapfperiode eines folgenden Jahres glatt überwachsen.

Für den aus einem Zwergbaum stammenden Guayule-Kautschuk (s. S. 103) ist die Gewinnung durch Anzapfung nicht möglich. Man reißt daher die ganze Pflanze meist mit der Wurzel aus, trocknet sie, wobei der in ihr enthaltene Milchsaft koaguliert, und unterwirft sie nach dem Vermahlen einer mechanischen Behandlung oder kocht mit mäßig konz. Kalilauge. Der Kautschuk tritt hierbei aus den Pflanzenzellen aus und vereinigt sich zu größeren Massen.

Die nächste Aufgabe, die am Ort der Gewinnung zu lösen ist, besteht in der Koagulation des Milchsafts[2]. Auch hierfür bestehen verschiedene Arbeitsweisen. Hervorgehoben sei das seit alters her in Brasilien verwendete Räucherungsverfahren, das eine besonders

---

[1] Whitby, C. 1920, II, 242.

[2] Zusammenfassende Behandlung vgl. Fonrobert in Abderhaldens Handbuch d. biologischen Arbeitsmethoden, Abt. I, Teil 10 (Berlin u. Wien 1921), S. 23—37.

geschätzte Ware liefert. Bei ihm taucht man in den zwecks Entfernung grober Verunreinigungen durch ein Sieb gegossenen Milchsaft einen keulenartigen Holzstab, den man dann in den Rauch eines durch Nüsse der Urukuri-Palme gespeisten Feuers hält. Indem der Milchsaft gerinnt und zugleich das Wasser entweicht, bildet sich auf dem Stab eine dünne Kautschukschicht. Durch wiederholtes Eintauchen und Räuchern wird diese Schicht immer dicker, bis endlich ein ansehnlicher Kautschukblock entstanden ist, den man aufschneidet, um den Stab von ihm loszulösen. Wirksam sind bei diesem Verfahren die im Rauch enthaltenen Säuren (namentlich Essigsäure) als Koagulationsmittel. Auch durch Zusatz von Chemikalien[1] bewirkt man die Koagulation; weiteste Verwendung findet hierfür besonders die Essigsäure. — Manche Milchsäfte (z. B. derjenige von Castilloa elastica) koagulieren auch schon durch Trocknung am Stamm.

Für die weitere Verarbeitung auf Gebrauchsgegenstände haben die Rohkautschuke[2] je nach ihrer Herkunft und Bereitung sehr verschiedenen Wert.

Über die Ursache des „Leimigwerdens“[3] — einer zuweilen beim Transport eintretenden Erscheinung, die darin besteht, daß das Material sich dunkel färbt, die Elastizität verliert und schmierige Beschaffenheit annimmt, — sind die Ansichten noch nicht geklärt.

Im Handel wie auch im allgemeinen Sprachgebrauch bezeichnet man die aus Kautschuk hergestellten Gegenstände meist als „Gummiwaren“, vielfach auch den Kautschuk selbst als „Gummi“ (Gummi elasticum). Diese Benennung ist vom Standpunkt des Chemikers aus bedauerlich, da man in wissenschaftlichem Sinne unter „Gummiarten“ nur solche Naturprodukte verstehen sollte, welche zu den Polysacchariden gehören oder ihnen chemisch nahestehen (vgl. Bd. I, Tl. II, S. 1038—1039).

Im täglichen Leben findet Rohkautschuk nur wenig Verwendung (z. B. in Form von Gummilösung). Für die weitaus meisten Gebrauchszwecke bedarf er einer Veränderung, die man als „Vulkanisation“ bezeichnet. Man bezweckt mit ihr besonders Verringerung der Plastizität, aber auch Erhöhung der Elastizität und der Dehnbarkeit, Beseitigung der Klebrigkeit und Verleihung größerer Widerstandsfähigkeit gegenüber Temperaturunterschieden, Lösungsmitteln und Chemikalien[4]. In der Praxis beruht die Vulkanisation bisher[5] entweder auf einer Behandlung mit Chlorschwefel

---

[1] Untersuchungen über verschiedene Koagulationsmittel: de Vries, C. **1920**, IV, 344.

[2] Über mikroskopische Struktur des Rohkautschuks vgl.: Schidrowitz, C. **1909**, I, 657. — v. Wiesner, Rohstoffe des Pflanzenreiches, 3. Aufl., Bd. I (Leipzig u. Berlin 1914), S. 537.

[3] Vgl. Ditmar, „Der Kautschuk“ (Berlin 1912), S. 48—51.

[4] Vgl. van Rossem, Kolloidchemische Beihefte **12**, 174 (1920).

[5] Ein in neuester Zeit vorgeschlagenes Verfahren beruht darauf, daß der Kautschuk zunächst den Dämpfen von Schwefeldioxyd, dann denen von Schwefel-

S_2Cl_2 in der Kälte (Kaltvulkanisation) oder mit Schwefel in der Wärme (Heißvulkanisation). Je nach dem Grade der Vulkanisation unterscheidet man schwach vulkanisierte Waren, welche weiche Beschaffenheit haben (Weichgummi) und nach beiden Verfahren hergestellt werden können, und stark vulkanisierte Waren von dunklerer (bis schwarzer) Farbe und harter (typisch fester) Beschaffenheit (Hartgummi oder Ebonit), für deren Herstellung nur die Heißvulkanisation in Betracht kommt.

Die Entdeckung der Heißvulkanisation schreibt man dem Amerikaner GOODYEAR (1839) zu; doch hat sich neuerdings ein Streit darüber erhoben[1], ob nicht der Engländer HANCOCK als ihr eigentlicher Entdecker zu betrachten ist. Das Verfahren der Kaltvulkanisation fand 1846 PARKES auf. Bis zur Entdeckung der Vulkanisation wurde Kautschuk nur in verhältnismäßig beschränkten Mengen für Radiergummi, wasserdichte Kleider u. dgl. verbraucht. Erst die Vulkanisation hat jenen mächtigen Aufschwung eingeleitet, der dazu führte, daß der Kautschuk immer mehr Verwendungsformen fand und uns heute für die verschiedensten Zwecke als unentbehrlich gilt.

Vor der Vulkanisation wird der Rohkautschuk zunächst einer mechanischen Reinigung unterworfen. Diese besteht darin, daß man ihn zwischen Walzen unter beständigem Zulauf von Wasser bearbeitet, wobei wasserlösliche, aus der Kautschukmilch stammende Beimengungen entfernt und grobe Einschlüsse (Sand, Rindenteile usw.) abgespült werden. Der gewaschene Kautschuk verläßt das Walzwerk in Form zusammenhängender „Felle". Bei manchen Plantagenkautschuk-Sorten wird diese Vorbereitung schon am Gewinnungsort vorgenommen; Wildkautschuke dagegen werden stets erst in den Fabriken gereinigt, in denen ihre Verarbeitung auf Kautschukwaren erfolgt.

Nachdem die gewaschenen Kautschukfelle getrocknet sind, stellt man für die *Heißvulkanisation* die „Mischung" her, indem man den Kautschuk mit den erforderlichen Zusätzen in der Wärme durch Walzwerke oder Knetmaschinen zusammenknetet. Nur für wenige Zwecke dient Schwefel allein als Zusatz. Meist werden noch „Füllstoffe" hinzugegeben, welche Bedeutung für die Hervorrufung der bei der fertigen Ware gewünschten mechanischen Eigenschaften besitzen, teils aber auch den Zweck der Verbilligung haben. Als anorganische Füllstoffe benutzt man z. B. Zinkoxyd, Kreide und Schwerspat. Als organische Füll-

---

wasserstoff ausgesetzt wird; vgl. darüber: PEACHEY, C. **1920**, IV, 183; **1921**, II, 132, 565. — PEACHEY, SKIPSEY, C. **1921**, II, 653. — DUBOSC, C. **1921**, IV, 46. — LE BLANC, KRÖGER, Z. El. Ch. **27**, 346, 357 (1921).

Vorschlag zur Verwendung von Wasserstoffpersulfiden als Vulkanisationsmittel: BLOCH, D.R.P. 219 525 (C. **1910**, I, 979).

[1] Vgl.: NUNN, C. **1920**, IV, 138 (vgl. C. **1920**, IV, 411); **1921**, II, 411; **1921**, IV, 45. — MOULTON, C. **1921**, II, 180. — PICKLES, C. **1921**, IV, 564.

stoffe spielen die sogenannten „Faktis" (Ölkautschuke, vgl. Bd. I, Tl. II, S. 146) eine hervorragende Rolle; man unterscheidet weißen Faktis, der meist aus Rüböl durch Behandlung mit Schwefelchlorür S_2Cl_2 bereitet wird, und braunen Faktis, den man aus Ricinusöl, sowie aus geblasenem Leinöl und vielen anderen fetten Ölen durch Erhitzen mit Schwefel gewinnt[1]. Andere Zusätze, wie Bleioxyd[2] und Magnesia, wirken nicht nur als Füllstoffe, sondern auch als Beschleuniger der Vulkanisation (vgl. weiteres S. 108). Endlich gibt man, falls man bestimmte Farben der Ware zu erzielen wünscht, Pigmente zur Mischung, z. B. Goldschwefel[3] für rote Waren.

Die „Mischung" wird nun geformt. Auf die maschinellen Vorrichtungen, die zur Formgebung dienen, kann hier nicht eingegangen werden. Sie sind natürlich außerordentlich mannigfaltig, da sie zur Herstellung der verschiedensten Gebrauchsgegenstände (Schläuche, Bälle, Wagenreifen usw.) dienen sollen. Hervorgehoben sei, daß es sich hierbei nicht nur um Erzeugnisse handelt, die ausschließlich aus der Kautschukmischung bestehen, sondern vielfach auch um solche mit Stoff-, Asbest- oder Metall-„Einlagen". Zur Herstellung imprägnierter Stoffe (für wasserdichte Kleidungsstücke, Ballonstoff usw.) verarbeitet man die Kautschukmischung mit Benzin oder Benzol zu einer dickbreiigen Masse, die in Streichmaschinen auf die Gewebe gebracht und zugleich durch Erwärmen von dem Lösungsmittel befreit wird.

Für die Vulkanisation werden die Gegenstände teils in Formen, teils auch in Talkum eingebettet („freie Vulkanisation") im „Vulkanisierkessel", meist durch strömenden Dampf von 3—4 Atm. (zuweilen auch von höherem Druck) erhitzt; auch mit Dampf geheizte „Vulkanisierpressen" finden für manche Zwecke Verwendung. Für Weichgummiwaren genügt ein verhältnismäßig geringer Schwefelgehalt der Mischung (ca. 5—10 %) und kurze Vulkanisationsdauer (etwa 1/2 bis 1 Stunde), während für Hartgummi höherer Schwefelgehalt (20—50 %) und längere Vulkanisation (4—10 Stunden) erforderlich sind.

In unbedeutendem Umfang wird die Vulkanisation im Schwefelbade ausgeführt, die darin besteht, daß man die ohne Zusatz von Schwefel hergestellten, geformten Gegenstände in geschmolzenen Schwefel taucht und in diesem Bade bewegt.

Es wurde S. 106 erwähnt, daß gewisse Metalloxyde, die man der Kautschukmischung zuzusetzen seit langer Zeit gewohnt ist, die Vulkanisation fördern. In neuerer Zeit hat man gefunden, daß viele organische Verbindungen — in geringer Menge zugesetzt — in hervorragendem Maße die Vulkanisation erleichtern, d. h. die Temperatur

[1] Für näheres vgl. Ditmar, Z. Ang. **27**, 537 (1914).

[2] Vgl.: E. Schulze, C. **1904**, II, 377. — Weber, C. **1905**, I, 906. — Esch, C. **1905**, II, 1646. — Seidl, C. **1911**, I, 1331. — Stevens, C. **1917**, I, 288.

[3] Zusatz von Antimonpentoxyd: Bayer u. Co., D.R.P. 326819 (C. **1921**, IV, 133).

herabzusetzen bzw. bei gegebener Temperatur die Dauer stark zu verkürzen gestatten. Namentlich bei Aminen und ihren Derivaten tritt diese Fähigkeit auf. Solche organischen Vulkanisationsbeschleuniger[1] sind bereits in die Technik eingedrungen. Genannt seien als Beispiele: Dimethylanilin und p-Nitroso-dimethylanilin, Diphenylharnstoff, Hexamethylentetramin, Aldehydammoniak und Piperidin.

Bei der Vulkanisation ohne Zusatz besonderer Beschleuniger spielen gewisse normale Bestandteile des Rohkautschuks eine wichtige Rolle als „natürliche Beschleuniger“. So wird ein vom stickstoffhaltigen „Unlöslichen“ (vgl. S. 88) befreiter Kautschuk erheblich langsamer vulkanisiert als gewöhnlicher Rohkautschuk. Als „aktives Prinzip“ scheint besonders ein in sehr geringer Menge vorkommender basischer (acetonlöslicher) Stoff ausschlaggebend zu sein, von welchem Parakautschuk mehr als andere Rohkautschuksorten enthält[2].

Einfacher als die Heißvulkanisation ist das Verfahren der *Kaltvulkanisation*[3]. Bei ihm taucht man die zu vulkanisierenden Gegenstände, die aus „Patentgummi“ zusammengefügt oder nach dem „Tauchverfahren“ hergestellt sind (s. u.), kurze Zeit (einige Sekunden oder Minuten) in eine $1^1/_2$—5 $^0/_0$ige Lösung von Chlorschwefel S_2Cl_2 in Schwefelkohlenstoff (oder auch anderen Lösungsmitteln[4]) ein, trocknet dann und beseitigt den überschüssigen Chlorschwefel durch Waschen mit wäßriger Alkalilauge oder durch Auskochen. Nur zur Herstellung dünnwandiger Weichgummi-Waren ist die Kaltvulkanisation anwendbar. Wesentliche Bedeutung besitzt sie für die Reparatur von Kautschukwaren (z. B. von Automobilschläuchen).

Zur Herstellung von Patentgummi preßt man gut gewaschenen und gewalzten Rohkautschuk (eventuell unter Zusatz von Füllstoffen) in Blöcke und schneidet diese bei niedriger Temperatur (meist – 5°) in Platten von 0·1—0·4 mm Stärke.

---

[1] Vgl.: Bayer u. Co., D.R.P. 265221 (C. **1913**, II, 1444), 266619 (C. **1913**, II, 1834), 280198 (C. **1914**, II, 1371), 316009 (C. **1920**, II, 243), 303984, 305667 (C. **1920**, IV, 412), 328610 (C. **1921**, II, 181). — Ostromysslenski, C. **1916**, I, 703, 911. — Spence, C. **1917**, I, 1169; **1919**, II, 429. — Peachey, C. **1917**, II, 839—840; **1918**, I, 1214; **1920**, II, 136. D.R.P. 323088 (C. **1920**, IV, 412), 328611 (C. **1921**, IV, 365). — Hutin, C. **1918**, I, 1213; **1920**, II, 136; **1921**, II, 364. — Twiss, C. **1918**, I, 1214. — Kratz, Flower, C. **1919**, IV, 460; **1921**, II, 1021. — Dubosc, C. **1919**, IV, 782—784; **1920**, II, 136, 243; **1920**, IV, 345, 718. — Stevens, C. **1919**, IV, 967, 1055; **1920**, II, 494; **1920**, IV, 717. — Gottlob, C. **1920**, II, 136. — Wo. Ostwald, C. **1920**, II, 137. — Cranor, C. **1920**, II, 406. — Wavelet, C. **1920**, II, 495. — Bedford, Scott, C. **1920**, II, 603. — Kratz, Flower, Coolidge, C. **1920**, IV, 139. — Twiss, Brazier, C. **1920**, IV, 411. — v. Hasselt, D.R.P. 325306 (C. **1920**, IV, 648). — Scott, C. **1921**, II, 133. — Twiss, Howson, C. **1921**, II, 564. — Le Blanc, Kröger, Z.El.Ch. **27**, 349 (1921).

[2] Vgl. hierüber: Beadle, Stevens, C. **1912**, II, 1409; **1913**, I, 1796. — Stevens, C. **1914**, I, 1902; **1917**, II, 817. — Eaton, Grantham, C. **1916**, I, 187; **1916**, II, 1087. — Spence, C. **1919**, II, 429. — Twiss, C. **1919**, II, 854.

[3] Vgl. Kindscher, Ch. Z. **45**, 189 (1921).

[4] Vorschlag zur Verwendung von nichtflüchtigen Lösungsmitteln: Boegel, D.R.P. 139829 (C. **1903**, I, 750).

Die aus Abschnitten solcher Platten zusammengesetzten Gegenstände werden dann kalt vulkanisiert.

Bei dem Tauchverfahren benutzt man Benzin-Lösungen von Kautschuk. Man taucht Formen in die Lösung, zieht sie heraus, trocknet sie und wiederholt dies so oft, bis sich eine Kautschukschicht von gewünschter Dicke gebildet hat, die nach der Kaltvulkanisation von der Form abgestreift wird.

Vielfach hat man sich in Versuchen und Betrachtungen[1] mit der Theorie der Vulkanisation beschäftigt, d. h. mit der Frage, welchen Grund die durch die Vulkanisation hervorgerufene Änderung der Kautschuk-Eigenschaften haben mag. Eine allgemein anerkannte Aufklärung ist indessen noch nicht erfolgt. Ursprünglich folgte man meist der von Weber aus seinen Versuchen abgeleiteten Ansicht, daß es sich bei der Vulkanisation um eine chemische Vereinigung des Schwefels (bzw. Chlorschwefels) mit dem Kautschuk handle. Konnte man auch dem heiß vulkanisierten Kautschuk einen großen Teil des Schwefels durch Lösungsmittel, wie Aceton, entziehen, so blieb doch ein Teil (ca. 2—4 %) hartnäckig zurückgehalten, und besonders der Umstand, daß dieser Teil, wie von Alexander und von Axelrod gezeigt wurde, sich in den aus vulkanisiertem Kautschuk hergestellten Derivaten (Nitrosat, Tetrabromid) wiederfindet, mußte eine rein chemische Deutung des Vulkanisationsvorgangs begünstigen. Im Gegensatz zu ihr gewann die zuerst von J. B. Höhn eingeführte physikalische Auffassung an Boden, welche namentlich Wolfgang Ostwald in dem Sinne befürwortete, daß es sich bei der Vulkanisation um einen durch die kolloide Natur des

[1] Vgl. z. B.: Weber, Z. Ang. **7**, 112, 142 (1894). — Henriques, Ch. Z. **18**, 701, 1155 (1894). — Ditmar, C. **1905**, II, 741; **1907**, I, 964. „Der Kautschuk" (Berlin 1912), S. 67—112. — Alexander, B. **40**, 1076 (1907). Z. Ang. **20**, 1359 (1907). Ch. Z. **34**, 790 (1910); **36**, 1289, 1340, 1358 (1912). C. **1912**, I, 1935. — H. Erdmann, A. **362**, 169 (1908). — Axelrod, C. **1908**, I, 176; **1910**, I, 1395. — Budde, C. **1909**, II, 64. — Stern, Z. El. Ch. **15**, 660 (1909). C. **1913**, I, 1473. — Wo. Ostwald, C. **1910**, I, 2091; **1910**, II, 927; **1912**, II, 1079. — Hinrichsen, Kindscher, C. **1910**, I, 2091; **1912**, I, 1935; **1912**, II, 1116; **1913**, I, 668; **1917**, II, 338. B. **46**, 1291 (1913). — Bysow, C. **1910**, II, 927, 1137. — Hinrichsen, C. **1911**, I, 1900; **1916**, I, 1283. Z. El. Ch. **17**, 812 (1911). — Spence, Scott, C. **1911**, II, 1281; **1912**, I, 1158. — Bary, Weydert, C. r. **153**, 676 (1911). — Bary, C. **1912**, II, 879. — Spence, C. **1912**, II, 1076; **1913**, I, 1797. — Spence, Young, Ch. Z. **36**, 1162 (1912). C. **1912**, II, 1078; **1914**, I, 2048. — Loewen, Z. Ang. **25**, 1553, 1611 (1912). C. **1913**, I, 1474; **1913**, II, 918. — Bernstein, C. **1913**, I, 668; **1913**, II, 1261. — Spence, Ward, C. **1913**, I, 1637. — Kirchhof, C. **1914**, I, 1831; **1920**, IV, 139. — Skellon, C. **1914**, I, 2049. — Heilbronner, Bernstein, C. r. **158**, 1343 (1914). — Harries, B. **49**, 1196 (1916). „Die Kautschukarten", S. 102—116. — Harries, Fonrobert, B. **49**, 1390 (1916). — van Rossem, C. **1918**, I, 786. — van Iterson jr., C. **1918**, I, 787. Kolloidchem. Beihefte **12**, 252 (1920). — Kratz, Flower, C. **1919**, IV, 740. — Dubosc, C. **1919**, IV, 784; **1920**, II, 139—140, 243. — Gaspari, Porritt, C. **1920**, IV, 17. — Stevens, C. **1920**, IV, 17. — Lewis, Mc Adams, C. **1920**, IV, 684. — Twiss, Thomas, C. **1921**, IV, 46. — Kindscher, Ch. Z. **45**, 189 (1921). — Le Blanc, Kröger, Z. El. Ch. **27**, 335 (1921).

Kautschuks bedingten Adsorptionsvorgang handle. Ihr hat sich für die „Primärvulkanisation", die man von der erst bei längerem Lagern in der Wärme oder beim Gebrauch eintretenden „Nachvulkanisation" unterscheidet, auch HARRIES auf Grund wichtiger Versuche angeschlossen. Er fand, daß frisch heißvulkanisierter Naturkautschuk durch sehr lange (30 bis 60 Tage) fortgesetzte Extraktion mit siedendem Aceton praktisch so gut wie vollständig von seinem Schwefelgehalt befreit werden kann, daß aber das „entschwefelte Vulkanisat" sich vom Naturkautschuk unterscheidet. Denn — abgesehen davon, daß es sich nicht wieder heiß vulkanisieren läßt — gibt es ein Bis-hydrochlorid $(C_{10}H_{18}Cl_2)_x$, das im Gegensatz zum Bis-hydrochlorid des Naturkautschuks in Chloroform vollkommen unlöslich ist; doch liegt — wie der Ozon-Abbau erkennen ließ — Strukturisomerie nicht vor. HARRIES deutet diese Befunde dahin, daß der Naturkautschuk die „metastabile" Form sei, welche durch die Vulkanisation in die „stabile" Form übergehe. — Das aus primärvulkanisiertem, in Chloroform aufgequollenem Kautschuk gewonnene Bis-hydrochlorid erwies sich ferner als schwefelfrei, während bei der gleichen Behandlung von Kautschuk, der Nachvulkanisation erlitten hatte, Schwefel in das Hydrochlorid überging. Mehrere Autoren — unter ihnen besonders HINRICHSEN und KINDSCHER, SPENCE und SCOTT — vertreten den Standpunkt, daß die Vulkanisation weder auf rein chemischer, noch auf rein physikalischer Grundlage zu erklären ist, daß vielmehr chemische Reaktionen und Adsorptionsvorgänge zusammenwirken. OSTROMYSSLENSKI[1] hat die bemerkenswerte Beobachtung gemacht, daß sich eine „Vulkanisation" des Kautschuks — d. h. die Verleihung derjenigen mechanischen Eigenschaften, die man an dem technisch vulkanisierten Kautschuk schätzt — ohne Schwefel bzw. schwefelhaltige Verbindungen erzielen läßt, z. B. durch 1.3.5-Trinitro-benzol und durch Benzoylperoxyd[2]. Nach ihm beginnt die Vulkanisation mit einem chemischen Vorgang, der zwar unentbehrlich ist, sich aber nur auf eine äußerst geringe Menge des Kautschuks erstreckt; zwischen der kleinen Menge des chemisch veränderten Kautschuks und dem chemisch unveränderten Kautschuk spielt sich dann ein physikalischer Vorgang (Adsorption oder Quellung) ab.

Die Erscheinung der sogenannten „Paraflecken", die zuweilen an der Oberfläche des Vulkanisats zu beobachten ist[3], beruht auf Ansammlungen von krystallisiertem Schwefel.

Inwieweit die physikalischen Eigenschaften des vulkanisierten Kautschuks von denjenigen des Rohkautschuks abweichen[4], hängt natürlich

[1] C. 1916, I, 774, 786, 787, 911, 954, 955. — Vgl. dazu: STEVENS, C. 1917, I, 1168. — BUNSCHOTEN, C. 1918, I, 893.

Vulkanisation durch Selen: BOGGS, C. 1919, II, 504.

[2] S. auch BAD. ANILIN- U. SODAF., D.R.P. 265325 (C. 1913, II, 1444).

[3] Vgl.: DITMAR, „Der Kautschuk" (Berlin 1912), S. 131—134. — RIMPEL, C. 1918, I, 892.

[4] Vgl. dazu: GOTTLOB, C. 1916, II, 1085. — DE VRIES, HELLENDOORN, C. 1919,

von dem Vulkanisationsgrad ab, aber auch von der Zeit, die nach der Vulkanisation verflossen ist (dem „Alter“ des Vulkanisats). Bei einem guten Vulkanisat muß die Eigenschaft des Rohkautschuks, einzelne Teile durch Druck zu zusammenhängenden Massen verkneten zu lassen, verloren sein. Die Löslichkeit in organischen Lösungsmitteln (wenigstens bei gewöhnlicher Temperatur) ist aufgehoben[1]. Vor allen Dingen verlangt man vom Weichgummi eine viel größere und über ein weiteres Temperaturgebiet sich erstreckende Elastizität, als sie der Rohkautschuk besitzt. Durch weitgehende Vulkanisation aber wird aus dem Kautschuk, der gewissermaßen zwischen festem und flüssigen Aggregatzustand steht, der typisch feste Hartgummi, an dem man besonders schätzt, daß er durch Schneidewerkzeuge bearbeitet werden kann, politurfähig ist, große Widerstandsfähigkeit gegen Alkalien und Säuren besitzt und sowohl Wärme wie Elektrizität sehr schlecht leitet.

Auf die *Prüfungsmethoden*, die in der Kautschuk-Industrie üblich sind, kann hier nur ganz kurz hingewiesen werden[2]. Sie sind teils physikalischer, teils chemischer Art. In physikalischer Richtung kommt bei vulkanisiertem Kautschuk — außer der Bestimmung des spezifischen Gewichts, die ein annäherndes Bild über die Beschwerung mit Füllstoffen gibt (Rohkautschuk[3] ist leichter als Wasser) — vor allem die Ermittelung der Dehnbarkeit und der Zerreißfestigkeit in Betracht, bei Rohkautschuk auch die Untersuchung der Quellungen bzw. Lösungen auf ihre Viscosität. — Die chemische Prüfung des Rohkautschuks richtet sich auf die Ermittelung des Waschverlustes und des Gehalts an „Nichtkautschukstoffen“, nämlich an acetonlöslichen Bestandteilen („Kautschukharzen“, vgl. S. 88), an eiweißartigen Stoffen und an Mineralstoffen; die Differenz zwischen der für diese „Nichtkautschukstoffe“ gefundenen Gesamtsumme und dem angewendeten gewaschenen und getrockneten Kautschuk betrachtet man als eigentliche Kautschuksubstanz („Differenzmethode“). — Weit verwickelter ist die hauptsächlich auf Arbeiten von HENRIQUES sich stützende, chemische Prüfung der vulkanisierten Kautschukprodukte, da hier noch der Schwefel und die mannigfachen Füllstoffe zu berücksichtigen sind. Insbesondere legt man Wert auf die Bestimmung des Gesamtschwefels und auf die Gewinnung von Unterlagen zur Beurteilung des Verhältnisses, nach dem sich der Schwefel in bezug auf die verschiedenen Arten seines Auftretens verteilt; man ermittelt daher den Schwefelgehalt gesondert im acetonlöslichen Anteil („freier Schwefel“), ferner in dem Anteil, der nach Extraktion mit Aceton dem nun verbliebenen Rückstand durch alkoholische Natronlauge entzogen wird („Faktisschwefel“), und endlich in den mineralischen Füllstoffen (mineralisch gebundener

---

II, 502. — STEVENS, C. **1919**, II, 504. — SCHIDROWITZ, GOLDSBROUGH, C. **1920**, II, 137, 695. — SEIDL, C. **1920**, IV, 182.

[1] Über Quellung von vulkanisiertem Kautschuk s. KIRCHHOF, C. **1914**, II, 963.

[2] Näheres vgl. in dem S. 103 (Fußnote 1) zitierten Artikel von ALEXANDER (S. 663—668), ferner: DITMAR, „Die Analyse des Kautschuks, der Guttapercha, Balata und ihrer Zusätze“ (Wien u. Leipzig 1909). — HINRICHSEN u. MEMMLER, „Der Kautschuk und seine Prüfung“ (Leipzig 1910). — FR. FRANK u. ED. MARCKWALD in LUNGE-BERLs chemisch-technischen Untersuchungsmethoden, 6. Aufl., Bd. III (Berlin 1911), S. 833 ff.

[3] Vgl.: v. WIESNER, „Die Rohstoffe des Pflanzenreichs“, 3. Aufl., Bd. I (Leipzig u. Berlin 1914), S. 507.

Schwefel). Die Differenz, die sich nach Abzug dieser drei Schwefelanteile vom Gesamtschwefel ergibt, bezeichnet man als „Vulkanisationsschwefel“. Die Menge des Vulkanisationsschwefels, die auf 100 Tle. Reinkautschuk kommt, nennt man „Vulkanisationskoeffizient“[1].

Auch für die direkte Bestimmung der Kautschuksubstanz sind Methoden vorgeschlagen worden, die aber auf Genauigkeit keinen Anspruch erheben können. Am meisten benutzt wurde die auf der Bildung des Tetrabromids (vgl. S. 92) beruhende Tetrabromid-Methode[2], die von BUDDE eingeführt worden ist. Die durch nitrose Gase sich bildenden Umwandlungsprodukte des Kautschuks sind von HARRIES, WEBER und besonders von ALEXANDER für quantitative Zwecke herangezogen worden (Nitrosit- und Nitrosat-Methoden[3]). Von MARQUIS und HEIM[4] wird empfohlen, den Niederschlag zur Wägung zu bringen, der entsteht, wenn man die Chloroform-Lösung des Kautschuks mit konz. Schwefelsäure schüttelt[5] und dann in Alkohol eingießt.

Über die vielseitige Verwendung des Kautschuks Angaben zu machen, erscheint fast überflüssig. Spielt sie doch so sehr in das tägliche Leben der Allgemeinheit und besonders in die Technik des chemischen Laboratoriums hinein, daß jedermann sich beim Nennen des Wortes „Kautschuk“ der verschiedensten Anwendungsformen erinnert. Einst wurde ein verhältnismäßig großer Teil des geernteten Kautschuks zum Auswischen von Bleistiftstrichen verwendet, woher die englische Bezeichnung „India rubber“ (rubber = Reiber) rührt. Aber wenn auch heute noch der „Radiergummi“ auf jedem Schreibtisch liegt, so ist doch der Verbrauch hierfür ganz zurückgetreten gegen die gewaltigen Mengen, welche für andere Zwecke dienen. Man denke nur an Pfropfen, Schläuche, Transportbänder, Dichtungsplatten und besonders an die Isolierung elektrischer Leitungen sowie die Bereifung der Fahrräder und Automobile,

---

[1] Vgl. neuerdings über den „wahren Vulkanisationskoeffizient“: KELLY, C. **1921**, II, 132.

[2] Vgl.: BUDDE, C. **1905**, II, 172; **1908**, I, 175, 774; **1908**, II, 451; **1909**, II, 1017; **1910**, I, 1389; **1911**, I, 513. — AXELROD, C. **1908**, I, 176; **1909**, II, 940. — FENDLER, KUHN, C. **1908**, I, 490, 1650. — HARRIES, RIMPEL, C. **1909**, II, 1084. — HÜBENER, C. **1909**, II, 1084; **1910**, I, 1461; **1911**, I, 431, 1328; **1912**, II, 762, 967. Ch. Z. **33**, 155 (1909); **34**, 1307, 1315 (1910); **35**, 113 (1911). — HINRICHSEN, Ch. Z. **33**, 735, 813, 928 (1909). — FENDLER, C. **1910**, I, 1559; **1911**, I, 514. — KORNECK, C. **1911**, I, 511, 515. — R. BECKER, C. **1911**, I, 515, 1327; **1912**, II, 966. — SPENCE, GALLETLY, SCOTT, C. **1911**, I, 1451. — HINRICHSEN, KINDSCHER, Ch. Z. **35**, 329 (1911); **36**, 217, 230 (1912). Z. a. Ch. **81**, 70 (1913). — UTZ, C. **1912**, I, 1797. Z. Ang. **32**, 235 (1919). — VAUBEL, C. **1913**, I, 1236. — KIRCHHOF, C. **1913**, I, 1467. — LEWIS, MC ADAMS, C. **1920**, IV, 684.

[3] Vgl.: HARRIES, B. **36**, 1939 (1903). C. **1911**, I, 515. „Die Kautschukarten“, S. 33—48. — WEBER, B. **36**, 3103 (1903). — FENDLER, C. **1904**, II, 266; **1911**, I, 514, 515. — ALEXANDER, C. **1904**, II, 365. B. **38**, 181 (1905); **40**, 1070 (1907). Z. Ang. **20**, 1359 (1907); **24**, 680 (1911). — KORNECK, C. **1911**, I, 512. — WESSON, C. **1913**, II, 545; **1914**, II, 850. — WESSON, E. S. KNORR, C. **1920**, IV, 345.

[4] Bl. [4] **13**, 862 (1913). — Vgl. dazu: PONTIO, C. **1914**, I, 2070. — UTZ, Z. Ang. **32**, 235 (1919).

[5] Vgl.: HARRIES, „Kautschukarten“, S. 6. — KIRCHHOF, C. **1921**, II, 565.

um sich ein Bild von der gewerblichen Bedeutung und heutigen Unentbehrlichkeit des Weichgummis zu machen. Den Hartgummi benutzen wir in Form von Kämmen, Federhaltern und vielen anderen Gegenständen des täglichen Gebrauchs; aber seine größte Bedeutung entfaltet er durch seine große Isolierfähigkeit in der Elektrotechnik, die ihn in Form von Akkumulatorkästen, Isolierplatten usw. verwendet.

Während 1836 — vor der Entdeckung der Vulkanisation — die Kautschuk-Erzeugung nur ca. 120 Tonnen betrug und ganz aus Brasilien gedeckt wurde, war sie 1919 auf etwa 300000 Tonnen gestiegen und entstammte Gewinnungsgebieten, welche sich auf drei Erdteile verteilen; für 1920 wird allein an Plantagenkautschuk eine Erzeugung von fast 360000 Tonnen angegeben. Schon für das Jahr 1912 wird der Wert des damals 90000 bis 100000 Tonnen betragenden Weltverbrauchs auf etwa eine Milliarde Mark geschätzt[1].

Ebenso allgemein bekannt, wie die Vorzüge des Kautschuks für die verschiedensten Gebrauchszwecke, ist aber die unerwünschte Eigenschaft des „Alterns“. Die Gegenstände aus Weichgummi, die man wegen der Geschmeidigkeit ihres Materials schätzt, werden beim längeren Liegen hart und steif, auch brüchig. Diese Erscheinungen haben ihren Grund teils in Veränderungen des kolloiden Zustands, teils in der Oxydation durch den Luftsauerstoff[2]. Man sucht ihnen durch zweckmäßige Aufbewahrung vorzubeugen[3]. Für Laboratoriumsgegenstände wird z. B. empfohlen, sie in hermetisch schließenden Glasgefäßen — eventuell unter Zusatz von etwas Petroleum — zu verwahren[4].

Aufgabe eines besonderen Industriezweigs[5] ist es, aus Kautschukprodukten, die durch mechanische Abnutzung gebrauchsunfähig geworden sind, den Kautschuk in solcher Form wiederzugewinnen, daß er aufs neue für die Herstellung von brauchbaren Waren benutzt werden kann. Die Verfahren, welche für die „Regeneration des Kautschuks“ angewendet werden, müssen der Art der zu verarbeitenden Abfälle und dem Zweck, dem das zu gewinnende „Regenerat“ dienen soll, angepaßt werden. Für gewebefreie Abfälle benutzt man reine „Plastizierungsverfahren“, indem man die vermahlenen Abfälle der Einwirkung von

[1] Vgl. dazu F. Hofmann, Z. Ang. **25**, 1466 (1912).

[2] Vgl. dazu: Ditmar, „Der Kautschuk“ (Berlin 1912), S. 135—136. — Kirchhof, C. **1913**, II, 1146. — Peachey, Leon, C. **1919**, I, 938.

[3] Vgl. Vorschriften der Militärlazarette für Konservierung von Gummiwaren, Ch. Z. **36**, 447 (1912). — S. ferner: Ritter, Ch. Z. **36**, 1172 (1912). — F. Grossmann, Ch. Z. **36**, 1173, 1441 (1912). — F. Ahrens, Ch. Z. **36**, 1280, 1441 (1912). — Himmelbauer u. Co., Ch. Z. **36**, 1441 (1912).

[4] Hempel, B. **15**, 914 (1882).

[5] Für näheres vgl.: Ditmar, „Der Kautschuk“ (Berlin 1912), S. 113—125. — Alexander in Ullmanns Enzyklopädie der technischen Chemie, Bd. VI (Berlin u. Wien 1919), S. 718—728. — S. ferner Alexander, Ch. I. **43**, 531, 543 (1920). — S. auch Dubosc, C. **1919**, IV, 1007.

Wärme und Druck unter Zusatz von Erweichungsmitteln unterwirft. Größere Bedeutung aber besitzt die Regeneration von gewebehaltigen Abfällen (früher namentlich von abgetragenen Gummischuhen, jetzt besonders von abgefahrenen Bereifungen der Kraftfahrzeuge). Man kann z. B. die Kautschuksubstanz von den Geweben trennen, indem man durch Erhitzen mit mäßig konz. Mineralsäuren den Gewebestoff (Baumwolle) zu wasserlöslichen Produkten hydrolysiert und den Rückstand durch Erhitzen mit Alkalilauge (zur Befreiung von Schwefel) regeneriert. Man kann aber auch umgekehrt durch Erhitzen unter Druck mit geeigneten Lösungsmitteln (z. B. Benzol und seine Homologen) den Kautschuk aus den Abfällen herauslösen.

Synthetische Kautschukarten[1].

Auf Grund der pyrogenen Bildung des Isoprens aus Naturkautschuk (vgl. S. 91—92) hat sich seit langer Zeit die Auffassung entwickelt, daß der Kautschuk nicht nur seiner empirischen Zusammensetzung nach ein Polymeres des Isoprens sei, daß vielmehr auch in seiner Struktur ein naher Zusammenhang mit diesem Kohlenwasserstoff C_5H_8 bestehe (vgl. S. 98 ff.). Daraus mußte man auf die Möglichkeit schließen, daß sich durch geeignete Polymerisations-Bedingungen Kautschuk aus Isopren aufbauen lassen würde. Da nun das charakteristische Strukturmerkmal des Isoprens $CH_2:C(CH_3)\cdot CH:CH_2$ ein konjugiertes System zweier Doppelbindungen ist, ließ dieser Gedankengang weiterhin die Möglichkeit voraussehen, aus Analogen des Isoprens — Butadien-(1.3) (Divinyl) C_4H_6, Piperylen C_5H_8 und höheren Homologen des Butadiens-(1.3) (vgl. Bd. I, Tl. I, S. 883—886) — Analoga des Naturkautschuks zu gewinnen, welche zu diesem teils im Verhältnis der Homologie, teils der Isomerie stehen sollten.

In beiderlei Richtung haben vortreffliche Untersuchungen in den Jahren 1909—1914 den gewünschten Erfolg erzielt. Die wichtigsten rühren von Harries, von Fritz Hofmann und Coutelle in den Farbenfabriken vorm. Bayer & Co., von Holt in der Badischen Anilin- und Sodafabrik und von Matthews und Strange in England her; auch Arbeiten russischer Chemiker — Kondakow (1900—1901), Lebedew (1910), Ostromysslenski (1912 ff.) — sind zu nennen.

---

[1] Zur Geschichte vgl.: Harries, Ch. Z. **34**, 315 (1910). Z. Ang. **25**, 1457 (1912); **33**, 226 (1920). A. **383**, 184 (1911); **385**, 116 (1911); **395**, 211 (1912). „Kautschukarten", S. 125 ff. — Kondakow, C. **1912**, I, 1718. „Der synthetische Kautschuk, seine Homologen und Analogen" (russisch), (Jurjew 1912). — W. H. Perkin jr., Journal of the Soc. of Chem. Ind. **31**, 616 (1912). — F. Hofmann, Z. Ang. **25**, 1462, 1858 (1912); **33**, 77 (1920). — Lebedew, C. **1914**, I, 1402. — Pond, Am. Soc. **36**, 165 (1914). — Delépine, Nekrolog auf Bouchardat, Bl. [4] **25**, 531 (1919).

Zwar lagen schon aus früherer Zeit einige Mitteilungen[1] vor, die auf die Bildung von Kautschuk aus Isopren hindeuteten. G. BOUCHARDAT hatte 1879 unter den Produkten, die beim Schütteln von Isopren mit starker Salzsäure entstehen, eine Masse beobachtet, welche die Elastizität und andere Eigenschaften des Kautschuks besaß und von ihm für Kautschuk gehalten wurde. TILDEN hatte 1882—1884 diesen Befund bestätigt, und WALLACH hatte 1887 mitgeteilt, daß Isopren unter der Einwirkung des Lichtes eine zähe, kautschukartige Masse liefert. Im Jahre 1892 hatte dann TILDEN berichtet, daß er Präparate von Isopren, die mehrere Jahre aufbewahrt worden waren, zu Sirupen verändert vorgefunden habe, in denen „Kautschuk" verteilt war; auch C. O. WEBER teilte 1894 mit, daß er aus einem Isopren-Präparat nach neunmonatigem Stehen reichlich „Kautschuk" erhalten habe[2]. Aber jene Beobachtungen über die Polymerisation durch Salzsäure konnten von späteren Autoren nicht bestätigt werden[3]; auch war es nicht gelungen[4], die Autopolymerisation zu beschleunigen oder überhaupt die Bedingungen anzugeben, unter denen sie zuverlässig gelingt. Vor allem aber ist erst durch die späteren Untersuchungen von HARRIES (1902 ff.) über den Ozon-Abbau (s. S. 95—96) die Möglichkeit gegeben worden, zu beurteilen, ob ein Erzeugnis, welches äußerlich dem Kautschuk gleicht, in chemischer Beziehung mit Naturkautschuk übereinstimmt bzw. sich wie ein Analoges des Naturkautschuks verhält.

Wie S. 95—96 berichtet wurde, liefern die Ozonide des Naturkautschuks (Parakautschuk) bei ihrer Spaltung mit Wasser als charakteristisches Produkt den Lävulinaldehyd $CH_3 \cdot CO \cdot CH_2 \cdot CH_2 \cdot CHO$. Bei Kautschukarten, welche durch Polymerisation von Butadien-(1.3) bzw. von 2.3-Dimethyl-butadien-(1.3) entstehen, hat man, wenn die durch Gleichung (B) (S. 100) für den Fall der Achtringbildung erläuterte und für die Bildung gliederreicherer Ringe leicht übertragbare (vgl. S. 101) Art des Aufbaues zugrunde gelegt wird, an Stelle des Lävulinaldehyds den Succindialdehyd $OHC \cdot CH_2 \cdot CH_2 \cdot CHO$ aus Butadien bzw. den β-Methyllävulinaldehyd $CH_3 \cdot CO \cdot CH(CH_3) \cdot CH_2 \cdot CHO$ aus Dimethylbutadien zu erwarten. Zieht man die Polymerisation im Sinne von Gleichung (C) (S. 100), die in diesen Fällen wegen der symmetrischen Struktur der Ausgangsstoffe mit (D) (S. 100) identisch wird, in Betracht, so sollte der hiernach aus Butadien gebildete Kautschuk wiederum den Succindialdehyd, derjenige aus Dimethylbutadien aber das Acetonylaceton

[1] Vgl.: BOUCHARDAT, C. r. **89**, 1117 (1879). — TILDEN, Ch. N. **46**, 120 (1882); **65**, 265 (1892); Soc. **45**, 415 (1884). — WALLACH, A. **238**, 88 (1887). — WEBER, Journ. of the Soc. of Chem. Ind. **13**, 11 (1894).

[2] S. ferner PICKLES, Soc. **97**, 1086 (1910).

[3] Vgl.: KLAGES, Z. Ang. **19**, 1330 (1906). — HARRIES, Ch. Z. **34**, 315 (1910). A. **395**, 218 (1913). — DIETERICH, C. **1913**, I, 667. — POND, Am. Soc. **36**, 177 (1914). — ASCHAN, B. **51**, 1307 (1918).

[4] TILDEN (1908); vgl. A. **383**, 185 (1911).

$CH_3 \cdot CO \cdot CH_2 \cdot CH_2 \cdot CO \cdot CH_3$ liefern. In jedem Falle also müßte der Ozon-Abbau zu 1.4-Dicarbonyl-Körpern führen, die dadurch ausgezeichnet sind, daß sie beim Kochen mit Ammoniak und Eisessig die „Pyrrolreaktion" geben (vgl. Bd. I, Tl. II, S. 818, 847). Nur solche kautschukartigen Polymerisationsprodukte der zur Divinyl-Reihe gehörigen Kohlenwasserstoffe, welche dieses Verhalten zeigen, bezeichnet HARRIES[1] als „normale künstliche Kautschukarten", während er diejenigen kautschukähnlichen Polymerisate, welche beim Ozon-Abbau keine durch die Pyrrol-Reaktion als 1.4-Dicarbonyl-Körper gekennzeichneten Bruchstücke liefern, „anomale künstliche Kautschukarten" nennt. Wie in der Art der Abbauprodukte, so zeigen sich Unterschiede zwischen „normalen" und „anomalen" Kautschukarten auch in der Zersetzungsgeschwindigkeit ihrer Ozonide[2].

Dieser wissenschaftlichen Unterscheidung stellt OSTROMYSSLENSKI[3] eine praktische gegenüber. Er bezeichnet als „normal" die Produkte, deren Elastizitätskonstanten — „Elastizitätstemperatur", „tote Temperatur", „Elastizitätsintervall" (S. 90) — gleich oder annähernd gleich denen des Naturkautschuks sind.

Die **Polymerisationsmethoden**, welche in den S. 117 hervorgehobenen neueren Untersuchungen ausgebildet sind, führen von den Kohlenwasserstoffen der Divinyl-Reihe teils zu normalen, teils zu anomalen Kautschukarten. Folgende Arbeitsweisen sind in erster Linie zu verzeichnen:

1. Wärmepolymerisation („Wärmekautschuke"). Das Jahr 1909 brachte den großen Erfolg, daß sichere und ergiebige Wege für die Polymerisation des Isoprens zu Kautschuk gefunden wurden[4]. FRITZ HOFMANN benutzte hierfür allein die Wärme. Er erhitzte Isopren in Autoklaven auf Temperaturen zwischen 90° und 250°; die Dauer des Erhitzens variierte je nach der angewendeten Temperatur zwischen 10—12 Stunden und mehreren Tagen. HARRIES hatte schon 1902 beim Erhitzen von Isopren auf 300° Beobachtungen gemacht, welche — wie

---

[1] Vgl.: A. **383**, 189 (1911). Z. Ang. **25**, 1459 (1912). „Kautschukarten", S. 168, 214. C. **1920**, II, 143.

[2] Vgl. HARRIES, Z. Ang. **25**, 1459 (1912). A. **395**, 223 ff. (1913).

[3] C. **1916**, I, 701.

[4] Vgl.: HARRIES, B. **35**, 3259, 3265 (1902). Ch. Z. **34**, 315 (1910). A. **383**, 186, 190 (1911). Z. Ang. **25**, 1457 (1912); **33**, 226 (1920). „Kautschukarten", S. 127 ff. — F. HOFMANN, Z. Ang. **25**, 1465, 1858 (1912); **33**, 77 (1920). — BAYER & Co., D.R.P. 250690 (C. **1912**, II, 1172), 254672 (C. **1913**, I, 361), 255679 (C. **1913**, I, 482). — POND, Am. Soc. **36**, 188 (1914).

Über Beschleunigung der Polymerisation durch Zusätze (Schwefel, Ozonide von Terpenen, kolloidale Metalle) vgl. z. B. BAD. ANILIN- U. SODAF., D.R.P. 251370 (C. **1912**, II, 1247); 255786 (C. **1913**, I, 577). — BAYER & Co., D.R.P. 248399 (C. **1912**, II, 219); 254548 (C. **1913**, I, 361); 264959 (C. **1913**, II, 1352). — HOLT, Z. Ang. **27**, 156 (1914). — v. EULER, D.R.P. 301088 (C. **1917**, II, 667).

Polymerisation durch hohen Druck bei Zimmertemperatur: TRAUNS Forschungslaboratorium, D.R.P. 329593 (C. **1921**, II, 413).

er mittels des „Nitrosits c" (S. 94) erkannte — auf die Bildung von Kautschuk hindeuteten; er fand nun Ende 1909 ein praktisches Verfahren im mehrtägigen Erhitzen mit Eisessig (etwa dem gleichen Volum) auf etwas über 100°.

2. Polymerisation durch Natrium („Natriumkautschuke"). Während die Wärmepolymerisation langsam verläuft und neben Kautschuk terpenartige Polymerisationsprodukte ergibt, läßt sich — wie unabhängig voneinander 1910 MATTHEWS und STRANGE in England, HARRIES in Deutschland fanden — durch Alkalimetalle bei gewöhnlicher Temperatur eine rasche und fast quantitative Umwandlung der Butadien-Kohlenwasserstoffe in kautschukartige Stoffe bewirken[1], von denen HARRIES nachwies, daß sie in chemischer Beziehung von den normalen Kautschukarten verschieden sind.

3. Polymerisation durch Kohlendioxyd und Natrium („Kohlensäure-Kautschuke"). Läßt man Natrium in Gegenwart von Kohlendioxyd auf die Kohlenwasserstoffe der Divinyl-Reihe wirken, so erfolgt ebenfalls bei gewöhnlicher Temperatur — wenn auch nicht so rasch, wie bei der Einwirkung des Natriums allein — Polymerisation zu Kautschuken. Aber sowohl die Erscheinungen, unter denen diese Umwandlung verläuft, wie die Eigenschaften der Produkte weichen wesentlich von denen bei der ausschließlichen Natrium-Polymerisation ab. Das Natrium schwillt, wenn es zugleich mit Kohlendioxyd angewendet wird, unter Schwarzfärbung stark an, und am Schluß ist der gesamte Kohlenwasserstoff in eine voluminöse schwarze Masse verwandelt. Aus dieser gewinnt man nun durch Zersetzung mit Wasser oder Alkohol ein rein weißes Kautschukpräparat, das sich von den Produkten der Wärme- und der Natrium-Polymerisation wesentlich durch Unlöslichkeit und Unquellbarkeit in Benzol unterscheidet. Das Verfahren[2] ist von HOLT 1912 aufgefunden worden.

Im folgenden sollen nun die wichtigsten Angaben über die **einzelnen künstlichen Kautschuke,** geordnet nach den Ausgangsstoffen, kurz zusammengestellt werden.

Butadien-Kautschuke[3] $(C_4H_6)_x$. Die Kautschuke aus Butadien-(1.3) $CH_2:CH\cdot CH:CH_2$ (vgl. Bd. I, Tl. I, S. 883—885) ziehen die Aufmerk-

[1] Vgl.: HARRIES, A. **383**, 188 (1911); **395**, 220 (1913). Z. Ang. **25**, 1458 (1912). — MATTHEWS, STRANGE, D.R.P. 249868 (C. **1912**, II, 564). — PERKIN JR., Journ. of the Soc. of Chem. Ind. **31**, 619 (1912). — HOLT, Z. Ang. **27**, 156 (1914). — BAYER & Co., D.R.P. 280959 (C. **1915**, I, 183). — BAD. ANILIN- U. SODAF., D.R.P. 281966 (C. **1915**, I, 410).

[2] Vgl.: HOLT, Z. Ang. **27**, 156 (1914). — BAD. ANILIN- U. SODAF., D.R.P. 287787 (C. **1915**, II, 936); 294816, 294817, 294818 (C. **1917**, II, 440—441); 296787 (C. **1918**, I, 502); 329676 (C. **1921**, II, 413); 333496 (C. **1921**, II, 877).

[3] Vgl.: LEBEDEW, C. **1910**, II, 1744; **1914**, I, 1404. — HARRIES, A. **383**, 205, 213 (1911); **395**, 229, 241, 259 (1913). „Kautschukarten", S. 193, 214. — BAYER & Co., D.R.P. 235423 (C. **1911**, II, 175); 255129 (C. **1913**, I, 362); 258151 (C. **1913**, I, 1483).

samkeit dadurch auf sich, daß sie, da in dem Ausgangs-Kohlenwasserstoff nur die für Bildung eines konjugierten Doppelbindungs-Systems eben ausreichende Zahl von C-Atomen vorhanden ist, als Prototypen der gesamten Kautschukgruppe gelten können. Die Wärmepolymerisation erfordert bei 105° etwa 4 Wochen und führt zu einem Produkt, das durch Lösen in Tetrachlorkohlenstoff und Wiederfällen mit Alkohol gereinigt werden kann und dann eine gelbliche, zähe Masse darstellt. Dieses gehört zu den „normalen" Kautschuken, da sein „Diozonid" $C_8H_{12}O_6$ bei der Zersetzung mit Wasser den Succindialdehyd liefert. Der Wärmekautschuk ist elastisch und vulkanisierbar. Auch dem Natrium-Kautschuk kommen diese Eigenschaften zu; aber bei der Ozon-Behandlung verhält er sich durchaus verschieden. Die Spaltungsgeschwindigkeit seiner Ozonide ist viel größer, so groß, daß sie sich durch eine Kurve kaum wiedergeben läßt. Unter den Produkten der Spaltung ließ sich Succindialdehyd nicht, wohl aber deutlich Glyoxal nachweisen. Der Kohlensäure-Kautschuk ist nur mäßig elastisch und nicht vulkanisierbar; über seinen Ozon-Abbau liegen keine Angaben vor.

Piperylen-Kautschuke[1] $(C_5H_8)_x$. Genauer untersucht wurde nur der durch Wärmepolarisation aus dem Piperylen (Bd. I, Tl. I, S. 885—886) entstehende Kautschuk. Er ist elastisch und ähnelt dem Isoprenkautschuk auch im Verhalten gegen nitrose Gase, unterscheidet sich aber von ihm dadurch, daß die Ozonidspaltung langsamer verläuft und nicht zum Lävulinaldehyd, sondern anscheinend zum Methylsuccindialdehyd $HOC \cdot CH(CH_3) \cdot CH_2 \cdot CHO$ führt.

Isopren-Kautschuke[2] $(C_5H_8)_x$. Die Polymerisation des Isoprens (vgl. S. 114—115) bietet ein besonderes Interesse im Hinblick auf die Frage, ob sie so geleitet werden kann, daß sie zu dem Naturkautschuk führt. In der Tat stimmt der aus möglichst reinem Isopren hergestellte Wärmekautschuk — ein fast farbloses, elastisches, vulkanisierbares Produkt —

— Lebedew, Skawronskaja, C. **1912**, I, 1440. — Gesellsch. f. Teerverwertung, D.R.P. 248178 (C. **1912**, II, 219). — Holt, Z. Ang. **27**, 157 (1914). — Ostromysslenski, C. **1916**, I, 702, 1028.

Einen eigenartigen Weg zur Gewinnung eines „Butadien-Kautschuks" schlug Ostromysslenski (C. **1912**, I, 1980, 1982; **1916**, I, 1027, 1068. — S. auch Ostromysslenski u. Gesellsch. „Bogatyr", D.R.P. 264123 [C. **1913**, II, 1187]) ein. Er benutzt das Polymerisationsprodukt des Vinylbromids $CH_2:CHBr$, das er „Kauprenbromid" nennt, und das aus mehreren Modifikationen besteht. In einer Fraktion dieses polymeren Produktes ersetzt er das Brom durch Wasserstoff, indem er ihre Lösung in Brombenzol mit Zinkstaub in Alkohol erhitzt. — S. dagegen Harries, A. **395**, 216 (1913). „Kautschukarten", S. 137.

[1] Harries, A. **395**, 227, 244, 253 (1913). „Kautschukarten", S. 207, 223.

[2] Vgl.: Harries, A. **383**, 190, 217 (1911); **395**, 224, 234, 236, 265—266. B. **46**, 737, 738, 742 (1913); **47**, 573 (1914); **48**, 863 (1915). „Kautschukarten", S. 170, 216. C. **1920**, II, 143. — Steimmig, B. **47**, 350, 852 (1914). — Kyriakides, Am. Soc. **36**, 1000 (1914). — Lebedew, C. **1914**, I, 1406. — Holt, Z. Ang. **27**, 156 (1914). — S. ferner die Zitate in den Fußnoten 1 auf S. 114 bis 4 auf S. 115, 4 auf S. 116 bis 2 auf S. 117.

in seinem chemischen Verhalten fast vollständig mit dem natürlichen, gereinigten Kautschuk überein. Die Spaltung des Ozonids verläuft mit der gleichen Geschwindigkeit und ergibt Lävulinaldehyd und Lävulinsäure in annähernd den gleichen Mengen, wie der Naturkautschuk. Freilich erhält man etwas Acetonylaceton $CH_3 \cdot CO \cdot CH_2 \cdot CH_2 \cdot CO \cdot CH_3$ und Bernsteinsäure als Nebenprodukte, deren Bildung man durch Beimengung eines strukturisomeren, gleichfalls vom Isopren sich ableitenden Kautschuks erklären könnte (vgl. S. 100); da aber der Betrag dieser Nebenprodukte um so mehr sinkt, je reiner das angewandte Isopren ist, so erscheint die Folgerung berechtigt, daß sie gar nicht auftreten würden, wenn absolut reines Isopren der Polymerisation unterworfen würde. Der Kohlensäure-Kautschuk liefert bei der Ozonspaltung dieselben Produkte wie der Wärmekautschuk. Der Natrium-Kautschuk dagegen, der sich übrigens erheblich langsamer bildet, als der Natrium-Kautschuk aus Butadien, ergibt beim Ozon-Abbau Lävulinaldehyd nur in ganz kleiner Menge, während die Hauptprodukte der Spaltung — anscheinend hochmolekulare Stoffe — noch nicht charakterisiert werden konnten; auch verläuft die Ozonidspaltung langsamer als beim Wärmekautschuk und Naturkautschuk.

Nach Ostromysslenski[1] tritt bei der Polymerisation des Isoprens zu Kautschuk als Zwischenstufe ein dimeres Produkt $C_{10}H_{16}$ auf, dem er den Namen *β*-Myrcen[2] und die Struktur $CH_2{:}C(CH_3) \cdot CH_2 \cdot CH_2 \cdot CH{:}C(CH_3) \cdot CH{:}CH_2$ (vgl. Gleichung (A) auf S. 99) zuerteilt. Dieses liefert beim fünftägigen Schütteln mit Natrium und etwas Bariumsuperoxyd in gelinder Wärme einen Kautschuk, der in den Elastizitäts-Konstanten (vgl. S. 90, 116) mit dem Naturkautschuk identisch ist, während der aus Isopren allein oder aus einem Gemisch von 90 % Isopren und 10 % *β*-Myrcen in gleicher Weise hergestellte Kautschuk in seinen Elastizitäts-Konstanten abnorm ist.

Dimethylbutadien-Kautschuke[3] $(C_6H_{10})_x$. Aus dem 2.3-Dimethylbutadien-(1.3) (vgl. Bd. I, Tl. I, S. 887—888) hatte Kondakow schon in den Jahren 1900—1901 Polymerisationsprodukte erhalten, welche in ihren äußeren Eigenschaften an Kautschuk erinnern; ein solches Präparat wurde durch mehrmonatiges Stehen im zerstreuten Licht, ein anderes durch Erwärmen mit alkoholischer Kalilauge erhalten. Die späteren Untersuchungen von Harries haben gezeigt, daß weder das bei längerem Aufbewahren entstehende, in Solvenzien praktisch unlösliche Produkt,

---

[1] C. **1916**, I, 974, 1136. — Ostromysslenski, Koschelew, C. **1916**, I, 1068.

[2] Über Versuche, von natürlichem Myrcen zum Kautschuk zu gelangen vgl. Harries, B. **35**, 3259, 3264 (1902).

[3] Vgl.: Kondakow, J. pr. [2] **62**, 176 (1900); [2] **64**, 109 (1901). — Richard, C. r. **153**, 116 (1911). — Harries, A. **383**, 210, 221 (1911); **395**, 215, 264 (1913). B. **46**, 739 (1913). „Kautschukarten“, S. 137, 199, 221. C. **1920**, II, 143. — F. Hofmann, Z. Ang. **25**, 1465. — Bayer & Co., D.R.P. 250335 (C. **1912**, II, 1171); 250920 (C. **1912**, II, 1172); 254371 (C. **1913**, I, 200); 254868 (C. **1913**, I, 362); 255680 (C. **1913**, I, 482); 256413 (C. **1913**, I, 976); 266618 (C. **1913**, II, 1834). — Lebedew, C. **1914**, I, 1404. — Holt, Z. Ang. **27**, 156 (1914). — Hübener, C. **1920**, II, 143. — Pohle, C. **1920**, IV, 683.

mit dem nach Holt das durch die Natrium-Kohlendioxyd-Methode entstehende identisch zu sein scheint, noch das daraus durch Stehen an der Luft sich bildende, harzartige, leicht lösliche Produkt als normale Kautschuke angesehen werden können, da sie bei der Ozonspaltung das Acetonylaceton (vgl. dazu S. 115) zwar ergeben, aber nur in einer Ausbeute von höchstens 40—50 %; das durch alkoholische Kalilauge gewinnbare Produkt aber kann schon wegen seiner Löslichkeit in Alkohol nicht als ein Kautschuk angesprochen werden. Dagegen führt die Wärmepolymerisation des Dimethylbutadiens zu einem Kautschuk, welcher dem entsprechenden Isopren-Kautschuk nicht nur äußerlich ähnelt, sondern auch bei der Ozonspaltung fast quantitativ Acetonylaceton liefert und demgemäß den normalen Dimethylbutadien-Kautschuk darstellt; er ist vulkanisierbar, aber nur zu Hartgummi. Durch Natrium allein entsteht ein nicht vulkanisierbares Produkt, dessen in Äther löslicher und daraus durch Alkohol fällbarer Anteil beim Ozon-Abbau nur wenig Acetonylaceton ergibt.

Die kurze, im voranstehenden enthaltene Übersicht zeigt, daß man berechtigt ist, die Synthese des Naturkautschuks und mehrerer Analogen als gelöst zu betrachten. Die Untersuchungen, die zu diesem Erfolg geführt haben, hatten aber natürlich nicht nur die wissenschaftliche Seite des Problems im Auge. Man dachte vielmehr — ermutigt durch die technischen Großtaten der Farbstoffsynthese (Alizarin, Indigo) — an die Möglichkeit, für die Gewerbe den natürlichen Kautschuk entbehrlich zu machen und durch künstlichen zu ersetzen. Wie gewaltig die wirtschaftliche Bedeutung dieser Aufgabe ist, erhellt aus dem Wert der Welterzeugung an Kautschuk, der schon 1912 mit etwa einer Milliarde Mark den Umsatz der deutschen Teerfarbenindustrie (ca. 500 Millionen Mark) weit übertraf. Vorbedingung eines technischen Gelingens war natürlich die Möglichkeit, die zur Synthese nötigen Ausgangs-Kohlenwasserstoffe der Butadien-Reihe auf billigen Wegen aus Rohstoffen herstellen zu können, die in außerordentlichen Massen zur Verfügung stehen. Hand in Hand mit der Ausbildung der Polymerisations-Bedingungen gingen daher die Bemühungen, vorteilhafte Verfahren zur Gewinnung der Butadien-Kohlenwasserstoffe auszuarbeiten. Man fand solche, wobei man als Rohstoffe besonders die Stärke, den Steinkohlenteer und das Erdöl in Betracht zog. Auf diese Verfahren hier in Ergänzung des Bd. I, Tl. I, S. 884—888 Mitgeteilten näher einzugehen, liegt indessen kein Anlaß vor[1]. Denn heute muß das Ziel als aufgegeben bezeichnet werden. Bestimmend war dafür die überraschende Preissenkung, welche der Kautschuk infolge der gewaltigen Zunahme des Anbaues in Plantagen (vgl. S. 103, 113) erlitt. Gerade in jenem Zeitraum, in welchem

[1] Übersichten: Ditmar, „Die Synthese des Kautschuks" (Dresden u. Leipzig), S. 33 ff. — Holt, Z. Ang. **27**, 153 (1914). — Ostromysslenski, C. **1916**, I, 780. — Ostromysslenski, Kielbasinski, C. **1916**, I, 875. — Harries, „Kautschukarten", S. 142 ff.

die Grundlagen für technisch ausführbare Synthesen gefunden wurden, erreichte der Weltmarktpreis des Naturkautschuks einen solchen Tiefstand (pro Kilo im Jahre 1914 für Parakautschuk 5 Mark, gegenüber 28 Mark im Jahre 1910), daß es aussichtslos erschien, ihn mit einem synthetischen Erzeugnis zu unterbieten.

Und doch ist es zeitweise zur fabrikmäßigen Herstellung von künstlichem Kautschuk gekommen. Der Weltkrieg brach aus, und Deutschland wurde damit die Zufuhr an Naturkautschuk abgeschnitten; die Vorräte wurden immer kleiner, die „Regenerate“ (vgl. S. 113) durch wiederholte Benutzung des Altgummis immer schlechter. Da griff man in der Not auf die Möglichkeit, künstlichen Kautschuk herzustellen, zurück. Die Farbenfabriken vorm. Bayer & Co. und die Badische Anilin- u. Sodafabrik fabrizierten erhebliche Mengen von Dimethylbutadien-Kautschuken („Methylkautschuken“); das dafür erforderliche Dimethylbutadien wurde aus Aceton gewonnen, indem man das Aceton durch amalgamiertes Aluminium in Pinakon überführte und aus dem Pinakon dann Wasser abspaltete[1]. Die künstlichen Kautschuke fanden vielfache Verwendung[2]; wichtig wurde besonders der aus ihnen herstellbare Hartgummi, der sich als vortreffliches Material für Herstellung von Akkumulatorkästen bewährte.

Wenn auch die Fabrikation nach Beendigung des Krieges wieder eingestellt worden ist und gegenwärtig ein Überfluß an billigem Naturkautschuk besteht, so braucht man deshalb die technische Synthese doch nicht als aussichtslos für normale Zeiten zu betrachten[3]. Besteht doch nunmehr die Möglichkeit, „Kautschuke“ in den verschiedensten Variationen herzustellen; und unter ihnen könnten sich solche finden, welche dem natürlichen Kautschuk für besondere Zwecke überlegen und daher zu höherem Preise verkäuflich wären.

Siebentes Kapitel.

Guttapercha und Balata.

Während wir für den natürlichen Kautschuk Vertreter verschiedener Pflanzenfamilien als Quellen anführen konnten (vgl. S. 103—104), ist die ihm chemisch sehr nahe stehende, technisch gleichfalls hochgeschätzte **Guttapercha**[4] bisher nur in den Milchsäften einiger Sapotaceen auf-

---

[1] Vgl. Duisberg, Z. El. Ch. **24**, 369 (1918).

[2] Vgl. Fonrobert, C. **1920**, II, 138—139.

[3] Vgl. Harries, „Kautschukarten“, S. 249 ff. — S. auch Wo. Ostwald, „Die Welt der vernachlässigten Dimensionen“, 2. Aufl. (Dresden u. Leipzig), S. 176.

[4] Vgl. Payen, J. **1852**, 643; **1859**, 519. — Oudemans, J. **1859**, 518. — v. Baumhauer, J. **1859**, 519. — A. W. Hofmann, A. **115**, 297 (1860). C. G. Williams,

gefunden worden. Gewonnen wird sie heute insbesondere aus Palaquium oblongifolium, einem im Gebiete des malaiischen Archipels wild wachsenden Baume, den man auch in Pflanzungen anzubauen begonnen hat, um der durch Raubbau drohenden Vernichtung seiner Bestände entgegenzuwirken. Die Malaien benutzten die Guttapercha seit langer Zeit zur Herstellung von Messergriffen, Waffen, Axtstielen u. dgl. Nach Europa kam die erste Probe 1656 durch einen englischen Reisenden; doch schenkte man ihr wenig Beachtung. Zu hoher gewerblicher Bedeutung gelangte die Guttapercha erst seit der Mitte des 19. Jahrhunderts, nachdem WERNER SIEMENS 1847 ihre hervorragende Eignung für die Isolierung elektrischer Kabel erkannt hatte.

Der Milchsaft wird nicht, wie bei der Kautschukgewinnung (vgl. S. 104), den lebenden Bäumen entnommen. Vielmehr fällen die malaiischen Sammler die Guttaperchabäume und versehen sie dann mit Einschnitten. Der ausfließende Milchsaft gerinnt meist rasch; der geronnene Saft wird mit Wasser ausgekocht, durch Kneten von mechanischen Beimengungen befreit und kommt dann als rohe Guttapercha („Getah") zur Verschiffung. Auch den Blättern und Zweigen der Bäume kann Guttapercha entzogen werden[1] — ein Verfahren, welches das Leben der Bäume schont.

Die rohe Guttapercha ist eine gelbbraune, harte Masse. Vom Kautschuk unterscheidet sie sich dadurch, daß sie sich leicht schneiden läßt und viel weniger elastisch ist. Durch Eintauchen in heißes Wasser wird sie weich und bildsam, bei gewöhnlicher Temperatur wieder hart. Sie ist im wesentlichen ein Gemisch des Guttapercha-Kohlenwasserstoffs mit Harzen. Das Verhältnis zwischen diesen beiden Gemengteilen schwankt sehr; gute Sorten enthalten ca. 75% Kohlenwasserstoff, während bei minderwertigen der Gehalt bis unter 30% geht.

Die Bestandteile der Harze sind teils schon in kaltem Alkohol löslich („Fluavile"), teils erst in siedendem („Albane", vgl. dazu S. 153), teils in Alkohol unlöslich („Albanane"). Die Fluavile sind gelbe, amorphe, wahrscheinlich uneinheitliche[2] Stoffe, die Albane und Albanane weiß und krystallisierbar.

J. **1830**, 494. — ADRIANI, J. **1860**, 496. — W. A. MILLER, J. **1865**, 576. — BERTHELOT, Bl. [2] **11**, 34 (1869). — RAMSAY, CHICK, COLLINGRIDGE, C. **1903**, I, 83. — TSCHIRCH, Ar. **241**, 481 (1903). — HARRIES, B. **36**, 1938 (1903); **38**, 3985 (1905); **46**, 735, 739, 742 (1913). Z. Ang. **25**, 1462 (1912). A. **395**, 225, 236 (1913). — SHERMAN, C. **1904**, I, 1647. — TSCHIRCH, O. MÜLLER, Ar. **243**, 114, 133 (1905). — CASPARI, C. **1906**, I, 560. — JUNGFLEISCH, LEROUX, Bl. [4] **1**, 327 (1907). — PONTIO, Bl. [4] **5**, 440 (1909). — DITMAR, C. **1912**, II, 971; **1913**, I, 1473. — HILLEN, Ar. **251**, 109 (1913). — LICHTENBERG, A. **406**, 228 (1914). Zusammenfassende Darstellungen: OBACH, „Die Guttapercha" (Dresden-Blasewitz 1899). — TSCHIRCH, „Die Harze und die Harzbehälter" (Leipzig 1906), S. 893ff. — DITMAR, „Die Analyse des Kautschuks, der Guttapercha, Balata und ihrer Zusätze" (Wien und Leipzig 1909), S. 69—78, 231 bis 236. — v. WIESNER, „Die Rohstoffe des Pflanzenreichs", 3. Aufl., Bd. I (Leipzig und Berlin 1914), S. 490—497, 526—533. — HARRIES, „Untersuchungen über die natürlichen und künstlichen Kautschukarten" (Berlin 1919), S. 117—124, 233—234.

[1] Vgl. z. B. F. FRANK, E. MARCKWALD, D.R.P. 165997 (C. **1906**, I, 624).

[2] Vgl. BOSZ, N. H. COHEN, Ar. **250**, 60, 61 (1912).

Von den Harzen kann man den Kohlenwasserstoff (häufig „Gutta" genannt) befreien, indem man die rohe Guttapercha in Toluol oder Chloroform löst und den Kohlenwasserstoff mit Aceton oder Alkohol wieder ausfällt und dieses Verfahren — zweckmäßig unter Einschaltung von Extraktionen mit Aceton (vgl. S. 88) — mehrmals wiederholt. Er besitzt gleich dem Kautschuk die Zusammensetzung $(C_5H_8)_x$, stellt aber eine weiße feste Masse dar, an der sogar Anzeichen krystallinischer Beschaffenheit wahrgenommen worden sind. Seine Benzol-Lösung zeigt weder Gefrierpunkts-Erniedrigung noch Siedepunkts-Erhöhung in merklichem Betrage. An der Luft ist der frisch gefällte Kohlenwasserstoff äußerst oxydierbar.

Die nahe Beziehung der Gutta zum Kautschuk deckte schon 1860 C. G. Williams auf, indem er unter den Produkten der trockenen Destillation das Isopren nachwies. Die weitere Kennzeichnung des chemischen Verhaltens, die eine überraschende Übereinstimmung mit derjenigen des Kautschuks ergeben hat, verdanken wir fast ausschließlich den im vorigen Kapitel schon so oft gerühmten neueren Untersuchungen von Harries. So wurde von ihm nachgewiesen, daß die Gutta sich mit Halogenwasserstoffen zu Bis-hydrohaloiden, wie $(C_{10}H_{18}Cl_2)_x$, vereinigt, die von den entsprechenden Kautschuk-Derivaten (S. 92) kaum zu unterscheiden sind. Auch erhielt er durch nitrose Gase in guter Ausbeute ein Umwandlungsprodukt von der Zusammensetzung des „Nitrosits c" aus Kautschuk $C_{10}H_{15}O_7N_3$ (S. 93—94), das mit diesem im Zersetzungspunkt (160—161°) übereinstimmte. Am wichtigsten erscheint die vollkommene Ähnlichkeit der Ozonide aus Guttapercha und Kautschuk. Ebenso wie aus Kautschuk (vgl. S. 95) wurden aus Guttapercha ein Diozonid $C_{10}H_{16}O_6$ und ein Bis-oxozonid $C_{10}H_{16}O_8$ erhalten. Sie unterscheiden sich in der Spaltungsgeschwindigkeit nicht von den Ozoniden des Kautschuks und liefern Lävulinaldehyd, Lävulinsäure und Lävulinaldehyd-peroxyd als einzige Spaltungsprodukte in etwa dem gleichen Mengenverhältnis. Auch läßt sich aus dem Bis-hydrochlorid der Gutta durch Pyridin eine „α-Isoguttapercha" gewinnen, die dem α-Isokautschuk (S. 96) äußerlich ähnelt, aber dehnbar ist; ihr Ozonid gibt bei der Spaltung neben Lävulinaldehyd und Lävulinsäure beträchtliche Mengen von Ameisensäure und α,γ-Diacetyl-propan.

In chemischer Beziehung hat sich also kein ins Gewicht fallender Unterschied zwischen den Kohlenwasserstoffen des Kautschuks und der Guttapercha ergeben. Man muß daraus schließen, daß die „Grundkohlenwasserstoffe" (vgl. S. 98) entweder miteinander identisch sind oder sich in ihrer Struktur sehr nahe stehen. Im ersten Falle könnte man die Ursache für die verschiedene physikalische Beschaffenheit in verschiedener Aggregation (vgl. S. 98) identischer Moleküle suchen. Im zweiten Falle könnte man z. B. auf Grund der S. 101 entwickelten Betrachtungsweise verschiedene Molekulargrößen, bedingt durch verschiedene Zahl der miteinander in einem Ring vereinigten Teilstücke $=C(CH_3)\cdot CH_2\cdot CH_2\cdot CH=$, in Erwägung ziehen.

Allgemein bekannt ist die Verwendung der Guttapercha für ärztliche Zwecke in Form von Guttaperchapapier, als Zahnfüllung u. dgl., doch entfällt auf solche Verwendungen nur ein geringer Teil der Erzeugung. Weitaus die Hauptmenge wird als isolierender Überzug von Leitungsdrähten verbraucht; unersetzlich ist die Guttapercha durch ihre Dauerhaftigkeit und Beständigkeit gegen das Meerwasser für die Unterseekabel.

Als Ersatzmittel für Guttapercha, ferner für die Herstellung von Treibriemen findet die **Balata**[1] technische Verwendung. Sie wird aus dem Milchsaft der Mimusops Balata („Kugelbaum") — gleichfalls eine Sapotacee — gewonnen (besonders in Guyana) und enthält Kohlenwasserstoff und Harz in etwa gleichen Mengen. Der gereinigte Kohlenwasserstoff besitzt die Zusammensetzung $(C_5H_8)_x$ und gleicht äußerlich der Gutta; die Viscosität seiner Lösungen ist aber beträchtlich größer. Der zeitliche Verlauf der Oxydation durch feuchten Sauerstoff deutet auf Verschiedenheit von dem Kohlenwasserstoff des Kautschuks hin. Der Ozon-Abbau ist noch nicht untersucht.

[1] Vgl.: Sperlich, J. **1869**, 789. — Obach, „Die Guttapercha" (Dresden-Blasewitz 1899), S. 59–63. — Harries, B. **36**, 1939 (1903). — Tschirch, Schereschewski, Ar. **243**, 358 (1905). — Caspari, C. **1906**, I, 560. — F. Frank, E. Marckwald, D.R.P. 165997 (C. **1906**, I, 624). — Ditmar, „Die Analyse des Kautschuks, der Guttapercha, Balata und ihrer Zusätze" (Wien und Leipzig 1909), S. 79—89. „Die Technologie des Kautschuks" (Wien und Leipzig 1915), S. 583—589. — v. Wiesner, „Die Rohstoffe des Pflanzenreichs", 3. Aufl., Bd. I (Leipzig und Berlin 1914), S. 497 bis 500, 533—537. — Peachey, Leon, C. **1919**, I, 939. — Geller in Ullmanns Enzyklopädie der technischen Chemie, Bd. VI (Berlin und Wien 1919), S. 715—716.

C. Sauerstoffhaltige Bestandteile von Harzen und Milchsäften.

Achtes Kapitel.

Allgemeines über Harze und Balsame.

Auch bei den „Harzen", deren Bestandteile in den nächsten Kapiteln einer Übersicht unterzogen werden sollen[1], handelt es sich, wie in den vorangehenden Abschnitten, um Erzeugnisse des Pflanzenkörpers[2], und zwar um Sekrete. Man gibt pflanzlichen Absonderungen den Namen „Harz", wenn ihre Beschaffenheit durch das Zusammentreffen gewisser physikalischer Eigenschaften gekennzeichnet ist. Es sind feste oder halbfeste Stoffe, die sich in Wasser nicht lösen, aber durch geeignete organische Lösungsmittel (Alkohol, Äther, Petroläther, Chloroform, Schwefelkohlenstoff, Benzol) teilweise oder vollständig aufgenommen werden, beim Erwärmen erweichen und dann schmelzen; ihre Lösungen sind klebrig und hinterlassen beim Eintrocknen durchsichtige, lackartige Rückstände. Kopal und Schellack mögen als Beispiele, die ihrer praktischen Verwendung wegen allgemein bekannt sind, genannt werden. Zeigen auch die festen Harze in ihrer Mehrzahl nicht krystallinische Struktur, so schließt man doch auch krystallinische Absonderungen, trotzdem sie in ihrem Äußeren dem im Laboratorium gebräuchlichen Sinn der Bezeichnung „harzig" widersprechen, nicht etwa aus der Gruppe der „Harze" aus, wenn ihre Biogenese auf Zugehörigkeit zu dieser Gruppe hinweist (vgl. z. B. S. 132 Winterharz, S. 148 Podocarpinsäure). Andererseits zählt man auch dickflüssige Absonderungen, die man mit der Bezeichnung „Balsame" zu belegen pflegt, den Harzen zu, wenn

---

[1] Ausführliche Behandlung siehe in der Monographie von A. Tschirch: „Die Harze und die Harzbehälter mit Einschluß der Milchsäfte", 2. Auflage (2 Bände, Leipzig 1906). — Dieses Werk wird im folgenden unter der Abkürzung „Tschirch, Harze" vielfach zitiert.

Siehe ferner v. Wiesner, „Die Rohstoffe des Pflanzenreichs", 3. Aufl., Bd. I (Leipzig und Berlin 1914), S. 151—436.

[2] Übersicht der harzliefernden Gewächse siehe in dem eben zitierten Werk v. Wiesners, S. 214—232.

in ihnen teils — wie beim Terpentin — Gemische von Harz mit ätherischem Öl, teils — wie beim Perubalsam — Gemische von festem Harz mit flüssigen, den Harzbestandteilen chemisch nahestehenden Stoffen vorliegen.

Eine chemische Begriffsbestimmung der Harze läßt sich nicht geben. Wie die ätherischen Öle, denen sie in ihrem natürlichen Bildungsvorgang jedenfalls nahe stehen, stellen sie meist sehr verwickelte Gemische chemischer Individuen dar. Kohlenstoff, Wasserstoff und Sauerstoff sind die Elemente, aus denen sie sich zusammensetzen; Stickstoff ist in ihnen nicht enthalten oder — falls er sich findet — nur in geringer Menge[1]. Wie bei den ätherischen Ölen (vgl. S. 8) ist die Zusammensetzung eines von der gleichen Stammpflanze erzeugten Harzes nicht ganz konstant[2].

Vielfach beobachtet man Autoxydation und Lichtempfindlichkeit bei Harzen.

Über die Vorgänge[3], welche zur Bildung von Harzen in den Pflanzen — meist handelt es sich um baumartige Gewächse, besonders solche aus der Familie der Coniferen — führen, sind abschließende Ergebnisse noch nicht erzielt. Zu unterscheiden hat man zwischen „physiologisch" gebildeten, d. h. im normalen Stoffwechsel entstandenen Harzen und „pathologisch" gebildeten. Das „physiologisch" gebildete Harz verbleibt unter normalen Umständen innerhalb des Pflanzenkörpers. Das „pathologische" Harz aber tritt als Folge des „Harzflusses" (Resinosis) nach tiefgreifenden Verletzungen der Rinde an die Oberfläche, um die Wundstelle zu schützen; vergrößert man die Wunde von Zeit zu Zeit oder wiederholt man die Verwundung, so kann der Harzfluß jahrelang andauern. Für die Nadelhölzer ist ja diese Erscheinung des pathologischen Harzflusses jedermann bekannt.

Während die meisten Harze, die man praktisch verwendet, in unserer Zeit von den Pflanzen abgesondert werden, also „recente" Harze darstellen, liegt ein fossiles, d. h. in früheren geologischen Epochen entstandenes Harz im Bernstein vor; als Überrest einstiger Bernsteinwälder ist es erhalten geblieben, während die Pflanzen, die es erzeugten, zugrunde gingen. Beispiele „recent-fossiler" Harze siehe S. 175.

Manche Harze wurden schon im Altertum für gewerbliche oder arzneiliche, auch für Zwecke des Kultus verwendet[4]. Es ist daher begreiflich, daß man auch schon in den frühesten Zeiten chemischer

---

[1] Vgl. Tschirch, „Harze", S. 33.

[2] Vgl. Tschirch, „Harze", S. 34, 132—133, 137.

[3] Vgl. dazu Tschirch, „Harze", S. 6—8, 24—26, 35—36, 1095—1098, 1114ff., 1231—1232. Ar. **245**, 380 (1907). — Köhler, J. pr. [2] **85**, 532 (1912). — v. Wiesner, Riechstoffe des Pflanzenreichs, 2. Aufl., Bd. I (Leipzig und Berlin 1914), S. 166—172. — Czapek, Biochemie der Pflanzen, 2. Aufl., Bd. III (Jena 1921), S. 585—591.

[4] Über Harze, die bei der Einbalsamierung der Leichen in Ägypten und Carthago benutzt wurden, siehe: Tschirch, L. Reutter, Ar. **242**, 111 (1904); **250**, 170 (1912).

Untersuchungen sich vielfach mit den Harzen beschäftigte[1]. Diese älteren Untersuchungen, die bis in das 16. Jahrhundert zurückgehen, sind insofern sehr förderlich für die organische Chemie gewesen, als viele verhältnismäßig einfach zusammengesetzte Stoffe, die in der Folge als Ausgangspunkte weiterer Umwandlungen große Bedeutung erlangt haben, zuerst durch sie bekannt geworden sind. Namen, wie Bernsteinsäure, Benzoesäure, Toluol, Styrol, erinnern noch heute an die Entdeckung der durch sie bezeichneten Stoffe beim Studium der Harze; denn sie sind von Bezeichnungen der Harze — Bernstein, Benzoe, Tolubalsam, Styrax — abgeleitet. Aber für die Erkenntnis der Harze selbst brachten die Untersuchungen wenig Gewinn, solange bei ihnen im wesentlichen Methoden angewendet wurden, die — wie die trockene Destillation — zur Zerstörung der eigentlichen Harzbestandteile führen mußten und nur deren Zersetzungsprodukte erkennen ließen. Dies gilt auch noch für die sehr wichtigen Arbeiten der österreichischen Chemiker Hlasiwetz und Barth[2] aus den Jahren 1865—1866, die auf der Kalischmelze beruhten, und in deren Verlauf das Resorcin und die Ferulasäure entdeckt wurden.

Einen wesentlichen Fortschritt konnte man erst erwarten, wenn man lernte, aus den Gemischen, die in den natürlichen Harzen vorliegen, ohne starke chemische Eingriffe ihre ursprünglichen Komponenten abzuscheiden. In dieser Richtung sind aus älterer Zeit Untersuchungen von Unverdorben (1823—1830) hervorzuheben, in denen die sauren Bestandteile („Harzsäuren") mehrerer Harze ihre erste Kennzeichnung fanden, einige auch krystallisiert erhalten wurden[3]. In unserer Zeit hat es sich der Botaniker Tschirch zur Lebensaufgabe gestellt, die Harze nach ihrer Herkunft und ihrer chemischen Zusammensetzung — und zwar besonders hinsichtlich der eigentlichen „Harzkörper", nicht nur der leichter zu behandelnden Nebenbestandteile — planmäßig zu studieren. In einer 1893 beginnenden und bis in die letzten Jahre unter Beihilfe vieler Mitarbeiter fortgesetzten Reihe von Untersuchungen[4] hat er seine Ergebnisse niedergelegt. Seine Bemühungen haben dazu geführt, die Harzbestandteile in gewisse Klassen (vgl. dazu S. 129) zu ordnen, und einen annähernden Überblick darüber ermöglicht, in welchen Mengenverhältnissen diese Stoffklassen bei den verschiedenen Harzen

[1] Historische Entwicklung der Harzuntersuchungen siehe bei Tschirch, „Harze", S. 63—189.

[2] Vgl. A. **134**, 265 (1865); **138**, 61 (1866); **139**, 77 (1866). — Siehe auch G. Goldschmiedt, B. **11**, 850 (1878).

[3] Vgl. Tschirch, „Harze", S. 96—100.

[4] Bis 1905 einschließlich sind sie in der S. 125, Fußnote 1, zitierten Monographie von Tschirch zusammengefaßt. Vgl. weiter: Ar. **244**, 684 (1906); **245**, 1, 156, 380, 415, 690, 701 (1907); **246**, 293 (1908); **248**, 265, 420, 431, 433, 443 (1910); **249**, 10, 701, 705, (1911); **250**, 6, 13, 104, 111, 170 (1912); **251**, 94 (1913); **252**, 547 (1914); **253**, 102, 290 (1915).

nebeneinander auftreten (vgl. S. 129 die hierauf gegründete Einteilung der Harze). Auch wurden einzelne Vertreter dieser Klassen in großer Zahl beschrieben. Aber die von TSCHIRCH gewonnenen „Präparate" können — seinem eigenen Urteil nach — keineswegs in ihrer Mehrzahl den Anspruch erheben, als chemische Individuen zu gelten. Es bedarf noch weiterer Forschung, um zu einheitlichen Stoffen zu gelangen, deren Analyse und Molekulargewichtsbestimmung wenigstens Vertrauen erweckende Bruttoformeln aufzustellen gestatten. Sie würden voraussichtlich — ähnlich, wie wir es bei den Terpenen erfahren haben — ergeben, daß die jetzt verwirrende Zahl einzelner, mit besonderen Namen belegter Präparate verschwindet und einer weit kleineren Zahl scharf unterscheidbarer Stoffe Platz macht.

Unter den Chemikern, denen man scharfe Kennzeichnung von Harzbestandteilen verdankt, sind besonders der Schwede VESTERBERG und der Österreicher M. BAMBERGER zu nennen.

Von dem Ziele, die Harzbestandteile strukturell aufzuklären, sind wir natürlich noch weiter entfernt, als von ihrer chemischen Individualisierung. Zwar konnten manche verhältnismäßig einfach konstituierte Säuren, Alkohole und Ester, die sich in den Harzen finden — wie Benzoesäure, Zimtsäure, Phenylpropylalkohol, Zimtsäure-cinnamylester — seit langer Zeit schon nach ihrer Struktur unter die aromatischen Verbindungen eingeordnet werden. Aber damit war von dem großen Gebiet der Harzchemie doch nur ein kleiner Teil erfaßt. Die höher molekularen, für die Harze besonders charakteristischen Bestandteile — teils krystallisierbare, teils amorphe Stoffe — harren mit wenigen Ausnahmen (vgl. unten) noch der Aufklärung ihres molekularen Baus. Denn in der Zeit der Strukturchemie haben die natürlichen Harze die Aufmerksamkeit der Chemiker weit weniger auf sich gezogen, als in den älteren Zeiten chemischer Forschung. Niemals wurden sie — wie die Terpene, Alkaloide und andere Gruppen von Naturstoffen — für führende Chemiker und deren Schulen bevorzugtes Forschungsthema. Auch fehlte ein solches Zusammenarbeiten zwischen Technik und Wissenschaft, wie es die Erforschung der ätherischen Öle so machtvoll gefördert hat (vgl. S. 11, 74—76); denn in der Industrie der Harze hat sich bis heute ein Bedürfnis nach wissenschaftlicher Methodik (abgesehen von Prüfungsverfahren) nicht geltend gemacht.

Die Methode der Zinkstaub-Destillation, die in anderen Gruppen von Naturstoffen so wichtige Ergebnisse geliefert hat, ist auch bei den Harzen angewendet worden[1], ohne aber bemerkenswerte Aufschlüsse zu geben. Die reduktive Behandlung mit Jodwasserstoffsäure[2] ergab zwar Hinweise auf Beziehungen zur

---

[1] Vgl.: CIAMICIAN, B. **11**, 269, 1344 (1878); **12**, 1658 (1879). — BÖTSCH, M. **1**, 609 (1880). — M. BAMBERGER, V. KLIMBURG, M. **38**, 470 (1917).

[2] Vgl.: LIEBERMANN, B. **17**, 1884 (1884). — S. HALLER, B. **18**, 2167 (1885). — VESTERBERG, B. **19**, 2174 (1886).

Terpengruppe, die aber nicht weiter verfolgt wurden. Auch durch Oxydationsmethoden kam man dem Ziel nicht erheblich näher[1].

Erst aus der allerletzten Zeit sind bedeutende Erfolge in der strukturellen Erkenntnis zu verzeichnen, die zwar noch nicht größere Gruppen der höhermolekularen Harzbestandteile betreffen, aber für einzelne Vertreter fast abschließend erscheinen. Der japanische Chemiker MAJIMA klärte in einer von 1907—1921 sich erstreckenden Untersuchungsreihe den Hauptbestandteil des Japanlacks — einen phenolartigen Körper — auf (s. S. 157—159 Urushiol). In Deutschland gelangte 1918 G. SCHROETER mit seinen Mitarbeitern für die ebenfalls phenolartige „Guajac-Harzsäure“ — einen Bestandteil des Guajac-Harzes — zu einer wohlbegründeten Strukturformel (s. S. 161—163). Und in der Gruppe der eigentlichen Harzsäuren glückte 1917—1918 dem finnischen Forscher VIRTANEN die Ableitung recht wahrscheinlicher Formelbilder für die Pinabietinsäure (vgl. S. 145—147), die zwar noch nicht unmittelbar aus einem Harz abgeschieden worden ist, sondern von ASCHAN aus einem technischen Abfallprodukt gewonnen worden war, aber in ihren Eigenschaften den wichtigen Säuren der Coniferen-Harze außerordentlich nahe steht.

Auf Grund von Farbenreaktionen vermutet man konstitutionelle Beziehungen zwischen manchen Harzbestandteilen und Sterinen[2].

Die Verfahren, welche TSCHIRCH zur Zerlegung der Harze in ihre Bestandteile anwandte, beruhen z. T. darauf, daß der ätherischen Lösung des Reinharzes durch aufeinanderfolgendes Ausschütteln mit Ammoniumcarbonat-, dann Soda-Lösung und schließlich mit sehr verdünnter Kalilauge zunächst die stärker sauren, dann die schwächer sauren Stoffe entzogen werden. Die in den Harzen vorhandenen nicht sauren Stoffe sind teils Ester, die durch Verseifung in ihre alkoholische und ihre saure Komponente zerlegt werden können; teils sind es indifferente Verbindungen, die trotz ihres Sauerstoffgehalts auf keine Weise mit Alkali zu verbinden sind.

TSCHIRCH bedient sich der folgenden Bezeichnungen für die Stoffe, welche den eigentlichen Harzkörper zusammensetzen:

Resinolsäuren (*Harzsäuren*), dadurch gekennzeichnet, daß ihre Lösung schwach sauer reagiert; sie liefern mit Metalloxyden z. T. gut charakterisierte krystallinische Salze und finden sich fast immer frei in den Harzen.

Resinole[3]: Stoffe von alkoholischem oder phenolischem Charakter, die sich teils frei, teils esterartig gebunden finden.

---

[1] Vorläufige Versuche über das Verhalten von Harzen gegen Ozon stellte in neuerer Zeit PAULSEN an; vgl. HARRIES, „Untersuchungen über das Ozon und seine Einwirkung auf organische Verbindungen“ (Berlin 1916), S. 671 ff.

[2] Vgl.: VESTERBERG, B. **20**, 1246 (1887). — TSCHIRCH, Ar. **236**, 500 (1898). — TSCHIRCH, „Harze“, S. 168—170, 1082—1092. — Vgl. dagegen: A. ZINKE, FRIEDRICH, ROLLETT, M. **41**, 255 (1920). — A. ZINKE, DZRIMAL, M. **41**, 429 (1920).

[3] Ursprünglich wurden von TSCHIRCH „*Resinotannole*“ den Resinolen zur Seite gestellt; siehe dazu S. 167.

Resine: Harzester.

Resene: Indifferente und unverseifbare, meist verhältnismäßig sauerstoffarme Stoffe.

Zu diesen für die Harze charakteristischen Komponenten treten meist noch *Beistoffe*, wie ätherisches Öl, Gummi, freie aromatische Säuren, Riechstoffe, Farbstoffe.

Nicht jedes Harz enthält Vertreter aller oben genannten Gruppen von Bestandteilen. Je nach dem Vorwalten der einen oder anderen Art unterscheidet Tschirch die folgenden Klassen von Harzen:

Resinolsäure-Harze, vorwiegend Harzsäuren, aber keine Ester enthaltend;

Resinol-Harze, vorwiegend Resinole enthaltend;

Resin-Harze, vorwiegend aus Harzestern bestehend;

Resen-Harze, Resene als charakteristischen Bestandteil enthaltend.

Hierzu treten noch:

Aliphatoresine, vorwiegend aliphatische Bestandteile enthaltend;

Chromoresine, deren Reinharz gefärbt ist, während bei anderen Harzen der Farbstoff sich vom Reinharz trennen läßt;

Enzymoresine, deren Harzkörper von einem Enzym begleitet wird;

Glykoresine, aus denen Zucker abgespalten werden kann.

Endlich fügt Tschirch seiner Klassifikation auch die Milchsäfte (vgl. S. 85ff.) unter dem Namen „*Lactoresine*" ein.

In der Praxis pflegt man die Harze in „gewöhnliche *Harze*" (feste Harze), „*Balsame*" (weiche bis flüssige Harze) und *Gummiharze*, die wasserlösliches Gummi enthalten, einzuteilen.

Bei der sich in den folgenden Kapiteln anschließenden Schilderung der Harzbestandteile wird mit den Stoffen vom Charakter der Carbonsäuren begonnen (Kap. 9); es folgen dann in Kap. 10 Stoffe von alkoholischem oder phenolischem Charakter, Ester, Resene und Beistoffe. Zum Schluß (Kap. 11) wird die gewerbliche Bedeutung der Harze besprochen; dies bietet Gelegenheit, für einige besonders wichtige Harze Angaben über ihre Herkunft, Gewinnung und Eigenschaften hinzuzufügen und auch die in der Praxis üblichen Prüfungsverfahren kurz zu erwähnen.

In diesen Kapiteln werden auch die sauerstoffhaltigen Bestandteile von pflanzlichen Milchsäften (vgl. S. 85—86, 87) behandelt, soweit sie den Harzbestandteilen nahe stehen.

Ausgeschlossen werden in ihnen dagegen die glykosidischen Bestandteile von Harzen und Milchsäften (z. B. Convolvulin, Aloine). Diese sollen vielmehr erst im Zusammenhang mit anderen Glykosiden behandelt werden. — Über Gummiarten siehe Bd. I, Tl. II, S. 1038—1039).

Neuntes Kapitel.

Harzsäuren.

Stoffe vom Charakter der Carbonsäuren finden sich in den Harzen teils frei, teils in veresterter Form. Häufig treten Carbonsäuren und Oxycarbonsäuren der Benzol-Reihe auf. Unter ihnen sind in erster Linie die Benzoesäure $C_6H_5 \cdot CO_2H$ und die Zimtsäure $C_6H_5 \cdot CH:CH \cdot CO_2H$ zu nennen, deren Bedeutung für die Harzchemie schon seit langer Zeit erkannt ist. Salicylsäure (o-Oxy-benzoesäure) hat man im „Ammoniacum" (dem eingetrockneten Milchsaft von Dorema Ammoniacum) gefunden[1], p-Cumarsäure[2] (p-Oxy-zimtsäure) in Xanthorrhoea-Harzen und in den „Überwallungsharzen" (vgl. S. 165) der Coniferen, Kaffeesäure[3] (3.4-Dioxy-zimtsäure) und Ferulasäure[4] (4-Oxy-3-methoxy-zimtsäure) gleichfalls in Überwallungsharzen; letztere Säure findet sich auch in der „Asa foetida" (dem eingetrockneten Milchsaft der Wurzeln persischer Ferula-Arten). Die 2.4-Dioxy-zimtsäure erhielt man in Form ihres Lactons — des Umbelliferons[5] — aus „Galbanum" (dem eingetrockneten Milchsaft von Ferula galbani flua). Kleine Mengen von Scopoletin[6] — dem Lacton der 2.4-Dioxy-5-methoxy-zimtsäure — finden sich im Jalapenharz.

Auch Säuren der acyclischen Reihe ist man bei der Durchforschung der Harze begegnet, aber viel seltener, als den aromatischen Säuren. Hervorzuheben ist der Gehalt des Bernsteins an gebundener Bernsteinsäure[7]. Euphorbium (vgl. S. 156) enthält beträchtliche Mengen von äpfelsauren Salzen[8]. Kleine Mengen höherer Fettsäuren (Palmitinsäure und Stearinsäure) sind im Jalapenharz gefunden worden[9]. Erinnert sei ferner an die im Bd. I, Tl. II, S. 716 beschriebene Agaricinsäure (α-Hexadecyl-citronensäure) des Lärchenschwamms.

Diese, ihrer Struktur nach längst bekannten, meist auch aus anderen natürlichen Quellen gewinnbaren Säuren bezieht man indessen trotz ihres Vorkommens in Harzen nicht in den Begriff der *eigentlichen*

---

[1] Tschirch, Luz, Ar. **233**, 572 (1895).

[2] Vgl.: M. Bamberger, M. **12**, 458 (1891); **14**, 337, 341 (1893). — Tschirch, Hildebrand, Ar. **234**, 699, 704 (1896). — M. Bamberger, Landsiedl, M. **18**, 493 (1897).

[3] Vgl.: M. Bamberger, M. **12**, 447 (1891). — M. Bamberger, Landsiedl, M. **18**, 502 (1897). — M. Bamberger, v. Klimburg M. **38**, 462 (1917).

[4] Vgl.: Hlasiwetz, Barth, A. **138**, 64 (1866). — M. Bamberger, M. **12**, 452 (1891).

[5] Vgl. Conrady, Ar. **232**, 104 (1894).

[6] Power, Rogerson, Am. Soc. **32**, 93 (1910). — S. dazu Moore, Soc. **99**, 1043 (1911).

[7] Vgl.: Awery, Ar. **232**, 680 (1894). — Helm, Ar. **233**, 191 (1895).

[8] Vgl. Tschirch, „Harze", S. 1040—1042.

[9] Power, Rogerson, Am. Soc. **32**, 86 (1910). — S. auch über gesättigte u. ungesättigte Fettsäuren aus Hopfenharz: Power, Tutin, Rogerson, Soc. **103**, 1277 ff. (1913).

Harzsäuren (*Resinolsäuren*, vgl. S. 129) ein. Hierunter versteht man vielmehr hochmolekulare Säuren, welche ausschließlich in Harzen gefunden wurden und in ihnen fast stets frei vorkommen. Daß es sich bei diesen „sauren" Stoffen um Carbonsäuren handelt, ist nur in wenigen Fällen erwiesen worden (vgl. S. 142, 150); meist hat man nur aus ihrer sauren Reaktion und der Fähigkeit, Alkalicarbonate unter Salzbildung zu zersetzen (Löslichkeit in Ammoniumcarbonat), darauf geschlossen. Unter ihnen haben die Säuren der Coniferen-Harze[1] die genaueste Bearbeitung gefunden. Sie sollen daher hier an erster Stelle geschildert werden.

Die Bezeichnung „Resinolsäuren" wird hier beibehalten, da sie sich in der Literatur eingebürgert hat. Zweckmäßiger wäre freilich die Wahl des Sammelnamens „*Resinsäuren*" gewesen; denn der Ausdruck „Resinolsäuren" könnte zu dem unzutreffenden Schluß verleiten, daß es sich stets um Oxy-carbonsäuren handle.

Säuren der Coniferen-Harze.

Vorausgeschickt müssen einige Bemerkungen über die Ausgangsstoffe werden, welche von den Bearbeitern des Gebiets bei ihren Untersuchungen vorzugsweise benutzt wurden.

Man faßt bekanntlich unter dem Namen „Terpentine" die Balsame zusammen, welche die Coniferen nach tiefgreifenden Verletzungen ausfließen lassen; sie bestehen aus ätherischem Öl (Terpentinöl) und dem eigentlichen Harz. Im Handel unterscheidet man hauptsächlich den französischen und den amerikanischen Terpentin. Handelsprodukte von Terpentin haben nun vielfach den hier zu besprechenden Untersuchungen zugrunde gelegen; verhältnismäßig selten haben die Forscher selbst den Terpentin gesammelt und sich dadurch Gewißheit darüber verschafft, von welcher Coniferen-Art ihr Ausgangsmaterial stammt. Viele Bearbeiter aber haben nicht die unmittelbar nach der Verwundung gesammelten Terpentine verwendet, sondern Produkte, welche aus den Terpentinen nach dem Verlust des ätherischen Öles zurückbleiben; hierher gehören das „Galipot" (Scharrharz) und das „Kolophonium". Galipot stellt Harzmassen dar, welche der durch Verwundungen ausfließende „Wundbalsam" nach Verdunstung des ätherischen Öles am Baume selbst zurückläßt, und welche man dann — wenn die Erhärtung erfolgt ist — durch Ablösen vom Stamme sammelt; Kolophonium dagegen gewinnt man fabrikmäßig aus Terpentinen, indem man sie durch Destillation vom Terpentinöl befreit und den krystallinischen Rückstand der Destillation so lange schmilzt, bis er beim Erstarren glasiges Aussehen annimmt. In neuerer Zeit ist noch ein weiteres ölfreies Material zur Untersuchung gelangt, das besonderes Interesse verdient, da es aus einer Mischung reiner Harzsäuren besteht, — das freilich nur spärlich vorkommende, sogenannte „Winterharz", das man im Winter und

[1] Übersicht über die harzliefernden Coniferen: Tschirch, „Harze", S. 513—515.

Frühling als weiße krystallisierte Masse unter den Borken der Bäume findet[1]. Endlich ist noch ein technisches Abfallprodukt hinzugetreten[2] — das sogenannte „Kiefernöl", das bei der Cellulose-Gewinnung nach dem Sulfat-Verfahren (Bd. I, Tl. II, S. 1062) erhalten wird und Fett- und Harzsäuren sowie andere (aus der Holzsubstanz durch Alkaliwirkung entstehende) Säuren enthält.

Eine außerordentlich umfangreiche Literatur, die sich vom Anfang des 19. Jahrhunderts bis in die heutige Zeit zieht, liegt für die aus diesen verschiedenen Quellen gewinnbaren Harzsäuren vor. Häufig widersprachen einander die Ergebnisse der einzelnen Bearbeiter. Dies kann zum Teil darauf zurückgeführt werden, daß sie an Handelswaren erzielt wurden, deren botanische Herkunft unsicher bzw. uneinheitlich war; denn man gibt im Handel zuweilen falsche Bezeichnungen, mischt auch Erzeugnisse mehrerer Pflanzen miteinander[3]. Beim Kolophonium hat man auch je nach der bei seiner Fabrikation befolgten Art des Schmelzens mit mehr oder weniger fortgeschrittenen Umwandlungsvorgängen zu rechnen. Auch kann ein und derselbe Baum in seinen verschiedenen Teilen verschiedene Säuren liefern[4]. Besonders aber kommt die Leichtigkeit, mit welcher die Harzsäuren der Coniferen durch Erwärmen und durch geringe Säuremengen Isomerisationen erleiden, in Betracht; infolge dieses erst in neuerer Zeit[5] genügend beachteten Umstands hat man zu gewärtigen, daß ein und dasselbe Ausgangsmaterial bei verschiedenen Methoden der Verarbeitung verschiedene Säuren liefert. Ebenso ist erst in letzter Zeit die große Neigung der Harzsäuren betont worden[6], die verschiedensten Körper aus ihren Lösungen aufzunehmen, auch wenn sie nur in kleiner Menge zugegen sind, und mit ihnen „feste Lösungen" zu bilden, welche das Vorliegen einheitlicher Krystallfraktionen vortäuschen.

Noch heute sind die Verhältnisse keineswegs geklärt. Einig ist man darüber, daß es sich bei den Säuren, welche die wesentlichsten Bestandteile jener Quellen bilden bzw. aus ihnen leicht durch Umwandlungen hervorgehen, um Monocarbonsäuren von der Zusammensetzung $C_{20}H_{30}O_2$ handelt. Aber die Beziehungen der von den einzelnen Forschern erhaltenen und meist mit verschiedenen Namen belegten Präparate zueinander und deren Einheitlichkeit lassen sich noch nicht durchgehends mit Sicherheit beurteilen. Im folgenden soll versucht werden, ein Bild des gegenwärtigen Standes zu entwerfen, wobei

[1] Vgl.: KLASON, KÖHLER, J. pr. [2] **73**, 343 (1906). — KÖHLER, J. pr. [2] **85**, 523 (1912).
[2] Vgl. ASCHAN, A. **424**, 118 (1920).
[3] Vgl.: TSCHIRCH, „Harze", S. 184, 522. — HENRY, Soc. **79**, 1147 (1901).
[4] Vgl. TSCHIRCH, „Harze", S. 522.
[5] Vgl.: SCHKATELOW, C. **1908**, I, 2099. — LESKIEWICZ, J. pr. [2] **81**, 408 (1910). — KÖHLER, J. pr. [2] **85**, 543, 561 (1912).
[6] ASCHAN, A. **424**, 124 (1920).

nur das Wichtigste mitgeteilt werden kann und ältere, heute überholte Angaben meist unerwähnt bleiben müssen[1]. An die Übersicht über die einzelnen Präparate schließt sich dann (S. 142ff.) die Erörterung der Konstitutionsfrage, soweit hierfür Unterlagen vorhanden sind.

Wenn hierbei mit den **„*Abietinsäuren*"** begonnen wird, so geschieht dies nicht, weil sie als primäre Bestandteile der Harze angesehen werden dürfen; vielmehr werden wir sehen (S. 136—137), daß sie heute als Isomerisationsprodukte der ursprünglichen Harzsäuren betrachtet werden. Aber unter diesen Namen fallen diejenigen Präparate, auf die sich der größte Teil der Untersuchungen, namentlich der älteren Zeit, beziehen. Der Name „acide abiétique" taucht zuerst 1826 in einer Mitteilung von RAUE[2] auf, in welcher er einer aus dem Harz von Pinus abies gewonnenen, krystallisierbaren Säure gegeben wird. Später wurde er besonders für Präparate benutzt, die nach verschiedenen Verfahren aus Kolophonium bereitet worden waren und vielfach auch „Silvinsäure" genannt wurden; doch deuteten die nicht übereinstimmenden und schwankenden Schmelzpunkts-Beobachtungen[3] der einzelnen Forscher schon an, daß in den untersuchten Präparaten vielleicht nicht einheitliche Stoffe vorliegen mögen. Dem heutigen Gebrauch entspricht es, unter dem Namen „Abietinsäuren" eine Gruppe krystallisierbarer Säuren $C_{20}H_{30}O_2$ zusammenzufassen, die von den S. 138ff. zu besprechenden, ihnen isomeren „Pimarsäuren" in charakteristischer Weise sich dadurch unterscheiden, daß ihre Lösung in heißem Ammoniak nach dem Erkalten zu einer durchsichtigen Gallerte erstarrt[4].

Für die Darstellung von Abietinsäure-Präparaten aus Kolophonium sind verschiedene Verfahren benutzt worden. MALY[5] digeriert das grob gestoßene Kolophonium längere Zeit mit 70%-igem Alkohol, preßt den Rückstand ab und krystallisiert ihn aus 96%-igem Alkohol um. Nach FLÜCKIGER[6] fällt reichlich Abietinsäure aus, wenn man trockenes Salz-

---

[1] Ausführliche Übersicht der Literatur bis 1906 s. bei TSCHIRCH, „Harze", S. 117—120, 186—194, 518—523, 575—578, 601—602, 612, 616—618, 625—647, 654—660, 679ff. — S. ferner: VIRTANEN, A. **424**, 150—158 (1920).

Aus der neueren Literatur vgl. noch außer den im folgenden speziell zitierten Abhandlungen z. B.: EFFRONT, C. r. **136**, 1556 (1903). C. **1905**, II, 1377. — Neue Arzneimittel, C. **1903**, II, 1293. — ENDEMANN, C. **1908**, I, 1861. — P. LEVY, D. R. P. 221889 (C. **1910**, I, 1906). — TSCHIRCH, M. WOLFF, Ar. **245**, 1 (1907). — FRANKFOOTER, Am. Soc. **31**, 561 (1909). — SMITH, C. **1912**, II, 366. — VORLÄNDER, JANECKE, Ph. Ch. **85**, 697 (1913). — F. SCHULZ, C. **1913**, I, 572. — BINDER, Ar. **252**, 547 (1914). — NEUBERG, Bio. Z. **76**, 157 (1916). — G. COHN, Ch. Z. **40**, 792 (1916).

[2] A. ch. [2] **31**, 108 (1826).

[3] Vgl. z. B.: EMMERLING, B. **12**, 1441 (1879). — LIEBERMANN, B. **17**, 1885 (1884). — HALLER, B. **18**, 2166 (1885). — ELLINGSON, Am. Soc. **36**, 327 (1914).

[4] Vgl.: PERRENOUD, Ch. Z. 1591 (1885). — VESTERBERG, B. **38**, 4126 (1905). — KÖHLER, J. pr. [2] **85**, 561 (1912).

[5] J. **1861**, 390. — Vgl. dazu: FLÜCKIGER, J. pr. [1] **101**, 239 (1867). — ELLINGSON, Am. Soc. **36**, 325 (1914).

[6] J. pr. [1] **101**, 239—240 (1867).

säuregas in die Lösung von Kolophonium in 70%-igem Alkohol einleitet. PAUL LEVY[1] destilliert zur Gewinnung der Abietinsäure das Kolophonium im Vakuum, während JOHANSSON[2] fraktionierte Destillation mit überhitztem Wasserdampf anwendet, die Säure dann in ein Salz verwandelt und daraus wieder ausfällt. Neuerdings wurde Abietinsäure mit gutem Erfolge durch Destillation von Kolophonium im Hochvakuum bei 260° (RUZICKA)[3] oder durch mehrstündiges Kochen des Kolophoniums mit Eisessig (STEELE)[4] dargestellt.

Über die Bruttoformel der Abietinsäure haben längere Zeit Zweifel bestanden. Nachdem die hochmolekulare Formel $C_{44}H_{64}O_5$, welche ihr MALY gegeben hatte, indem er sie als zweibasisch auffaßte, durch eine sehr gründliche Untersuchung von MACH[5] 1893 endgültig widerlegt war, trat an ihre Stelle auf Grund dieser Untersuchung die Formel $C_{19}H_{28}O_2$ einer einbasischen Säure. Diese Formel ist wiederum der homologen Formel $C_{20}H_{30}O_2$, welche schon 1859 von SIEWERT[6] in Betracht gezogen worden war, in neueren Untersuchungen[7] gewichen. Die beiden Formeln $C_{19}H_{28}O_2$ und $C_{20}H_{30}O_2$ zeigen in ihren Prozentzahlen für C und H zu geringe Unterschiede, als daß man durch Elementaranalyse zwischen ihnen wählen könnte. Aber die Titration mit Alkali und physikalische Methoden boten hierfür genügende Handhaben.

Beim Verdunsten der alkoholischen Lösung erhält man die aus Kolophonium bereitete Abietinsäure in farblosen, deutlich ausgebildeten Krystallen. Die dem monoklinen System angehörenden Krystalle sind mehrfach gemessen worden[8], und es hat sich dabei krystallographische Identität für die nach den verschiedenen, oben genannten Verfahren hergestellten Präparate ergeben. Für das LEVYsche Präparat[9] wird der Schmelzpunkt 182°, für dasjenige von JOHANSSON[10] der Schmelzpunkt 168—173° angegeben, während die älteren, meist nach dem MALYschen Verfahren arbeitenden Autoren niedrigere, oft unscharfe Schmelzpunkte (um 150°) beobachtet haben[11]. Die Säure löst sich

---

[1] Z. Ang. **18**, 1739 (1905). B. **39**, 3043 (1906). — S. auch EASTERFIELD, BAGLAY, Soc. **85**, 1243 (1904).

[2] C. **1918**, II, 1028.

[3] RUZICKA, MEYER, Helv. **5**, 315 (1922).

[4] STEELE, Am. Soc. **44**, 1333 (1922).

[5] M. **14**, 187 (1893); **15**, 627 (1894).

[6] J. **1859**, 510.

[7] Vgl.: FAHRION, Z. Ang. **14**, 1205 (1901); **20**, 357, Anm. (1907). — P. LEVY, Z. Ang. **18**, 1739 (1905). B. **39**, 3043 (1906). — VESTERBERG, B. **40**, 120 (1907). — KORITSCHONER, Z. Ang. **20**, 641 (1907).

[8] Vgl.: GRABER, M. **15**, 628—631 (1894). — WESTERGARD, B. **39**, 3043 (1906). MERWIN, Am. Soc. **44**, 1335 (1922). — WIDMER, Helv. **6**, 671 (1923). — DUFFOUR, C. r. **175**, 109 (1922).

[9] Z. Ang. **18**, 1740 (1905).

[10] C. **1918**, II, 1028.

[11] Vgl.: HALLER, B. **18**, 2166 (1885). — MACH, M. **15**, 628 (1894). — S. auch ELLINGSON, Am. Soc. **36**, 327 (1914). — S. dagegen KORITSCHONER, Z. Ang. **20**, 641 (1907).

nicht in Wasser, leicht in den meisten organischen Lösungsmitteln. Wichtig sind die Beobachtungen über die optische Aktivität, durch welche Linksdrehung der alkoholischen Lösung an verschiedenen Präparaten in wechselndem Betrage festgestellt worden ist[1].

Aus der alkoholischen Lösung der nach dem LEVYschen Verfahren bereiteten Säure kann man durch die berechnete Menge Natriumalkoholat ein in Wasser und Alkohol lösliches Natriumsalz gewinnen, das die normale Zusammensetzung $NaC_{20}H_{29}O_2$ besitzt und weiße Nadeln darstellt[2]. Charakteristisch aber ist für die Abietinsäuren sowohl, wie für viele andere Harzsäuren (vgl. S. 138) die Neigung zur Bildung saurer Salze[3], welche an die Eigenschaften der höheren Fettsäuren erinnert (vgl. Bd. I, Tl. II, S. 546—547). Alle Abietinsäure-Präparate oxydieren sich leicht an der Luft, indem sie gelbliche Farbe annehmen[4].

Nach neueren Untersuchungen von KLASON u. KÖHLER[5], SCHKATELOW[6], LESKIEWICZ[7], FERD. SCHULZ[8] und DUPONT[9] sind, wie schon S. 134 angedeutet wurde, die nach den älteren Verfahren gewonnenen Abietinsäure-Präparate Gemische von isomorphen Verbindungen, die in allen Verhältnissen zusammen krystallisieren und praktisch untrennbar sind. Die Abietinsäuren entstehen aus den „primären" Harzsäuren durch Isomerisation, wobei als isomerisierende Einflüsse besonders höhere Temperatur und die Wirkung von Mineralsäuren in Betracht kommen. Als F. SCHULZ den Einfluß von Mineralsäuren (vgl. S. 134 FLÜCKIGERS Verfahren) auf das optische Drehungsvermögen verfolgte, ergab sich eine „optische Invertierung" in dem Sinne, daß aus schwach linksdrehenden (eventuell sogar aus rechtsdrehenden) Harzsäuren stark linksdrehende hervorgehen. Es gelang ihm, aus invertierter Säure durch fraktionierte Krystallisation (aus Aceton) ein Präparat vom $[\alpha]_D = -96{\cdot}9^0 (c = 10)$ abzuscheiden, das aus Aceton leicht in durchsichtigen, bis über 2 cm langen Krystallen anschießt und bei 173° schmilzt. DUPONT hat den Gegenstand zuletzt untersucht, wobei er eine „primäre" Harzsäure (vgl. dazu S. 140) — die Lävopimarsäure — zum Ausgangspunkt nahm und zeigte, daß diese Säure in alkoholischer Lösung

---

[1] Vgl.: HALLER, B. **18**, 2165 (1885). — MACH, M. **15**, 632 (1894). — JOHANSSON, C. **1918**, II, 1028.

[2] LEVY, Z. Ang. **18**, 1740 (1905).

[3] Vgl.: MACH, M. **14**, 198 (1893); **15**, 633 (1894). — ELLINGSON, Am. Soc. **36**, 330 (1914).

[4] Vgl.: FAHRION, Z. Ang. **14**, 1227 (1901); **17**, 239 (1904); **20**, 356 (1907). — SCHKATELOW, Moniteur scientifique [4] **22**, I, 219 (1908).

[5] J. pr. [2] **73**, 337 (1906); **85**, 534 (1912).

[6] Moniteur scientifique [4] **22**, I, 217, II, 548 (1908). (C. **1908**, I, 2097; **1908**, II, 807).

[7] J. pr. [2] **81**, 403 (1910); **85**, 561 (1912). C. **1911**, II, 1599.

[8] Ch. Z. **41**, 666 (1917).

[9] Bl. [4] **29**, 727 (1921).

durch geringe Mengen von Salzsäure zunächst zu einer nicht in reinem Zustand erhaltenen **α-Pimarabietinsäure** und dann viel langsamer zu **β-Pimarabietinsäure** isomerisiert wird. Letztere Säure krystallisiert in schönen dreieckigen Tafeln, die dem monoklinen System angehören[1], schmilzt bei 172—173° und zeigt in alkoholischer, ca. 3%-iger Lösung $[\alpha]_J = -100{\cdot}1°$; mit ihr ist das Abietinsäure-Präparat von SCHULZ (s. o.) identisch. LESKIEWICZ gelangte ebenfalls zu einer Säure vom Schmelzpunkt 171—172° und von ganz ähnlichem Drehwert, indem er zu der heißen Eisessig-Lösung einer „Sapinsäure" (s. S. 141) aus dem Terpentin von Pinus silvestris oder von Kolophonium aus Pinus maritima einige Tropfen konz. Salzsäure gab; er nennt seine Säure *l*-Silvinsäure[2] (von SCHKATELOW in nicht ganz reinem Zustand unter dem Namen „β-Silvinsäure" beschrieben).

Hauptbestandteil des durch direktes Erhitzen auf 250° von Terpentinöl befreiten amerikanischen Kolophoniums ist die Abietinsäure[3] von RUZICKA und von STEELE (S. 135). Sie krystallisiert aus Aceton in dreieckigen Tafeln vom Schmelzp. ca. 158° und zeigt in Alkohol $[\alpha]_D$ = ca. −70°. Nach den bisher darüber vorliegenden Angaben kann diese Säure als einheitlich betrachtet werden.

Eine einheitliche, gut charakterisierte, der Abietinsäure-Gruppe anzuschließende Harzsäure ist ferner durch wichtige Arbeiten von ASCHAN[4] und seinen Schülern hinzugekommen. Sie erhielt den Namen **Pinabietinsäure**[4] (hergeleitet aus Pinus abies) und wurde aus dem sogenannten „Kiefernöl" (s. S. 133) gewonnen. Da dieses technische Abfallprodukt sich bei einer eingreifenden chemischen Behandlung des Holzes ergibt, so dürfte in ihr ein besonders stabiles Umwandlungsprodukt primärer Harzsäuren vorliegen. Die im Kiefernöl enthaltenen Fettsäuren und Harzsäuren wurden zunächst durch überhitzten Dampf übergetrieben; aus dem hierbei angesammelten, pulvrig-krystallinischen, gelblichen Säuregemisch gewinnt man rohe Pinabietinsäure durch Krystallisation aus Methylalkohol. Löst man die rohe Säure in etwas mehr als der berechneten Menge Sodalösung und leitet in diese Lösung des neutralen Natriumsalzes Kohlendioxyd ein, so scheidet sich das vier-

[1] DUFFOUR, C. r. **175**, 109 (1922).

[2] Den Namen „Silvinsäuren" schlägt auch WIENHAUS für die durch Säuren veränderten Harzsäuren $C_{20}H_{30}O_2$ in einer vorläufigen Mitteilung [Z. Ang. **34**, 256 (1921)] vor, in welcher er zu ähnlichen Ergebnissen gelangt, wie die oben im Text genannten Autoren.

[3] Mit dieser Abietinsäure nahe verwandt sind offenbar auch die von KNECHT und HIBBERT [Journ. of the Soc. of Dyers and Colourists **35**, 148 (1919); C. **1919**, III, 262; vgl. RUZICKA, SCHINZ, Helv **6**, 834 (1923); SCHORGER, Am. Soc. **45**, 1339 (1923)] aus Kolophonium mit kaltem Eisessig gewonnenen, in irreführender Weise als „Lävopimarsäure" und „Dextropimarsäure" bezeichneten Säuren [vgl. auch RUZICKA, BALAS, VILIM, Helv. **7**, 463 Anm. 1 (1924)].

[4] ASCHAN, EKHOLM, C. **1919**, I, 285. A. **424**, 133 (1920). — ASCHAN, A. **424**, 117 (1920). B. **54**, 880 (1921). — VIRTANEN, A. **424**, 150 (1920).

fachsaure Salz $C_{20}H_{29}O_2Na + 3C_{20}H_{30}O_2$ ab. Aus der Lösung dieses Salzes in einem siedenden Gemisch von Alkohol und Eisessig krystallisiert die freie Säure aus, die nun durch Krystallisation aus Eisessig und darauf aus Methylalkohol völlig gereinigt wird. Sie stellt glanzlose, graustichige kleine Prismen dar, schmilzt bei 182—183°, siedet unter 16 mm Druck fast unzersetzt bei 255—257° und ist an der Luft bei gewöhnlicher Temperatur verhältnismäßig beständig, während sie schon auf kochendem Wasserbade sich schwach gelb färbt. In Wasser unlöslich, löst sie sich in Benzol spielend leicht, dagegen in Methylalkohol sogar beim Kochen nur schwer, in Äthylalkohol leichter. In 3·2%-iger äthylalkoholischer Lösung zeigt sie $[\alpha]_D^{20} = -30 \cdot 7°$. Ihr Drehungsvermögen ist aber außerordentlich abhängig von der Natur des Lösungsmittels; in aromatischen Kohlenwasserstoffen ist sie sogar rechtsdrehend (für Benzol $[\alpha]_D^{21} = +21 \cdot 8°$ bei $p = 2 \cdot 8$). — Die Pinabietinsäure scheint identisch zu sein mit dem nach JOHANSSON (vgl. S. 135) aus Kolophonium bereiteten Abietinsäure-Präparat. Sie zeigt auch an das Cholesterin erinnernde Farbenreaktionen, welche bei einigen aus Kolophonium hergestellten Abietinsäure-Präparaten beobachtet wurden; so tritt eine purpurrote, durch Violett und Blau schnell in Schwarzrot übergehende, dann einer grünen Mischfarbe weichende Färbung auf, wenn man die Lösung der Säure in einem Gemenge von Chloroform und wenig Essigsäureanhydrid mit einigen Tropfen konz. Schwefelsäure versetzt. Gleich den übrigen Abietinsäuren gibt sie beim Erkalten ihrer Lösung in überschüssigem Ammoniak ein Gel (vgl. S. 134).

Wie aus dem voranstehenden ersichtlich geworden sein wird, herrschen in dem Gebiete der Abietinsäuren noch heute mancherlei Zweifel über die Individualität der verschiedenen, in der Literatur beschriebenen Präparate. Zu einer größeren Klarheit ist man verhältnismäßig früh — besonders dank einer 1885 beginnenden Reihe exakter, von späteren Bearbeitern stets bestätigter Untersuchungen von VESTERBERG — für die Gruppe der ***Pimarsäuren*** gelangt, welche im Gegensatz zu den ihnen isomeren Abietinsäuren nach dem Lösen in heißem Ammoniak (vgl. S. 134) schön krystallisierende Ammoniumsalze geben.

Den von Pinus maritimus abgeleiteten Namen „Pimarsäure" gab LAURENT[1] einem Harzsäure-Präparat, das er aus Galipot gewann. Die genauere Untersuchung dieser „alten Pimarsäure" führte VESTERBERG 1885 zur Abscheidung der ersten einheitlichen Coniferen-Harzsäure $C_{20}H_{30}O_2$, welche wegen ihrer Rechtsdrehung **Dextropimarsäure**[2] genannt wurde; für ihre Isolierung stützte er sich auf den Umstand, daß

[1] A. **34**, 272 (1840).

[2] Vgl.: CAILLOT, Bl. [2] **21**, 387 (1874). — VESTERBERG, B. **18**, 3331 (1885); **19**, 2167 (1886); **38**, 4125 (1905); **40**, 122 (1907). — RIMBACH, C. **1896**, I, 756. — SCHKATELOW, Moniteur scientifique [4] **22**, 548 (1908); C. **1908**, II, 807. — TSCHUGAEFF, TEEARU, B. **46**, 1769 (1913). — HENZE, B. **49**, 1622 (1916). — DUPONT, Bl. [4] **29**, 718 (1921).

sie ein in kaltem Wasser schwer lösliches, wohl krystallisierbares Natriumsalz liefert. Später ist die Dextropimarsäure auch aus französischem und aus amerikanischem Kolophonium, sowie aus dem durch freiwilligen Harzfluß gebildeten Harz von Pinus silvestris abgeschieden worden. In jedem Falle wurde neben ihr Abietinsäure erhalten, die aber vielleicht während der Aufarbeitung durch Isomerisation von ursprünglich vorhandener Lävopimarsäure entstanden war (vgl. S. 140).

Über ein interessantes Vorkommen hat 1916 HENZE berichtet; er fand als einen wesentlichen Bestandteil des „Styrax" — des pathologischen Sekrets von Liquidambar orientalis M., eines der Platane ähnlichen Baumes — ein Gemisch von Harzsäuren $C_{20}H_{30}O_2$, aus dem neben größeren Abietinsäure-Mengen die Dextropimarsäure sich isolieren ließ. Damit wäre zum erstenmal ein Nachweis dafür geliefert, daß diese bisher als ausschließlich für Coniferen-Harze charakteristisch betrachteten Säuren auch an Laubbäumen erzeugt werden können; doch wird von TSCHIRCH bestritten, daß es sich bei dem von HENZE untersuchten Handelsprodukt um reinen Styrax gehandelt habe[1].

Dextropimarsäure krystallisiert aus Äther in tafelförmigen Krystallen, schmilzt scharf bei 211—212°, kann im Vakuum unverändert (auch ohne Änderung ihres Drehwerts) destilliert werden und ist durchaus luftbeständig. Sie ist in Wasser unlöslich, in kaltem Alkohol schwer löslich. Eine bei 15° gesättigte Lösung in 98%-igem Alkohol enthält 3·8% Säure und zeigt $[\alpha]_D = +72\cdot5^0$. Die Säure treibt aus wäßrigen Alkalicarbonat-Lösungen Kohlendioxyd aus; von heißem Ammoniak wird sie schwer, von heißer Kali- oder Natronlauge leicht aufgenommen. Das Natriumsalz krystallisiert aus 80%-igem Alkohol in feinen Nadeln von der Zusammensetzung $C_{20}H_{29}O_2Na + 5H_2O$ und wird bei 100° wasserfrei; gleich den Alkalisalzen höherer Fettsäuren wird es aus wäßriger Lösung durch überschüssiges Alkali gefällt. Aus dem Silbersalz erhält man durch Umsetzung mit Alkyljodiden wohl krystallisierbare Ester (Schmelzpunkt des Methylesters: 69°, des Äthylesters: 52°).

Bei der Dehydrierung mit Schwefel liefert Dextropimarsäure einen Kohlenwasserstoff $C_{16}H_{14}$, der sich zu einem *ortho*-Chinon oxydieren läßt und daher wohl der Phenanthren-Reihe zuzurechnen ist[2]. Durch diese Reaktion unterscheidet sich die Dextropimarsäure deutlich von den Abietinsäuren, die bei der Dehydrierung in Reten übergehen.

Im Jahre 1887 fand VESTERBERG unter den Säuren des Galipots eine der Dextropimarsäure isomere Säure auf, die durch außerordentlich starke Linksdrehung ausgezeichnet war und daher von ihm **Lävopimarsäure**[3] genannt wurde. Bei diesem Namen muß man sich gegenwärtig halten, daß es sich nicht etwa um den optischen Antipoden der Dextro-

[1] Vgl.: HENZE, C. **1919**, IV, 374. — TSCHIRCH, C. **1919**, IV, 374.

[2] RUZICKA, BALAS, Helv. **6**, 677 (1923).

[3] VESTERBERG, B. **20**, 3248 (1887). — KÖHLER, C. **1911**, II, 1599. J. pr. [2] **85**, 530, 534 (1912). — DUPONT, Bl. [4] **29**, 718, 727 (1921). — RUZICKA, BALAS, VILIM, Helv. **7**, 458 (1924).

pimarsäure handelt; vielmehr sind die beiden Säuren nicht nur durch den Sinn des Drehungsvermögens, sondern auch durch dessen Größe, sowie durch Krystallform, Schmelzpunkt und Löslichkeit wesentlich voneinander verschieden. Die Reindarstellung dieser Säure war VESTERBERG aber nur einmal geglückt, und es gelang zunächst nicht, sichere Bedingungen für ihre Wiederholung zu finden. Erst etwa 20 Jahre später begegnete KÖHLER wieder dieser Säure, und zwar in höchst bemerkenswerter Form; er fand nämlich in der Schweiz an einer Rottanne ein „Winterharz" (vgl. S. 132), das aus fast reiner Lävopimarsäure bestand; in weiteren Proben des Harzes der Rottanne (Picea excelsa) fand sich die Säure gleichfalls, aber begleitet von anderen Säuren. An dem aus dieser Quelle gewonnenen Material wurde dann von KÖHLER die wichtige Feststellung gemacht, daß im Gegensatz zur Dextropimarsäure die Lävopimarsäure sehr empfindlich gegen höhere Temperaturen ist und sich beim Erhitzen zu Säuren vom Abietinsäure-Charakter isomerisiert, die von ihm „Kolophonsäuren" (vgl. S. 141) genannt werden und die eine viel geringere Linksdrehung als die Lävopimarsäure zeigen; unter gewissen Bedingungen des Erhitzens wurde sogar eine „inaktive Kolophonsäure" erhalten. DUPONT hat dann 1921 in der Veränderlichkeit gegenüber Säuren den Grund aufgedeckt, warum früher die Lävopimarsäure bei der Verarbeitung des Galipots nur unter zufällig getroffenen Versuchsbedingungen erhalten worden war. Nach ihm besteht die „alte Pimarsäure", die man aus Galipot erhält, wenn man zunächst mit kaltem verdünnten Alkohol amorphe Harzsäuren herauslöst und den hierbei verbleibenden Rückstand aus Alkohol umkrystallisiert, ausschließlich aus Dextropimarsäure und Lävopimarsäure; man kann daraus die Lävopimarsäure gewinnen, wenn man bei den Krystallisationen aus Alkohol Temperaturen, die über 60° hinausgehen, vermeidet und ferner die isomerisierende Wirkung von Säuren (vgl. unten) ausschaltet.

Lävopimarsäure krystallisiert außerordentlich leicht in beinahe zentimeterlangen, sphenoidisch-hemiedrischen Prismen des rhombischen Systems. Sie schmilzt infolge ihrer Isomerisierung durch Hitze unscharf bei 148—151°. Sie ist, wie die Dextropimarsäure, luftbeständig, in Wasser unlöslich, löst sich aber bei 15° schon in 10·8 Tln. Alkohol (vgl. dagegen S. 139 die geringere Löslichkeit der Dextropimarsäure). Ihr Drehungsvermögen beträgt $[\alpha]_D^{20} = -280 \cdot 5^0$ (0·37 g in 25 ccm alkoholischer Lösung). Im Gegensatz zur Dextropimarsäure löst sie sich leicht in heißem verdünnten Ammoniak. Die S. 137 bereits erwähnte Isomerisation zu Pimarabietinsäuren durch Salzsäure verläuft schon in k a l t e r alkoholischer Lösung ziemlich rasch. In $2^1/_2$ $^0/_0$-iger essigsaurer Lösung ist die Isomerisation bei 100° nach 40 Minuten vollzogen. Bei der katalytischen Hydrierung entsteht eine Tetrahydrolävopimarsäure, bei der Dehydrierung mit Schwefel Reten.

Eine „i n a k t i v e P i m a r s ä u r e" (S a n d a r a c o p i m a r s ä u r e) —

Schmelzp. 171°, Siedep. unter 11 mm Druck = 265° — ist aus „Sandarak“, dem Harz von Callitris quadrivalvis, isoliert worden[1].

Eine reine Harzsäure scheint LESKIEWICZ[2] aus dem Terpentin von Pinus silvestris gewonnen zu haben, indem er die freiwillig daraus krystallisierten Harzsäuren zuerst aus siedendem Aceton, dann aus Alkohol bei einer 60° nicht übersteigenden Temperatur umkrystallisierte. Sein Präparat schmolz bei 142—144° (im zugeschmolzenen Röhrchen) und zeigte in alkoholischer Lösung $[\alpha]_D^{19} = -105\cdot3°$ (c = 9·93); diese Konstanten wurden durch weitere Krystallisation nicht geändert. Es gelingt nicht, aus dieser Säure krystallisierende Alkalisalze zu gewinnen, vielmehr stellen die Alkalisalze halbfeste Seifen dar. In heißem Eisessig wird die Säure durch einige Tropfen konz. Salzsäure quantitativ zu *l*-Silvinsäure (wahrscheinlich = β-Pimarabietinsäure, s. S. 137) isomerisiert.

Eine weitere Harzsäure ist neuerdings von RUZICKA und SCHINZ[3] aus Fichtenharz vom Zürichberg isoliert worden. Sie bildet rechtwinklige Täfelchen vom Schmelzp. 142—144° und zeigt $[\alpha]_D = -138°$ in 5%-ig. alkoholischer Lösung. Durch Kochen mit Eisessig wird sie zu einer Abietinsäure vom Schmelzp. 162—164° und $[\alpha]_D = -92°$ isomerisiert.

Aus den im voranstehenden enthaltenen Angaben über die „Abietinsäuren“ und „Pimarsäuren“ wird man den Eindruck gewinnen, daß für mehrere der unter diesen Namen beschriebenen Stoffe das ursprüngliche Vorkommen in den von den Coniferen erzeugten Harzen keineswegs wahrscheinlich ist, da man bei ihrer Darstellung isomerisierende Einflüsse nicht vermieden hat, häufig sogar erst von dem Kolophonium ausgegangen ist, bei dessen Bereitung schon recht hohe Temperaturen zur Anwendung kommen. Als „primäre“ — dies soll bedeuten: ursprünglich im Harz enthaltene — Harzsäuren nachgewiesen sind lediglich die Dextro- und Lävopimarsäure durch ihr Vorkommen im Galipot bzw. im Winterharz, die Säure von LESKIEWICZ durch Isolierung aus polnischem Fichtenharz und die Säure von RUZICKA und SCHINZ durch ihr Vorkommen im Zürichbergfichten-Harz. KLASON und KÖHLER fassen die primären Harzsäuren[4] der Coniferen unter dem Namen **„*Sapinsäuren*“** [abgeleitet von sapinus (lat.), sapin (französisch) = Tanne] zusammen.

Für die durch Erhitzen isomerisierten Säuren haben KLASON und KÖHLER den Sammelnamen ***Kolophonsäuren***[5] vorgeschlagen. Unter diesen Namen würden also die Abietinsäuren fallen. Unterschieden werden α-Kolophonsäuren (linksdrehend), β-Kolophonsäuren (rechtsdrehend)

---

[1] HENRY, Soc. **79**, 1151, 1161 (1901). — TSCHIRCH, M. WOLFF, Ar. **244**, 702 (1906).

[2] J. pr. [2] **81**, 406 (1910). [3] Helv. **6**, 668 (1923).

[4] Vgl.: KLASON, KÖHLER, J. pr. [2] **73**, 344 (1906). — SCHKATELOW, Moniteur scientifique [4] **22**, 224 (1908). — LESKIEWICZ, J. pr. [2] **81**, 403 (1910). — KÖHLER, J. pr. [2] **85**, 523 (1912).

[5] Vgl.: KLASON, KÖHLER, J. pr. [2] **73**, 344 ff. (1906). — LESKIEWICZ, J. pr. [2] **81**, 410 ff. (1910). — KÖHLER, C. **1911**, II, 1599. J. pr. [2] **85**, 534 (1912).

und inaktive Kolophonsäuren. Eine inaktive Kolophonsäure isolierte Köhler aus dem Produkt, das aus Lävopimarsäure durch 5 Minuten langes Erhitzen im Vakuum auf etwa 220° entsteht, in Krystallen, welche gleich denen der Lävopimarsäure dem rhombischen System angehören, aber mit ihnen nicht isomorph sind; sie gelatiniert mit Ammoniak.

Im voranstehenden sind die Coniferen-Harzsäuren von der Zusammensetzung $C_{20}H_{30}O_2$ nach ihrer Herkunft, ihren Eigenschaften und gegenseitigen Beziehungen besprochen worden. Von den Beobachtungen über ihr chemisches Verhalten sollen nun diejenigen, welche zur Beurteilung der *Strukturmöglichkeiten*[1] dienen können, im folgenden erwähnt werden.

Die erste Frage, die man sich bei Erörterung der Konstitution vorlegen wird, richtet sich darauf, ob die saure Natur dieser Harzsäuren auf Gegenwart eines Carboxyls oder auf andersartige Bindung der beiden Sauerstoffatome (etwa in Form zweier Hydroxyle oder eines Carbonyls und eines an einem anderen Kohlenstoff gebundenen Hydroxyls) zurückzuführen ist[2]. Sie ist für die durch Kolophonium-Destillation gewonnene Abietinsäure und für die Pinabietinsäure geprüft worden. Maßgeblich ist besonders, daß diese Säuren bei der Behandlung mit Phosphorpentachlorid Chloride liefern, welche bei der Destillation im Sinne der Gleichung:

$$C_{20}H_{29}OCl = CO + HCl + C_{19}H_{28} \qquad (A)$$

Kohlenwasserstoffe $C_{19}H_{28}$ (Abietin und Pinabietin, s. S. 145) ergeben[3]. Auch zerfällt die Pinabietinsäure selbst beim Kochen unter gewöhnlichem Druck nach der Gleichung:

$$C_{20}H_{30}O_2 = CO + H_2O + C_{19}H_{28}, \qquad (B)$$

wobei der gleiche Kohlenwasserstoff wie aus dem Chlorid entsteht und das Kohlenoxyd an seiner Brennbarkeit mit blauer Flamme nachgewiesen wurde. Ferner ist festgestellt worden, daß Abietinsäure beim Erhitzen mit rauchender Jodwasserstoffsäure auf 200—210° im geschlossenen Rohr neben einem Kohlenwasserstoff ein Gasgemisch von viel Kohlenoxyd und wenig Kohlendioxyd liefert, und zwar im Betrage von ca. 80 % des theoretischen Volums, das sich aus einem Carboxyl bilden kann. Man wird hiernach kaum mehr daran zweifeln, daß es sich um echte Carbonsäuren handelt. Durch Reduktion des Abietinsäuremethylesters nach Bouveault entsteht Abietinol $C_{19}H_{29}\cdot CH_2\cdot OH$, das beim Behandeln mit PCl_5 in Methylabietin $C_{20}H_{30}$ übergeht[4].

---

[1] Über ältere Betrachtungen s.: Tschirch, „Harze", S. 684—725.

[2] Vgl.: Fahrion, Z. Ang. **14**, 1224 (1901). — Easterfield, Bagley, Soc. **85**, 1240, 1246 (1904). — P. Levy, B. **39**, 3045 (1906). Z. a. Ch. **81**, 145 (1913). — Koritschoner, Z. Ang. **20**, 641 (1907). — Virtanen, A. **424**, 208 (1921).

[3] Vgl. hierzu indessen Ruzicka, Schinz, Helv. **6**, 837 ff. (1923).

[4] Ruzicka, Meyer, Helv. **5**, 581 (1922).

Man darf also die Bruttoformel $C_{20}H_{30}O_2$ zunächst in $C_{19}H_{29} \cdot CO_2H$ auflösen, und es handelt sich nun um die Gewinnung von Anhaltspunkten für die Struktur der Kohlenwasserstoff-Radikale $C_{19}H_{29}$, die bei den isomeren Säuren mit Carboxyl verbunden sind. Wären diese Radikale rein acyclisch, so müßten sie 5 Doppelbindungen (bzw. in entsprechender Zahl dreifache und doppelte Bindungen miteinander kombiniert) enthalten. Dem widerspricht nun das Verhalten der Säuren sowohl bei der Reduktion wie bei der Oxydation.

Bei der katalytischen Reduktion[1] liefert die nach JOHANSSON dargestellte Abietinsäure eine Dihydro-abietinsäure; ebenso nehmen die Dextropimarsäure und die Pinabietinsäure nur zwei Wasserstoffatome auf[2]. Für die aus Pinabietinsäure entstehende Dihydrosäure ist festgestellt worden, daß sie gegen Permanganat in alkoholischer Sodalösung beständig ist.

Andererseits konnten RUZICKA und MEYER[3] ihre Hochvakuumsäure und die Zürichbergfichten-Harzsäure, RUZICKA, BALAS und VILIM[4] die Lävopimarsäure durch katalytische Hydrierung nach WILLSTÄTTER und WALDSCHMIDT-LEITZ in Tetrahydrosäuren überführen; zu analogen Befunden sind auch BLANES[5] und MADINAVEITIA[6] gelangt. Da auch die Molekularrefraktion zahlreicher Abietinsäurederivate (auch die der Dextropimarsäure) auf die Existenz von zwei Doppelbindungen hinzuweisen scheint[7], betrachtet RUZICKA es als sicher, daß die Abietinsäuren drei Ringe und zwei Doppelbindungen aufweisen, von denen indessen eine gewöhnlich sehr träge reagiert.

Unter den Produkten der Oxydation von Abietinsäure (aus Kolophonium bereitet) mit Kaliumpermanganat konnte P. LEVY[8] eine einbasische Säure $C_{20}H_{34}O_6$ (Schmelzp. 246—247°) in krystallisierter Form abscheiden, die als Tetraoxy-tetrahydro-abietinsäure $C_{19}H_{29}(OH)_4 \cdot CO_2H$ gedeutet werden kann. Ob es sich hier um ein einheitliches Produkt handelt, ist jedoch mehr als fraglich; denn RUZICKA und MEYER[9] erhielten bei Wiederholung dieser Versuche ein bei 106° schmelzendes Oxydationsprodukt der gleichen Zusammensetzung, das sich als ein Gemisch einer Dioxy-dihydro-abietinsäure $C_{20}H_{30}O_2(OH)_2$ vom Schmelzp. 152° mit einem Produkt der Zusammensetzung $C_{18}H_{32}O_7$ erwies.

---

[1] Vgl.: TSCHUGAEFF, TEEARU, B. **46**, 1772 (1913). — JOHANSSON, C. **1918**, II, 1028. — VIRTANEN, A. **424**, 161, 197 (1921). — S. auch VESTERBERG, B. **19**, 2174 (1886).

[2] WIENHAUS kündigt in einer vorläufigen Mitteilung [Z. Ang. **34**, 257 (1921)] an, daß die „Silvinsäuren" (vgl. S. 137, Fußnote 2) vier Wasserstoffatome aufnehmen.

[3] RUZICKA, MEYER, Helv. **5**, 324 (1922). — RUZICKA, SCHINZ, Helv. **6**, 670 (1923).

[4] Helv. **7**, 468 (1924).

[5] BLANES, Anales soc. espanola Fis. Quim. **13**, 176 (1915).

[6] MADINAVEITIA, Anales soc. espanola Fis. Quim. **20**, 183 (1922); C. **1923**, III, 759.

[7] RUZICKA, MEYER, Helv. **5**, 324 (1922). — RUZICKA, BALAS, Helv. **6** 681 (1923).

[8] B. **42**, 4305 (1909). — Vgl. dazu WIENHAUS, Z. Ang. **34**, 257 (1921).

[9] Helv. **6**, 1097 (1923).

Im Anschluß hieran mag nicht unerwähnt bleiben, daß auch Produkte des oxydativen Abbaus[1] aus den Harzsäuren erhalten worden sind. Bemerkenswert ist die Beobachtung von LEVY, daß bei der Oxydation von Abietinsäure mit Salpetersäure eine gesättigte Dicarbonsäure $C_8H_{12}O_4$ entsteht, die von ihm auf Grund ihres Schmelzpunkts (218°) und der Schwerlöslichkeit ihres Calciumsalzes für racemische *trans*-Hexahydrophthalsäure gehalten wird. Durch Oxydation von Abietinsäure mit Braunstein und 57 %-ig. Schwefelsäure erhielten RUZICKA, SCHINZ und MEYER[2] Trimellitsäure (I), Mellophansäure (II) und Pyromellitsäure (III). Desgleichen liefert

I) 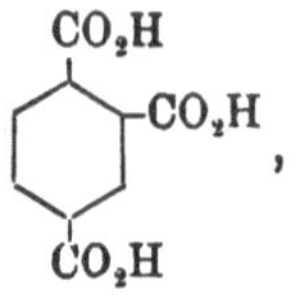, II) 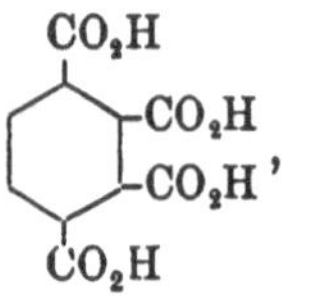, III) 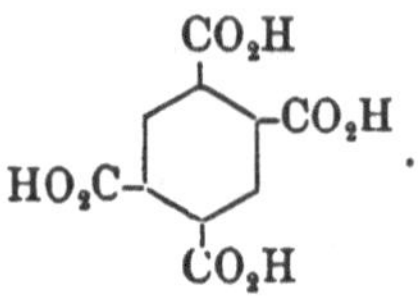.

das aus Abietinsäure erhältliche Methylabietin (s. S. 142) Trimellitsäure und Mellophansäure.

Nach dem Verhalten bei der Reduktion und Oxydation kann also Gegenwart von mehr als zwei additionsfähigen Doppelbindungen nicht in Betracht kommen. Damit fällt die Annahme acyclischer Struktur für die Radikale $C_{19}H_{29}$ weg. Es müssen vielmehr Kohlenstoffringe in ihnen vorkommen.

In Beziehungen zum Reten[3] (vgl. Bd. II, Tl. II, S. 601) — einem Kohlenwasserstoff $C_{18}H_{18}$, der zuerst in Torflagern, dann im Teer harzreicher Nadelhölzer gefunden worden war — hat man nun den Stützpunkt gewonnen, um über die Art der cyclischen Kohlenstoffanordnung ein Bild zu erhalten. Solche Beziehungen wurden schon verhältnismäßig früh in der Beobachtung angedeutet, daß Reten aus dem bei der Destillation von Kolophonium gebildeten „Harzöl" (s. S. 174) durch Erhitzen mit Schwefel entsteht. TSCHIRCH fand dann Reten 1902 unter den Produkten der Destillation des Harzes von Pinus palustris, und VESTERBERG erhielt 1903 Reten zum erstenmal aus einer krystallisierten Harzsäure (Abietinsäure aus Kolophonium) durch Erhitzen mit Schwefel. Man war hiernach zu der Annahme berechtigt, daß die Moleküle der Harzsäuren entweder den Retenkern enthalten oder wenigstens eine solche Kohlenstoff-Anordnung, daß aus ihr die Gruppierung des Retens leicht hervorgehen kann.

---

[1] Vgl.: EMMERLING, B. **12**, 1444 (1879). — MACH, M. **15**, 637 (1894). — ENDEMANN, Am. **33**, 525 (1905). — P. LEVY, Z. a. Ch. **81**, 150 (1913). — VIRTANEN, A. **424**, 182, 200 (1921).

[2] Helv. **6**, 1083 (1923).

[3] Vgl.: KELBE, B. **11**, 2174 (1878). — AKT.-GES. F. CHEM. IND. RHEINAU, D.R.P. 43802 (B. **21** Ref., 553 [1888]). — TSCHIRCH, KORITSCHONER, Ar. **240**, 571 (1902). — TSCHIRCH, STUDER, Ar. **241**, 534 (1903). — TSCHIRCH, „Harze", S. 684 ff. — VESTERBERG, B. **36**, 4200 (1903). — EASTERFIELD, BAGLEY, Soc. **85**, 1247 (1904). — LEVY, Z. a. Ch. **81**, 146 (1913). — VIRTANEN, B. **53**, 1880 (1920). — RUZICKA, MEYER, Helv. **5**, 581 (1922).

Für das Reten, das durch frühere Untersuchungen schon als Methyl-isopropyl-phenanthren erkannt worden war, hat Bucher 1910 die Stellung der Seitenketten endgültig zugunsten der Formel I (s. u.) des 1-Methyl-7-isopropyl-phenanthrens entschieden[1]. Die strukturellen Beziehungen der Harzsäuren $C_{20}H_{30}O_2$, die sich in ihrer Zusammensetzung von ihm durch die Gegenwart des Carboxyls, den Mehrgehalt eines weiteren C-Atoms und mehrerer H-Atome unterscheiden, zum Reten lassen sich zurzeit im einzelnen noch nicht genau beurteilen. Für eine dieser

I) 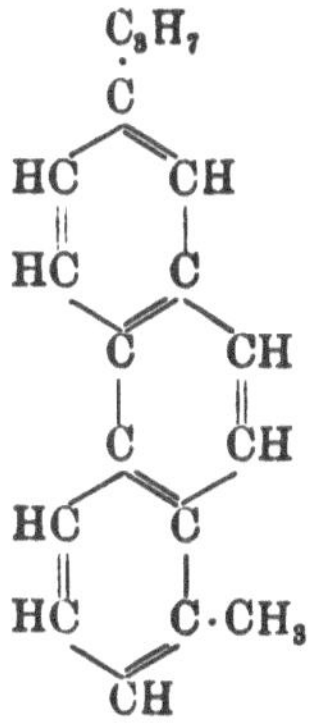 , II) 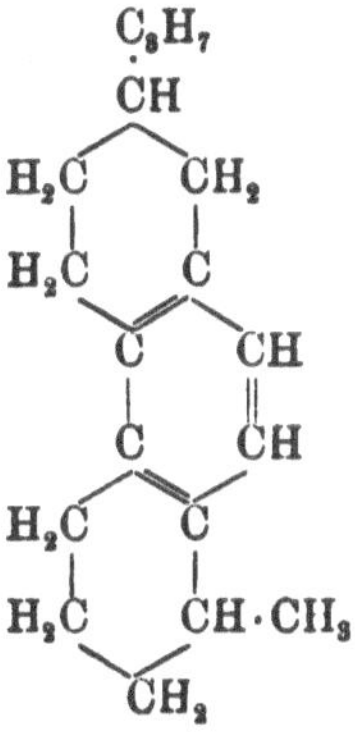 , III) 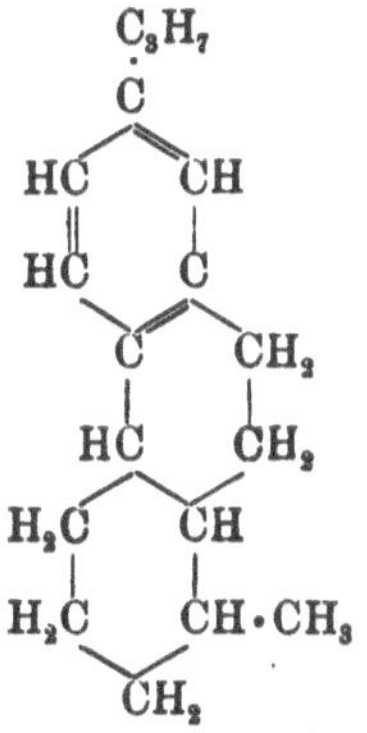

Säuren — die Pinabietinsäure (S. 137) — hat aber Virtanen[2] in allerletzter Zeit durch experimentelle Feststellungen und scharfsinnige Deduktionen die Art der Ableitung mit recht großer Wahrscheinlichkeit ermittelt.

Er geht hierbei von dem Kohlenwasserstoff $C_{19}H_{28}$ — Pinabietin (farbloses Öl, Siedepunkt unter 10 mm Druck: 191—193°, $D_4^{20} = 0{,}974$) — aus, der sich aus der Säure durch Abspaltung der Elemente von einem Molekül CO und einem Molekül H_2O bildet (vgl. Gleichung A und B auf S. 142). Dieser Kohlenwasserstoff liefert beim Erhitzen mit Schwefel Reten $C_{18}H_{18}$, indem er 10 H-Atome, zugleich aber auch 1 C-Atom verliert. Die Reaktion verläuft bei verhältnismäßig niederer Temperatur (ca. 180°) und mit ziemlich guter Ausbeute (15—20 %); es ist daher wahrscheinlich und wird durch die S. 146 für die Pinabietinsäure selbst mitgeteilten Erwägungen gestützt, daß hierbei keine Ringschließung erfolgt, daß also der Retenkern in dem Pinabietin ursprünglich vorhanden ist. Pinabietin enthält sicher[3] einen echten (aromatischen) Benzolkern, da es sich sulfurieren läßt und bei der Oxydation mit Braunstein und Schwefelsäure die Benzol-1.2.4-tricarbonsäure (Trimellitsäure) liefert. Dagegen verhält es sich gegen Kaliumpermanganat wie ein gesättigter Kohlenwasserstoff, kann daher außerhalb des aromatischen Kerns keine Doppelbindung enthalten. Berücksichtigt man diese Feststellungen zusammen mit seiner Bruttoformel, so ergibt sich, daß er ein methyliertes

[1] Am. Soc. **32**, 374 (1910). [2] A. **424**, 150 (1921).

[3] Vgl. indessen Ruzicka, Schinz, Meyer, Helv. **6**, 1079 ff. (1923).

Reten-oktahydrid darstellen muß. Es bestehen nun für Reten-oktahydride, welche einen aromatischen Kern enthalten, nur die 3 Möglich-

IV) 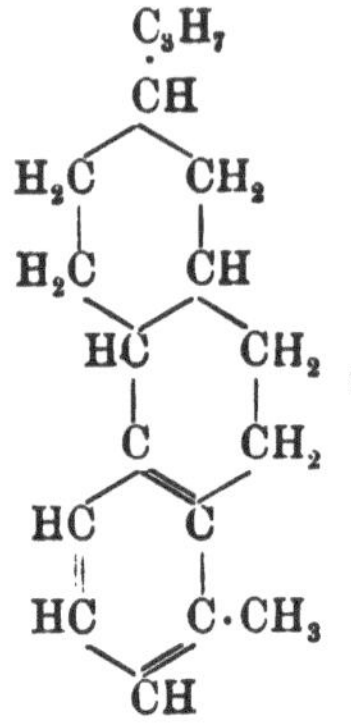 , V) 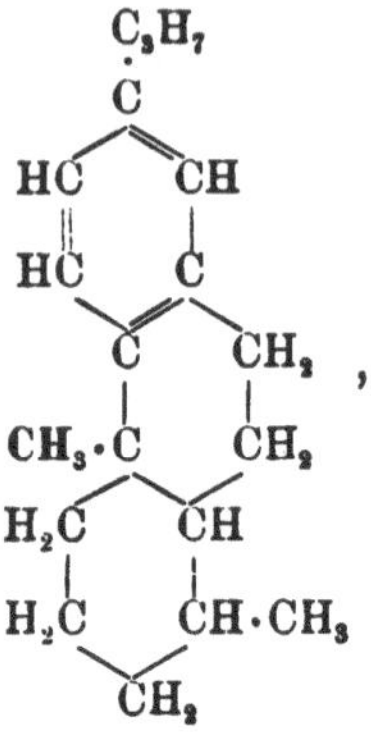 , VI) 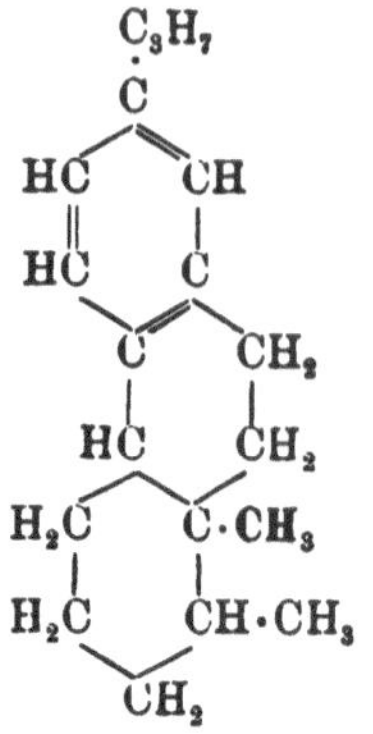

keiten II, III und IV. Von ihnen bietet ausschließlich III eine Erklärung für das Auftreten der Trimellitsäure bei der Oxydation. Nunmehr bleibt also nur noch übrig, der Formel III ein Methyl derart einzufügen, daß seine Abspaltung beim Erhitzen mit Schwefel (wahrscheinlich in Form von Methylmercaptan) eine natürliche Erklärung findet. Dies ist der Fall, wenn es derart gebunden ist, daß für die Bildung des vollständig aromatischen Retenkerns aus dem hydrierten seine Abspaltung erfolgen muß; und dieser Bedingung genügen nur die Formeln V und VI, welche nunmehr für das Pinabietin zur Wahl stehen.

Zu erwähnen ist, daß aus Harzsäuren bzw. aus ihren Umwandlungsprodukten nach verschiedenen Arbeitsweisen auch andere Präparate von Kohlenwasserstoffen erhalten worden sind, denen man Formeln mit 18, 19 oder 20 C-Atomen beigelegt hat. Sie sind aber nicht so eingehend untersucht, wie das Pinabietin, und es wird daher für sie auf die Original-Literatur hingewiesen[1].

Die Struktur des Pinabietins darf man nach den obigen Schlußfolgerungen — abgesehen von dem Zweifel über die Stellung des in den Formeln V und VI fett gedruckten Methyls — als sicher begründet betrachten. Nicht ganz die gleiche Sicherheit kommt der Ableitung zu, welche Virtanen für die Struktur der Pinabietinsäure gibt. Aus dem Umstand, daß sie bei der katalytischen Hydrierung nur zwei Wasserstoffatome aufnimmt (vgl. S. 143), wobei eine gesättigte Dicarbonsäure (Dihydro-pinabietinsäure, Schmelzp. 170—175°) entsteht, schließt er, daß die Pinabietinsäure nur eine Doppelbindung enthält. Daraus ergibt sich sofort, daß ihr Radikal $C_{19}H_{29}$ (vgl. S. 143) tetracylisch sein muß, und es bietet sich eine neue Stütze für die S. 145 bei der Erörterung der Pinabietin-Struktur gemachte Annahme, daß bei der Bildung des tricyclischen Retens durch Einwirkung von Schwefel auf Pinabietin nicht

[1] Vgl. die Übersicht bei Virtanen, A. **424**, 170—173 (1921). — S. ferner: Liebermann, B. **17**, 1884 (1884). — S. Haller, B. **18**, 2167 (1885). — Vesterberg, B. **19**, 2174 (1886). — P. Levy, B. **39**, 3044 (1906).

etwa eine neue Ringschließung erfolgt. Vielmehr muß bei dem Übergang von Pinabietinsäure in Pinabietin (Gleichungen A und B auf S. 142) ein Ring gesprengt werden. VIRTANEN nimmt nun an, daß dieser leicht sprengbare Ring ein durch Brückenbindung einem Sechsring eingegliederter Dreiring ist, ähnlich, wie sich ein solcher im Sabinen (vgl. S. 25) und andern Verbindungen der Thujon-Gruppe findet. Fragt man sich nun weiter, wie aus der nur eine Doppelbindung aufweisenden, tetracyclischen Pinabietinsäure durch Abspaltung von Kohlenoxyd + Wasser (Gleichung B auf S. 142) das einen aromatischen Sechsring enthaltende und tricyclische Pinabietin (Formel V oder VI auf S. 146) hervorgehen kann, so kommt man zu dem Schluß, daß die drei Doppelbindungen dieses aromatischen Sechsrings nur entstammen können:

a) der ursprünglich in der Pinabietinsäure vorhandenen Doppelbindung,
b) der Bildung einer neuen Doppelbindung durch die nach Gleichung B (S. 142) verlaufende Abspaltung des Carboxyls (Austritt eines Ring-Wasserstoffatoms mit dem Hydroxyl des Carboxyls),
c) dem Übergang der Brückenbindung (s. oben) in eine Doppelbindung.

D. h. es müssen ursprüngliche Doppelbindung, Carboxyl und Brückenbindung einem und demselben Sechsring angehören, und dieser Sechsring muß zugleich die Isopropyl-Gruppe tragen, da ja für das Pinabietin die Stellung des Isopropyls im aromatischen Teilring des tricyclischen Systems erwiesen ist. Unter den hiernach noch bleibenden Formulierungsmöglichkeiten hält VIRTANEN auf Grund von Erwägungen, deren Darlegung hier zu viel Raum beanspruchen würde, die folgenden für die wahrscheinlichsten:

VII) 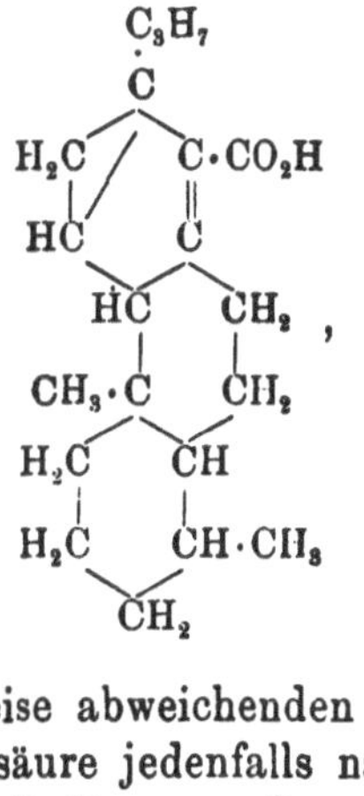

,

VIII) 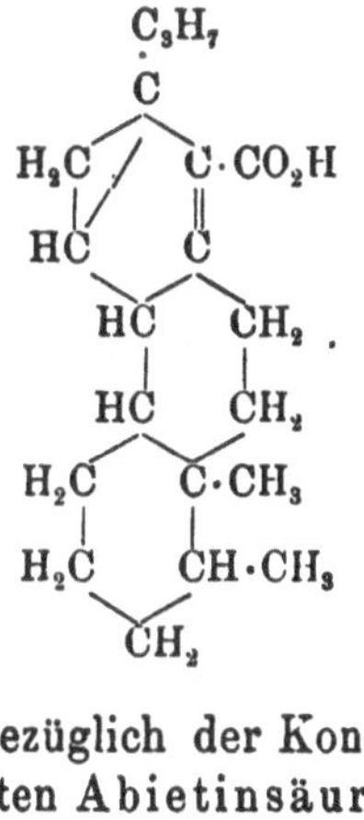

.

Zu teilweise abweichenden Schlüssen bezüglich der Konstitution der der Pinabietinsäure jedenfalls nahe verwandten Abietinsäure gelangten in neuester Zeit RUZICKA, SCHINZ und MEYER[1] auf Grund des oxydativen

[1] Helv. 6, 1082 (1923).

Abbaues der Abietinsäure und des Methylabietins (vgl. S. 142). Ihre Überlegungen, auf die im einzelnen einzugehen hier nicht der Raum ist, führen sie zu dem Schluß, daß Carboxyl und Isopropyl nicht an demselben Ring haften können, und daß das Kohlenstoffgerüst der Abietinsäure durch eine der folgenden vier Formeln wiederzugeben ist:

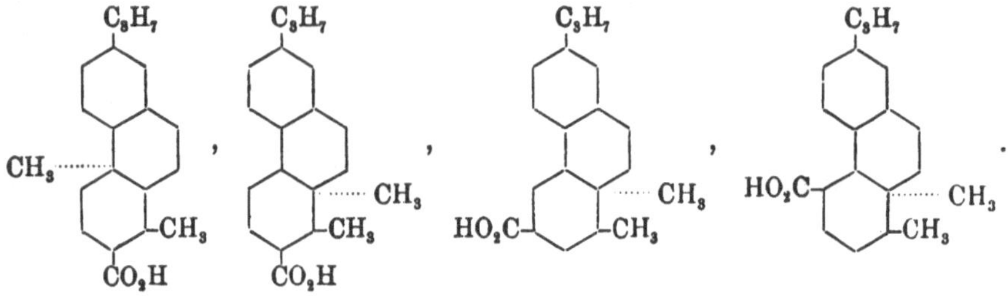

In dem das Carboxyl tragenden Ring scheint eine Doppelbindung nicht vorhanden zu sein.

Aus manchen Coniferen-Harzen hat man auch *Säuren von anderer Zusammensetzung als* $C_{20}H_{30}O_2$ abgeschieden. Doch handelt es sich dabei um Präparate, deren Einheitlichkeit so wenig gesichert ist, daß hier der Hinweis auf die Literatur[1] genügt und von einer Wiedergabe einzelner Angaben abgesehen werden kann. — Über Kolophensäuren vgl. S. 173—174.

Zu erwähnen ist nur die von Oudemans jun.[2] schon frühzeitig (1873) sehr gründlich gekennzeichnete **Podocarpinsäure** $C_{17}H_{22}O_3$. Sie wurde aus einem krystallinischen Harz gewonnen, das in einem alten Baumstamm von Podocarpus cupressina (in Java heimisch) gefunden worden war, und kommt in diesem Harz zu mindestens 98 % vor; sie bildet weiße Kryställchen des rhombischen Systems, schmilzt bei 187—188° und erstarrt wieder zu einem transparenten Glase, das nicht krystallinisch wird, löst sich nicht in Wasser, aber sehr leicht in Weingeist und ist rechtsdrehend. Kocht man die Säure mit einem sehr geringen Überschuß von Natriumcarbonat und Wasser, so krystallisiert aus der genügend konzentrierten Lösung beim Erkalten das Natriumsalz $C_{17}H_{21}O_3Na + 7H_2O$ in langen glänzenden Nadeln, die bei 100° wasserfrei werden. Aus dem Silbersalz erhält man durch Alkyljodide wohlkrystallierbare Ester, wie $C_{17}H_{21}O_3 \cdot CH_3$ (Schmelzp. 174°). Da die Säure nitriert und sulfuriert werden kann, enthält sie wahrscheinlich einen aromatischen Kern. Aus dem Umstand, daß die Nitropodocarpinsäure $C_{17}H_{21}(NO_2)O_3$ zweibasisch ist, darf man auf die Gegenwart eines aromatisch gebundenen Hydroxyls schließen, dessen saure Natur durch Eintritt der Nitrogruppe verstärkt wird. Man kann daher die Bruttoformel der Podocarpinsäure in die Formel einer Oxymonocarbonsäure $C_{16}H_{20}(OH)(CO_2H)$ auflösen. Sie leitet sich also von einem Kohlen-

[1] Vgl. z. B.: Tschirch, „Harze", S. 527—534, 540—541, 544—546, 556—559, 578, 583—584, 588—589, 591—593, 596, 602—605, 612—613, 618, 727—729, 732—736. — Tschirch, M. Wolff, Ar. **244**, 693ff. (1906). — Leuchtenberger, Ar. **245**, 702ff. (1907). — Frankforter, Am. Soc. **31**, 561 (1909). — Emmanuel, Ar. **250**, 105, 107, 108 (1912) — Wichmann, Ar. **250**, 473, 475 (1912). — Smith, C. **1912**, II, 366. — Reutter, C. **1913**, I, 438—439; **1913**, II, 1303. — Tschirch, de Jong, Ar. **253**, 290 (1915). — L. Paul, Kolloid-Zeitschrift, **24**, 96 (1919).

[2] A. **170**, 213 (1873). R. **4**, 169 (1885). — Tschirch, Niederstadt, Ar. **239**, 155 (1901).

wasserstoff $C_{16}H_{22}$ ab. Aus weiteren Umsetzungen läßt sich mit hohem Wahrscheinlichkeitsgrad folgern, daß im Molekül dieses Kohlenwasserstoffes ein echter Benzolkern, der Hydroxyl und Methyl in p-Stellung zueinander enthält, und ein hydrierter Benzolkern miteinander kombiniert sind. Hierfür spricht, daß bei der Destillation der Podocarpinsäure mit Zinkstaub ein Kohlenwasserstoff (Methanthren) entsteht, der nicht nur die Zusammensetzung $C_{15}H_{12}$ eines Methylanthracens besitzt, sondern auch sich anthracenähnlich verhält, und daß ferner bei der trockenen Destillation des Calciumsalzes p-Kresol neben einem terpenähnlichen Kohlenwasserstoff C_9H_{14} (Carpen) und höher molekularen Produkten erhalten wird.

Säuren aus anderen Harzen.

Auch in den Harzen, welche von nicht zu den Coniferen gehörenden Gewächsen stammen, sind „Resinolsäuren“ (vgl. S. 129, 132) häufig gefunden worden, zuweilen, z. B. in vielen Kopalen in reichlicher Menge, in anderen Fällen als ihrer Menge nach untergeordnete Bestandteile. Meist hat man sie nur in amorphem Zustand erhalten; doch sind auch krystallisierbare Vertreter nicht selten. Aber die Untersuchungen sind bei der Mehrzahl der Beispiele noch nicht so weit gediehen, daß man zu der Einheitlichkeit der beschriebenen Präparate und zu den aus dem analytischen Material errechneten Bruttoformeln Vertrauen haben kann. Manchmal hat es sich auch ereignet, daß spätere Bearbeiter die von früheren Autoren beschriebenen Säuren nicht wiederfinden konnten, was wohl darauf zurückzuführen ist, daß die Handelsbezeichnungen der Harze eine sichere Beurteilung ihrer botanischen Herkunft nicht zulassen (vgl. S. 133). — Dafür, daß es sich bei den als Resinolsäuren klassifizierten „Säuren“ um echte Carbonsäuren handelt, liegen meist keine sicheren Anhaltspunkte vor.

Stattlich ist die Anzahl der Namen, denen man in der Literatur für sogenannte „Resinolsäuren“ begegnet. Aber für die chemische Kennzeichnung ist das mit diesen Namen verknüpfte Beobachtungsmaterial meist wenig belangreich. Hier werden daher nur wenige, gut charakterisierte Beispiele behandelt. Im übrigen wird darauf verzichtet, Namen aufzuzählen und Beschreibungen von Präparaten wiederzugeben. Hierfür muß auf die in anderen Werken gegebenen Zusammenstellungen[1] und auf die Original-Literatur verwiesen werden[2].

---

[1] Vgl.: Tschirch, „Harze“, S. 354—357, 412—414, 428—430, 435—436, 438, 441, 447, 450, 458—463, 470—473, 762—766, 772, 774—802, 822—825, 1073—1079. — Czapek, Biochemie der Pflanzen, 2. Aufl., Bd. III (Jena 1921), S. 703—706.

[2] Aus der neueren Literatur vgl. z. B.: Rackwitz, Ar. **245**, 419, 423 (1907). — v. Friedrichs, Ar. **245**, 430, 438—439, 445—448, 450—451 (1907). — H. u. A. Euler, B. **40**, 4760 (1907). — Engel, Ar. **246**, 297, 299, 302, 303 (1908). — Willner, Ar. **248**, 269ff., 286ff. (1910). — Kahan, Ar. **248**, 435ff., 444ff. (1910). — Gottlieb, Ar. **249**, 702, 703, 706—708 (1911). — Machenbaum, Ar. **250**, 7, 9, 11, 14, 16—18 (1912). — Grasser, C. **1912**, I, 269; **1917**, I, 413. — Reutter, C. **1913**, II, 1303 bis 1304. — Emmanuel, Papavasilion, Ar. **258**, 146 (1920).

Eine aromatische Säure mit *drei Sauerstoffatomen* ist die **Kawasäure** $C_{13}H_{12}O_3$, die nach einer kürzlich veröffentlichten Untersuchung von BORSCHE u. A. ROTH[1] aus dem Harz der Kawa-Wurzel (von Piper methysticum), nachdem es durch Erwärmen mit 10-prozentiger Natronlauge in Lösung gebracht ist, in so reichlicher Menge gewonnen wird, daß sie bzw. der Stoff, aus dem sie durch warmes Alkali entsteht, als Hauptbestandteil des Harzes angesehen werden muß. Sie scheidet sich aus der alkalischen Lösung als schön krystallisiertes Natriumsalz ab, krystallisiert frei aus Methylalkohol in gelben Nadeln, schmilzt bei 164—165° (unter Zers.) und spaltet sich bei der Vakuum-Destillation in Kohlendioxyd und Cinnamalaceton $C_6H_5 \cdot CH:CH \cdot CH:CH \cdot CO \cdot CH_3$. Diese leichte Spaltung spricht dafür, daß sie eine β-Ketonsäure ist (vgl. Bd. I, Tl. II, S. 1123—1124). Von den beiden hiernach zur Wahl stehenden Formeln:

$$\text{I)}\quad C_6H_5 \cdot CH:CH \cdot CH:C(CO_2H) \cdot CO \cdot CH_3,$$
α-Cinnamal-acetessigsäure

$$\text{II)}\quad C_6H_5 \cdot CH:CH \cdot CH:CH \cdot CO \cdot CH_2 \cdot CO_2H$$
γ-Cinnamal-acetessigsäure

ist die zweite wahrscheinlicher, da der aus Zimtaldehyd und Acetessigester leicht zu synthetisierende Äthylester der Säure I beim Erwärmen mit Natronlauge nicht das charakteristische Natriumsalz der Kawasäure ergab.

Zu erwähnen sind ferner einige Säuren mit *vier Sauerstoffatomen.*

Die Formel $C_{14}H_{28}O_4 = C_{13}H_{25}(OH)_2 \cdot CO_2H$ kommt der **Ipurolsäure** (Nadeln vom Schmelzp. 100—101°) zu, welche POWER und ROGERSON[2] zuerst aus dem Harz von Ipomoea purpurea, dann aus dem Jalapenharz (von Ipomoea purga) gewannen und durch mehrere Derivate charakterisierten; in beiden Fällen wurde diese Säure aus Fraktionen der Harze nach der Hydrolyse neben vielen anderen Stoffen erhalten.

Als Bestandteile der wichtigen Benzoeharze (vgl. S. 179) sind neuerdings unter Berichtigung der Angaben früherer Autoren durch REINITZER, A. ZINKE und LIEB zwei isomere Säuren $C_{30}H_{48}O_4$, die also der Reihe $C_nH_{2n-12}O_4$ angehören, nachgewiesen worden[3] — die **d-Siaresinolsäure** und die **d-Sumaresinolsäure.**

Man gewinnt die Siaresinolsäure aus der Siambenzoe durch Erwärmen mit 6-prozentiger Natronlauge als schwer lösliches, krystallisierbares Natriumsalz von der Zusammensetzung $C_{30}H_{47}O_4Na + 8H_2O$ in einer Ausbeute von 4—5%, daraus durch Zersetzung mit Salzsäure die freie Siaresinolsäure. Diese krystallisiert aus Eisessig sehr schön in Gestalt einer bei 280—281·5° (unkorr.) schmelzenden Essig-

[1] B. **54**, 2229 (1921). — Über andere „Kawasäuren" S. MURAYAMA, MAYEDA, C. **1922**, I, 414.

[2] C. **1908**, II, 887; **1909**, II, 985. Am. Soc. **32**, 107 (1910). Vgl. HARRIES, NAGEL, C. **1922**, III, 342.

[3] REINITZER, Ar. **252**, 341 (1914); **259**, 1 (1921). — A. ZINKE, LIEB, M. **39**, 95, 219, 627 (1918) — A. ZINKE, M. **40**, 277 (1919). — A ZINKE, DZRIMAL, M. **41**, 437ff. (1920).

säure-Additionsverbindung $C_{30}H_{48}O_4 + C_2H_4O_2$; aus Methylalkohol scheidet sie sich in Krystallen vom Schmelzp. 274—275° ab. Sie zeigt in methylalkoholischer Lösung $[\alpha]_D^{22} = + 27 \cdot 3°$ (c = 1·465), löst sich in kalter konz. Schwefelsäure mit kanariengelber Farbe auf und ist methoxylfrei. Aus ihrem Silbersalz erhält man durch Einwirkung von Methyljodid den bei 169—170° schmelzenden Methylester $C_{30}H_{47}O_4(CH_3)$. Sie wird als Carbonsäure aufgefaßt, weil sie sowohl mit Natronlauge wie mit Sodalösung in der Wärme das schwer lösliche Natriumsalz (s. o.) bildet, und weil ihre alkoholische Lösung zwar schwach, aber deutlich sauer reagiert. — Die ihr isomere *d*-Sumaresinolsäure findet sich — begleitet von geringen Mengen eines linksdrehenden, hochschmelzenden, nur amorph erhaltenen Stoffs („*l*-Benzoresinol") — in der Sumatrabenzoe, krystallisiert aus verdünntem Alkohol mit 1 Mol. H_2O in Nadelbüscheln, schmilzt wasserfrei bei 298—299°, zeigt in absolutem Äthylalkohol $[\alpha]_D^{9} = + 51 \cdot 6°$ (*c* = 1·647) und löst sich in kalter konz. Schwefelsäure mit Orangefarbe. Von der *d*-Siaresinolsäure unterscheidet sie sich wesentlich dadurch, daß sie infolge der größeren Löslichkeit ihres Natriumsalzes von verdünnter Natronlauge sowie von Sodalösung leicht gelöst wird. Ihr Methylester schmilzt bei 215—216°. — Für beide Säuren ist das Molekulargewicht an Derivaten ebullioskopisch kontrolliert. Beide werden durch Chromsäure in essigsaurer Lösung zu krystallisierbaren Säuren von der Zusammensetzung $C_{27}H_{40}O_4$ abgebaut.

Eine Säure mit *fünf Sauerstoffatomen* endlich ist die **Aleuritinsäure** $C_{16}H_{32}O_5$, die sich aus dem Reinharz des Stocklacks (vgl. S. 176) beim Stehen mit 5n-Kalilauge als Kaliumsalz abscheidet[1]. Sie schmilzt bei 100—101°, liefert ein Triacetat und wird durch Jodwasserstoffsäure und Phosphor zu Palmitinsäure reduziert. Sie besitzt demnach die Konstitution einer **Trioxypalmitinsäure**[2] (vgl. auch Bd. I, Tl. II, S. 625).

Zehntes Kapitel.

Weitere sauerstoffhaltige Bestandteile.

(Resinole [Amyrine, Lupeol, Urushiol, Guajac-Harzsäure, Humulon, Lariciresinol usw.] — Harzester — Resene — „Beistoffe".)

Unter den Stoffen, welche außer den im vorigen Kapitel besprochenen Harzsäuren (Resinolsäuren) als charakteristische Harzbestandteile aufzuführen sind, stehen in erster Linie Verbindungen, die ihrem Verhalten nach als Alkohole oder Phenole aufzufassen sind und sich in den Harzen bzw. den Milchsäften teils frei, teils verestert vorfinden. Ihnen wird daher der erste Abschnitt dieses Kapitels (S. 152ff.) gewidmet, in dem wir sie unter dem Sammelnamen „Resinole" vereinigen (vgl. dazu S. 129).

---

[1] Farner, Ar. **237**, 39 (1899). — Tschirch, Lüdy, Helv. **6**, 1004 (1923).

[2] Endemann, Z. Ang. **20**, 1777 (1907). C. **1908**, I, 1862. Z. Ang. **22**, 676 (1909). — Harries, Nagel, Chem. Umschau a. d. Geb. d. Fette, Öle, Wachse, Harze **29**, 135. Wiss. Veröffentlichungen a. d. Siemens-Konzern **1**³, 178 (1922). C. **1922**, III, 342. B. **55**, 3836 (1922).

Vorauszuschicken ist hier (wie im vorigen Kapitel für die Resinolsäuren, S. 131), daß man in den Harzen auch verhältnismäßig einfach konstituierten Alkoholen der Benzol-Reihe begegnet, die man nicht unter die Bezeichnung „Resinole“ einzubeziehen pflegt, weil für ihr chemisches Studium das Vorkommen in den Harzen nicht vorzugsweise maßgeblich gewesen ist. Hierher gehören der Benzylalkohol $C_6H_5 \cdot CH_2 \cdot OH$, der verestert sich im Perubalsam und Tolubalsam findet, der γ-Phenyl-propylalkohol[1] (Hydrozimtalkohol) $C_6H_5 \cdot CH_2 \cdot CH_2 \cdot CH_2 \cdot OH$, dessen Zimtsäureester z. B. in Storax-Sorten und in der Sumatrabenzoe vorkommt, und der Zimtalkohol $C_6H_5 \cdot CH{:}CH \cdot CH_2 \cdot OH$, der — gleichfalls an Zimtsäure gebunden — in Storax-Sorten und auch in der Sumatrabenzoe enthalten ist. Das Vorkommen dieser Alkohole in Harzen ist schon lange bekannt. Nach einer jüngst erschienenen Untersuchung[2] scheint zu ihnen als Harzbestandteil der Coniferylalkohol $(CH_3 \cdot O)^3(HO)^4 \cdot C_6H_3 \cdot CH{:}CH \cdot CH_2 \cdot OH$ zu treten, dessen Benzoesäureester mit großer Wahrscheinlichkeit in der Siambenzoe nachgewiesen ist (vgl. S. 168).

Im Milchsaft des javanischen Giftbaums Antiaris toxicaria wurde 1-Oxy-3.4.5-trimethoxy-benzol (Antiarol) gefunden[3].

I. Resinole.

Für die Reihenfolge, in welcher die Resinole aufgeführt werden, legen wir in erster Linie die Anzahl der in ihrem Molekül vorhandenen Sauerstoffatome, in zweiter Linie den Sättigungsgrad zugrunde. Wir beginnen also mit Resinolen, welche nur *ein Sauerstoffatom* im Molekül enthalten.

Als Vertreter der Reihe $C_nH_{2n}O$ wäre hier das **Glutinol**[4] $C_{14}H_{28}O$ zu nennen, das — teils frei, teils mit einer Harzsäure verestert — im Blattfirnis von Alnus glutinosa aufgefunden ist, aus Alkohol in feinblättrigen Krystallflocken sich abscheidet, bei 70—71° schmilzt und sich wie ein gesättigter Alkohol verhält. Doch ist zu bemerken, daß seine Molekulargröße nicht mit Sicherheit ermittelt ist, daß also auch mehrere Sauerstoffatome in seinem Molekül enthalten sein könnten.

Der Reihe $C_nH_{2n-4}O$ scheint das **Gurjuresinol**[5] anzugehören, das aus den Bodensätzen isoliert worden ist, welche bei längerem Stehen von Gurjunbalsam — dem physiologischen Sekret von südostasiatischen Dipterocarpus-Arten — sich bilden. Seine Analyse und Molekulargewichtsbestimmung stimmen auf die Formel $C_{15}H_{26}O$, als Hydroxylverbindung ist es durch Bildung eines Essigsäure- und eines

[1] Vgl.: RÜGHEIMER, A. **172**, 122 (1874). — v. MILLER, A. **188**, 202 (1877). Ar. **220**, 651 (1882). — HATTON, HODGKINSON, Ser. **39**, 319 (1881). — LÜDG, Ar. **231**, 55 (1893). — SCHIMMEL u. Co., D.R.P. 116091 (C. **1901**, I, 69). — THOMS, A. BILTZ, C. **1904**, II, 1047. — HELLSTRÖM, Ar. **243**, 235 (1905).

[2] A. ZINKE, DZRIMAL, M. **41**, 423 ff. (1920).

[3] KILIANI, Ar. **234**, 441, 443 (1896). — Vgl. THOMS, SIEBELING, B. **44**, 2124 (1911).

[4] H. und A. EULER, B. **40**, 4761 (1907).

[5] TSCHIRCH, WEIL, Ar. **241**, 385, 392, 394—396 (1903).

Benzoesäure-esters charakterisiert. Es scheidet sich aus verdünntem Alkohol in gut ausgebildeten Krystallen ab, schmilzt bei 131—132°, ist in alkoholischer Lösung optisch inaktiv und löst sich nicht in Alkalien.

Ein Alkohol der Reihe $C_nH_{2n-8}O$ bildet als Essigsäureester das Lactucon, das sich im „Lactucarium" — dem eingetrockneten Milchsaft von Lactuca virosa — vorfindet. Er wird **Lactucol** genannt, besitzt die Zusammensetzung $C_{21}H_{34}O$, entsteht aus dem Lactucon durch Verseifung mit alkoholischer Kalilauge und liefert durch Acetylierung das Lactucon zurück, krystallisiert aus Alkohol in weißen Nadeln, schmilzt bei 154·5° und addiert in Schwefelkohlenstoff-Lösung 2 Atome Brom[1]. Das Lactucon $C_{21}H_{33}\cdot O\cdot CO\cdot CH_3$ krystallisiert aus Alkohol gleichfalls in Nadeln, schmilzt bei 184° und zeigt in Chloroform-Lösung $(c = 4)[\alpha]_D = +50°$; seine Molekulargröße ist kryoskopisch geprüft.

Die wichtigsten einatomigen Resinole sind die Amyrine und das Lupeol. Die Amyrine gehören der Reihe $C_nH_{2n-10}O$ an, welche man auch unter den natürlichen Alkoholen vertreten findet, die unter dem Namen „Sterine" zusammengefaßt werden (vgl. S. 181ff.). Auch könnten sie nach ihren Eigenschaften zu den Sterinen gestellt werden. Wegen ihrer weiten Verbreitung in Harzen und Milchsäften mögen sie aber schon hier Besprechung finden.

Als „Amyrin" wurde von älteren Autoren[2] ein schon sehr frühzeitig beobachteter Stoff bezeichnet, der einen charakteristischen Bestandteil der meist „Elemi" genannten Busseraceen-Harze bildet und aus ihnen leicht in krystallisierter Form gewonnen werden kann, nachdem man die leichter löslichen Bestandteile durch Digerieren mit kaltem Alkohol entfernt hat. VESTERBERG[3] wies 1887 nach, daß das alte „Amyrin" ein Gemisch zweier isomerer Alkohole $C_{30}H_{50}O = C_{30}H_{49}\cdot OH$ ist, die er als **α-Amyrin** und **β-Amyrin** unterschied und in der Folge genau kennzeichnete. In Elemi-Harzen hat man dann die beiden Isomeren stets nebeneinander gefunden[4]; in einer Probe von Manila-Elemi z. B. konnte der Amyrin-Gehalt zu 20—25% des Harzes geschätzt werden, wovon etwa 70% auf α-Amyrin, der Rest auf β-Amyrin zu rechnen war. Daß aber die natürliche Entstehung der Amyrine nicht auf die Harze der Busseraceen beschränkt ist, zeigten besonders seit 1907 die Untersuchungen von N. H. COHEN und anderen Forschern, in denen für viele Einzelfälle ermittelt würde, daß die früher unter der Bezeichnung „Albane" (vgl. S. 87, 122) zusammengefaßten weißen krystallisierbaren Bestandteile der von Kautschukpflanzen und anderen Gewächsen erzeugten Milchsäfte[5] sich aus Amyrinen bzw. ihren Estern

---

[1] SPERLING, C. **1904**, I, 1162. — POMERANZ, SPERLING, M. **25**, 785 (1904).

[2] Vgl. z. B.: H. ROSE, A. **32**, 297 (1839); **40**, 307 (1841). — BAUP, J. **1851**, 529. — BURI, J. **1876**, 911. — O. HESSE, A. **192**, 179 (1878).

[3] B. **20**, 1242 (1887); **23**, 3186 (1890); **24**, 3834, 3836 (1891).

[4] Vgl.: TSCHIRCH, „Harze", S. 431, 438, 448, 451, 454, 456. — CLOVER, C. **1907**, I, 1794. Am. **39**, 648 (1907). — A. ZINKE, FRIEDRICH, ROLLETT, M. **41**, 259 (1920).

[5] Ältere Angaben vgl. z. B.: PAYEN, J. **1852**, 644, 645. — OUDEMANS, J. **1859**, 517. — TSCHIRCH, Ar. **241**, 481 (1903). — RAMSAY, CHICK, COLLINGRIDGE, C. **1903**, I,

— zuweilen in Begleitung von Estern des Lupeols (s. S. 155) — zusammensetzen. So wurden α- und β-Amyrin (in Form ihrer Acetate) im „Bresk" — dem Koagulationsprodukt des Milchsafts von Dryera cortulata — festgestellt[1], β-Amyrinacetat in der Balata[2] (vgl. S. 124). Der „Chiclegummi", der aus dem dickflüssigen Saft des Achras Sapota in Mexiko gewonnen wird, und von dem bedeutende Mengen in Amerika als Kaugummi verwendet werden, enthält α- und β-Amyrin in Esterform[3]. α-Amyrin-cinnamat $C_{30}H_{49}\cdot O\cdot CO\cdot CH:CH\cdot C_6H_5$ ist der krystallisierte Bestandteil des Antiarharzes[4] (aus dem Milchsaft von Antiaris toxicaria). Mehrfach[5] sind Amyrinacetate in Kautschukmilch, Kautschuk- und Guttapercha-Sorten nachgewiesen worden. Das „Gondangwachs", welches aus dem praktisch kautschukfreien Milchsaft von Ficus varegiata durch Koagulation entsteht, enthält verestertes β-Amyrin[6]. Höhere Fettsäureester (Ester der Myristin- und der Palmitinsäure) fand schon 1892 O. Hesse[7] in verschiedenen Cocawachsen. Endlich ist zu erwähnen, daß ein früher unter dem Namen „Ilicylalkohol" beschriebener Alkohol, der (in veresterter Form) in dem aus der Rinde von Ilex aquifolium bereiteten Vogelleim gefunden worden war[8], sich als identisch mit α-Amyrin erwiesen hat[9].

Man trennt[10] die beiden Amyrine voneinander, indem man das Amyringemisch zunächst benzoyliert, das Rohbenzoat mit Aceton auskocht und den Rückstand mit etwas Essigester behandelt. Hierbei bleibt fast reines β-Amyrin-benzoat zurück, während man aus der Aceton-Lösung das α-Benzoat gewinnen kann. Aus den reinen Benzoaten werden dann die freien Amyrine durch Verseifung mit alkoholischer Kalilauge erhalten.

α-Amyrin[11] krystallisiert aus heißem Alkohol in weißen Nadeln, schmilzt gegen 186° (korr.), erfordert bei 19—19·5° 21·36 Tle. 98·3%igen Alkohol zur Lösung[12] und zeigt in Chloroform-Lösung (0·6 g in 25 ccm) $[\alpha]_D = +82\cdot8°$. β-Amyrin krystallisiert ebenfalls in Nadeln, schmilzt bei 197—197·5° (korr.), ist schwerer löslich in Alkohol (bei 19—19·5° in 36·44 Tln.) und zeigt in Chloroform (0·54 g in 25 ccm) $[\alpha]_D = +88\cdot0°$.

83. — v. Romburgh, B. **37**, 3440 (1904). Harries, B. **37**, 3847 (1904). — Tschirch, O. Müller, Ar. **243**, 122ff., 133, 141 (1905). — Tschirch, Schereschewski, Ar. **243**, 365ff., 373, 383ff., 391 (1905).

[1] Cohen, Ar. **245**, 242 (1907).

[2] Cohen, Ar. **245**, 245 (1907); **246**, 510 (1908).

[3] Bosz, Cohen, Ar. **250**, 52 (1912).

[4] Windaus, Welsch, Ar. **246**, 504 (1908).

[5] Vgl.: Cohen, Ar. **246**, 515 (1908). — Ultée, C. **1912**, II, 1469; **1914**, II, 148. B. **54**, 784 (1921). — Hiller, Ar. **251**, 102, 115 (1913).

[6] Ultée, C. **1915**, II, 794.

[7] A. **271**, 216ff. (1892).

[8] Personne, C. r. **98**, 1585 (1884).

[9] Jungfleisch, Leroux, C. r. **147**, 862 (1908).

[10] Vgl. A. Zinke, Friedrich, Rollett, M. **41**, 260 (1920).

[11] Vgl. N. H. Cohen, R. **28**, 391 (1908).

[12] Vesterberg, B. **23**, 3187 (1890).

Beide Amyrine lösen sich in konz. Schwefelsäure[1] mit citronengelber Farbe und grüner Fluorescenz (β-Amyrin schon in der Kälte).

α-Amyrin-acetat $C_{30}H_{49}O \cdot CO \cdot CH_3$ schmilzt gegen 224—225° (korr.), β-Amyrin-acetat gegen 240—241° (korr.), α-Amyrin-benzoat[2] gegen 192° (korr.), β-Amyrin-benzoat gegen 234—235° (korr.).

Daß die Amyrine ihr Sauerstoffatom in Form von Hydroxyl enthalten, geht zweifellos aus ihrer Fähigkeit zur Esterbildung (s. o.) hervor. Das Hydroxyl ist sicher nicht tertiär gebunden, da durch Oxydation mit Chromsäure Stoffe der gleichen C-Zahl — Amyrone $C_{30}H_{48}O$ — entstehen, die durch Oximbildung als Carbonylkörper gekennzeichnet sind. Ob aber diese Amyrone Aldehyde oder Ketone, die Amyrine selbst also primäre oder sekundäre Alkohole sind, ist noch ungewiß. Da die Amyrinacetate mit Brom nicht Additions-, sondern Substitutionsprodukte bilden, ist es wahrscheinlich, daß Doppelbindungen in dem Radikal $C_{30}H_{49}$ nicht enthalten sind. Merkwürdig aber erscheint, daß aus dem α-Amyrinacetat durch Oxydation mit Chromsäure das Acetat $C_{30}H_{47}O \cdot O \cdot CO \cdot CH_3$ eines „Oxyamyrins" $C_{30}H_{48}O_2$ hervorgeht, in welchem das neu eingetretene Sauerstoffatom weder Hydroxyl- noch Carbonyl-Reaktionen zeigt. Von den sonstigen Ermittlungen über das chemische Verhalten[3] ist zu erwähnen, daß durch Einwirkung von Phosphorpentachlorid auf die Amyrine Kohlenwasserstoffe $C_{30}H_{48}$ — „Amyrilene" — gebildet werden. Bemerkenswert ist, daß das aus α-Amyrin durch Phosphorpentachlorid entstehende Amyrilen sich unter den unverseifbaren Bestandteilen des Kakaofettes findet[4].

In der Guttapercha aus den Blättern von Palaquium Treubi fanden Jungfleisch und Leroux[5] einen den Amyrinen isomeren, von ihnen **Paltreubin** genannten Stoff, der viel höher schmilzt (bei 260° auf dem „bloc Maquenne") und optisch inaktiv ist. Durch Acetylieren mit Essigsäureanhydrid im geschlossenen Rohr bei 175° wurden daraus zwei isomere Acetate $C_{30}H_{49} \cdot O \cdot CO \cdot CH_3$ erhalten, die bei der Verseifung zwei isomere Alkohole $C_{30}H_{49} \cdot OH$ — α- und **β-Paltreubylalkohol** — liefern. Da ein Gemisch dieser beiden Alkohole sich leicht durch Krystallisation zerlegen läßt, während das Paltreubin selbst durch die gleichen Mittel nicht zerlegbar ist, fassen die genannten Autoren das Paltreubin nicht als ein Gemisch der beiden Paltreubylalkohole auf, sondern nehmen an, daß bei der Acetylierung Isomerisation eingetreten ist. Den β-Paltreubylalkohol fanden sie — natürlich vorkommend — in den Blättern von Palaquium gutta und von Palaquium Borneense.

Lupeol[6], das 1891 von E. Schulze und Likiernik in den Samen-

[1] A. Zinke, Friedrich, Rollett, M. **41**, 264 267 (1920).

[2] Vgl. auch Jungfleisch, Leroux, C. r. **147**, 863 (1908).

[3] Vgl. Vesterberg, B. **20**, 1244 (1887); **23**, 3188 (1890); **24**, 3834, 3836 (1891). — Tschirch, „Harze", S. 457—458.

[4] Matthes, Rohdich, B. **41**, 19, 21 (1908).

[5] Bl. [4] **1**, 327 (1907).

[6] Likiernik, H. **15**, 415 (1891). — E. Schulze, H. **41**, 474 (1904). — v. Romburgh, B. **37**, 3440 (1904). C. r. **145**, 926 (1907). — Sack, Tollens, B. **37**, 4105 (1904). — Jungfleisch, Leroux, C. r. **144**, 1435 (1907). — N. H. Cohen, Ar. **245**, 236 (1907); **246**, 513, 520 (1908). R. **28**, 368 (1909). — Bosz, N. H. Cohen, Ar. **250**,

schalen von Lupinus luteus entdeckt, später frei in der Rinde von Roucheria Griffithiana und verestert sehr häufig (in Begleitung von Amyrinen bzw. ihren Estern) in Milchsäften aufgefunden wurde, ist ein Alkohol, für welchen nach den bei ihm selbst und seinen Abkömmlingen gesammelten Analysenzahlen die Formeln $C_{30}H_{50}O$, $C_{30}H_{48}O$, $C_{31}H_{50}O$ und $C_{32}H_{52}O$ in Betracht gezogen werden können. N. H. Cohen, der ihn besonders sorgfältig untersuchte, bevorzugt die Formel $C_{31}H_{50}O$, nach welcher er der Reihe $C_nH_{2n-12}O$ angehört. Für seine Gewinnung kann man z. B. vom „Bresk" (vgl. S. 154) ausgehen; man reinigt ihn in Form seines Benzoats (s. u.), das dann durch kochendes alkoholisches Kali verseift wird.

Lupeol krystallisiert aus Alkohol in farblosen, ziemlich langen Nadeln, schmilzt bei 215° (korr.), löst sich nicht in Wasser und verdünnten Alkalien, schwer in kaltem, ziemlich leicht in warmem Alkohol, leicht in Äther; in Chloroform-Lösung zeigt es $[\alpha]_D = +27.2°$ (4.8 g in 100 ccm). Setzt man zu 5 ccm einer Chloroform-Lösung, die 0.01 g Lupeol enthält, 10 Tropfen Essigsäureanhydrid und 2 Tropfen konz. Schwefelsäure, so färbt sich die Flüssigkeit bald rötlich und im Verlauf einer halben Stunde intensiv violettrot.

Das Acetat, das sich z. B. im Bresk, im „Gondangwachs" (vgl. S. 154) und im Harz des Pontianac-Kautschuks findet, schmilzt bei 218° (korr.), das Benzoat gegen 273—274° (korr.). Das Cinnamat (Zimtsäureester) kommt in verschiedenen Guttaperchaharzen vor und schmilzt bei 249—250° (korr.).

Gleich den Amyrinen (vgl. S. 153) ist das Lupeol entweder ein primärer oder ein sekundärer Alkohol. Denn es liefert durch Oxydation mit wäßriger Chromsäure-Lösung eine schön krystallisierende, bei 170° schmelzende Carbonyl-Verbindung der gleichen C-Zahl (Lupeon $C_{31}H_{48}O$). Ob es Doppelbindungen enthält, geht aus den bisher vorliegenden Beobachtungen zwar nicht mit voller Sicherheit hervor; aber die „Jodzahlen" (vgl. Bd. I, Tl. II, S. 150—151) des Lupeols und des Lupeons entsprechen der Annahme einer Doppelbindung sehr genau. Jedenfalls befindet sich die etwa vorhandene Doppelbindung nicht in α,β-Stellung zum hydroxylierten C-Atom; denn das Lupeon liefert bei der Reduktion mit Natrium in Äthylalkohol Lupeol zurück, und Lupeol bleibt bei Behandlung mit Natrium in Amylalkohol unverändert (vgl. dazu Bd. I, Tl. I, S. 1015—1016).

In den Milchsäften vieler Euphorbiaceen tritt der Kautschukgehalt (vgl. S. 103) gegenüber dem Harzgehalt sehr zurück[1]. Das „Euphorbium" — der erhärtete Milchsaft solcher Euphorbiaceen, der für medizinische Zwecke (besonders in der Veterinärpraxis) Verwendung findet — enthält als charakteristischen Bestandteil **Euphorbon**[2] in reichlicher Menge. Euphorbon krystallisiert gut bei langsamem

58 (1912). — Hillen, Ar. **251**, 102, 120 (1913). — Ultée, C. **1915**, II, 794. B. **54**, 785 (1921).

[1] Vgl. v. Wiesner, M. **33**, 471 ff. (1912).

[2] Vgl.: Flückiger, J. **1868**, 809. — O. Hesse, A. **192**, 193 (1878). — Henke,

Verdunsten seiner Essigester-Lösung, schmilzt gegen 115—116°, gibt in warmen Lösungen leicht harzartige Modifikationen oder Umwandlungsprodukte, ist aber im Vakuum unzersetzt destillierbar; es ist vollkommen geruchlos und geschmacklos. Nach den letzten Untersuchungen von Tschirch und Paul und von Emmerling scheint es ein Alkohol von der Zusammensetzung $C_{30}H_{48}O$ zu sein. Hiernach würde es in die gleiche Reihe $C_nH_{2n-12}O$ gehören, wie das Lupeol, aber um ein C-Atom ärmer sein als dieses.

Zu den *Resinolen mit zwei Sauerstoffatomen* gehört der Hauptbestandteil des „japanischen Lacks“ — jenes Anstreichmittels, dessen Vorzüge — hoher Glanz, Härte ohne Sprödigkeit, Widerstandsfähigkeit gegen siedendes Wasser, Alkohol usw. — allgemein durch die mit seiner Hilfe hergestellten Lackwaren des japanischen Kunstgewerbes bekannt sind. Der Japanlack („Kiurushi“) ist ein dickflüssiges, graugelbliches Sekret des in Ostasien heimischen Lackbaumes Rhus vernicifera und wird durch Anritzen der Stämme während des Sommers gewonnen[1]. Er erhärtet an der Luft unter Dunkelfärbung von selbst, am besten bei warmer Sommertemperatur und feuchter Atmosphäre. Dieser Vorgang beruht darauf, daß ein in ihm enthaltenes Enzym („Laccase“) Sauerstoff der Luft auf den Hauptbestandteil des Lacks überträgt, der ein Stoffgemisch von saurem Charakter darstellt und **Urushiol**[2] (früher Urushinsäure) genannt wird. In einer 1921 abgeschlossenen Reihe ausgezeichneter Untersuchungen hat der japanische Chemiker Majima mit seinen Schülern dieses wichtige Erzeugnis der Flora seines Heimatlandes so weit aufgeklärt, daß über seine chemische Natur nur noch in unwesentlichen Punkten Zweifel bestehen.

In bezug auf die empirische Zusammensetzung haben diese Untersuchungen ergeben, daß das „Urushiol“ ein Gemisch ist, das aus einer verhältnismäßig geringen Menge einer gesättigten Verbindung $C_{21}H_{36}O_2$ mit größeren Mengen von ungesättigten Verbindungen der gleichen C-Zahl (wahrscheinlich $C_{21}H_{34}O_2$, $C_{21}H_{32}O_2$ und $C_{21}H_{30}O_2$) besteht. Durch katalytische Hydrierung aber gehen die ungesättigten Gemengteile in den gesättigten Bestandteil $C_{21}H_{36}O_2$ über, und man gelangt daher auf diesem Wege zu einem einheitlichen Präparat $C_{21}H_{36}O_2$, das Hydrourushiol genannt wird. Vor dem rohen Urushiol, das flüssig ist und bei der Überführung in Alkyläther und Säureester ebenfalls flüssige Abkömmlinge liefert, hat dieses Hydrourushiol den für die chemische Be-

---

Ar. **224**, 729 (1886). — Ottow, Ar. **241**, 223 (1903). — Tschirch, Paul, Ar. **243**, 273 (1905). — Emmerling, B. **41**, 1373 (1908).

Über Pseudoeuphorbon $C_{15}H_{24}O$ aus einem „falschen Euphorbium“ siehe Leuchtenberger, Ar. **245**, 691 (1907).

[1] Vgl. Tschirch, „Harze“, S. 852—856.

[2] Vgl.: Yoshida, Soc. **43**, 472 (1883). — Tschirch, Stevens, Ar. **243**, 504 (1905). — Majima, Chō, B. **40**, 4390 (1907). — Miyama, C. **1908**, I, 1938. — Majima, B. **42**, 1418, 3664 (1909); **45**, 2727 (1912); **48**, 1593 (1915); **55**, 172 (1922). — Majima, Nakamura, B. **46**, 4080 (1913). — Majima, Tahara, B. **48**, 1606 (1915). — Majima, Takayama, B. **53**, 1907 (1920).

arbeitung schätzenswerten Vorzug, sowohl selbst zu krystallisieren wie auch krystallisierbare Derivate zu liefern. Es scheidet sich aus Xylol in Nadeln ab, schmilzt bei 58—59°, ist ohne Veränderung in hohem Vakuum destillierbar und löst sich sehr leicht in Alkohol; sein Dimethyläther $C_{21}H_{34}(O \cdot CH_3)_2$ — aus dem „Urushiol-dimethyläther" durch katalytische Hydrierung bereitet — schmilzt bei 36—37°.

Das „Urushiol" gibt bei der trockenen Destillation Brenzcatechin, das Hydrourushiol färbt sich mit Eisenchlorid grün (dann schwarz) und reduziert ammoniakalische Silbernitrat-Lösung. Diese Feststellungen gaben schon deutliche Hinweise darauf, daß es sich hier um Benzol-Derivate mit der Brenzcatechin-Stellung (ortho-Stellung) zweier Hydroxyle handelt; und da das Hydrourushiol seiner Bruttoformel nach in die gleiche Reihe $C_nH_{2n-6}O_2$ mit dem Brenzcatechin gehört, so wurde es wahrscheinlich, daß in ihm nichts anderes vorliegt als ein Homologes des Brenzcatechins. Über die Art der Homologie gab die Oxydation des Hydrourushiols mit Kaliumpermanganat in Aceton Aufschluß; da bei ihr Palmitinsäure in ziemlich reichlicher Ausbeute entsteht, kann das Hydrourushiol nur eine, aus 15 C-Atomen in unverzweigter Anordnung zusammengefügte Seitenkette enthalten. Seine Formel $C_{21}H_{36}O_2$ ließ sich also in $(HO)_2C_6H_3 \cdot [CH_2]_{14} \cdot CH_3$ auflösen, und es blieb nur noch die Stellung der Seitenkette zu den beiden Hydroxylen zu ermitteln. Hierfür bestehen zwei Möglichkeiten, die in den Formeln I und II (s. u.) wiedergegeben sind. Da in der Natur nun sehr häufig Brenzcatechin-Derivate aufgefunden worden sind, welche analog der Formel I eine C-Seitenkette mit zwei Hydroxylen in der 1.2.4-Stellung kombiniert enthalten — man denke an Eugenol, Safrol, Vanillin usw. — durfte man

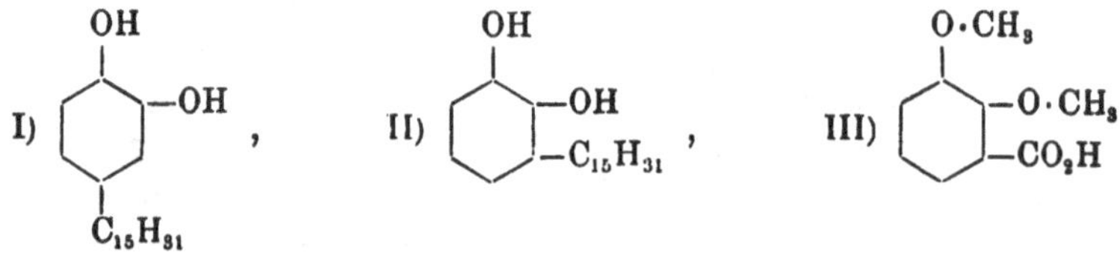

der Formel I größere Wahrscheinlichkeit zuschreiben als der Formel II. Als aber die Verbindung der Formel I synthetisch hergestellt wurde, erwies sie sich als verschieden vom Hydrourushiol, und man mußte nunmehr die von vornherein unerwartete Folgerung ziehen, daß das Hydrourushiol der Formel II eines 1-Pentadecyl-2.3-dioxybenzols entspricht. Diese Folgerung wurde durch eine von Majima und Tahara ausgeführte, in der nachstehenden Formelreihe erläuterte Synthese des Hydrourushiol-dimethyläthers, deren erste Phase in der Reaktion von β-[2.3-Dimethoxy-phenyl]-propionsäurechlorid mit der Natriumverbindung des n-Decyl-acetylens besteht, zur Gewißheit erhoben:

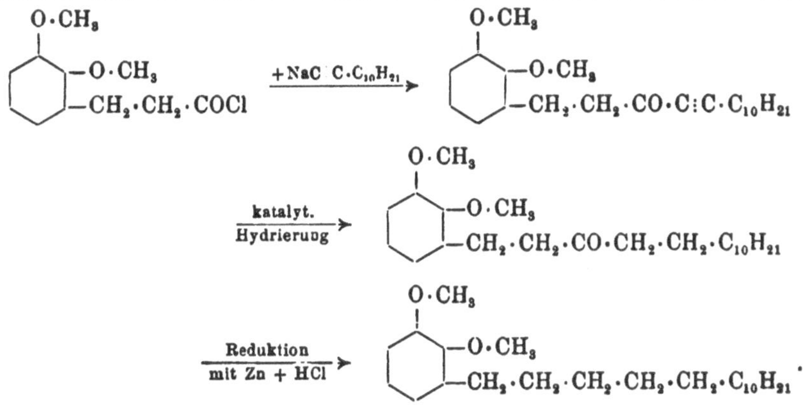

(A)

Eine weitere Bestätigung ergab sich darin, daß unter den Produkten, welche bei der Oxydation von Urushiol-dimethyläther mit Kaliumpermanganat entstehen, eine kleine Menge der 2.3-Dimethoxy-benzoesäure (Formel III, s. S. 158) nachgewiesen werden konnte.

Die ungesättigten Gemengteile des Urushiols (vgl. S. 157) geben sich dadurch zu erkennen, daß das Urushiol Brom zu addieren und Ozonide zu liefern vermag. Offenbar unterscheiden sie sich in ihrer Struktur dadurch vom Hydrourushiol, daß in der C_{15}-Seitenkette mehrfache Bindungen zugegen sind. Sie stehen also zu ihm in ähnlichem Verhältnis wie die Ölsäuren und trocknenden Ölsäuren zu den gesättigten höheren Fettsäuren; den in der langen Seitenkette verteilten ungesättigten Stellen verdanken das Urushiol sowohl, wie die trocknenden Öle jedenfalls die Eigenschaft, an der Luft einzutrocknen. — Einigen Aufschluß über die Lage der mehrfachen Bindungen gab der Ozon-Abbau von Urushiol-Derivaten; so wurde aus dem Dimethyläther das Önanthol $CH_3\cdot[CH_2]_5\cdot CHO$, aus dem acetylierten Monomethyläther die ω-[Oxy-methoxy-phenyl]-caprylsäure $(HO)(CH_3\cdot O)C_6H_3\cdot[CH_2]_7\cdot CO_2H$ erhalten. Majima schließt daraus, daß ein Gemengteil die Verbindung der Formel IV (s. u.) ist. Da aber beim Ozon-Abbau des Dimethyläthers

IV) $(HO)_2C_6H_3\cdot[CH_2]_7\cdot CH:CH\cdot[CH_2]_5\cdot CH_3$,

V) $(HO)_2C_6H_3\cdot[CH_2]_7\cdot CH:CH\cdot[CH_2]_4\cdot CH:CH_2$

auch Ameisensäure auftritt, so nimmt er als weiteren Gemengteil die Verbindung V an. Doch würde die Gegenwart dieser beiden Verbindungen $C_{21}H_{34}O_2$ (IV) und $C_{21}H_{32}O_2$ (V) neben dem Hydrourushiol $C_{21}H_{36}O_2$ noch keine Erklärung dafür bieten, daß das Urushiol in analytischer Beziehung sich wie ein Stoff von der durchschnittlichen Zusammensetzung $C_{21}H_{32}O_2$ verhält; Majima hält es daher für wahrscheinlich, daß außer diesen beiden Gemengteilen oder vielleicht an Stelle von V noch eine Verbindung mit drei Doppelbindungen ($C_{21}H_{30}O_2$) zugegen ist.

MAJIMA untersuchte auch Sekrete von verschiedenen anderen „Lackbäumen", die in China, Indochina, Siam und Burma heimisch sind[1]. Er fand „Urushiol" auch im „China-Lack" (wahrscheinlich von Rhus vernicifera), dagegen im Indochina-Lack, Formosa-Lack (aus Semeocarpus vernicifera) und Tsuta-urushi-Lack (aus Rhus orientalis) ein dem Urushiol ähnliches, Laccol[2] genanntes Gemisch von Verbindungen, die um 2 C-Atome reicher sind als die Komponenten des Urushiols. Durch katalytische Hydrierung wurde daraus das dem Hydrourushiol homologe Hydrolaccol $C_{23}H_{40}O_2$ (Schmelzp. 63—64°) bereitet, das mit Eisenchlorid ganz ebenso reagiert wie das Hydrourushiol (vgl. S. 158), aber bei der Oxydation mit Kaliumpermanganat in Aceton Stearinsäure ergibt, und dem man danach die Struktur des 1-Heptadecyl-2.3-dioxybenzols (Formel VI, s. u.) erteilen darf. — Auch im Burma-Lack (aus Melanorrhoea usitata) ist ein Gemisch von Verbindungen mit *23* C-Atomen — **Thitsiol** genannt — vorhanden. Aber sein Hydrierungsprodukt —

VI) 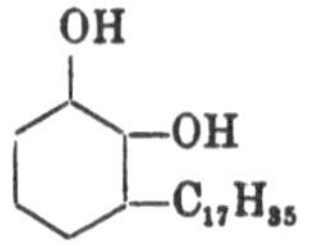 , VII) 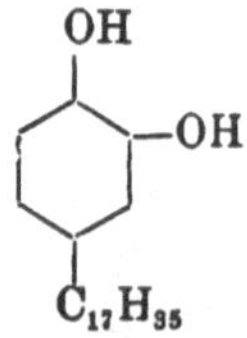

das dem Hydrolaccol isomere Hydrothitsiol (Schmelzp. 94—96°) — färbt sich mit Eisenchlorid dauernd grün; es wurde mit synthetisch hergestelltem 1-Heptadecyl-3.4-dioxy-benzol (Formel VII) identifiziert, ist also das Stellungsisomere des Hydrolaccols (vgl. dazu S. 158). Es ergab sich ferner, daß die Ausbeute an Hydrothitsiol aus Thitsiol viel geringer ist, als die Ausbeute von Hydrourushiol und Hydrolaccol aus Urushiol bzw. Laccol, und daß auch Ozonide aus dem Thitsiol in geringerer Ausbeute erhalten werden, als in den beiden anderen Fällen. Hieraus ist zu schließen, daß im Thitsiol die ungesättigten Bestandteile quantitativ hinter gesättigten Bestandteilen, deren Natur noch unbekannt ist, zurücktreten. Damit erklärt sich auch, daß der Burma-Lack langsamer eintrocknet und eine weniger feste Haut gibt, als der Japan- und der Indochina-Lack, und daher als Firnis schlechter brauchbar ist.

Urushiol wie Hydrourushiol rufen auf der Haut Entzündungen hervor; weniger giftig[3] sind Laccol und Thitsiol.

Als Vertreter der Reihe $C_nH_{2n-8}O_2$ kann das **Trochol** $C_{26}H_{42}(OH)_2$ angeführt werden, das — wahrscheinlich als Palmitinsäureester — im roten japanischen Vogelleim (aus der Rinde von Trochodendron aralioides hergestellt) vorkommt[4]. Es schmilzt bei 252°, läßt sich bei raschem Erhitzen im Vakuum unzersetzt destillieren

[1] MAJIMA, B. **55**, 191 (1922)

[2] Vgl. auch BERTRAND, Bl. [3] **11**, 719 (1894).

[3] Vgl. darüber bei MAJIMA, B. **55**, 208 (1922).

[4] YANAGISAWA, C. **1921**, III, 551.

und ist optisch aktiv; sein Molekulargewicht ist ebullioskopisch bestimmt. Sein Diacetat stellt farblose Nadeln dar und schmilzt bei 217°.

Der Reihe $C_nH_{2n-10}O_2$ scheint das **Brein**[1], $C_{30}H_{48}(OH)_2$ (?) — Schmelzp.: 216—217° (unkorr.) — anzugehören, welches neben den Amyrinen in kleiner Menge unter den krystallisierenden Bestandteilen von Elemiharzen (vgl. S. 153) gefunden worden ist. Als zweiwertige Hydroxylverbindung ist es durch Bildung eines Diacetats (Schmelzp. 196°), dessen Molekulargewicht kryoskopisch kontrolliert wurde, charakterisiert.

Zweiwertige Hydroxylverbindungen, denen die Formel $C_{16}H_{26}O_2$ erteilt wird, sind als Bestandteile von Liquidambar-Balsamen (Storax, Honduras-Balsamen) unter den Namen **Storesinol**, **Styresinol** und **Honduresinol** beschrieben worden[2]. Im Honduras-Balsam fanden Tschirch und Werdmüller[3] auch eine der Reihe $C_nH_{2n-18}O_2$ angehörige, also viel weniger gesättigte Verbindung in veresterter Form auf, die **Hondurol** genannt wurde; sie wird auf Grund ihrer Analyse und der Molekulargewichtsbestimmung ihres Dibenzoats als zweiwertige Hydroxylverbindung von der Zusammensetzung $C_{17}H_{14}(OH)_2$ formuliert.

Ein *Resinol mit vier Sauerstoffatomen* ist seit langer Zeit als ein Bestandteil des von Guajacum officinale (einer baumartigen, in Westindien verbreiteten Zygophyllacee) stammenden Guajac-Harzes bekannt. Dieses Harz wird medizinisch verwendet; besonders vertraut aber ist es dem Chemiker in Form seiner alkoholischen Lösung („Guajac-Tinktur"), welche die Eigenschaft hat, durch oxydierende Agenzien sich schön blau zu färben und daher vielfach zum Nachweis von Oxydationsfähigkeit (z. B. von Ozon, Chromsäure, oxydierenden Enzymen) benützt wird[4]. Hlasiwetz lehrte 1859 einen krystallierbaren Bestandteil des Harzes kennen, der von ihm **Guajac-Harzsäure**[5] genannt wurde, freilich nicht den Hauptbestandteil darstellt, sondern nur in einer Menge von ca. 11% darin vorkommt, und auch nicht der Träger jener „Guajac-Reaktion" ist. Die Guajac-Harzsäure verdankt ihre schwach saure Natur phenolisch gebundenen Hydroxylen und besitzt nach den neuesten Veröffentlichungen die Bruttoformel[6] $C_{20}H_{24}O_4$. Zur Trennung von anderen

---

[1] Vgl. Vesterberg, B. **39**, 2467 (1906).

[2] Vgl. dazu: Tschirch, „Harze", S. 290—291, 298ff., 312—314, 325—326. — Tschirch, Werdmüller, Ar. **248**, 422 (1910). — Henze, B. **49**, 1624 (1916). — Tschirch, C. **1919**, IV, 374.

[3] Ar. **248**, 429 (1910).

[4] Vgl. dazu z. B.: Schönbein, J. **1847/48**, 742; Fr. **8**, 68 (1869). — H. Schiff, A. **120**, 208 (1861). — Petit, Mayer, C. r. **141**, 193 (1905). — Bolland, Fr. **46**, 621 (1907). — Carlson, H. **55**, 260 (1908).

[5] Hlasiwetz, A. **112**, 182 (1859); **119**, 266 (1861). — Hadelich, J. **1862**, 466. — Hlasiwetz, Barth, A. **130**, 346 (1864). — Doebner, Lücker, Ar. **234**, 590 (1896). — Doebner, Ar. **234**, 610 (1896). — Herzig, F. Schiff, B. **30**, 378 (1897); **52**, 260 (1919). M. **18**, 714 (1897); **19**, 95 (1898). — Schroeter, Lichtenstadt, Irineu, B. **51**, 1587 (1918).

[6] Nach freundlicher Privatmitteilung von Herrn G. Schroeter hat sich indessen neuerdings herausgestellt, daß die bisher beschriebenen Präparate Gemische von eigentlicher Guajac-Harzsäure $C_{20}H_{24}O_4$ mit ihrem Dihydrid $C_{20}H_{26}O_4$ (vgl. S. 163) waren.

sauren Bestandteilen des Harzes (vgl. S. 163) benutzt man ihre Eigenschaft, schwer lösliche Alkalisalze zu bilden. Die freie Säure stellt weiße, glänzende Blättchen dar, schmilzt bei 99—100·5°, ist unlöslich in Wasser, leicht löslich in Alkohol und riecht schwach vanilleartig; in alkoholischer Lösung ist sie linksdrehend. Sie löst sich in konz. Schwefelsäure mit schwach gelber Farbe und gibt in Alkohol mit Eisenchlorid eine unbeständige grüne Färbung. Von wäßrigen Alkalien wird sie gelöst, von Alkalicarbonaten dagegen nicht. — Über die Bindungsart ihrer vier Sauerstoffatome hatten schon ältere Untersuchungen von HERZIG und F. SCHIFF Klarheit gebracht, indem die Methoxyl-Bestimmung (vgl. Bd. I, Tl. I, S. 225—226) Gegenwart zweier Methoxyle, die Überführbarkeit in ein Diacetyl- und ein Dibenzoyl-Derivat Gegenwart zweier freier Hydroxyle anzeigte. Es war ferner ermittelt worden, daß bei der trockenen Destillation der Guajac-Harzsäure neben Guajacol eine weiße, krystallisierbare Verbindung — Pyroguajacin[1] genannt — entsteht, welche die Zusammensetzung $C_{13}H_{14}O_2$ besitzt, ein Methoxyl und ein freies Hydroxyl enthält und durch Zinkstaub-Destillation in einen als Guajen bezeichneten Kohlenwasserstoff $C_{12}H_{12}$ übergeführt wird, also als Oxy-methoxy-guajen aufgefaßt werden darf. Im Jahre 1918 haben nun SCHROETER, LICHTENSTADT u. IRINEU für das Guajen die Struktur des 2.3-Dimethyl-naphthalins erwiesen, indem sie dieses Naphthalin-Homologe synthetisch herstellten und mit dem Guajen identifizierten. Pyroguajacin ist also Oxy-methoxy-2.3-dimethyl-naphthalin. Die genannten Autoren halten es für wahrscheinlich, daß dieses Destillationsprodukt der Guajac-Harzsäure die in der Formel VIII (s. u.) wiedergegebene Stellung der substituierenden Gruppen besitzt. Sie haben ferner in der Guajac-Harzsäure die Gegenwart einer additionsfähigen

VIII) 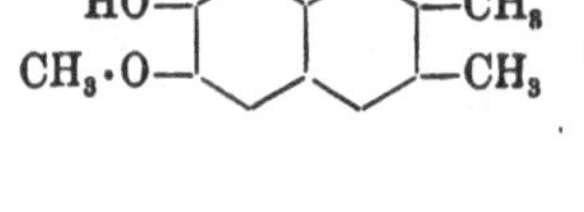

,

IX) 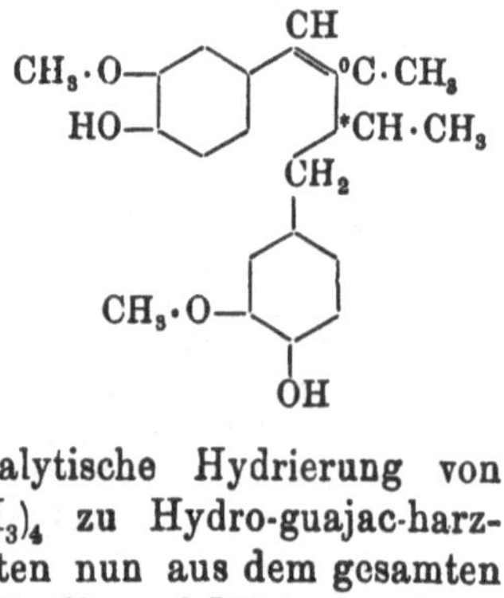

Doppelbindung nachgewiesen — durch katalytische Hydrierung von Guajac-harzsäure-dimethyläther $C_{18}H_{16}(O\cdot CH_3)_4$ zu Hydro-guajac-harzsäure-dimethyläther $C_{18}H_{18}(O\cdot CH_3)_4$ — und leiten nun aus dem gesamten Tatsachenmaterial für die Guajac-Harzsäure die Formel IX (s. o.) ab, in

[1] Vgl.: PELLETIER, DEVILLE, A. **52**, 404 (1844). — EBERMAYER, J. **1854**, 612. — HLASIWETZ, A. **106**, 381 (1858); **119**, 277 (1861). — WIESER, M. **1**, 594 (1880). — HERZIG, F. SCHIFF, M. **19**, 96 (1898). — M. BAMBERGER, VIESCHNER, M. **21**, 566 (1900). — SCHROETER, LICHTENSTADT, IRINEU, B. **51**, 1588 (1918).

welcher sie als β,γ-Dimethyl-α,δ-bis-[oxy-methoxy-phenyl]-α-butylen erscheint. Hierbei ziehen sie in Rücksicht, daß der Zerfall der Guajac-Harzsäure bei der Destillation (s. o.) durch die folgende Gleichung:

$$C_{20}H_{24}O_4 = C_{13}H_{14}O_2 \text{ (Pyroguajacin)} + C_7H_8O_2 \text{ (Guajacol)} + H_2 \qquad (B)$$

empirisch wiedergegeben werden kann, und erklären die Bildung eines Naphthalin-Derivats bei diesem Zerfall durch die nach der obigen Schreibweise der Formel IX sehr plausible Annahme, daß zugleich mit der Abspaltung von Guajacol Naphthalin-Ringschluß erfolgt. Für die Stellung, welche sie der Doppelbindung in der zwei Benzolkerne verbindenden C_4-Kette erteilen, ist der Befund maßgebend, daß bei der oben erwähnten Hydrierung des Guajac-harzsäure-dimethyläthers aus diesem optisch aktiven Ausgangsstoff das um zwei H-Atome reichere Hydrierungsprodukt als Gemisch einer optisch aktiven und einer optisch inaktiven Form erhalten wird. Dies würde sich zwanglos derart erklären, daß aus dem nur ein asymmetrisches C-Atom (in Formel IX mit * bezeichnet) aufweisenden Guajac-harzsäure-dimethyläther durch Hydrierung eine Verbindung mit zwei gleichartigen asymmetrischen C-Atomen (* und °) gebildet wird, die also sowohl in optisch aktiver wie in intramolekular-inaktiver Form auftreten kann. Endlich sei noch zur Stütze der in Formel IX angenommenen Stellung von Hydroxyl und Methoxyl erwähnt, daß unter den Produkten der Oxydation von Guajac-harzsäure-dimethyläther durch Permanganat die Veratrumsäure (3.4-Dimethoxy-benzoesäure) gefunden wurde. Sind auch durch diese schöne Untersuchung noch nicht alle Fragen ganz zweifelsfrei gelöst, so muß das gewonnene Formelbild doch jedenfalls in größter Annäherung die Struktur der Guajac-Harzsäure wiederspiegeln.

Der Hauptbestandteil des Guajac-Harzes wird als Guajaconsäure[1] bezeichnet. Nach der letzten Untersuchung von P. Richter liegt in ihm ein Gemisch der krystallisierbaren, bei 127° schmelzenden und gegen Oxydationsmittel unempfindlichen β-Guajaconsäure $C_{21}H_{26}O_5$ mit der nur als amorphes, weißes Pulver erhaltenen, sehr lichtempfindlichen α-Guajaconsäure $C_{22}H_{26}O_6$ vor, welch letztere mit Oxydationsmitteln die „Guajac-Reaktion" (vgl. S. 161) gibt. Das in dieser Reaktion entstehende Guajacblau[2] ist als tief dunkelblaues Pulver abgeschieden worden, das durch Reduktion mit warmer schwefliger Säure wieder in α-Guajaconsäure zurückgeführt wird.

In reichlicher Menge (zusammen ca. 10—15 %) finden sich zwei Resinole, die jetzt **Humulon** und **Lupulon**[3] (früher α- und β-Hopfen-

[1] Vgl.: Hadelich, J. **1862**, 467. — Herzig, M. **3**, 125 (1882). — Doebner, Lücker, Ar. **234**, 598 (1896). — Doebner, Ar. **234**, 610 (1896). — P. Richter, Ar. **244**, 100, 106 (1906). — Schroeter, Lichtenstadt, Irineu, B. **51**, 1612 (1918).

[2] Vgl.: Doebner, Ar. **234**, 614 (1896). — P. Richter, Ar. **244**, 113 (1906).

[3] Vgl.: Lermer, J. pr. [1] **90**, 254 (1863). — Bungener, Bl. [2] **45**, 487 (1886). — Hayduck, C. **1889**, I, 20. — Lintner, Bungener, C. **1891**, II, 710. — Barth, Lintner, B. **31**, 2022 (1898). — Barth, C. **1900**, II, 915. — M. Bamberger, Landsiedl, C. **1902**, II, 745. — Lintner, Schnell, C. **1904**, II, 1227. — Siller, C. **1909**, II, 1171. — Woellmer, B. **49**, 780 (1916). — Lüerss, Baumann, C. **1920**, IV, 143, 186.

bittersäure) genannt werden, im Hopfen[1], den reifen Fruchtständen (Hopfenzapfen) der weiblichen Blüten von Humulus lupulus, welche man bei der Bierbereitung zur kochenden Würze gibt, um dem Bier Wohlgeschmack und Haltbarkeit zu verleihen. Aus dem Hopfenmehl („Lupulin") — dem in Drüsenform abgelagerten Sekret, das durch Ausschütteln und Abbürsten der Hopfenzapfen gesammelt wird — gewinnt man das neuerdings von WÖLLMER eingehend untersuchte Humulon, wenn man das methylalkoholische Extrakt mit einer heißen methylalkoholischen Lösung von Bleiacetat versetzt, als gelben, pulvrigen Niederschlag in Form seines Bleisalzes. Es ist ein *Resinol mit fünf Sauerstoffatomen*; indem man jenes Bleisalz mit verdünnter Schwefelsäure zerlegt und aus der methylalkoholischen Lösung wieder ausfällt, diese Reinigung 2—3-mal wiederholt und schließlich noch eine Reinigung durch das aus Benzol krystallisierbare *o*-Phenylendiamin-Salz folgen läßt, gelangt man zu reinem Humulon, für welches die Formel $C_{22}H_{30}O_5$ durch Analyse, Molekulargewichtsbestimmung und Titration festgestellt ist. Es hinterbleibt beim Verdunsten seiner ätherischen Lösung als krystallinische Masse, schmilzt bei 65—66·5°, löst sich nur sehr wenig in kochendem Wasser, in organischen Lösungsmitteln dagegen sehr leicht und zeigt in ca. 6%iger alkoholischer Lösung $[\alpha]_D^{20} = -212°$. Humulon gibt in Alkohol mit Eisenchlorid intensive Rotviolettfärbung und reduziert ammoniakalische Silbernitrat-Lösung schon in der Kälte. Es löst sich in Alkali unter Gelbfärbung, läßt sich auch in alkoholischer Lösung mit Phenolphthalein als Indicator einbasisch titrieren, wird aber aus der wäßrig-alkalischen Lösung durch Kohlendioxyd zum Teil wieder gefällt. Es enthält kein Methoxyl und reagiert nicht mit salzsaurem Semicarbazid. In alkoholischer Lösung erleidet es durch Alkali langsam schon in der Kälte, rasch in der Wärme eine Spaltung, bei der neben Essigsäure, einer ungesättigten Säure $C_6H_{10}O_2$ und Isobutyraldehyd die Humulinsäure $C_{15}H_{22}O_4$ reichlich gebildet wird: eine ungesättigte Verbindung, die aus Petroläther in farblosen Krystallen sich abscheidet, bei 93° schmilzt, rote Eisenchlorid-Reaktion zeigt, sehr schwach sauren Charakter besitzt, durch Bildung eines Phenylhydrazons und eines Semicarbazons als carbonylhaltig gekennzeichnet ist und durch katalytische Hydrierung in die ebenfalls carbonylhaltige, gesättigte Dihydro-humulinsäure $C_{15}H_{24}O_4$ übergeführt wird. Höchst merkwürdig verläuft die katalytische Hydrierung des Humulons selbst; es erfolgt dabei im Sinne der Gleichung:

$$C_{21}H_{30}O_5 + 6\,H = C_5H_{12} + C_{16}H_{24}O_5 \qquad (C)$$

fast glatte Spaltung in Dimethyläthylmethan und eine gelbe Verbindung $C_{16}H_{24}O_5$ (Schmelzp.: 123—125°). Diese ist durch Überführung in ein Tetrabenzoat $C_{16}H_{20}O(O\cdot CO\cdot C_6H_5)_4$ — farblose Prismen vom Schmelz-

[1] Vgl. v. WIESNER, Die Rohstoffe des Pflanzenreichs, 3. Aufl., Bd. III (Leipzig, 1921), S. 834 ff.

punkt 168° — als Tetrahydroxyl-Verbindung charakterisiert, reagiert nicht mit Semicarbazid und wird durch den Luftsauerstoff sehr leicht zu einer chinonartigen, in roten Nadeln krystallisierenden Verbindung $C_{16}H_{22}O_5$ oxydiert, welche durch schweflige Säure wieder in die Tetraoxyverbindung $C_{16}H_{24}O_5$ zurückverwandelt wird.

Weniger eingehend ist bisher das Lupulon untersucht, dem nach Lintner u. Barth die Formel $C_{25}H_{36}O_4$ zukommt. Es krystallisiert aus Methylalkohol in glasglänzenden Prismen, schmilzt bei 92°, verharzt allmählich an der Luft und liefert bei der Oxydation mit Kaliumpermanganat eine Valeriansäure.

In sehr kleinen Mengen haben Power, Tutin u. Rogerson[1] unter den Bestandteilen des Hopfenharzes zwei weitere phenolartige, krystallisierbare Stoffe aufgefunden: das fast farblose **Humulol** $C_{17}H_{18}O_4$ und das orangefarbene **Xanthohumol** $C_{13}H_{14}O_3$.

Resinole mit sechs Sauerstoffatomen sind charakteristische Bestandteile der „Überwallungsharze" von Coniferen. Diese Harze, die man in Form von dünnen Krusten oder knollenförmigen, auch plattenförmigen Stücken sammelt, bilden sich auf den Überwallungen verletzter Stämme oder Äste aus dem Narbengewebe. In bemerkenswerten Untersuchungen hat M. Bamberger mit seinen Mitarbeitern gezeigt[2], daß sie sich in ihrer chemischen Zusammensetzung wesentlich von den gewöhnlichen, vorwiegend aus Harzsäuren bestehenden Coniferen-Harzen (vgl. S. 131 ff.) unterscheiden. Er entdeckte hierbei 1894 das Pinoresinol und 1897 das Lariciresinol — zwei Resinole von schwach saurem Charakter, die man aus den Überwallungsharzen leicht in Form krystallisierter Kaliumsalze abscheiden kann, da diese Kaliumsalze in starker Kalilauge schwer löslich sind.

Lariciresinol erhält man aus dem Überwallungsharz der Lärche. Es besitzt die Zusammensetzung $C_{19}H_{22}O_6$, krystallisiert aus verdünntem Alkohol in weißen Nadeln und schmilzt bei 169°. Nach der Zeiselschen Methode (vgl. Bd. I, Tl. I, S. 225—226) lassen sich 2 Methoxyle, durch Überführung in ein Tetraacetyl-Derivat (Schmelzp.: 160°) 4 freie Hydroxyle nachweisen. Die Formel darf daher in $C_{17}H_{12}(OH)_4(O{\cdot}CH_3)_2$ aufgelöst werden. Man darf ferner vermuten, daß von den 4 freien Hydroxylen zwei phenolartig und zwei alkoholartig gebunden sind. Denn man erhält durch Alkylierung in alkoholischer Kalilauge Dialkyläther $C_{17}H_{12}(OH)_2(OR)_2(O{\cdot}CH_3)_2$, die in verdünntem Alkali sich nicht auflösen. Durch Kochen der alkoholischen Lösung mit Natriumalkoholat wird das Lariciresinol in ein Isomeres vom Schmelzp. 95—97° verwandelt, welches das gleiche Tetraacetyl-Derivat, aber einen anderen Dimethyläther liefert wie das Lariciresinol. Bei der trockenen Destil-

---

[1] Soc. **103**, 1286, 1288 (1913).

[2] Vgl.: M. Bamberger, M. **12**, 441 (1891); **15**, 505 (1894). — Bamberger, Landsiedl, M. **18**, 481 (1897); **20**, 617, 755 (1899). — Bamberger, Vieschner, M. **21**, 564, 949 (1900). — Hermann, M. **23**, 1022 (1902). — Bamberger, Renezeder, M. **24**, 209 (1903). — Bamberger, v. Klimburg, M. **38**, 457 (1917).

lation ergibt Lariciresinol — ähnlich der Guajac-Harzsäure (s. S. 161) — Pyroguajacin und Guajacol.

Es liegt daher sehr nahe, für das Lariciresinol ähnliche Struktur anzunehmen, wie für die Guajac-Harzsäure (s. S. 162); doch steht dem einstweilen die für das Lariciresinol ermittelte Bruttoformel mit 19 C-Atomen entgegen. Sollte indessen eine erneute analytische Untersuchung statt $C_{19}H_{22}O_6$ die Formel $C_{20}H_{24}O_6$ zulässig erscheinen lassen, so könnte man die Strukturformel X (s. u.) ins Auge fassen. Denn diese erklärt sämtliche bisher gemachte Beobachtungen, insbesondere auch diejenige, daß Lariciresinol durch Kochen mit alkoholischer Salzsäure in ein alkalilösliches Anhydroderivat übergeht, dem dann die Struktur XI eines Furankörpers zuzuschreiben wäre.

X) 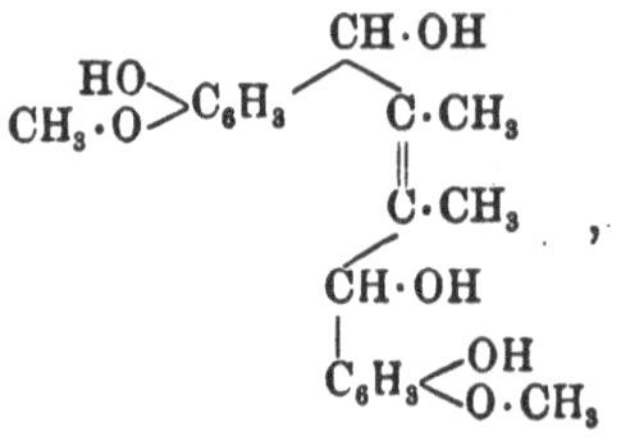 , XI) 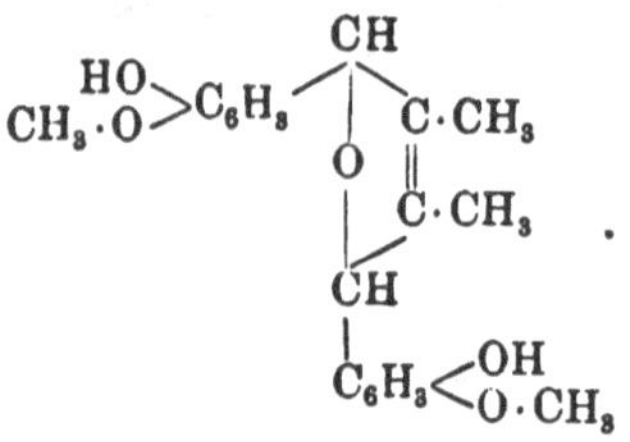 .

Pinoresinol — Schmelzp. 122° — findet sich in den Überwallungsharzen der Schwarzföhre und der Fichte, und zwar esterartig gebunden an Abietinsäure und p-Cumarsäure. Analyse und Molekulargewichtsbestimmung passen für die Formel $C_{19}H_{20}O_6$. Da die Methoxyl-Bestimmung Gegenwart von 2 Methoxylen, die Überführbarkeit in ein Diacetyl-Derivat die Gegenwart von 2 freien Hydroxylen ergibt, darf man die Formel in $C_{17}H_{12}O_2(OH)_2(O\cdot CH_3)_2$ auflösen. Durch Einwirkung von konz. Salpetersäure in Eisessig entsteht Dinitroguajacol. Bei der trockenen Destillation des Pinoresinols werden Guajacol, Kreosol, Eugenol oder Isoeugenol und andere Produkte erhalten.

Isomer mit Pinoresinol ist das **Matairesinol** $C_{19}H_{20}O_6$, das EASTERFIELD und BEE[1] aus der Absonderung von Podocarpus spicatus („Matai") isolierten. Es krystallisiert aus Alkohol in alkoholhaltigen Nadeln, schmilzt alkoholfrei bei 119°, zeigt in Acetonlösung $[\alpha]_D^{15} = -4\cdot 9°$, reagiert in Alkohol gegen Phenolphthalein neutral, löst sich in kalter Natronlauge, aber nur schwer in Sodalösung und gibt in Alkohol mit wäßriger Eisenchlorid-Lösung tiefe Grünfärbung. Seine Formel kann gleich derjenigen des Pinoresinols auf Grund der Methoxyl-Bestimmung und der Einführbarkeit zweier Acyle in $C_{17}H_{12}O_2(OH)_2(O\cdot CH_3)_2$ aufgelöst werden. Da aus seiner alkalischen Lösung durch Essigsäure die um die Elemente eines Wassermoleküls reichere und als einbasische Säure titrierbare Matairesinolsäure $C_{19}H_{22}O_7$ entsteht, aus der beim Kochen mit Wasser das Matairesinol zurückerhalten wird, so ist es wahrscheinlich, daß dieses Resinol ein Lacton ist, seine Formel also weiter in $(HO)_2(CH_3\cdot O)_2C_{16}H_{12}<\begin{smallmatrix}CO\\ \vdots\\ O\end{smallmatrix}$ zergliedert werden darf.

Betreffs einiger amorpher, wahrscheinlich hochmolekularer Resinole mag auf die Original-Literatur verwiesen werden[2].

[1] Soc. **97**, 1028 (1910).

[2] Vgl.: Myrrhole u. Myrrhole: TSCHIRCH, BERGMANN, Ar. **243**, 644 ff. (1905). — v. FRIEDRICHS, Ar. **245**, 430, 448—450 (1907). — Succinoresinol:

Den farblosen Resinolen stellte TSCHIRCH (vgl. S. 130) als eine besondere Klasse der in Harzen vorkommenden Hydroxylkörper die **Resinotannole** gegenüber, deren Merkmale er darin erblickte, daß sie nicht farblos sind und manche Reaktionen von Gerbstoffen zeigen. Die meist braunen Präparate, die er unter diesen Sammelnamen einbezog, sind nur amorph erhalten worden und sintern beim Erhitzen, ohne einen bestimmten Schmelzpunkt zu zeigen. Neuerdings wird von TSCHIRCH selbst und von anderen Bearbeitern der Harze die Ansicht vertreten[1], daß es sich hier nicht um ursprüngliche Bestandteile der Harze handelt, sondern um Zersetzungsprodukte, die durch Einwirkung von Luft und Licht entstanden sind. Es erübrigt sich daher, hier aus den älteren Angaben[2] etwas mitzuteilen.

II. Harzester.

Eine bedeutende Rolle für die Zusammensetzung mancher Harze spielen unzweifelhaft Verbindungen von Ester-Charakter. Aber verhältnismäßig selten ist es gelungen, die Ester als solche aus den Harzen abzuscheiden. Meist konnte man auf ihre Gegenwart nur daraus schließen, daß, nachdem den Harzen durch Ausschütteln ihrer ätherischen Lösungen mit kohlensauren und ätzenden Alkalien die in freiem Zustand vorhandenen sauren Stoffe entzogen waren, aus den Rückständen nach deren Verseifung wiederum Verbindungen von Säurecharakter einerseits und solche von alkoholischem bzw. phenolischem Charakter andererseits erhalten wurden.

Zu nennen sind zunächst einige Ester, deren beide Komponenten zu den einkernigen Verbindungen der Benzol-Reihe gehören. Das „Cinnamein" — ein Estergemisch, das den Hauptbestandteil des in seiner Zusammensetzung wechselnden „Perubalsams" (vgl. S. 179) bildet — enthält sowohl Benzoesäure-benzylester $C_6H_5\cdot CO\cdot O\cdot CH_2\cdot C_6H_5$, wie Zimtsäure-benzylester $C_6H_5\cdot CH:CH\cdot CO\cdot O\cdot CH_2\cdot C_6H_5$[3]; diese beiden Ester finden sich auch im Tolubalsam[4]. In den Storax-Sorten wird der Zimtsäure-cinnamylester (Styracin) $C_6H_5\cdot CH:CH\cdot CO\cdot O\cdot CH_2\cdot CH:CH\cdot C_6H_5$ begleitet von Zimtsäure-hydrocinnamylester (Zimtsäure-[γ-phenyl-propyl]-ester) $C_6H_5\cdot CH:CH\cdot CO\cdot O\cdot CH_2\cdot CH_2\cdot$

TSCHISCH, AWENG, Ar. **232**, 681 (1894). — TSCHIRCH, DE JONG, Ar. **253**, 304 (1915). — Tabakoresinol: v. DEGRAZIA, C. **1914**, I, 1197.

[1] Vgl.: REINITZER, Ar. **252**, 342, 343 (1914). — TSCHIRCH, C. **1919**, II, 673. — A. ZINKE, FRIEDRICH, ROLLETT, M. **41**, 254 (1920). — A. ZINKE, DRZIMAL, M. **41**, 423, 427 (1920).

[2] Vgl.: TSCHIRCH, „Harze", S. 31, 204—205, 210—211, 225—226, 243—245, 253—258, 266—267, 287, 326, 344—345, 351, 377—378, 621—622, 1062—1066. — TSCHIRCH, WERDMÜLLER, Ar. **248**, 432 (1910).

[3] Vgl. TSCHIRCH, „Harze", S. 128—133, 217 ff.

[4] Vgl. TSCHIRCH, „Harze", S. 239—241.

$CH_2 \cdot C_6H_5$[1]. Zu diesen seit langer Zeit nachgewiesenen, rein aromatischen Estern ist neuerdings das von REINITZER in der Siambenzoe entdeckte Lubanol-benzoat hinzugetreten, das höchstwahrscheinlich den Benzoesäure-coniferylester $C_6H_5 \cdot CO \cdot O \cdot CH_2 \cdot CH : CH \cdot C_6H_3(OH)^4(O \cdot CH_3)^3$ darstellt.

Lubanol-benzoat[2] $C_{17}H_{16}O_4$, das in der Siambenzoe recht reichlich enthalten ist, krystallisiert in farblosen Tafeln, schmilzt bei 72—73° und verfärbt sich leicht an der Luft, wobei der Geruch des Vanillins auftritt. Es ist unlöslich in Wasser, optisch inaktiv, löslich in Natronlauge und gibt in alkoholischer Lösung mit Eisenchlorid eine smaragdgrüne Färbung. In Schwefelkohlenstoff addiert es Brom zu einem schön krystallisierenden Dibromid $C_{17}H_{16}O_4Br_2$ (Schmelzp.: 119—120°). Mit Benzoylchlorid und Natronlauge liefert es Lubanol-dibenzoat $C_{24}H_{20}O_5$. Bei der Verseifung des Lubanol-benzoats entstehen neben Benzoesäure Produkte, die den Umwandlungsprodukten des Coniferylalkohols durchaus ähnlich sind.

Während die eigentlichen Harzsäuren (Resinolsäuren) in den Harzen meist als freie Säuren vorkommen, findet man die Resinole sehr häufig in veresterter Form. Die Resinolester faßt TSCHIRCH unter dem Namen „*Resine*" zusammen (vgl. S. 130). Als saure Komponenten der Resine hat man Essigsäure, Benzoesäure, Zimtsäure, Salicylsäure, p-Cumarsäure und Ferulasäure, auch höhere Fettsäuren beobachtet. Mehrere gut charakterisierte Resine sind im vorangehenden bei der Besprechung der zugehörigen Resinole schon erwähnt worden (vgl. S. 153 Lactucon, S. 154—155 Ester der Amyrine, S. 155—156 Ester des Lupeols).

In dem „Palmen-Drachenblut" — dem Harz der Früchte von Calamus Draco — nimmt man einen Ester der Benzoyl-essigsäure $C_6H_5 \cdot CO \cdot CH_2 \cdot CO_2H$ an[3], weil bei der Verseifung des Resin-Anteils mit wäßriger Kalilauge unter Einleiten von Wasserdampf sich Acetophenon verflüchtigt, dessen Bildung durch „Ketonspaltung" der Benzoylessigsäure leicht erklärlich wäre.

Erwähnenswert ist noch, daß ein Borneol esterartig an eine Harzsäure gebunden sich in dem (quantitativ zurücktretenden) alkohollöslichen Teil des Bernsteins findet[4].

III. Resene.

Mit dem Sammelnamen „Resene" (vgl. S. 130) bezeichnet TSCHIRCH sauerstoffhaltige Harzbestandteile, welche sich durch große Indifferenz gegen chemische Agenzien auszeichnen. Weder lösen sie sich direkt in Alkalien, noch können sie durch Alkalien hydrolysiert werden; sie sind also weder Carbonsäuren, noch Phenole, noch Ester oder Lactone. Man konnte weder alkoholische Hydroxylgruppen noch Carboxylgruppen in

[1] Vgl.: TSCHIRCH, „Harze", S. 176—178, 290, 294—296, 307, 311, 328.

[2] REINITZER, Ar. **252**, 342, 346 (1914); **259**, 60 (1921). — A. ZINKE, DRZIMAL, M. **41**, 423 (1920).

[3] Vgl. TSCHIRCH, „Harze", S. 266 ff.

[4] Vgl.: BERTHELOT, BUIGNET, A. **115**, 244 (1860). — HALLER, A. ch. [6] **27**, 404 (1892). — TSCHIRCH, AWENG, Ar. **232**, 669 (1894). — TSCHIRCH, DE JONG, Ar. **253**, 300 (1915).

ihnen nachweisen. Über ihre chemische Natur herrscht noch völlige Ungewißheit. Auch bietet die Beschaffenheit der unter dem Namen „Resene“ beschriebenen Präparate — meist amorphe, weiße Pulver — keinerlei Gewähr für ihre Einheitlichkeit; in einigen Fällen ergab sich ein so geringer Sauerstoffgehalt, daß man daran denken kann, es lägen sehr hochmolekulare Kohlenwasserstoffe[1] vor, die durch sauerstoffhaltige Beimengungen verunreinigt sind.

Reichlich sind die Resene in den Harzen der Burseraceen und der Dipterocarpeen enthalten[2]; der Resengehalt des afrikanischen Elemi z. B. wird auf 40—45% angegeben[3]. Resene bilden auch die Hauptbestandteile des Bernsteins[4] und des Tabakharzes[5].

Im Resen der Heerabolmyrrhe ist Methoxyl nachgewiesen[6].

Für die einzelnen Resen-Präparate wird auf die Spezial-Literatur verwiesen[7].

IV. „Beistoffe“.

Im Kapitel 9 (S. 131ff.) und in den vorangehenden Abschnitten dieses Kapitels wurde über sauerstoffhaltige Stoffe berichtet, welche sich in größeren Gruppen von Harzbestandteilen zusammenfassen lassen. Man darf wohl sagen, daß diese Stoffe in den Gemischen, welche in den Harzen vorliegen, den quantitativ bedeutendsten Teil ausmachen. Tschirch bezeichnet daher ihre Mischung, wie sie sich in den einzelnen Harzen findet, als den „eigentlichen Harzkörper“ oder das „Reinharz“. Aber die Zusammensetzung der Harze ist mit ihnen noch nicht erschöpft. Das „Reinharz“ wird vielmehr in den natürlichen Harzen und Balsamen noch von anderen Stoffen begleitet. Daß es häufig mit größeren Mengen „ätherischer Öle“ vermischt ist, wurde schon mehrfach hervorgehoben (vgl. S. 126, 131—132); auch auf die Gegenwart von Gummiarten in manchen Harzen ist schon hingewiesen worden (S. 130). Hier möge nun noch einiges über „Beistoffe“ mitgeteilt werden, die nur in kleiner Menge angetroffen werden, aber für Wirkung, Geruch und Aussehen der Harze nicht ohne Bedeutung sind.

---

[1] Vgl. über β-Dammaroresen: A. Zinke, Unterkreuter, M. **39**, 865 (1918).

[2] Vgl. Tschirch, „Harze“, S. 384.

[3] Tschirch, „Harze“, S. 436.

[4] Tschirch, de Jong, Ar. **253**, 303 (1915).

[5] v. Degrazia, C. **1914**, I, 1197.

[6] v. Friedrichs, Ar. **245**, 453 (1907).

[7] Vgl. z. B.: Tschirch, „Harze“, S. 31, 231, 233, 265—266, 324, 386—388, 407, 415, 417, 432—433, 436, 439, 442, 448, 451—452, 455, 463—464, 474, 488, 497, 510—511, 541, 560, 603, 606, 613, 735, 736, 1039, 1079—1080. — Kunz-Krause, Ar. **237**, 15ff. (1899). — Hellström, Ar. **243**, 225 (1905). — Tschirch, Bergmann, Ar. **243**, 646 (1905). — Tschirch, M. Wolff, Ar. **244**, 709 (1906). — Rackwitz, Ar. **245**, 420, 421, 424 (1907). — v. Friedrichs, Ar. **245**, 452 (1907). — Engel, Ar. **246**, 299, 305 (1908). — Willner, Ar. **248**, 274, 291 (1910). — Tschirch, Werdmüller, Ar. **248**, 424 (1910). — Kahan, Ar. **248**, 439, 441, 448, 449 (1910). — Gottlob, Ar. **249**, 704, 708 (1911). — Emmanuel, Ar. **250**, 117 (1912). — Reutter, C. **1913**, I, 438; II, 1304. — v. Degrazia, C. **1914**, I, 1197.

Dabei sei zunächst bemerkt, daß für die Harze, die in der Medizin verwendet werden, die therapeutisch wirksamen Bestandteile meist unbekannt sind[1].

Recht häufig hat man kleine Mengen von Vanillin in den Harzen angetroffen[2].

p-Oxy-benzaldehyd wurde im gelben Xanthorrhoea-Harz gefunden[3].

Unter den Farbstoffen[4], welche sich in Harzen finden, hat besonders derjenige des Stocklacks[5] (Gummilacks, vgl. S. 176) die Aufmerksamkeit auf sich gezogen. Er wurde sogar — in unreinem Zustand — vor der Entwicklung der Teerfarbenindustrie als Ersatz für Cochenille unter dem Namen „Lac-dye“ in der Färberei verwendet. R. E. SCHMIDT stellte ihn zuerst in krystallisierter Form dar und gab ihm den Namen **„Laccainsäure“**, DIMROTH und STEPHAN GOLDSCHMIDT untersuchten ausführlich seinen Abbau. Die Laccainsäure ist zu etwa 1 % im Stocklack enthalten, kann aus ihm durch warmes Wasser ausgezogen werden, besitzt die Zusammensetzung $C_{20}H_{14}O_{10}$, enthält kein Methoxyl und zeigt ziemlich stark saure Eigenschaften. Sie stellt ein bräunlichrotes Krystallpulver dar, löst sich schwer in Alkohol mit blutroter Farbe und wird von konz. Schwefelsäure mit blaurosa Farbe aufgenommen; mit Barytwasser liefert sie ein braunviolettes, in Wasser unlösliches Salz. Durch Einwirkung von Salpetersäure entsteht in reichlicher Menge Pikrinsäure. Schrittweise konnte ein Abbau zur Phenoltetracarbonsäure auf folgendem Wege bewirkt werden:

$$\underset{\text{Laccainsäure}}{C_{20}H_{14}O_{10}} \xrightarrow{H_2O_2} \underset{\substack{\text{Calainsäure}\\ \text{(gelb)}}}{C_{19}H_{14}O_{11}} \xrightarrow[\text{in Eisessig}]{\text{Brom}} \underset{\substack{\beta\text{-Bromlaccain}\\ \text{(gelb)}}}{C_{12}H_5O_8Br}$$

$$\xrightarrow{H_2O_2} \underset{[=(HO)(HO_2C)_3C_6H\cdot CO\cdot CO_2H]}{C_{11}H_6O_{10}} \xrightarrow[\text{säure}]{\text{Konz. Schwefel-}} \underset{[=(HO)(HO_2C)_3C_6H\cdot CO_2H]}{C_{10}H_6O_9}\,. \quad \text{(D)}$$

Das in dieser Formelreihe als Zwischenprodukt aufgeführte β-Bromlaccain ist seinem Verhalten nach ein Analogon des aus dem Cochenille-Farbstoff — der Carminsäure — durch Brom entstehenden β-Bromcarmins $C_{11}H_5O_4Br_3$, für welches die Strukturformel XII (s. u.) ermittelt worden ist; unter Berücksichtigung dieser Analogie und weiterer Be-

---

[1] Über Versuche, den wundheilenden Bestandteil der Myrrhe, der im Myrrhenharz zu 1·5—2 % enthalten ist — Burseracin — rein darzustellen, siehe v. BOLTON, Z. El. Ch. **14**, 211 (1908).

[2] Vgl. TSCHIRCH, „Harze“, S. 177, 184, 199, 209, 226, 251, 293, 310, 620.

[3] M. BAMBERGER, M. **14**, 339 (1893).

[4] Über Guajacgelb s. DOEBNER, Ar. **234**, 609 (1896). — Über Farbstoffe des Gummigutts (Garcinolsäuren) s. TSCHIRCH, „Harze“, S. 845—848. — Über Farbstoffe (Ardisiole u. Oxyardisiol) aus Ardisin-Harz s. GRESHOFF, SACK, C. **1903**, I, 837.

[5] R. E. SCHMIDT, B. **20**, 1285 (1887). — FARNER, Ar. **237**, 44 (1899). — DIMROTH, ST. GOLDSCHMIDT, A. **399**, 62 (1913).

obachtungen über die Umwandlungen des β-Bromlaccains ergibt sich für dieses die Struktur der Formel XIII. In der Laccainsäure selbst liegt

XII) 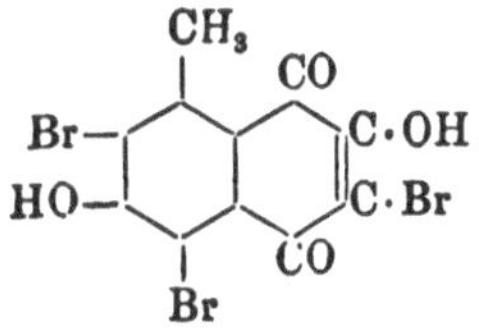 , XIII) 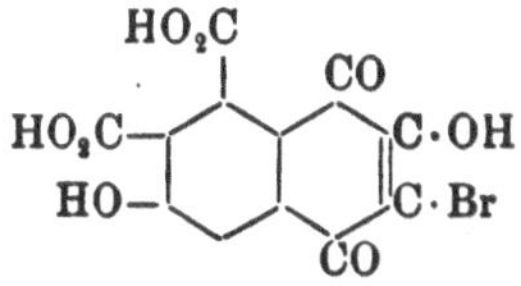

höchstwahrscheinlich wie in der Carminsäure ein Anthrachinon-Derivat vor. Gleich der Carminsäure ist sie ein tierischer Farbstoff; sie entstammt dem Insekt, durch dessen Stich der Stocklack (Gummilack) erzeugt wird (vgl. S. 176).

Elftes Kapitel.

Praktische Bedeutung der Harze.

Die praktische Verwertbarkeit der Harze ist seit altersher erkannt. Harze sind daher schon frühzeitig Gegenstände des Handels geworden. Ist auch die Anzahl der gegenwärtig im Handel befindlichen Harzarten bei weitem nicht so groß, wie diejenige der ätherischen Öle (vgl. S. 80), die durch ihre Absonderung im pflanzlichen Organismus den Harzen nahe stehen, so könnte doch über etwa ein halbes Hundert von Harzen berichtet werden, welche gewerbliche oder arzneiliche Anwendung finden. Im folgenden sollen nur die praktisch wichtigsten Harze mit kurzen Bemerkungen über ihre Herkunft, Gewinnungsart und Verwertung angeführt werden[1].

Hierbei werden die „*Terpentine*" — die Wundbalsame der Coniferen (s. S. 131—132) — vorangestellt, da sie wohl in den größten Mengen verbraucht werden; auch nehmen sie gegenüber den anderen Harzen in technischer Beziehung dadurch eine Sonderstellung ein, daß sie nicht nur unmittelbar im täglichen Leben dienen, sondern auch Gegenstand einer auf ihre Zerlegung gerichteten Fabrikation sind.

Für die Sammlung der „Terpentine" sind zwar die wichtigsten Länder Frankreich und Nordamerika. Aber zu dem französischen

---

[1] Ausführlicheres findet man in folgenden Werken: v. WIESNER, Die Rohstoffe des Pflanzenreichs, 3. Aufl., Bd. I (Leipzig u. Berlin 1914), S. 151—436 (bearbeitet von J. WIESNER u. M. BAMBERGER). — BINZ, Chemische Technologie organischer Industriezweige (Bd. III des Ergänzungswerks zu MUSPRATTS enzyklopäd. Handb. d. techn. Chem.), 2. Halbband (Braunschweig 1917), S. 535—589 (bearbeitet von M. WEGER). — ULLMANN, Enzyklopädie der techn. Chemie, Bd. II (Berlin u. Wien 1915), S. 144—167 (bearbeitet von SIEDLER); Bd. VI (1919), S. 396—405 (bearbeitet von BOTTLER). — H. WOLFF, Die Harze, Kunstharze, Firnisse und Lacke (Sammlung GÖSCHEN, Berlin u. Leipzig 1921).

Terpentin (aus Pinus maritima) und dem nordamerikanischen[1] hauptsächlich aus Pinus australis und Pinus Tœda) treten noch portugiesischer, österreichischer (von Pinus Laricio), griechischer Terpentin (von Pinus halepensis) usw. hinzu; in Deutschland wird verhältnismäßig wenig Terpentin gewonnen. Eine sehr geschätzte Sorte ist der Lärchenterpentin (von Larix desidua) — auch venezianischer Terpentin genannt —, der in Tirol und in den cottischen Alpen gesammelt wird.

Für die „Harzung" der zur Terpentingewinnung benutzten Bäume gibt es verschiedene Arbeitsweisen. In Frankreich z. B. werden die Strandkiefern (Pinus maritima) 20—40 Jahre hindurch derart ausgebeutet, daß man einige Zentimeter über dem Boden in der Längsrichtung des Stammes einen Ausschnitt macht und diese Wunde während der Zeit von März bis Oktober in bestimmten Zeitabständen nach oben vergrößert; im folgenden Jahre wird dann die Wunde an der gegenüberliegenden Seite des Stammes, später an dazwischen liegenden Stellen angebracht. Man sammelt den ausfließenden Balsam in Tongeschirren, die an der Stelle des jeweiligen Ausflusses angebracht werden; der an den Wundrändern erhärtende Balsam liefert das „Galipot" (vgl. S. 132).

Eine andere Unterscheidung, als nach der Herkunft, trifft man nach der Beschaffenheit des Terpentins, indem man die klar bleibenden Sorten als feine Terpentine bezeichnet, während man die an Terpentinöl ärmeren und daher durch Abscheidung von Harzsäure-Kryställchen sich trübenden Sorten „gemeine Terpentine" nennt.

Zu den feinen Terpentinen zählt man auch den Canadabalsam (von Abies balsamea), der aus Canada und den Nachbarländern kommt und bekanntlich zum Kitten von Gläsern (besonders von Linsen optischer Instrumente) und in der mikroskopischen Technik zum Einbetten von Dauerpräparaten verwendet wird.

Die natürlichen Terpentine finden ohne weitere Verarbeitung — abgesehen von der Abtrennung des ihnen beigemengten Wassers und der Beseitigung von Holzsplittern, Sand usw. durch einen Läuterungsprozeß — unmittelbare Verwendung als Zusatz zu Lacken und Firnissen, als Bindemittel für Porzellan- und Glasfarben und für ähnliche Zwecke; griechischer Terpentin dient auch zum Harzen des Weines.

Die größten Mengen aber werden in der Weise verbraucht, daß man zunächst eine Trennung in ihren flüchtigen Anteil — das größtenteils aus Pinen bestehende Terpentinöl — und den nicht flüchtigen, vorwiegend aus Harzsäuren (s. S. 132 ff.) bestehenden Anteil vornimmt.

„Als gemeines Harz" bezeichnet man die direkt gesammelten Absonderungen der Coniferen, die schon vor der Sammlung den größten Teil des Terpentinöls durch Verdunstung abgegeben haben (s. o.). Auch benutzt man dafür häufig die Bezeichnung „Fichtenharz", obwohl diese Harze meist nicht von Fichten, sondern von anderen Coniferen stammen.

Man bewirkt die Trennung durch Destillation und benutzte früher dafür stets Destillierblasen, die mit freiem Feuer geheizt wurden, vor-

[1] Über die Terpentin-Industrie der Vereinigten Staaten vgl. Pietrusky, Ch. I. 35, 447 (1912).

zuziehen ist indessen die Anwendung von gespanntem Dampf, der in einer geschlossenen Schlange das in der Blase befindliche Terpentin erhitzt. Der flüchtige Teil — das Terpentinöl, dessen Verwendungen schon S. 79 besprochen wurden — wird durch Kühler kondensiert. Der zurückbleibende Teil stellt, wenn die Erhitzung so weit getrieben war, daß er nach dem Abkühlen glasig erstarrt (vgl. S. 132) das Kolophonium dar — ein Produkt, das die vielseitigste Verwendung findet, und dessen wirtschaftliche Bedeutung z. B. dadurch ins Licht gestellt wird, daß für 1912 der Wert der deutschen Einfuhr etwa 34 Millionen Mark betrug.

Kolophonium bildet glasartige, durchsichtige, spröde, etwas klebrig sich anfühlende Stäbe von gelblicher oder bräunlicher Farbe, schmilzt gegen 100° und löst sich in den üblichen organischen Lösungsmitteln leicht, in Petroläther nicht vollständig.

Über die chemische Natur des Kolophoniums[1] ist man noch nicht ganz im klaren. Unzweifelhaft liefern solche Harzsäuren $C_{20}H_{30}O_2$ (S. 133 ff.), welche in der Hitze beständig sind (vgl. dazu S. 133, 136, 141), seine Grundsubstanz. Aber in welcher Form das glasige Kolophonium diese an sich krystallisierbaren Säuren enthält, darüber bestehen verschiedene Ansichten. Vertreten wird z. B. die Meinung, daß sie in Form von Anhydriden zugegen seien; da indessen Säureanhydride durch einfaches Erhitzen von Monocarbonsäuren nicht gebildet zu werden pflegen, wird man gegenüber dieser Ansicht Bedenken haben[2]. Viel für sich hat die Auffassung des Kolophoniums als einer festen kolloiden Lösung, — die von PAUL in dem Sinne angenommen wird, daß eine amorphe Harzsäure die Grundsubstanz bildet, welche kolloid gebundenes Wasser enthält. — ASCHAN[3] hat in neuerer Zeit als Begleiter der Harzsäuren $C_{20}H_{30}O_2$ im Kolophonium eine Reihe von Säuren nachgewiesen, die sauerstoffreicher als jene Säuren sind und sich von ihnen wesentlich dadurch unterscheiden, daß ihre Natriumsalze durch Wasser bzw. Soda in der Kälte leicht aufgenommen werden und durch Kohlensäure nicht zerlegt werden. Er nennt diese Säuren, die wahrscheinlich die allgemeine Zusammensetzung $C_nH_{2n-10}O_4$ besitzen, Kolophensäuren ($C_{16}H_{22}O_4$: Hexadeka-kolophensäure, $C_{17}H_{24}O_4$: Heptadeka-kolophensäure, $C_{18}H_{26}O_4$: Oktadeka-kolophensäure, $C_{20}H_{30}O_4$: Eikosi-kolophensäure); die Lösungen ihrer Alkalisalze sind dunkelgelb bis bräunlichgelb, während die freien Säuren nur schwach gelbliche Nuance aufweisen, ihre Lösungen in den gewöhnlichen Lösungsmitteln aber gelbe bis braune Farbe wie das Kolophonium zeigen. Diese Säuren bedingen also wahrscheinlich die Färbung des Kolophoniums, indem sie darin in „fester Lösung" enthalten sind.

Kolophonium wird z. B. als Zusatz zu Druckerschwärze, zum „Pichen" der Brauereifässer, zur Bereitung von Pflastern gebraucht;

---

[1] Vgl. dazu z. B.: FAHRION, Z. Ang. **11**, 784 (1898); **14**, 1197, 1232 (1901); **20**, 356 (1907). C. **1916**, I, 335; **1918**, I, 840. — HENRIQUES, C. **1899**, II, 151. — L. PAUL, C. **1914**, I, 1655, 2169; **1915**, I, 483, 1265, 1266; **1915**, II, 189, 790; **1916**, II, 906; **1917**, I, 709; **1918**, I, 51; **1919**, II, 605; **1919**, IV, 667; **1920**, II, 374; **1921**, I, 772. — G. COHN, Ch. Z. **40**, 792 (1916). — KNECHT, HIBBERT, C. **1919**, III, 262. — E. STOCK, C. **1922**, II, 147.

[2] Vgl. dazu z. B. RUZICKA u. SCHINZ, Helv. **6**, 831 (1923). — SCHORGER, Am. Soc. **45**, 1339 (1923).

[3] B. **54**, 867 (1921); **55**, 1 (1922). — Vgl. dazu FAHRION, B. **54**, 1944 (1921); **55**, 709 (1922).

jedem Musiker bekannt, aber wirtschaftlich natürlich unbedeutend, ist seine Verwendung als „Geigenharz", wofür ihm meist Dammarharz zugesetzt wird. Die Gewerbe nutzen es aber nicht nur in seiner ursprünglichen Form aus, sondern auch nach chemischer Verarbeitung. Zunächst ist seine Umwandlung in Salze der in ihm enthaltenen Harzsäuren (Resinate) durch Behandlung mit Alkalien, Kalk oder Schwermetalloxyden hervorzuheben. Durch Alkalien entstehen die „Harzseifen"[1]; die durch Lösen in warmer Natronlauge oder warmer Sodalösung bereitete „Natronseife" läßt sich, wie die aus Fetten hergestellten Natronseifen, durch Natriumchlorid „aussalzen" (vgl. Bd. I, Tl. II, S. 162). Sie bildet einen Bestandteil vieler Haushaltseifen. Aber ihre umfänglichste Verwendung, die etwa ein Viertel des in Deutschland verbrauchten Kolophoniums beansprucht, findet sie bei der „vegetabilischen Leimung" des Papiers[2]; hierbei setzt man die Harzseife, zusammen mit Tonerdesalz, dem Papierbrei zu, um durch den entstehenden Niederschlag von harzsaurer Tonerde die Papierfasern zusammenzukleben. Blei- und Manganresinate dienen in der Lack- und Firnis-Industrie als „Sikkative" (vgl. Bd. I, Tl. II, S. 148).

Weitere technisch benutzbare Präparate liefert die trockene Destillation des Kolophoniums. Aus dem zuerst übergehenden, quantitativ unbedeutenden „Sauerwasser" kann Essigsäure gewonnen werden. Die dann folgende „Harzessenz" (Pinolin) — ein bei 120—200° siedendes Gemenge, das Kohlenwasserstoffe, aber auch sauerstoffhaltige Bestandteile enthält[3], — dient als Putzöl, als Verdünnungsmittel für Bohnermassen, Schuhcremes u. dgl. Die höher siedenden Harzöle[4], die in raffiniertem Zustand (durch nochmalige Destillation und Alkaliwäsche usw. gereinigt) aus ungesättigten und gesättigten Kohlenwasserstoffen bestehen und das Haupterzeugnis der Destillation darstellen, werden z. B. zur Herstellung von Treibriemenfetten, hauptsächlich aber — nach Behandlung mit gelöschtem Kalk — als Wagenfett benutzt.

Für die übrigen Harze gibt es zwei Verwendungsgebiete: die Lackfabrikation und die Pharmazie (auch Kosmetik).

---

[1] Über die Natur der Alkaliharzseifen vgl. L. Paul, C. **1917**, I, 709, 927; **1918**, I, 529.

[2] Zur Theorie des Vorgangs vgl. Griffin, Am. Soc. **27**, 258 (1905).

[3] Vgl. über die Zusammensetzung: Schiel, A. **115**, 97 (1860). — Tichborne, J. **1869**, 786. — Anderson, J. **1869**, 787. — Tilden, B. **13**, 1604 (1880). — Kelbe, A. **210**, 10 ff. (1881). — Renard, A. ch. [6] **1**, 223 (1884). — Lwoff, B. **20**, 1017 (1884).

[4] Zur Zusammensetzung vgl.: Tschirch, M. Wolff, Ar. **245**, 1 (1907). — W. Schultze, A. **359**, 129 (1908). — Technisches s. in dem von Böcker bearbeiteten Artikel „Harzöle" für Bd. III des Ergänzungswerkes zu Muspratts enzyklopäd. Handb. d. techn. Chemie, 2. Halbband (Braunschweig 1917), S. 589—595.

Die *Lacke*[1] (Lackfirnisse) stellen Auflösungen von Harzen in flüchtigen Lösungsmitteln, wie Alkohol, Benzin, Terpentinöl, dar. Sie haben die Aufgabe, auf den Gegenständen, die mit ihnen bestrichen werden, schützende bzw. verschönernde Überzüge zurückzulassen, nachdem das Lösungsmittel verdunstet ist. Verwendet man zu ihrer Herstellung nicht nur flüchtige Lösungsmittel, sondern auch trocknende Öle, so erhält man die *fetten Lackfirnisse* oder *fetten Lacke* (Öllacke), bei deren Erhärtung außer dem Verdunsten des flüchtigen Solvens auch die Veränderung des trocknenden Öles durch Luft und Licht mitspielt.

Als besonders wichtige Rohstoffe der Lackfabrikation mögen die Kopale[2] vorangestellt werden. Teils liegen in ihnen „recente" Harze (vgl. S. 126) vor, die an lebenden Bäumen gesammelt werden („Baumkopal"); teils handelt es sich um „recent-fossile" Harze, die man am oder im Erdboden an Stellen sammelt, wo die Baumvegetation, die sie erzeugte, schon zugrunde gegangen ist; teils müssen sie aus tieferen (immerhin aber jungen) Erdschichten durch Graben zutage gefördert werden („gegrabene" Kopale). Der geographischen Herkunft nach unterscheidet man hauptsächlich die ostafrikanischen Kopale (Sansibar- und Mozambique-Kopal), die westafrikanischen Kopale (Accra-Kopal, Benin-Kopal usw.), den in Neuseeland und Neukaledonien gesammelten Kauriekopal, die von den Sundainseln, Philippinen und Molukken kommenden Manilakopale und die südamerikanischen Kopale. Doch entsprechen die im Handel unter diesen Bezeichnungen käuflichen Kopale in ihrer Herkunft keineswegs immer den Handelsangaben.

Für die ostafrikanischen Kopale ist Trachylobium mossambicense als Stammpflanze erkannt worden; der neuseeländische Kauriekopal stammt von Dammara australis, der neukaledonische von Dammar ovata, der Manila-Kopal von Dammara orientalis. Über die Stammpflanzen der westafrikanischen und der südamerikanischen Kopale ist man nicht genau unterrichtet.

Die Kopale setzen sich in ihrer Hauptmasse aus Harzsäuren zusammen, über deren chemische Konstitution nichts ermittelt ist (vgl. S. 149). Sie enthalten ferner Resene (bis zu ca. 16 %) und ätherisches Öl (bis zu ca. 12 %).

Kopale kommen in harten Stücken oder Blöcken an den Markt, welche — je nach der Herkunft — verschiedene Färbung zeigen; sie schmelzen erst bei hoher Temperatur. Sie werden in der Firnis- und Lackfabrikation für besonders geschätzte Marken verwendet, die als Fußboden-, Kutschen-Anstriche usw. dienen. Aus sehr harten und klaren Kopalen werden auch bernsteinartige Gegenstände hergestellt. Für die Verwendung in der Lack-Industrie muß man die Kopale meist, um ihnen

[1] Ausführliches: BOTTLER, Die Lack- und Firnisfabrikation (Halle a. S. 1908). — ZIMMER in ULLMANNS Enzyklopädie der technischen Chemie, Bd. VII (Berlin und Wien 1919), S. 496—511.

[2] Ausführliches über Herkunft, Gewinnung usw. siehe bei v. WIESNER, Die Rohstoffe des Pflanzenreichs, 3. Aufl., Bd. I (Leipzig u. Berlin 1914), S. 327—363. Übersichten über Eigenschaften der Kopale: BOTTLER, C. **1906**, I, 361, 1553. — COFFIGNIER, Bl. [3] **35**, 1143 (1906); [4] **3**, 453 (1908); [4] **15**, 780 (1914).

eine genügende Löslichkeit in den üblichen Lösungsmitteln zu verleihen, zuerst einem Schmelzprozeß unterwerfen, bei dem sie bereits eine partielle Zersetzung[1] erleiden und das „Kopalöl" überdestilliert. — Der Wert der Kopal-Einfuhr in das deutsche Zollgebiet betrug 1912 ca. 4·7 Mill. Mark.

Im Anschluß an die Kopale möge das unter dem Namen „Bernstein" (Succinit) allbekannte fossile Harz aufgeführt werden. Es stammt von vorweltlichen Coniferen, die einst auf dem jetzt von der Ostsee[2] bedeckten Lande gestanden haben. Man sammelt es teils am Seestrande, auf den es bei Stürmen mit vom Meeresboden losgerissenen Tangen geschleudert wird; bedeutender aber ist seine bergmännische Gewinnung, die in großem Maßstab bei Königsberg i. Pr. in Palmnicken durch Abbau der „blauen Erde" betrieben wird. Seine wichtigste Verwendung findet Bernstein in Form von Schmuckwaren und besonders von Zigarren- und Zigarettenspitzen. Stücke, die hierfür nicht geeignet sind, und Abfälle, die sich bei der Verarbeitung auf Schmuckwaren ergeben, dienen — nachdem sie ähnlich wie die Kopale (s. o.) einem mit partieller Zersetzung verbundenen Schmelzprozeß unterworfen sind — für die Fabrikation von „Bernsteinlacken". Die Jahresproduktion an Bernstein beträgt ca. 400000 kg.

Bernstein läßt sich in einen alkohollöslichen Anteil (ca. 30 %) und einen alkoholunlöslichen (ca. 70 %) zerlegen. Der alkohollösliche Teil enthält freie Harzsäuren und Harzsäureester (darunter einen Borneolester, vgl. S. 168); der alkoholunlösliche Teil (Succinin) enthält den Bernsteinsäureester eines Resinols, als Hauptbestandteil aber ein Resen[3]. Auch weist der Bernstein einen geringen Schwefelgehalt (ca. 0·4 %) auf.

Mit den Kopalen wetteifert an Bedeutung für die Lack-Fabrikation der Gummilack[4], welcher auch durch die eigentümliche Art seiner Entstehung besondere Beachtung heischt. Er wird an „Gummilackbäumen", von denen man mehrere Arten anführt, in den Gangesländern, in Siam und Anam dadurch erzeugt, daß die jungen Triebe der Bäume durch die befruchteten Weibchen der Gummilack-Schildlaus (Coccina lacca Kerr) angestochen werden. Durch den Anstich dieses Insekts wird der Harzfluß hervorgerufen; das Harz, das sich wahrscheinlich aus pflanzlichem und tierischem Sekret zusammensetzt, fließt dann nach den älteren Trieben hinab, umhüllt sie und erhärtet an ihnen. Man bricht es entweder samt den Zweigen von den Bäumen ab und sammelt auf diese Weise den „Stocklack"; oder man sondert die Harzkrusten von den Zweigen, um den sogenannten „Körnerlack" zu erhalten. Diese

---

[1] Sehr reichlich bildet sich Pinen nach Wallach [A. **271**, 309 (1892)] bei der trockenen Destillation von Kopal.

[2] Über andere Bernstein-Lagerstätten vgl. z. B. Murgoci, C. **1906**, I, 78.

[3] Vgl. Tschirch, de Jong, Ar. **253**, 290 (1915).

[4] Ausführlicheres s. bei v. Wiesner, „Die Rohstoffe des Pflanzenreiches", 3. Aufl., Bd. I (Leipzig u. Berlin 1914), S. 376—384.

Handelssorten dienen vor allem zur Bereitung des Schellacks, dessen wichtigste Verwendung in Form von Spirituslack als Tischlerpolitur allgemein bekannt ist, den man aber auch zur Herstellung von anderen Lacken, ferner von Kitten (z. B. von Siegellack) und in neuerer Zeit viel für die Elektrotechnik benutzt. Der Schellack stellt den leicht schmelzbaren Anteil des Gummilacks dar, und seine Bereitung beruht darauf, daß man diesen Teil von dem schwerer schmelzbaren und von den Verunreinigungen absondert. Schellack bildet bräunliche Plättchen oder Klumpen; auch wird er in gebleichter Form auf den Markt gebracht.

Der Gummilack enthält in kleiner Menge die S. 170 besprochene farbige Laccainsäure, in nicht unerheblicher Menge ein Wachs. Das farbstoff- und wachsfreie Produkt läßt sich durch Behandlung mit Äther in einen löslichen Bestandteil (ca. 20 %) und unlösliches „Reinharz" (rund 80 %) zerlegen. Der ätherlösliche Anteil besteht nach TSCHIRCH und FARNER[1] größtenteils aus Fettsäuren. Über die Bestandteile des Reinharzes sind wir durch Untersuchungen von HARRIES und NAGEL[2] näher unterrichtet. Nach ihnen ist das Schellackmolekül aus Oxysäuren in lactidartiger Verkettung aufgebaut. Durch Behandlung mit 5-normaler Kalilauge gewannen sie daraus 30 % Aleuritinsäure (S. 151), die auch TSCHIRCH und FARNER schon gefunden hatten, und 35—38 % eines Harzsäuregemisches, aus dem eine **Schellolsäure (Schellendioldisäure)** genannte Säure $C_{13}H_{16}(OH)_2(CO_2H)_2$ über den Methylester krystallisiert erhalten werden konnte. Auch in dem nicht krystallisierenden Anteil liegen jedenfalls ähnliche Oxysäuren vor, während der von TSCHIRCH vermutete Alkohol keinen nennenswerten Bestandteil des Harzes bilden kann. Die aus Wasser in Blättchen krystallisierende Schellolsäure schmilzt bei 199·5—201° und ist in Alkohol und heißem Wasser ziemlich leicht, in Äther und Benzol schwer löslich. Während sie mit Brom nicht reagiert, erweist sie sich gegen $KMnO_4$ als ungesättigt; sie zeigt die LIEBERMANNsche Cholestol-Reaktion und die SALKOWSKI-HESSEsche Reaktion. Der Dimethylester schmilzt bei 149° und zeigt in Methylalkohol $[\alpha]_D^{20} = + 32 \cdot 61°$. Mit Phenylisocyanat liefert er ein Bisphenylcarbamat vom Schmelzp. 92—94°, wodurch die Anwesenheit von 2 Hydroxyl-Gruppen erwiesen ist. Ob der Schellolsäure wirklich die von HARRIES und NAGEL vermutungsweise auf-

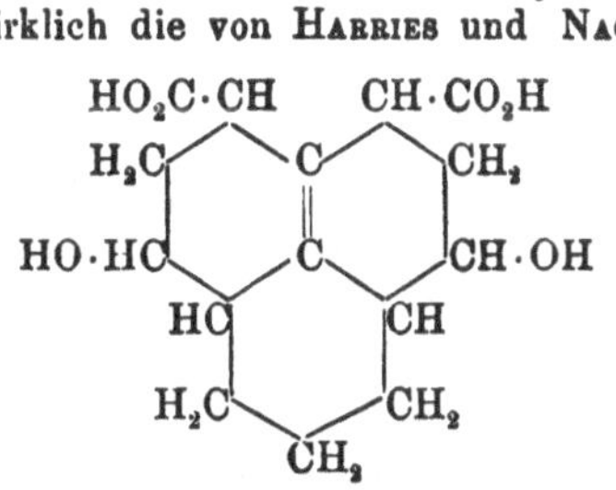

gestellte Formel einer Dioxy-dekahydroperinaphthinden-dicarbonsäure (s. vorstehende Formel) zukommt, müssen weitere Untersuchungen zeigen.

Unter den übrigen Harzen, die zur Bereitung von Lacken und Firnissen dienen, sind das Dammar-Harz[3] (besonders aus Storea

---

[1] Ar. **237**, 35 (1899).

[2] HARRIES, NAGEL, Chem. Umschau a. d. Geb. der Fette, Öle, Wachse, Harze **29**, 135; Wiss. Veröffentlichungen a. d. Siemens-Konzern **1**, 178 (1922); C. **1922**, III, 342; B. **55**, 3833 (1922). — HARRIES, B. **56**, 1048 (1923). — TSCHIRCH, LÜDY, Helv. **6**, 994 (1923).

[3] Über Löslichkeit verschiedener Sorten vgl. COFFIGNIER, Bl. [4] **9**, 549 (1911).

Wiesneri — einer Dipterocarpee — in Sumatra gewonnen), die Elemi-Harze (besonders das wahrscheinlich von Canarium commune stammende Manila-Elemi), und das Sandarac (aus der Rinde von Callitris quadrivalvis), dessen Hauptmenge aus Marokko kommt, hervorzuheben. Es sind sämtlich „recente" Harze. Am Dammar schätzt man namentlich die Klarheit und Farblosigkeit. Bei anderen Harzen wiederum zieht man von ihrer Färbung Vorteil, wenn es sich darum handelt, farbige Überzüge zu erzielen. Hierher gehören außer dem Gummilack (s. o.) die Acaroidharze (rotes von Xanthorrhoea australis, gelbes von Xanthorrhoea hastilis) und das Drachenblut (Harz der Früchte von Calamus Draco — einer Palme, die auf den Sundainseln, Molukken und in Hinterindien heimisch ist). Doch werden heute zum Färben der Lacke Anilinfarbstoffe bevorzugt.

Auf den durch besondere Schönheit ausgezeichneten Japanlack ist schon S. 157 hingewiesen worden. In seiner Anwendungsweise unterscheidet er sich von den anderen zur Lackbereitung dienenden pflanzlichen Sekreten wesentlich dadurch, daß er nicht mit Lösungsmitteln vermischt wird, sondern als „Naturlack" — d. h. so, wie er aus der Pflanze quillt — zum Anstrich dient.

Begreiflicherweise hat es nicht an Bemühungen gefehlt, die natürlichen Harze in ihren technischen Anwendungsgebieten durch „Kunstharze" zu ersetzen. Doch gehört eine Besprechung dieses Industriezweiges nicht hierher. Es sei nur darauf hingewiesen, daß „Cumaronharze" — aus polymerisiertem Cumaron (vgl. Bd. II, Tl. III, S. 89) bereitet — während des Weltkrieges, als Deutschland von der Zufuhr der technisch wertvollen Naturharze aus überseeischen Ländern abgeschnitten war, als Ersatz dienten, und daß harzige Produkte, die aus der Kondensation von Formaldehyd mit Phenolen hervorgehen, zu bedeutender Verwendung gelangt sind, sowohl für die Lackbereitung wie für die Gewinnung formbarer Massen (Bakelit usw.), aus denen man Knöpfe, kunstgewerbliche Gegenstände usw. herstellen kann[1].

Die Verwendung der Harze in der *Pharmazie* ist zwar wirtschaftlich nicht von solcher Bedeutung wie der Verbrauch für die Lackfabrikation, aber doch vielseitig. In den Arzneibüchern findet man eine beträchtliche Anzahl einzelner Harze verzeichnet. Teils benutzt man sie wegen ihrer physikalischen Beschaffenheit (Klebrigkeit) bei der Herstellung von Pflastern, teils wegen physiologischer Wirkungen (vgl. dazu S. 171—172) für spezifisch therapeutische Zwecke.

Als Zusatz zu Pflastern werden z. B. einige schon früher erwähnte Harze benutzt: Kolophonium (S. 173), Dammar (S. 177), Elemi (s. o.). Galbanum (von nordpersischen Umbelliferen) und Ammoniacum (s. u.) werden für reizende und maturierende Pflaster verwendet. Auch Euphorbium (s. S. 156) dient als äußerliches Reizmittel, z. B.

---

[1] Näheres s. in Ullmanns Enzyklopädie der technischen Chemie, Bd. II (Berlin und Wien 1915), S. 129—134 (Artikel „Bakelit", bearbeitet von Wager); Bd. VII (1919), S. 297—305 (Artikel „Kunstharze", bearbeitet von Pollak).

bei dem „immerwährenden Spanischfliegenpflaster“. Storax[1] (Styrax) — orientalisches von Liquidambar orientalis und amerikanisches von Liquidambar styraciflua — benutzt man bei Krätze als Einreibemittel, Perubalsam[1] (von Myroxylon Pereirae) für den gleichen Zweck, Copaivabalsam (von südamerikanischen Copaifera-Arten) bei geschlechtlichen Krankheiten.

Innerliche Anwendung finden z. B. der Tolubalsam[1] (von Myroxylon balsamum, einer im nördlichen Südamerika wachsenden Papilionacee) und das Ammoniacum (Ammoniakgummi — der eingetrocknete Milchsaft von Dorema Ammoniacum, einer in Persien heimischen Umbellifere) bei chronischem Bronchialkatarrh. Der durchdringend riechende Asant (Asa foetida — der eingetrocknete Wurzel-Milchsaft persischer Ferula-Arten), der im Orient zum Würzen von Speisen benutzt wird, dient als Nervinum gegen Hysterie und Krämpfe.

Auch der Anwendung mancher Harze für *kosmetische Mittel* ist zu gedenken. So ist die Myrrhe (von afrikanischen Commiphora-Arten) ein beliebter Zusatz für Zahnpulver und Mundwässer. Perubalsam und Tolubalsam (s. o.) werden in der Parfümerie verwendet, desgleichen Opoponax (Burseraceen-Opoponax, von einer persischen Balsamodendron-Art, stark gummihaltig).

In den ältesten Zeiten schon sind Harze als *Räuchermittel* verwendet worden. Auch heute noch lebt diese Anwendung fort. Der Weihrauch (Olibanum, von Burseraceen-Arten) hat danach seinen Namen. Storax, Peru- und Tolubalsam, Myrrhe (s. o.) dienen für Räucherzwecke, desgleichen die Benzoe, deren alkoholische Lösung (Benzoetinktur) auch zu desinfizierenden Umschlägen verwendet wird.

Die vielfach von Botanikern und Chemikern bearbeitete Benzoe[2] (vgl. S. 150, 151, 167—168) ist das pathologische Sekret von Styrax Benzoin, einer Styracee. Von den verschiedenen Sorten sind besonders die Sumatrabenzoe, welche neben Benzoesäure auch Zimtsäure enthält, und die Siambenzoe, in welcher die Benzoesäure nicht von Zimtsäure begleitet wird, untersucht worden. — Die Benzoe findet auch Verwendung zur Darstellung der offizinellen Benzoesäure, für Konfitürenlacke und in der Parfümerie.

Gleich den ätherischen Ölen (vgl. S. 82) sind auch die Harze vielfachen Verfälschungen ausgesetzt. Auf die **analytischen Untersuchungsmethoden**[3] kann hier nur ganz kurz eingegangen werden. Um die Sammlung von Erfahrungen über die oberen und unteren Grenzwerte der verschiedenen „Kennzahlen“ für echte Harze hat sich besonders K. Dieterich verdient gemacht.

---

[1] Vgl. S. 167.

[2] Ausführlicheres s. bei v. Wiesner, Die Rohstoffe des Pflanzenreichs, 3. Aufl. Bd. I (Leipzig u. Berlin 1914), S. 408—417. — Siehe ferner: Strueff, Ar. **249**, 10 (1911). — Reinitzer, Ar. **252**, 341 (1914).

[3] Ausführliche Behandlung: K. Dieterich in Lunge-Berls „Chem.-techn. Untersuchungsmethoden“, 6. Aufl., Bd. III (Berlin 1911), S. 766—786.

Von physikalischen Kennzeichen verwendet man in erster Linie das Verhalten gegenüber verschiedenen Lösungsmitteln, daneben auch das spezifische Gewicht und den „unteren" Schmelzpunkt — d. h. die Temperatur, bei welcher das Harz in der Capillare homogen durchscheinend wird, ohne sich aber bereits völlig zu verflüssigen.

Für die chemische Prüfung dienten auch hier, wie bei den ätherischen Ölen (vgl. S. 82), die Methoden der Fettanalyse als Vorbild[1]. Doch liegen die Verhältnisse bei der Titration unter verschiedenen Bedingungen hier nicht so einfach wie für die Fette, da als saure Bestandteile bei den Harzen viel verschiedenartigere Stoffe in Betracht kommen und unter diesen sich auch solche befinden, die in der Wärme mehr Alkali binden als in der Kälte; eine Differenz zwischen „Säurezahl" und „Verseifungszahl" (vgl. Bd. I, Tl. II, S. 149) ist daher keineswegs immer als „Esterzahl" zu deuten. Man bezeichnet als direkte Säurezahl („S. Z. d.") die Anzahl von Milligrammen KOH, die von 1 g Harz — in passenden Lösungsmitteln gelöst — zur Neutralisation erfordert werden; die heiß bestimmte Verseifungszahl[2] („V. Z. h.") gibt die Alkalimenge an, die nach etwa einstündigem Sieden mit alkoholischer $^1/_2$-Normalkalilauge erfordert wird, die kalt bestimmte Verseifungszahl („V. Z. k.") diejenige Alkalimenge, die verbraucht ist, nachdem man 1 g Harz mit 50 ccm Benzin und 50 ccm alkoholischer $^1/_2$-Normalkalilauge im verschlossenen Gefäß 24 Stunden stehen gelassen hat.

Seltener wird die Bestimmung der Jodzahl[3] für die Beurteilung der Harze herangezogen.

---

[1] Vgl.: Kremel, Ar. **224**, 853 (1886). — v. Schmidt, Erban, M. **7**, 655 (1886).
[2] Vgl. dazu Salvaterra, Ch. Z. **43**, 765 (1919).
[3] Vgl. dazu Mac Lean, Thomas, C. **1922**, II, 236.

D. Sterine.

Zwölftes Kapitel.

Allgemeines über Sterine.

Während wir es in den drei vorangehenden Abteilungen (S. 6 ff., 84 ff., 125 ff.) mit Stoffen von ausschließlich pflanzlicher Herkunft zu tun hatten, kommen wir nun zu einer Gruppe von sauerstoffhaltigen Verbindungen alkoholischen Charakters, deren Glieder sowohl im Tierkörper wie im Pflanzenkörper gefunden werden. Zwar treten sie nur selten in größerer Anhäufung auf. Aber in kleineren Beträgen sind sie derart verbreitet, daß sich unabweislich der Gedanke aufdrängt, sie müßten eine allgemeine Bedeutung für die Lebensvorgänge besitzen.

Der erste, auch heute noch bestuntersuchte und für den tierischen Organismus wichtigste Vertreter dieser Gruppe wurde schon Ende des 18. Jahrhunderts in Gallensteinen beobachtet[1], zuerst aber für einen den Fetten nahestehenden Stoff gehalten, bis ihn 1815 CHEVREUL[2] von den Fetten als besonderes chemisches Individuum durch seine Unverseifbarkeit unterschied. Wegen seines Vorkommens in der Galle (χολή) und seiner festen Konsistenz gab er ihm den Namen[3] „Cholesterin" („feste Galle"). Es folgten viele Beobachtungen, aus denen hervorging, daß das Vorkommen des Cholesterins keineswegs auf die Galle beschränkt war, daß es vielmehr im tierischen Organismus sehr verbreitet ist. Auch in Pflanzen[4] glaubte man es zu finden; doch stellte sich heraus, daß es sich hier um einen zwar sehr ähnlichen, aber doch nicht mit dem Cholesterin identischen Stoff handelte, der zunächst für einheitlich gehalten und im Hinblick auf seine pflanzliche Herkunft von O. HESSE[5] „Phytosterin" genannt wurde. Später erhob man letzteren Namen zu der Sammelbezeichnung[6] „Phytosterine" für mehrere im Pflanzen-

[1] Vgl. ältere Zitate in FEHLINGS „Neuem Handwörterbuch der Chemie", Bd. II (Braunschweig 1875), S. 649.

[2] A. ch. [1] **95**, 7, 48 (1815).

[3] Vgl. CHEVREUL, Recherches chimiques sur les corps gras (Paris 1823), S. 155, 159.

[4] BENEKE, A. **122**, 249 (1862).

[5] Vgl.: O. HESSE, A. **192**, 175 (1878); **211**, 283 (1882).

[6] Vgl. THOMS, Ar. **235**, 43 (1897).

reiche auftretende Stoffe, die nach ihren Eigenschaften offenbar zu einer Gruppe zusammengehören, dem Cholesterin ähnlich, aber von ihm und voneinander doch deutlich unterscheidbar sind. Ferner reihten sich dem Cholesterin noch einige weitere animalische Vertreter dieser Stoffgruppe an, und man kann daher heute den „Phytosterinen“ die Klasse der „Zoosterine“ gegenüberstellen[1]. Beide Klassen aber faßt man in neuerer Zeit nach einem sehr zweckmäßigen Vorschlag von ABDERHALDEN unter dem Namen „Sterine“ zusammen[2].

In der englischen, teilweise auch in der französischen Literatur, verwendet man statt der historischen Endung „in“ die Endung „ol“, um den alkoholischen Charakter anzudeuten, spricht also von Cholesterol, Phytosterol, Sterolen usw.

Die Sterine sind farblose, meist gut krystallisierbare, in Wasser kaum, in organischen Solvenzien mehr oder weniger lösliche Verbindungen, welche durch ihr chemisches Verhalten sich als Alkohole kennzeichnen und sich durch gewisse Farbenreaktionen (vgl. S. 188—189) — z. B. mit Chloroform und konz. Schwefelsäure — auszeichnen. Die wichtigsten Sterine stellen einwertige Alkohole dar, die auf 1 Atom Sauerstoff in ihrem Molekül 27 bis 30 C-Atome und 46 bis 50 H-Atome enthalten. Doch werden auch einige mehrwertige Alkohole und einige Verbindungen niedrigerer C-Zahl den Sterinen zugezählt.

In der physiologischen Literatur werden die Sterine und andere den Fetten in ihren Löslichkeitsverhältnissen ähnelnde Zellbestandteile (z. B. Phosphatide, vgl. Bd. I, Tl. II, S. 154) häufig unter dem Namen „Lipoide“ zusammengefaßt[3]. Doch ist der Geltungsbereich dieser Kollektiv-Bezeichnung bei den verschiedenen Autoren so schwankend, daß ihr Gebrauch nicht gerade empfehlenswert erscheint[4].

Man findet die Sterine bei der Durchforschung der in Lebewesen enthaltenen Stoffe nicht nur in freiem Zustand, sondern auch in esterartig gebundener Form, wobei als saure Paarlinge besonders jene hochmolekularen Säuren in Betracht kommen, die auch als Komponenten der natürlichen Fette auftreten, zuweilen auch in Form von Glykosiden[5]. Die Beobachtungen über den Gehalt tierischer und pflanzlicher Gewebe an Sterinen und Sterin-Abkömmlingen sind so zahlreich, daß man behaupten darf, jede einzelne Zelle besitze Sterine[6]. Trotzdem ist man über deren Rolle im Zellstoffwechsel noch nicht zu geklärten Anschauungen gelangt[7].

Erwähnenswert erscheint, daß nach BEUMER[8] Cholesterin im tierischen Organis-

[1] Vgl. WINDAUS in ABDERHALDENS Biochemischem Handlexikon, Bd. III (Berlin 1911), S. 268.

[2] Vgl. ABDERHALDENS Lehrbuch d. physiol. Chemie, 2. Aufl. (Berlin u. Wien 1909), S. 154; 4. Aufl., Tl. I (Berlin u. Wien 1920), S. 248.

[3] Vgl. O. ROSENHEIM, C. **1910**, I, 550.

[4] Vgl.: ABDERHALDEN, Lehrb. d. physiol. Chemie, 4. Aufl., Tl. I (Berlin und Wien 1920), S. 255, 331.

[5] Vgl. POWER, SALWAY, Soc. **103**, 399 (1913).

[6] Vgl. ABDERHALDEN, ebenda, S. 326.

[7] Vgl. ebenda, S. 325 ff.

[8] C. **1923**, III, 1652.

mus synthetisch bereitet wird. — Über die antihämolytische Wirkung von Sterinen s. S. 190, 216.

Angesichts der biologischen Wichtigkeit der Sterine erscheint die Aufklärung ihrer Struktur als ein Problem von hoher Bedeutung. Noch hat man es nicht bis in alle Einzelheiten lösen können. Aber schrittweise dringen die hierauf gerichteten Untersuchungen, die hauptsächlich das Cholesterin zum Gegenstand haben, immer weiter in den Bau des zugrunde liegenden Kohlenstoffgerüstes ein. Außerordentliche Fortschritte sind besonders den Arbeiten von WINDAUS zu danken, die sich seit 1903 bis heute in ununterbrochener Reihe folgen. An dieser Stelle — näheres s. S. 197 ff. — sei nur als sicheres Ergebnis mitgeteilt, daß in den Sterinen Hydroxyl-Derivate mehrkernig-kondensierter, alicyclischer Kohlenwasserstoffe vorliegen.

Von den hier folgenden Kapiteln ist das nächste dem Cholesterin allein gewidmet. Daran schließt sich ein Kapitel über die übrigen Zoosterine, worauf ein solches über die Phytosterine folgt. Im Anschluß an die einzelnen Sterine werden auch ihre Ester und andere Abkömmlinge, soweit es erforderlich erscheint, behandelt; ihre Glykoside aber sollen erst an späterer Stelle im Zusammenhang mit anderen Glykosiden Besprechung finden.

Einige Alkohole, welche den Sterinen wegen ihrer ähnlichen Zusammensetzung oder ihrer Farbenreaktionen zugezählt werden können, sind als Harzbestandteile schon unter den „Resinolen" im vorhergehenden Abschnitt beschrieben worden (vgl. Amyrin und Lupeol, S. 153 ff., Euphorbon, S. 156, Brein, S. 161).

Dreizehntes Kapitel.

Cholesterin.

(Vorkommen, Abscheidung und Darstellung.)

Das Cholesterin, über dessen Entdeckung S. 181 berichtet wurde, findet sich in allen Teilen des menschlichen und tierischen Organismus. Meist handelt es sich zwar nur um Bruchteile eines Prozents. Zu erheblich höherem Gehalt aber ist es im Gehirn, im Rückenmark und in den Nebennieren angehäuft. Die meisten Gallensteine des Menschen bestehen ihrer Hauptmenge nach aus Cholesterin. Im Harn dagegen findet man es nur selten und dann nur in sehr geringer Menge.

Die physiologische Literatur ist seit Jahrzehnten außerordentlich reich an zahlenmäßigen Angaben über den Cholesteringehalt der einzelnen tierischen Flüssigkeiten und Gewebe; auch hat man häufig bei den Bestimmungen zwischen freiem und esterartig gebundenem Cholesterin (vgl. S. 182) unterschieden. Doch haben die Bestimmungsmethoden (vgl. S. 191) erst in neuerer Zeit die wünschenswerte Schärfe erhalten, und daher sind viele ältere Angaben wenig zuverlässig. Durch neuere

Untersuchungen sind auch bei normalen Organen bedeutende Schwankungen des Inhalts an Cholesterin und seinen Estern nachgewiesen worden[1]. Daher wurden im folgenden nur wenige Einzelheiten über das Vorkommen[2] mitgeteilt, die sich auf Angaben der neueren Literatur stützen.

[1] Vgl. Thaysen, Bio. Z. **62**, 130 (1914).

[2] Vgl. z. B. über das Vorkommen von Cholesterin und Cholesterinestern (s. auch S. 183): im *Blut*: Hürthle, H. **21**, 331 (1896). — Hepner, C. **1899**, I, 367. — Pascucci, B. Ph. P. **6**, 549 (1905). — Letsche, H. **53**, 66 (1907). — A. Mayer, G. Schaeffer, C. r. **155**, 728 (1912). — Grimbert, Laudat, C. r. **155**, 975 (1912). — E. Herrmann, J. Neumann, Bio. Z. **43**, 47 (1912). — Ellis, Gardner, C. **1912**, II, 1378. — Kaudess, Bio. Z. **55**, 97 (1913). — Wacker, Hueck, A. Pth. **74**, 416, 442, 450 (1913). Bio. Z. **100**, 94 (1919). — Gardner, Landner, C. **1914**, I, 1290. — Beumer, A. Pth. **77**, 375 (1914). — Klein, Dinkin, H. **92**, 302 (1914). — Thaysen, Bio. Z. **62**, 124, 130 (1914). — Lifschütz, Bio. Z. **83**, 21 (1917). H. **117**, 212 (1921). — Bloor, Knudson, C. **1917**, II, 754. — Denis, C. **1917**, II, 754. — Bang, Bio. Z. **91**, 122 (1918). — Stepp, Z. B. **69**, 514 (1919). — Rewald, Bio. Z. **99**, 253 (1919). — F. Rosenthal, C. **1919**, III, 106. — F. Rosenthal, Patrzek, C. **1919**, III, 732. — Biscons, Rouzaud, C. **1920**, I, 439. — Abelous, Soula, C. **1920**, III, 62. — R. Deniord, Schreiner, H. Deniord, C. **1920**, III, 208. — Richter-Quittner, C. **1921**, I, 340. — Strathmann, Herwegh, C. **1921**, I, 878. — Knudson, C. **1921**, III, 742. — Malerba, C. **1922**, I, 378;

in den *Muskeln*: A. Mayer, G. Schaeffer, C. r. **156**, 489 (1913). — Rewald, Bio. Z. **99**, 259 (1919);

im *Knochenmark*: Rewald, Bio. Z. **99**, 257 (1919);

in der *Haut* und in den *Hautfetten*: Ruppel, H. **21**, 122 (1895). — Unna, Monatsh. f. prakt. Dermatologie, **45** (1907). — Golodetz, Unna, Monatsh. f. prakt. Dermatologie, **47** (1908). Bio. Z. **20**, 469 (1909); **25**, 425 (1910). — E. Salkowski, Bio. Z. **23**, 361 (1909); **25**, 427 (1910). — Golodetz, C. **1909**, II, 1674;

in der *Milch*: Hoppe-Seyler, H. **9**, 224 (1885). — Menozzi, R. A. L. [5] **12**, I, 126 (1903). — Siegfeld, C. **1906**, I, 602. — Denis, Minot, C. **1919**, I, 494. — Wacker, Beck, C. **1921**, III, 147;

im *Gehirn*: Gmelin (1822); vgl. A. **41**, 238 (1842). — Baumstark, H. **9**, 162, 198 (1885). — Bünz, H. **46**, 47 (1905). — Tebb, C. **1906**, I, 1276. — Masuda, Bio. Z. **25**, 161 (1910). — Kirschbaum, Linnert, Bio. Z. **46**, 253 (1912). — Ellis, Gardner, C. **1912**, II, 1378. — Lifschütz, Bio. Z. **48**, 387 (1913); **83**, 19 (1917). — M. C. Rosenheim, C. **1914**, I, 1963—1964. — Rewald, Bio. Z. **99**, 258 (1919). — S. auch Abderhalden, H. **74**, 392 (1911);

im *Rückenmark*: S. Fränkel, Bio. Z. **28**, 300 (1910);

in der *Lumbalflüssigkeit* eines Geisteskranken: Pighini, H. **61**, 508 (1909);

in der *Retina*: Cahn, H. **5**, 215, 216 (1881);

im *Glaskörper* des Pferdeauges: Valentin, H. **105**, 33 (1918);

in der *Lunge*: A. Mayer, G. Schaeffer, C. r. **156**, 488 (1913). — Sommartino, Bio. Z. **124**, 237 (1921);

im *Herz*: Thaysen, Bio. Z. **62**, 123 (1914);

in der *Niere*: Panzer, H. **48**, 519 (1906). — Windaus, H. **65**, 114 (1910). — A. Mayer, G. Schaeffer, C. r. **156**, 488 (1913). — Thaysen, Bio. Z. **62**, 116 (1914). — Fex, Bio. Z. **104**, 163, 170 (1920);

in der *Nebenniere*: Wacker, Hueck, A. Pth. **71**, 373 (1913); **74**, 450 (1913). — Beumer, A. Pth. **77**, 304 (1914). — Thaysen, Bio. Z. **62**, 119 (1914). — Fex, Bio. Z. **104**, 165 ff. (1920). — Chauffard, Laroche, Grigaut, C. **1921**, I, 874;

Viel beachtet wurde der Gehalt des Blutes an Cholesterin. Sowohl in den roten Blutkörperchen wie im Serum ist es enthalten. Während es aber in den Blutkörperchen fast ausschließlich in freier Form auftritt (beim Ochsen fast konstant ca. 0·4 % der Trockensubstanz), übertrifft im Serum der Gehalt an gebundenem Cholesterin denjenigen an freiem Cholesterin. — Im Gehirn tritt Cholesterin nur in freier Form auf und erreicht 10 % (und mehr) der Trockenmasse. In Lunge und Herz fand man mehr freies als gebundenes Cholesterin, desgleichen in der Niere, für welche der Gesamtgehalt an Cholesterin beim Menschen zwischen 1·5 % und 2 % der Trockensubstanz schwankt, bei pathologischen Fällen aber noch höher steigen kann. Erheblich höher (bis gegen 20 % der Trockensubstanz) ist der Cholesteringehalt der Nebennieren; umgekehrt wie bei den Nieren ist hier das gebundene Cholesterin in viel reichlicherer Menge vorhanden als das freie. — Im frisch gelegten Hühnerei tritt das im Eidotter enthaltene Cholesterin fast ausschließlich frei auf, während im Laufe der Bebrütung allmählich Veresterung erfolgt und zur Zeit des Auskriechens ca. 40 % des Cholesterins in Form von Estern zugegen sind; durch eingehende Untersuchungen ist das Cholesterin des Eigelbs mit demjenigen der Milch, des Gehirns und der Gallensteine identifiziert worden[1].

---

in der *Milz*: Marcet, J. **1860**, 592. — Cooper, C. **1912**, I, 1055;

in der *Galle*: Otto, A. **149**, 190 (1869). — Lassar-Cohn, H. **19**, 570 (1894). — E. Salkowski, H. **57**, 521 (1908). — Kusumoto, Bio. Z. **13**, 354 (1908). — Bacmeister, Bio. Z. **26**, 223 (1910). — v. Czyhlarz, Fuchs, Bio. Z. **49**, 120 (1913). — d'Amato, Bio. Z. **69**, 217, 353 (1915). — Stepp, Z. B. **69**, 514 (1919). — Nathan, C. **1921**, I, 514;

in *Gallensteinen*: Hein, J. **1847/8**, 920. — Thudichum, Soc. **14**, 122 (1861). — Gérard, C. **1905**, I, 1331. — Schade, C. **1910**, II, 1154. — H. Fischer, P. Mayer, H. **76**, 97 (1911);

in der *Leber*: Nukada, Bio. Z. **14**, 427 (1908). — Kondo, Bio. Z. **26**, 238 (1910). — Ellis, Gardner, C. **1912**, I, 1042. — A. Mayer, G. Schaeffer, C. r. **156**, 488 (1913). — Thaysen, Bio. Z. **62**, 122 (1914). — Rewald, Bio. Z. **99**, 259 (1919). — Fex, Bio. Z. **104**, 160 (1920);

in *Eiern*: Gobley, A. **60**, 278 (1846); **76**, 360 (1850). — Laves, C. **1903**, II, 1020. — Pollacci, G. **34**, I, 286 (1904). — Barbieri, C. r. **145**, 135 (1907). — Menozzi, R. A. L. [5] **17**, I, 91 (1908). — Ellis, Gardner, C. **1909**, I, 1774. — Fourneau, Piettre, Bl. [4] **11**, 809 (1912). — Mathews, C. **1913**, II, 597. — Berg, Angerhausen, C. **1915**, I, 493. — Mueller, C. **1915**, II, 716;

in einer *Eierstockgeschwulst* als fast ausschließlicher Bestandteil: R. Arnold, C. **1920**, III, 204;

in *Hoden*: Dezani, C. **1909**, II, 637;

in der *Placenta*: Bio. Z. **43**, 245 (1912);

im *Pankreas*: A. Mayer, G. Schaeffer, C. r. **156**, 489 (1913);

in *Exkrementen*: Bondzyński, Humnicki, H. **22**, 408 (1896). — Dorée, Gardner, C. **1908**, II, 1278. — Kusumoto, Bio. Z. **14**, 407, 411, 416 (1908). — Gardner, Fox, C. **1922**, I, 476.

[1] Vgl. die in der vorhergehenden Fußnote zitierten Arbeiten von Menozzi; s. ferner Diels, Linn, B. **41**, 265 (1908).

Daß alle tierischen Fette kleine Mengen Cholesterin enthalten und sich dadurch von den pflanzlichen (Phytosterin enthaltenden) Fetten unterscheiden, ist bei Besprechung der Fette schon Bd. I, Tl. II, S. 144 bis 145 mitgeteilt worden (s. ferner S. 192). Bei den festen tierischen Fetten[1], soweit sie eigentliche Fette — d. h. Glyceride — sind, tritt das Cholesterin fast ausschließlich in freier Form auf; über sein andersartiges Vorkommen im „Wollfett" s. S. 195—196.

Zwischen dem ständigen Gehalt der Fette an optisch aktiven Sterinen — Cholesterin bzw. Phytosterin — und der optischen Aktivität der Erdöle (vgl. Bd. I, Tl. I, S. 189) vermutet man einen Zusammenhang, indem man die Theorie, nach welcher die Erdöle aus tierischen oder pflanzlichen Resten entstanden sind (s. Bd. I, Tl. I, S. 188—189), zugrunde legt und annimmt, daß die Aktivität der Öle auf Zersetzungsprodukte der Sterine (vgl. S. 188) zurückzuführen sei[2].

In pflanzlichen Materien[3] ist Cholesterin („typisches" Cholesterin, vgl. S. 187) bisher nicht mit Sicherheit nachgewiesen worden.

Zur Abscheidung des Cholesterins[4] aus Geweben und Flüssigkeiten bereitet man zunächst einen ätherischen Auszug, indem man Flüssigkeiten direkt mit Äther ausschüttelt, Gewebe zuvor mechanisch zerkleinert, mit Alkohol extrahiert, die alkoholische Lösung verdampft und ihren Rückstand mit Äther auszieht. Den Rückstand der ätherischen Lösung behandelt man dann zur Verseifung der vorhandenen Fette mit warmer Natriumalkoholat-Lösung. Darauf verdampft man den Alkohol, setzt Kochsalz[5] und Wasser hinzu, verdampft zur Trockne, extrahiert den bei 80° getrockneten Rückstand mit Äther, läßt die ätherische Lösung sich klären, verdampft sie, löst ihren Rückstand auf dem Wasserbade in möglichst wenig Alkohol und scheidet aus ihr durch Wasserzusatz das Cholesterin ab. — Um aus Organen einen ätherischen Auszug zu erhalten, der Cholesterin und Cholesterinester im gleichen Verhältnis, wie sie ursprünglich vorhanden waren, enthält, empfiehlt Fex[6], die frische Organmasse mit 2-prozentiger Natronlauge etwa $^3/_4$ Stdn. auf kochendem Wasserbade zu behandeln und dann mit Äther zu extrahieren.

Zur Darstellung[4] des Cholesterins benutzt man Gallensteine, aus denen man es direkt durch Alkohol-Äther extrahieren kann, oder Gehirn, das man nach dem Zerkleinern mit Gips und etwas Sand mischt, worauf man die nach einigen Stunden erhärtete Masse mit Aceton extrahiert[7].

---

[1] Vgl. dazu: Huwart, C. **1904**, II, 158. — Klostermann, Opitz, C. **1914**, II, 256.

Über Cholesterin im Bienenwachs vgl.: Berg, Ch. Z. **32**, 777 (1908). — Bohrisch, P. C. H. **60**, 473 (1919).

[2] Vgl. dazu z. B.: Marcusson, C. **1905**, I, 400. Ch. Z. **30**, 788 (1906); **41**, 591 (1917). — Engler, Ch. Z. **30**, 711 (1906). Z. Ang. **21**, 1591 ff. (1908). — Rakusin, Ch. Z. **30**, 1041 (1906). — Neuberg, C. **1907**, II, 265. — Koss, C. **1911**, II, 1960. — Steinkopf, Blümner, J. pr. [2] **84**, 460 (1911). — Engler, Steinkopf, C. **1912**, I, 585. — Steinkopf, Ch. Z. **36**, 653 (1912). J. pr. [2] **100**, 65 (1920).

[3] Vgl. indessen v. Lippmann, B. **32**, 1211—1212 (1899).

[4] Vgl. Hoppe-Seyler-Thierfelder, Handb. d. physiol.- u. pathol.-chemischen Analyse, 8. Aufl. (Berlin 1909), S. 312.

[5] Ritter, H. **34**, 448 (1902).

[6] Bio. Z. **104**, 116 ff. (1920).

[7] O. Rosenheim, C. **1906**, I, 1275.

Zusammensetzung, Eigenschaften, chemisches und biochemisches Verhalten.

Betreffs der empirischen Zusammensetzung des Cholesterins haben bis in neuere Zeit Zweifel zwischen den beiden sich in den Prozentzahlen für C und H nur wenig voneinander unterscheidenden Bruttoformeln $C_{27}H_{46}O$ und $C_{27}H_{44}O$ geherrscht. Die zuerst von REINITZER begründete Formel $C_{27}H_{46}O$ hat die Oberhand gewonnen. Da sie in den neuesten Originalarbeiten fast ausschließlich benutzt wird, ist sie auch in den folgenden Abschnitten dieses Lehrbuchs der Formulierung der Cholesterin-Abkömmlinge zugrunde gelegt[1].

Das **Cholesterin** — „typisches Cholesterin", wie es häufig zum Unterschied von anderen Sterinen genannt wird —, krystallisiert[2] aus Äther wasserfrei in farblosen Nadeln, aus Alkohol in durchsichtigen Tafeln, die 1 Mol. Wasser enthalten[3]; die gesättigte Lösung in siedendem Eisessig erstarrt zu einer Krystallmasse, die eine nur unter Eisessig haltbare Essigsäure-Verbindung darstellt, aber unter Alkohol in Tafeln des wasserhaltigen Cholesterins übergeht[4]. Es schmilzt[5] wasserfrei bei 147·5° (korr. 148·5°). In Wasser ist es kaum löslich[6], auch bei Anwesenheit von Säuren oder Alkalien. Leicht löst es sich in Chloroform und Äther, schwerer in Alkohol, sehr leicht in Pyridin[7]. Es ist optisch aktiv[8] und zeigt (wasserfrei) in Chloroform $[\alpha]_D = -37{\cdot}8^0$ (p = 5).

In seinem chemischen Verhalten ist es durch das Vermögen zur Esterbildung als ein Alkohol gekennzeichnet (vgl. S. 193). Als

---

[1] Vgl. über die Zusammensetzung: REINITZER, M. **9**, 422 (1888). — MAUTHNER SUIDA, M. **15**, 94, 362 (1894). — LETSCHE, H. **53**, 47 (1907). — MAUTHNER, M. **30**, 647 (1909). — TSCHUGAEFF, GASTEFF, B. **42**, 4634 (1909). — WINDAUS, Handb. d. biologischen Arbeitsmethoden von ABDERHALDEN, Abt. I, Tl. 6 (Berlin u. Wien 1922), S. 169.

[2] Vgl.: HEINTZ, J. **1860**, 575. — BÖMER, C. **1898**, I, 467. — MENOCCI, MORESCHI, R. A. L. [5] **17**, I, 96 (1908). — KOSSEL, EDLBACHER, H. **94**, 281 (1915). — RICHAUD, C. **1920**, I, 896.

[3] SCHWENDLER, MEISSNER, A. **59**, 107 (1846). — HEINTZ, J. **1850**, 574. — O. HESSE, A. **192**, 177 (1878).

[4] HOPPE-SEYLER, J. **1860**, 545. — Vgl. dazu: PARTINGTON, Soc. **99**, 313 (1911). — E. SALKOWSKI, H. **98**, 27 Anm., 36 (1916).

[5] Vgl.: O. HESSE, A. **192**, 277 (1878). — REINITZER, M. **9**, 422 (1888). — RÖMER, C. **1898**, I, 638.

[6] DEHN, Am. Soc. **39**, 1400, 1404 (1917).

[7] Vgl. WINDAUS, Ar. **246**, 121 (1908).

[8] Vgl.: O. HESSE, A. **192**, 178 (1898). — BURIÁN, M. **18**, 554 (1897). — MAUTHNER, M. **27**, 423 (1906). — DIELS, LINN, B. **41**, 265 (1908). — TSCHUGAEFF, FOMIN, A. **375**, 295 (1910).

solcher vermag es auch Alkoholate zu bilden. Behandelt man es, in Petroläther gelöst, mit metallischem Natrium, so entwickelt es Wasserstoff und liefert das Cholesterin-Natrium, das aus wasserfreiem Chloroform in seideglänzenden Nadeln krystallisiert[1].

Bei der Zersetzung durch Hitze — mit oder ohne Katalysatoren — liefert Cholesterin optisch aktive, petroleumartige Produkte[2] (vgl. dazu S. 186). Über Umlagerung zu β-Cholesterin s. S. 216.

Als ungesättigter Alkohol erwies es sich zuerst durch das Vermögen, mit Brom zu einem Dibromid (s. S. 217) zusammenzutreten[3]. Auch vereinigt es sich mit Chlorwasserstoff[4] in molekularem Verhältnis ($C_{27}H_{46}O + HCl = C_{27}H_{47}OCl$) und läßt sich in Lösung durch Wasserstoff bei Gegenwart von Platinmohr[5] oder kolloidem Platin[6] zu einem gesättigten Alkohol $C_{27}H_{48}O$ (β-Cholestanol, s. S. 214) reduzieren. Die Hydrierung geschmolzenen Cholesterins mit Wasserstoff in Gegenwart von Nickel[7] bei 200° verläuft in gleicher Richtung, aber unter Bildung mehrerer stereoisomerer Alkohole $C_{27}H_{48}O$ (s. S. 214). Dagegen bleibt Natriumamalgam[8] ohne Einwirkung auf die Lösung des Cholesterins in Alkohol oder Alkohol-Eisessig.

Leicht zugänglich ist das Cholesterin der Oxydation. Schon bei längerem Aufbewahren unter Lichtzutritt verändert es sich an der Luft[9], während diese Veränderung in einer Kohlendioxyd-Atmosphäre ausbleibt. Unter Anwendung der verschiedensten Oxydationsmittel — Ozon[10], Hydroperoxyd[11], Chlor[12], konzentrierte Schwefelsäure in Gegenwart von

---

1 LINDENMEYER, J. **1863**, 543. — REINITZER, M. **9**, 438 (1888).
Cholesterin-Kalium: OBERMÜLLER, H. **15**, 38 (1891). — Unbeständige Verbindung mit Bariummethylat: NEWBERY, Soc. **105**, 380 (1914). — Verbindung mit Lithiumchlorid: ZWIKKER, C. **1917**, I, 1072.

2 Vgl.: WINDAUS, B. **37**, 2028 (1904). — ENGLER, Z. Ang. **21**, 1594 (1908). — STEINKOPF, J. pr. [2] **100**, 65 (1920). — Über Destillation mit überhitztem Wasserdampf s. GARDNER, C. **1922**, I, 57.

3 J. WISLICENUS, MOLDENHAUER, A. **146**, 178 (1868).

4 MAUTHNER, M. **27**, 305 (1906).

5 WILLSTÄTTER, E. W. MAYER, B. **41**, 2199 (1908).

6 NORD, Bio. Z. **99**, 263 (1919).

7 WINDAUS, B. **49**, 1725 (1916).

8 J. WISLICENUS, MOLDENHAUER, A. **146**, 176 (1868).

9 BERTHELOT, ANDRÉ, C. r. **128**, 959 (1899). — E. SCHULZE, WINTERSTEIN, H. **43**, 316 (1904); **48**, 546 (1906). — Vgl. dazu LIFSCHÜTZ, H. **50**, 439 (1907); **53**, 140 (1907).

10 DORÉE, GARDNER, Soc. **93**, 1331 (1908). — DIELS, B. **41**, 2597 (1908). — HARRIES, B. **45**, 943 (1912). — v. FÜRTH, FELSENREICH, Bio. Z. **69**, 439 (1915). — DORÉE, ORANGE, Soc. **109**, 46 (1916).

11 PICKARD, YATES, Soc. **93**, 1678 (1908). — MINOVICI, VLAHUTTA, Bl. [4] **11**, 747 (1912). — MINOVICI, ZENOVICI-EREMIE, C. **1916**, I, 461.

12 MINOVICI, HAUSKNECHT, Bio. Z. **38**, 46 (1912).

Quecksilber[1], Salpetersäure[2], schmelzendes Kali[3], Kupferoxyd[4], Alkalihypobromit[5], Chromsäure[6], Permanganat[7], Benzopersäure[8], Dibenzoylperoxyd[9] — ist der Verlauf der Cholesterin-Oxydation studiert worden. Wichtige Aufschlüsse über seine Struktur haben sich dabei ergeben. Hierauf wird ausführlicher in den Abschnitten (S. 197 ff., 208 ff., 221) eingegangen werden, welche sich mit diesem Problem und mit einzelnen Oxydationsprodukten beschäftigen. An dieser Stelle aber mag es genügen, den Vorgang hervorzuheben, welcher die Oxydation des Cholesterins zur entsprechenden Carbonylverbindung bewirkt. Erhitzt man Cholesterin mit Kupferoxyd auf 280—300°, so geht es unter Abgabe zweier Wasserstoffatome in eine Verbindung $C_{27}H_{44}O$ (Cholestenon, s. S. 219) über, die sich wie ein ungesättigtes Keton verhält.

Cholesterin zeigt mehrere Farbenreaktionen, von denen die folgenden[10] hier Erwähnung finden mögen:

a) Fügt man zur Chloroform-Lösung das gleiche Volum konzentrierter Schwefelsäure, so wird die Chloroform-Schicht erst blutrot, dann allmählich purpurrot (Reaktion von SALKOWSKI[11]).

b) Versetzt man die Chloroform-Lösung mit wenigen Tropfen Essigsäureanhydrid, dann tropfenweise mit konz. Schwefelsäure, so tritt zunächst rosenrote, dann blaue Färbung ein, die später in Grün übergeht (Reaktion von LIEBERMANN und BURCHARD[12]).

c) Fügt man zur Lösung von einigen Milligrammen Cholesterin in 2—3 ccm Eisessig einige Körnchen Dibenzoylperoxyd, kocht 1—2 mal

---

[1] SCHRÖTTER, WEITZENBÖCK, R. WITT, M. **29**, 245 (1908). — SCHRÖTTER, WEITZENBÖCK, M. **29**, 749 (1908).

[2] Vgl.: WINDAUS, C. **1903**, I, 814. B. **36**, 3752 (1903). H. **102**, 160 (1918). — MAUTHNER, SUIDA, M. **24**, 177 (1903).

[3] PICKARD, YATES, Soc. **93**, 1680, 1684 (1908).

[4] DIELS, ABDERHALDEN, B. **37**, 3095, 3099 (1904).

[5] Vgl. DIELS, ABDERHALDEN, B. **36**, 3177 (1903); **37**, 3092 (1904).

[6] Vgl.: LOEBISCH, B. **5**, 510 (1872). — MAUTHNER, SUIDA, M. **17**, 579 (1896). — WINDAUS, C. **1903**, I, 815. — WINDAUS, RESAU, B. **48**, 851 (1915).

[7] Vgl.: LATSCHINOFF, B. **9**, 1311 (1876); **10**, 82 (1877); **11**, 1941 (1878). — MAUTHNER, SUIDA, M. **24**, 187 (1903). — WINDAUS, B. **40**, 257 (1907).

[8] WESTPHALEN, B. **48**, 1064 (1915).

[9] LIFSCHÜTZ, B. **41**, 252 (1908). H. **58**, 181 (1908). — WINDAUS, LÜDERS, H. **115**, 257 (1921).

[10] Über andere Farbenreaktionen vgl.: H. SCHIFF, A. **115**, 313 (1860). — TSCHUGAEFF, Z. Ang. **13**, 618 (1900). — HIRSCHSOHN, P. C. H. **43**, 357 (1902); **44**, 673 (1903). — NEUBERG, RAUCHWERGER, C. **1904**, II, 1434. — GUÉRIN, C. **1905**, I, 695. — OTTOLENGHI, R. A. L. [5] **15**, I, 44 (1906). — NEUBERG, H. **47**, 335 (1906). — RAKUSIN, Ch. Z. **30**, 1041 (1906). — GOLODETZ, Ch. Z. **32**, 160 (1908).

[11] E. SALKOWSKI, Fr. **11**, 443 (1872). — S. auch: O. HESSE, A. **192**, 284 Anm. (1882). — E. SALKOWSKI, H. **57**, 523 (1908).

[12] C. LIEBERMANN, B. **18**, 1804 (1885). — Vgl. HOPPE-SEYLER-THIERFELDER, Handb. d. physiol.- und pathol.-chem. Analyse, 8. Aufl. (Berlin 1909), S. 313. — S. auch LEWKOWITSCH, B. **25**, 66 (1892).

auf und läßt nun in die abgekühlte Lösung 4 Tropfen konz. Schwefelsäure fallen, so färbt sich das durchgeschüttelte Gemisch entweder sofort grün oder erst nach vorherigem Auftreten von Rot- und Violett-Färbung (Reaktion von LIFSCHÜTZ[1]).

Über die Rolle, welche dem Cholesterin im Lebensprozeß zukommt, sind — wie schon S. 182 erwähnt wurde — allgemein anerkannte Ansichten noch nicht gewonnen. Es soll daher hier auf diese Frage[2] nicht näher eingegangen werden. Aber eine physiologisch sehr wichtige Eigenschaft des Cholesterins muß hervorgehoben werden: seine „antihämolytische“ Wirkung. RANSOM[3] wies 1901 nach, daß die von Saponinen ausgeübte „hämolytische“ Wirkung — d. h. das Vermögen, den roten Blutkörperchen ihren Farbstoff zu entziehen — durch Cholesterin aufgehoben wird. In Verfolgung dieser Beobachtung[4] zeigte sich, daß auch gegenüber anderen „Hämolysinen“ das Cholesterin „entgiftend“ wirkt, daß diese entgiftende Wirkung auch mehreren anderen Sterinen zukommt, und daß sie an das freie Hydroxyl gebunden ist, da z. B. Cholesterinester sie nicht zeigen. WINDAUS[5] hat darauf 1908 das chemische Verhalten des Cholesterins gegenüber Digitonin — einem in den Digitalis-Samen vorkommenden Saponin — untersucht und fand, daß sich Digitonin und Cholesterin miteinander beim Vermischen ihrer alkoholischen Lösungen zu einer Molekularverbindung vereinigen, die sich alsbald in Form eines aus feinen Nadeln bestehenden Niederschlags ausscheidet, daß aber eine ähnliche Erscheinung bei Anwendung von Cholesterinestern nicht auftritt. In dieser Komplexverbindung hat, wie FÜHNER feststellte, das Digitonin seine hämolytische Wirkung eingebüßt; auf ihre Bildung darf daher die entgiftende Wirkung des Cholesterins zurückgeführt werden. Ähnliche Additionsprodukte wurden aus Cholesterin und anderen Saponinen erhalten.

---

[1] B. **41**, 252 (1908).

[2] Eine Literatur-Übersicht vgl. bei FEX, Bio. Z. **104**, 82 (1920).

Zum Schicksal im tierischen Organismus vgl. z. B.: PRIBRAM, Bio. Z. **1**, 413 (1906). — DORÉE, GARDNER, C. **1908**, II, 1278; **1909**, I, 1773. — BROWIŃSKI, C. **1910**, II, 1072. — FRASER, GARDNER, C. **1910**, II, 1149. — H. A. KLEIN, Bio. Z. **29**, 465 (1910). — ELLIS, GARDNER, C. **1912**, I, 1041. — WALTMANN, BIACH, C. **1913**, II, 1698. — GARDNER, LANDNER, C. **1914**, I, 998. — LIFSCHÜTZ, H. **91**, 309 (1914); **93**, 209 (1914). — CHAUFFARD, LAROCHE, GRIGAUT, C. **1921**, I, 874.

Zur physiologischen Wirkung vgl. DANILEWSKY, C. **1908**, I, 279. — BRISSEMORET, C. **1921**, I, 797.

[3] C. **1901**, I, 1112.

[4] Vgl. z. B.: KYES, SACHS, C. **1903**, I, 888. — MADSEN, NOGUCHI, C. **1905**, I, 1265. — PASCUCCI, B. Ph. P. **6**, 552 (1905). — HAUSMANN, B. Ph. P. **6**, 567 (1905). — ABDERHALDEN, LE COUNT, C. **1905**, II, 1460. — JOHNSON, BLOHM, H. **85**, 59 (1913). — RIESENFELD, LUMMERZHEIM, H. **87**, 270 (1913).

[5] B. **42**, 238 (1909). H. **65**, 110 (1910). — S. auch: YAGI, A. Pth. **64**, 141 (1911). — KARAÚLOW, Bio. Z. **32**, 145 (1911). — WINDAUS, SCHNECKENBURGER, B. **46**, 2630 (1913).

Das „Digitonin-Cholesterid“ hat nicht nur in physiologischer Richtung, sondern auch für die Methodik des Nachweises und der Bestimmung von Cholesterin erhebliche Wichtigkeit erlangt (s. u.). Es besitzt die Zusammensetzung $C_{55}H_{94}O_{28}$ (Digitonin) + $C_{27}H_{46}O$. Durch andauernde Extraktion mit Äther wird ihm das Cholesterin nicht entzogen, auch in kochendem Methylalkohol erfolgt nur geringe Dissoziation, während durch siedendes Xylol Spaltung in die Komponenten erzielt wird.

Analytisches.

Zum Nachweis des Cholesterins begnügen sich die Physiologen zuweilen mit dem charakteristischen Bilde, das die Krystalle unter dem Mikroskop zeigen, und der erst violetten, dann über Blau und Grün in Rot übergehenden Färbung, welche diese Krystalle annehmen, wenn man sie mit starker Schwefelsäure (5 Tle. konz. Schwefelsäure + 1 Tl. Wasser) und ein wenig Jodlösung auf dem Objektträger versetzt[1]. Vielfach werden ferner die S. 189—190 erwähnten und andere Farbenreaktionen benutzt; doch ist bei ihrer Bewertung Vorsicht geboten[2], da sie nicht dem Cholesterin allein, sondern auch anderen Sterinen und manchen Harzbestandteilen zukommen (vgl. S. 129). Für einen sicheren Nachweis ist daher die Abscheidung des Cholesterins in solcher Menge nötig, daß es durch seinen Schmelzpunkt und durch Überführung in Derivate identifiziert werden kann. Als solche können das Cholesterindibromid[3] (s. S. 217), der durch Schmelzen mit Benzoesäureanhydrid oder Benzoesäure erhältliche, in Alkohol fast unlösliche Benzoesäureester[4] und der bei 127—128° scharf schmelzende, schön krystallisierende Isobuttersäureester[5] dienen. Sehr häufig zieht man in letzter Zeit hierfür die oben besprochene Digitonin-Verbindung[6] heran.

Die Ausfällung als Digitonid[6,7] gilt gegenwärtig auch als zuverlässigste Methode zur quantitativen Bestimmung des Cholesterins. Obwohl das Digitonin recht teuer ist und zeitweise in den Präparaten-Fabriken überhaupt nicht erhältlich war, hat sie sich allgemein eingebürgert, wobei der Umstand zustatten kommt, daß aus dem gewogenen Digitonid sowie aus den Waschflüssigkeiten das angewandte Digitonin leicht zurückgewonnen werden kann. Da das Digitonin sich mit den Cholesterinestern nicht verbindet, so gibt die Methode auch die Möglichkeit, freies und gebundenes Cholesterin nebeneinander zu

---

[1] Vgl. Hoppe-Seyler-Thierfelder, Handb. d. physiol. u. pathol.-chemischen Analyse, 8. Aufl. (Berlin 1909), S. 314. — S. ferner Golodetz, Ch. Z. **32**, 160 (1908).

[2] Vgl. Windaus, Ar. **246**, 123 (1908).

[3] Windaus, B. **39**, 518 (1906). Ch. Z. **30**, 1011 (1906). Ar. **246**, 122 (1908).

[4] E. Schulze, Fr. **17**, 173 (1878).

[5] Windaus, Lüders, H. **109**, 185 (1920).

[6] Vgl.: Windaus, B. **42**, 244 (1909). H. **65**, 111 (1910). — Thaysen, Bio. Z. **62**, 89 (1914).

[7] Vgl. ferner: Wacker, Hueck, Köhler, A. Pth. **71**, 390 (1913). — Hepburn, C. **1913**, II, 2053. — Gardner, Williams, C. **1921**, IV, 1257.

bestimmen; man fällt für diesen Zweck erst das freie Cholesterin als Digitonid aus, verseift dann die im Filtrat und in den Waschflüssigkeiten enthaltenen Ester des Cholesterins und bewirkt nunmehr eine zweite Digitonid-Fällung, aus welcher sich die Menge des ursprünglich in gebundener Form vorhanden gewesenen Cholesterins ergibt[1].

Ältere Methoden[2] beruhen teils auf direkter Wägung des in geeigneter Weise abgeschiedenen Cholesterins, teils auf colorimetrischer[3] Verwertung der Farbenreaktionen.

Für die Nahrungsmittelanalyse hat — wie schon Bd. I, Tl. II, S. 144—145 erwähnt wurde — die Untersuchung der Fette auf die in ihnen enthaltenen Sterine[4] außerordentliche Wichtigkeit erlangt. Man trennt die Sterine zunächst von den Glyceriden, um dann zu prüfen, ob Cholesterin oder Phytosterin oder ein Gemisch vorliegt. Hierfür pflegt man sie durch Essigsäureanhydrid in die Essigsäureester überzuführen, deren Schmelzpunkt dann den gewünschten Anhaltspunkt liefert; ein Schmelzpunkt von 114° weist auf Vorliegen von ausschließlich Cholesterylacetat (also auf ein reines Tierfett) hin, während Schmelzpunkte über 116° auf Gegenwart von Phytosterylacetat (also auf Pflanzenfette bzw. Beimengungen von Pflanzenfetten zu Tierfetten) schließen lassen (Bömers „Phytosterinacetat-Probe"). Auch hierbei hat die Digitonin-Methode zu einer Vereinfachung des Untersuchungsganges geführt.

---

[1] Näheres über die Ausführung: Fex, Bio. Z. **104**, 98 ff. (1920).

[2] Literatur-Übersicht und Kritik: Fex, Bio. Z. **104**, 94—96, 109—116 (1920).

[3] Vgl. dazu Gardner, Williams, C. **1921**, IV, 1257. — Gardner, Fox, C. **1921**, IV, 1257.

Über spektrometrische Bestimmung s. Lifschütz, Bio. Z. **54**, 212 (1913); **62**, 219 (1914).

[4] Vgl. z. B.: E. Salkowski, Fr. **26**, 565, 572 (1887). H. **69**, 474 (1910). — Forster, Riechelmann, C. **1897**, I, 563. — Bömer, C. **1898**, I, 466, 638; **1902**, I, 225. — Krais, Wolff, Ch. Z. **22**, 805 (1898). — Zetsche, P. C. H. **39**, 877 (1898). — O. Foerster, Ch. Z. **23**, 188 (1899). — Krais, Rudin, Ch. Z. **23**, 986 (1899). — Bömer, Winter, C. **1901**, II, 1043. — Ritter, C. **1901**, II, 1097. H. **34**, 430 (1902); **35**, 550 (1902). — Polenske, C. **1905**, II, 1130. — Jaeger, C. **1907**, I, 703. R. **26**, 329 (1907). — Heiduschka, Gloth, P. C. H. **50**, 333 (1909). — Marcusson, Schilling, Ch. Z. **37**, 1001 (1913). — Berg, Angerhausen, Ch. Z. **38**, 978 (1914). — Matthes, Rath, Ar. **252**, 694 (1914). — Fritzsche, C. **1914**, I, 498. — Olig, C. **1914**, II, 1005. — Klostermann, Opitz, C. **1914**, II, 1006. — Kühn, Weverinke, C. **1915**, I, 26. — H. Wagner, C. **1915**, II, 1315. — v. Leent, C. **1915**, I, 1091. — Kühn, Bengen, Weverinke, C. **1915**, II, 50. — O. Pfeffer, C. **1916**, I, 906. — Marcusson, Ch. Z. **41**, 578 (1917). — Lifschütz, H. **101**, 89 (1918). — Windaus, H. **101**, 276 (1918).

Zur praktischen Ausführung s. auch J. König, Chemie der menschlichen Nahrungs- und Genußmittel, 4. Aufl., Bd. III, Tl. I (Berlin 1910), S. 402 ff.

Äther und Ester des Cholesterins.

Die *Äther*[1] des Cholesterins können zweckmäßig aus dem Cholesterylchlorid (s. S. 213), das aus dem Cholesterin durch Austausch seines Hydroxyls gegen Chlor entsteht, gewonnen werden. Läßt man dieses Chlorid $C_{27}H_{45}Cl$ mit Natriumalkylaten reagieren, so reagiert es freilich größtenteils unter Abspaltung von HCl (Bildung von $C_{27}H_{44}$); verwendet man aber Magnesiumalkylate, so erfolgt ziemlich glatter Austausch des Chlors gegen Alkoxyl. Der Benzyläther ist auf umgekehrtem Wege — durch Einwirkung von Benzylchlorid auf Cholesterinkalium — gewonnen worden.

Methyl-cholesteryl-äther $C_{27}H_{45}\cdot O\cdot CH_3$ krystallisiert aus Aceton, schmilzt bei 84° und gibt dieselben Farbenreaktionen (vgl. S. 189—190) wie Cholesterin, aber anscheinend in geringerer Intensität.

Dicholesteryläther[2] $C_{27}H_{45}\cdot O\cdot C_{27}H_{45}$ entsteht neben „Cholesterylen" (s. S. 212) beim Erhitzen von Cholesterin mit wasserfreiem Kupfersulfat, schmilzt bei 194—195° und löst sich in Alkohol fast gar nicht, in Äther sehr schwer, in Benzol und Chloroform leicht.

Weit größeres Interesse haben die *Ester* des Cholesterins[3] — besonders diejenigen, welche als saure Bestandteile die höheren Fettsäuren und Ölsäuren enthalten, — gefunden, teils wegen ihres natürlichen Vorkommens, teils wegen merkwürdiger physikalischer Erscheinungen.

Das erste Beispiel natürlichen Vorkommens fand E. SCHULZE[4] am Wollfett (näheres vgl. S. 195). Später hat man, wie S. 183 ff. schon mitgeteilt wurde, sehr häufig „gebundenes" Cholesterin in tierischen Organen und Flüssigkeiten beobachtet. Meist wurde hierbei nicht festgestellt, mit welchen Säuren das Cholesterin verestert ist. Aber für das Blutserum (vgl. S. 184) hat HÜRTHLE[5] die Gegenwart des Palmitinsäure- und des Ölsäure-esters[6] erwiesen; den Palmitinsäureester isolierte E. SALKOWSKI[7] ferner aus der menschlichen Epidermis. Bei der mikroskopischen Untersuchung von Geweben wird das Vorliegen von Cholesterinestern häufig dadurch angedeutet, daß doppelbrechende Krystalle oder Tröpfchen auftreten[8].

---

[1] Vgl.: DIELS, BLUMBERG, B. **44**, 2847 (1911). — STEINKOPF, BLÜMNER, J. pr. [2] **84**, 460 (1911).

[2] MAUTHNER, SUIDA, M. **17**, 38 (1896). — MINOVICI, B. **41**, 1563 (1908). — STEINKOPF, BLÜMNER, J. pr. [2] **84**, 463—464, 466 Anm. (1911). — STEINKOPF, J. pr. [2] **100**, 83 (1920).

[3] Über Cholesterinschwefelsäure s. MANDEL, NEUBERG, Bio. Z. **71**, 186 (1915).

[4] B. **5**, 1073 (1872). [5] H. **21**, 331 (1895).

[6] Nachweis des Ölsäureesters im chylösen Ascites bei Carcinose: H. WOLFF, B. Ph. P. **5**, 208 (1904).

[7] Vgl. Bio. Z. **23**, 361 (1909); **25**, 427 (1910). — S. dazu UNNA, GOLODETZ, Bio. Z. **25**, 425 (1910).

[8] Vgl. dazu: PANZER, H. **48**, 519 (1906); **54**, 239 (1907). — J. PRINGSHEIM, Bio. Z. **15**, 52 (1908). — FEX, Bio. Z. **104**, 85 ff. (1920).

Künstlich bereitet man die Ester[1] aus Cholesterin durch Behandlung mit Säureanhydriden oder Säurechloriden, auch durch einfaches Erhitzen mit den Säuren selbst, wenn es sich um die Esterifizierung mit Säuren von geringer Flüchtigkeit handelt.

Die Cholesterinester sind wohlkrystallisierbare Stoffe. Mehrere von ihnen zeigen, wenn man ihre Schmelze abkühlen läßt, vor dem Erstarren prächtige Farbenerscheinungen (vgl. S. 195); auch bei manchen anderen Cholesterin-Abkömmlingen ist dies beobachtet worden. Die meisten Ester des Cholesterins nahmen beim Schmelzen „flüssig-krystallinischen Zustand“ an. Dies zeigt sich darin, daß sie bei einer bestimmten Temperatur zunächst zu einer trüben Flüssigkeit schmelzen, die dann — wieder bei einer bestimmten Temperatur — in eine klare Schmelze übergeht. REINITZER hat diese merkwürdige Erscheinung zuerst (1888) am Benzoat (vgl. S. 195) beobachtet und teilte sie alsbald O. LEHMANN mit. LEHMANN untersuchte sie im Verlaufe seiner bedeutungsvollen Forschungen, die ihn zur Aufstellung des Begriffs der „flüssigen Krystalle“ führten, näher. Seitdem haben die Ester des Cholesterins vielfach in den Experimentalarbeiten über den flüssig-krystallinischen Zustand als Untersuchungsobjekte gedient[2].

Die Cholesterinester der höheren Fettsäuren sind weniger leicht verseifbar als die Fette und werden daher nicht ranzig[3]. Sie geben die Farbenreaktion von LIEBERMANN und BURCHARD[4] (vgl. S. 189). Daß sie nicht antihämolytisch wirksam sind und sich nicht mit Digitonin verbinden[5], wurde schon S. 190 und 191 hervorgehoben.

Von den Estern, welche das Cholesterin mit den gesättigten Fettsäuren bildet[6], sei zunächst das **Cholesterylacetat** $C_{27}H_{45}\cdot O\cdot$

---

[1] Zur Esterifizierungsgeschwindigkeit vgl. WILLSTÄTTER, E. W. MAYER, B. **41**, 2200, 2202 (1908).

[2] Vgl. dazu z. B.: REINITZER, M. **9**, 429, 435 (1888). W. [4] **27**, 213 (1908). — LEHMANN, M. **9**, 430, 436 (1888). C. **1906**, II, 858. Ph. Ch. **56**, 750 (1906); **73**, 598 (1910). W. [4] **27**, 1099 (1908). — JAEGER, R. **25**, 334 (1906); **26**, 311 (1907). — WALLERANT, C. r. **143**, 605 (1906). — GAUBERT, C. r. **153**, 573, 1158 (1911); **157**, 1446 (1913); **163**, 393 (1916). C. **1917**, II, 807. — v. WEIMARN, C. **1912**, I, 461. — GRANDJEAN, C. r. **164**, 636 (1919). — HÜCKEL, C. **1922**, I, 524.

[3] Vgl. HOPPE-SEYLER-THIERFELDER, Handb. der physiol.- und pathol.-chem. Analyse (Berlin 1909), S. 313.

[4] Vgl. E. SALKOWSKI, Bio. Z. **23**, 363 (1909).

[5] WINDAUS, B. **42**, 244 (1909). H. **65**, 112 (1910).

[6] Vgl.: BERTHELOT, A. ch. [3] **56**, 57 (1859). — LOEBISCH, B. **5**, 513 (1872). — OBERMAYER, J. **1886**, 1301. — RAYMAN, Bl. [2] **47**, 899 (1887). — REINITZER, M. **9**, 428 (1888). — OBERMÜLLER, H. **15**, 39 (1891). — LEWKOWITSCH, B. **25**, 66 (1892). — MAUTHNER, SUIDA, M. **15**, 103, 369 (1894). — HERBIG, C. **1898**, I, 859. — BÖMER, WINTER, C. **1901**, II, 1043. — MENOZZI, R. A. L. [5] **12**, I, 128 (1903). — BREDIG, v. SHUKOWSKY, B. **37**, 3424 (1904). — MAUTHNER, M. **27**, 424 (1906). — O. LEHMANN, W. [4] **21**, 388 (1906). — JAEGER, R. **26**, 311 (1907). — DORN, C. **1918**, II, 1180.

$CO \cdot CH_3$ genannt, dessen Schmelzpunkt — 114—115° —, wie schon S. 192 erwähnt wurde, Bedeutung für die Unterscheidung von Cholesterin und Phytosterin besitzt; in Schwefelkohlenstoff vereinigt es sich mit Brom zu dem in Alkohol sehr schwer, in Äther leicht löslichen Dibromid $C_{27}H_{45}Br_2 \cdot O \cdot CO \cdot CH_3$. Das **Propionat** $C_{27}H_{45} \cdot O \cdot CO \cdot C_2H_5$ zeigt beim Erstarren die oben hervorgehobenen Farbenerscheinungen sehr schön. Auf die Verwendbarkeit des **Isobutyrats** $C_{27}H_{45} \cdot O \cdot CO \cdot CH(CH_3)_2$ zum Nachweis des Cholesterins wurde bereits S. 191 hingewiesen; bemerkenswert ist, daß es im Gegensatz zum normalen Butyrat nicht den flüssig-krystallinischen Zustand annimmt. Das **Palmitat** $C_{27}H_{45} \cdot O \cdot CO \cdot C_{15}H_{31}$ krystallisiert in langen seidenglänzenden Nadeln und schmilzt bei 77—78°; durch Kochen mit alkoholischer halbnormaler Kalilösung wird es vollständig verseift.

Cholesteryloleat $C_{27}H_{45} \cdot O \cdot CO \cdot C_{17}H_{33}$ kann durch Erhitzen von Cholesterin mit Ölsäure hergestellt werden, krystallisiert in langen dünnen Nadeln, schmilzt bei 41—45° und löst sich in etwa 250 Tln. kaltem Alkohol, leicht in Äther. Es wurde schon 1833 von BOUDET aus menschlichem Blut isoliert und unter dem Namen „Serolin" beschrieben, das erst 1895 von HÜRTHLE[1] (vgl. S. 193) als Ölsäureester des Cholesterins erkannt wurde.

Cholesterylbenzoat[2] $C_{27}H_{45} \cdot O \cdot CO \cdot C_6H_5$ wird zweckmäßig durch Erhitzen von Cholesterin mit Benzoylchlorid hergestellt. Es schmilzt bei 150° zu einer trüben Flüssigkeit, die bei 177—178° plötzlich klar wird; beim Abkühlen der klaren Schmelze tritt an einer Stelle eine tief violettblaue Farbe auf, die sich rasch über die ganze Masse ausbreitet und fast ebenso rasch verschwindet, indem an ihre Stelle gleichmäßige Trübung tritt. Von wäßriger Kalilauge wird es sehr schwer, von alkoholischer ziemlich leicht zerlegt.

Während es sich bei dem natürlichen Vorkommen von Cholesterinestern (vgl. S. 183—186, 193) meist nur um verhältnismäßig kleine Beträge handelt, finden sich im **Wollfett**, wie zuerst F. HARTMANN und

— ABDERHALDEN, KAUTZSCH, H. **65**, 73 ff. (1910). — WINDAUS, LÜDERS, H. **109**, 185 (1920).

Über Ester von substituierten Fettsäuren vgl.: BYK, D.R.P. 214157 (C. **1909**, II, 1396). — ABDERHALDEN, KAUTZSCH, H. **65**, 69 (1910). — ABDERHALDEN, GRESSEL, H. **74**, 472 (1911).

[1] Vgl. H. **21**, 332, 354 (1895). — Über den Elaidinsäureester s. PANZER, H. **48**, 526 (1906).

[2] BERTHELOT, A. ch. [3] **56**, 61 (1859). — REINITZER, M. **9**, 435 (1882). — OBERMÜLLER, H. **15**, 42, 46 (1891). — SCHENCK, Ph. Ch. **27**, 169 (1898). — MENOZZI, R. A. L. [5] **12**, I, 130 (1903). — PUCCIANTI, R. A. L. [5] **16**, I, 755 (1907). — WULFF, Z. Kr. **45**, 212 (1908). — DIELS, LINN, B. **41**, 264 (1908). — DORÉE, ORANGE, Soc. **109**, 53 (1916).

Cinnamat: BONDZYŃSKI, HUMNICKI, H. **22**, 403 (1896).

Salicylat: GOLODETZ, Ch. Z. **31**, 1215 (1907).

Xanthogenate: TSCHUGAEFF, GASTEFF, B. **42**, 4632 (1909). — TSCHUGAEFF, FOMIN, A. **375**, 292 (1910).

Urethane: A. BLOCH, Bl. [3] **31**, 71 (1904). — WINDAUS, ADAMLA, B. **44**, 3053 (1911).

E. Schulze nachwiesen[1], Cholesterinester in bedeutender Menge, daneben auch freies Cholesterin. In der Rohwolle ist die Wollfaser durch den vom Tiere abgesonderten „Fettschweiß" umhüllt, der ein Gemisch des wasserlöslichen „Wollschweißes" (hauptsächlich Kaliumsalze höherer aliphatischer Säuren) und des wasserunlöslichen „Wollfetts" darstellt[2]. Das Wollfett wiederum kann man durch organische Lösungsmittel in einen schwerer löslichen Teil und einen leichter löslichen trennen; in dem leichter löslichen Teil ist freies Cholesterin enthalten, in dem schwerer löslichen finden sich Ester des Cholesterins. Aber die Zusammensetzung des Wollfetts ist so verwickelt, daß es bisher — trotz vieler mühsamer Untersuchungen[3], unter denen besonders diejenigen von Darmstädter und Lifschütz an großen Materialmengen ausgeführt worden sind, — nicht gelungen ist, über die Alkohole, welche das Cholesterin darin begleiten (s. u.), und über die Säuren, an welche das Cholesterin gebunden ist, volle Klarheit zu gewinnen. Gereinigtes Wollfett[4] (Lanolinum anhydricum, adeps lanae) hat in der Pharmazie und Kosmetik eine große Bedeutung erlangt, seit Liebreich[5] 1885 auf die vorzüglichen Eigenschaften hinwies, die ihm als Salbengrundlage zukommen. Wertvoll ist namentlich seine eigentümliche Fähigkeit, sich mit Wasser (bis zu 300 %) zu einer salbenähnlichen homogenen Masse[6] verkneten zu lassen, welcher Arzneisubstanzen leicht einverleibt werden können. Wasserhaltiges, gereinigtes Wollfett ist heute unter dem Namen „Lanolin" (adeps lanae cum aqua) allgemein bekannt. Gegenüber dem Vaselin und den Fetten besitzt das Lanolin den Vorzug, von der menschlichen Haut aufgesogen zu werden. Erhöht wird seine Verwendbarkeit durch seine chemische Beständigkeit; selbst bei längerem Aufbewahren wird es nicht ranzig. Beim Kochen des Lanolins mit Wasser scheidet sich „Lanolinum anhydricum" als geschmolzene halbfeste Masse ab.

Neben dem Cholesterin finden sich im Wollfett andere hochmolekulare Alkohole, unter denen der Cerylalkohol (Bd. I, Tl. I, S. 246) als sicher festgestellt gelten darf. Auf die dem Cholesterin näher stehenden, aus dem Wollfett abgeschiedenen oder durch Umwandlung des Cholesterins erhaltenen Präparate, die unter dem Namen

[1] Vgl. E. Schulze, Z. **1870**, 453. B. **5**, 1075 (1872).

[2] Über Gewinnung, Zusammensetzung, Untersuchung, Eigenschaften und Verwertung des Wollfetts s. die Zusammenfassung von Donath und Margosches in der Ahrensschen Sammlung chemischer u. chem.-technischer Vorträge, Bd. **6** (Stuttgart 1901), S. 39—160.

[3] Vgl. z. B.: E. Schulze, B. **6**, 251 (1873); **31**, 1200 (1898). — Marchetti, G. **25**, I, 42 (1895). — Darmstädter, Lifschütz, B. **28**, 3133 (1895); **29**, 618, 1474 2890 (1896); **31**, 97, 1122 (1898). — Unna, Monatsh. f. prakt. Dermatologie **45** (1907). — Unna, Lifschütz, ebenda **47** (1907). — Röhmann, Bio. Z. **77**, 298 (1916).

[4] Vgl. O. Braun, J. **1884**, 1823.

[5] J. **1886**, 2164.

[6] Vgl. dazu Filehne, Biberfeld, B. Ph. P. **5**, 449 (1904).

Isocholesterin[1] und **Metacholesterin**[2] beschrieben worden sind, — letzteres nach LIFSCHÜTZ besonders wichtig für die „Hydrophilie" (Wasseraufnahme-Fähigkeit) des Wollfetts (vgl. oben) — wird hier nicht näher eingegangen, weil ihre Einheitlichkeit in Zweifel gezogen worden ist[3].

Die Konstitution des Cholesterins.

Nachdem BERTHELOT[4] 1859 das Cholesterin durch die Fähigkeit zur Esterbildung als einen Alkohol gekennzeichnet hatte, galt es, die Struktur des mit Hydroxyl verbundenen Kohlenwasserstoff-Radikals — nach der heutigen Formulierung (vgl. S. 187) $C_{27}H_{45}$ — zu ermitteln. Lange dauerte es, bis systematische Bestrebungen zur Erreichung dieses Zieles einsetzten[5]. Die exakten Untersuchungen, welche MAUTHNER und SUIDA 1893 begannen — MAUTHNER hat sie später allein fortgesetzt —, lieferten sehr wertvolle Beiträge. Im Jahre 1903 traten DIELS und ABDERHALDEN zugleich mit WINDAUS in die weitere Bearbeitung des Problems ein. WINDAUS hat seitdem bis heute die spröde Aufgabe mit größter Planmäßigkeit unermüdlich verfolgt. Ist es auch noch nicht gelungen, für alle 27 Atome des verwickelten Kohlenstoffskeletts die Bindung zu bestimmen, so haben doch seine ausgezeichneten Untersuchungen den strukturellen Einblick in große Teile des Moleküls eröffnet[6].

In diesem Abschnitt soll — ohne daß auf die historische Folge der Erkenntnisse eingegangen wird — gezeigt werden, inwieweit die einzelnen sich aufwerfenden Fragen heute beantwortet werden können. Die Antworten stützen sich natürlich auf Umwandlungen des Cholesterins, und im Laufe der Untersuchungen sind Umwandlungsprodukte — teils solche der gleichen C-Zahl, teils solche mit niedrigerer C-Zahl — in großer Zahl bekannt geworden. Diese selbst werden erst in den beiden

---

[1] E. SCHULZE, B. **6**, 251 (1873); **31**, 1200 (1898). J. pr. [2] **25**, 459, 460 (1882). — E. SCHULZE, BARBIERI, J. pr. [2] **25**, 168, 171 (1882). — DARMSTÄTTER, LIFSCHÜTZ, B. **31**, 99 (1898). — E. SCHULZE, WINTERSTEIN, H. **48**, 547 (1906). — COHEN, Ar. **246**, 519, 592 (1908). — MORESCHI, R. A. L. [5] **19**, II, 55 (1910).

[2] Vgl.: LIFSCHÜTZ, H. **106**, 287 (1919); **111**, 253 (1920); **114**, 108, 120 (1921). D.R.P. 318900, 318901 (C. **1920**, IV, 16); 324012 (C. **1920**, IV, 548).

[3] RÖHMANN, Bio. Z. **77**, 328 (1916). — WINDAUS, LÜDERS, H. **109**, 183 (1920); **115**, 258 (1921).

[4] A. ch. [3] **56**, 55 (1859).

[5] Zur Entwicklung der Strukturerkenntnis s. besonders die folgenden Stellen: MAUTHNER, SUIDA, M. **15**, 113 (1894). — WINDAUS, B. **36**, 3753 (1903); **37**, 2027 (1904); **39**, 2009 (1906); **50**, 133 (1917); **52**, 162 (1919); **53**, 491 (1920). — DIELS, ABDERHALDEN, B. **37**, 3094 (1904). — WINDAUS, STEIN, B. **37**, 3699 (1904). — v. FÜRTH, FELSENREICH, Bio. Z. **69**, 416 (1915).

[6] Zusammenfassungen des derzeitigen Standes gab WINDAUS in Ar. **246**, 125 ff. (1908), in den Nachrichten v. d. Kgl. Gesellsch. d. Wissensch. zu Göttingen, Math.-physik. Klasse **1919**, S. 237 ff. und in ABDERHALDENS Handbuch der biologischen Arbeitsmethoden, Abt. I, Tl. 6 (Berlin u. Wien 1922), S. 169 ff.

nächsten Abschnitten (S. 208—221) geschildert; hier wird über sie nur mitgeteilt, was sich bisher für die Enträtselung der Cholesterinformel als belangreich erwiesen hat. Zum Verständnis der dabei zu benutzenden Nomenklatur sei vorausgeschickt, daß das Cholesterin sich als ein Alkohol mit nur einer Doppelbindung erwiesen hat, daß also der ihm entsprechende gesättigte Kohlenwasserstoff die Zusammensetzung $C_{27}H_{48}$ besitzt, wenn man die Formel $C_{27}H_{46}O$ des Cholesterins (vgl. S. 187) zugrunde legt (bzw. $C_{27}H_{46}$ bei Annahme der Formel $C_{27}H_{44}O$). Diesem gesättigten Stammkohlenwasserstoff des Cholesterins haben MAUTHNER und SUIDA[1] den handlichen Namen „*Cholestan*" gegeben, von dem man nun die Namen derjenigen Derivate, deren strukturelle Beziehungen zum Stammkohlenwasserstoff sich übersehen lassen, nach den Genfer Gebräuchen ableitet. Das Cholesterin selbst also ist hiernach rationell als ein Cholestenol zu bezeichnen.

Es sind nun bisher die folgenden Anhaltspunkte für die Aufstellung einer Strukturformel des Cholesterins gewonnen worden.

a) *Das Hydroxyl ist sekundär an ein cyclisch gebundenes C-Atom gekettet, dem ein Methylen benachbart ist.* Dies darf daraus geschlossen werden, daß DIELS und ABDERHALDEN das Cholesterin einerseits durch Erhitzen mit Kupferoxyd zu dem entsprechenden Carbonyl-Körper $C_{27}H_{44}O$ oxydieren konnten, welcher das Verhalten eines ungesättigten Ketons zeigt und demnach als Cholestenon bezeichnet werden kann (s. S. 219, Formel 14 auf S. 211), andererseits aber mit Kaliumhypobromit zu einer Dicarbonsäure (S. 221, Formel 19 auf S. 211), welche die Zusammensetzung $C_{27}H_{44}O_4$ besitzt, also in ihrem Molekül noch die volle C-Zahl des Cholesterins aufweist. Der letztere Vorgang ist offenbar nur möglich (vgl. dazu S. 200), wenn eine Gruppe $—CH_2·CH(OH)—$ in cyclischer Bindung zugegen ist[2]:

(A)

Bestätigt[3] wird dieser Befund durch die Umwandlung von Dihydrocholesterin (β-Cholestanol, S. 215) in ein gesättigtes Keton (β-Cholestanon, S. 218) und dessen Weiteroxydation zu einer Dicarbonsäure $C_{27}H_{46}O_4$ (S. 220):

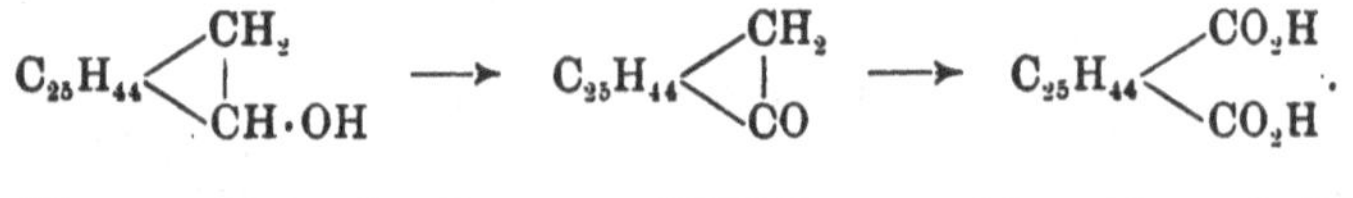

(B)

Der Ring, welchem die Gruppe —CH(OH)— angehört, möge als *Ring I* bezeichnet werden.

---

[1] M. 15, 86—87 Anm. (1894).

[2] Vgl. DIELS, ABDERHALDEN, B. 37, 3092 (1904).

[3] WINDAUS, UIBRIG, B. 47, 2387 (1914).

b) *Das Cholesterinmolekül enthält nur eine Doppelbindung.* Den Nachweis einer Doppelbindung haben zuerst J. Wislicenus und Moldenhauer dadurch erbracht (vgl. S. 188), daß sie das Cholesterin mit Brom zu einem Dibromid (s. S. 217) vereinigten. Daß nicht mehrere Doppelbindungen zugegen sind, ist später durch die katalytische Hydrierung (vgl. S. 188) unzweifelhaft bewiesen worden, welche unter den für die Wasserstoffaufnahme günstigsten Versuchsbedingungen nicht über die Stufe des Dihydrocholesterins hinausgeht[1]. Auch liegen refraktometrische Bestätigungen hierfür vor[2].

c) *Das Cholesterinmolekül enthält ein tetracyclisches Kohlenstoffgerüst.* Aus b) folgt ohne weiteres, daß das Cholesterin nicht zu den acyclischen Verbindungen gehören kann. Denn ein acyclischer Alkohol von der Zusammensetzung $C_{27}H_{46}O$, der also 10 H-Atome weniger als der gesättigte Alkohol der C_{27}-Reihe ($C_{27}H_{56}O$) enthielte, müßte 5 Doppelbindungen (bzw. in entsprechender Zahl dreifache und doppelte Bindungen gemischt) aufweisen. Auch ein aromatischer Kern kann nicht im Cholesterin angenommen werden, da bei Anwesenheit eines solchen mindestens 6 H-Atome bei der katalytischen Hydrierung aufgenommen werden müßten; in Übereinstimmung steht damit, daß man niemals beim Abbau des Cholesterins in glatter Weise zu Benzol-Derivaten gekommen ist. Cholesterin ist also ein *alicyclischer* Alkohol mit einer Doppelbindung. Da nun ein monocyclischer, einfach ungesättigter Alkohol mit 27 C-Atomen die Bruttoformel $C_{27}H_{52}O$ besitzen müßte, diese aber um 6 H-Atome reicher ist als die Cholesterinformel $C_{27}H_{46}O$, so muß das C-Gerüst des Cholesterins tetracyclisch (vgl. dazu S. 36—37) sein.

Nähme man die Formel $C_{27}H_{44}O$ an (s. S. 187), so würde die hier angestellte Erwägung natürlich zu der Folgerung führen, das Cholesterin sei pentacyclisch.

d) *Die Doppelbindung steht in einem Ringe, welcher verschieden ist von dem hydroxylhaltigen Ring I* (vgl. unter a). Durch rote rauchende Salpetersäure läßt sich Cholesterin (in kalter Eisessig-Lösung) in einen Nitrokörper $C_{27}H_{44}O_5N_2$ überführen, aus welchem durch Reduktion mit Zinkstaub und Eisessig eine Oxyoxoverbindung (vgl. Bd. I, Tl. II, S. 885) $C_{27}H_{45}O(OH)$ — zunächst in Form ihres Essigsäureesters — hervorgeht[3]. Jener Nitrokörper ist — seiner Zusammensetzung nach — aus dem Cholesterin durch Eintritt zweier Nitrogruppen an Stelle von Wasserstoff entstanden. Sein Verhalten bei der Reduktion läßt sich leicht verstehen, wenn man für die eine Nitrogruppe den Eintritt in das Hydroxyl, für die andere den Eintritt in das Kohlenwasserstoffradikal $C_{27}H_{45}$ am Ort der Doppelbindung annimmt; dies setzt voraus, daß an einem

[1] Vgl.: v. Fürth, Felsenreich, Bio. Z. **69**, 416 (1915). — S. auch Dorée, Orange, Soc. **109**, 46 (1916).

[2] Tschugaeff, P. Koch, A. **385**, 352 (1911).

[3] Windaus, C. **1903**, I, 814. B. **36**, 3752 (1903). — Mauthner, Suida, M. **24**, 654 (1903). — An diesen Stellen ist noch die Formel $C_{27}H_{44}O$ des Cholesterins — statt $C_{27}H_{46}O$ — zugrunde gelegt.

der beiden im Cholesterinmolekül an der Doppelbindung beteiligten C-Atome ein H-Atom sich befindet, so daß bei der Nitrierung aus der Gruppe —CH:C< sich die Gruppe —C(NO$_2$):C< bilden kann. Diese würde dann bei der Reduktion mit Zinkstaub und Eisessig, wie es in manchen ähnlichen Fällen beobachtet worden ist, in —CO·CH< umgewandelt werden, während gleichzeitig das nitrierte Hydroxyl —O·NO$_2$ in Acetoxyl —O·CO·CH$_3$ übergeht. Der Vorgang läßt sich also durch folgende Formelreihe wiedergeben:

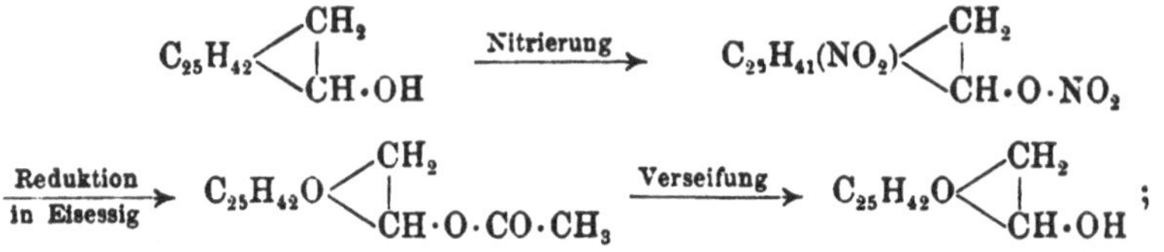

(C)

der Nitrokörper wäre als Nitrocholesterylnitrat zu bezeichnen, das Endprodukt, da es — wie unten gezeigt wird — ein Oxyketon und nicht ein Oxyaldehyd ist, als Cholestanonol (vgl. S. 219, Fußnote 3). Daß dieses Endprodukt in seinem Molekül noch das gleiche Kohlenstoffgerüst enthält wie das Cholesterin, ergibt sich daraus, daß es — den folgenden Reaktionen:

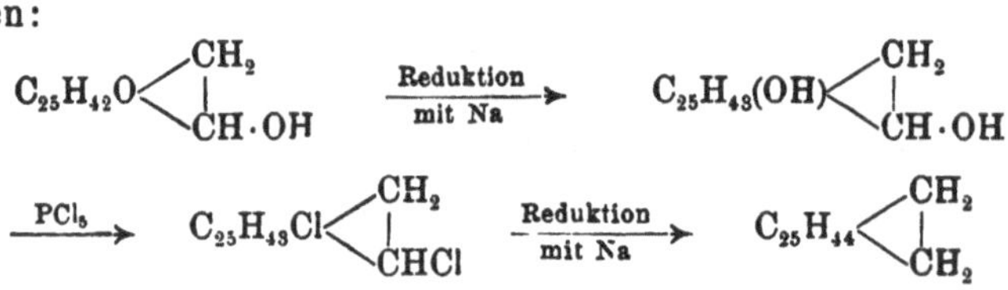

(D)

unterworfen — den gleichen gesättigten Kohlenwasserstoff $C_{27}H_{48}$ (Cholestan, s. S. 208) liefert, zu dem man vom Cholesterin selbst auf ähnlichem Wege gelangt[1]:

(E)

Ermittelt man also an jener Oxyoxoverbindung (Cholestanonol), die durch die Reaktionsfolge C gebildet wird, etwas über die Stellung des Carbonyls, so ist damit ein entsprechender Aufschluß über die Stellung der ursprünglich im Cholesterin vorhandenen Doppelbindung (Δ-Stellung) gewonnen. Dies gelang Windaus und Stein[2], nachdem sie das Hydroxyl der Oxyoxoverbindung gegen Chlor ausgetauscht und damit das Molekül an dieser Stelle gegen Oxydation geschützt hatten, durch Oxydation der

[1] Windaus, B. 50, 135 (1917).

[2] B. 37, 3699 (1904). — Auch in dieser Abhandlung ist noch die Formel $C_{27}H_{44}O$ für Cholesterin benutzt.

gewonnenen Chloroxoverbindung $C_{27}H_{45}OCl$ mittels heißer Salpetersäure; denn hierbei entsteht — ähnlich wie bei der Oxydation des Cholesterins selbst (Formelreihe A, S. 198) und des β-Cholestanons (Formelreihe B) — ohne C-Abspaltung eine Chlordicarbonsäure $C_{27}H_{45}O_4Cl$. Ein solcher Vorgang aber — Verschwinden der Oxo-Funktion unter Bildung einer Dicarbonsäure und Wahrung der vollen C- und H-Zahl — ist nur möglich, wenn eine cyclisch gebundene Gruppe — $CH_2 \cdot CO$— zwischen Methylen und Carbonyl oxydativ gesprengt wird:

(Analogien: Bildung von Adipinsäure aus Cyclohexanon, von Camphersäure aus Campher). In der Chloroxoverbindung und demnach auch in der Oxyoxoverbindung muß also eine solche Gruppe vorhanden sein. Beide Verbindungen sind Ketone, welche ihr Carbonyl als Glied eines Ringes und benachbart einem Methylen enthalten. Daß aber dieser im Oxyketon das Carbonyl, im Cholesterin die Doppelbindung bergende Ring — er möge als *Ring II* bezeichnet werden — verschieden ist von dem Ring I (s. S. 199), der sowohl im Oxyketon wie im Cholesterin das Hydroxyl, im Chlorketon das Chlor enthält, konnte durch weitere Umwandlungen jener Chlordicarbonsäure $C_{27}H_{45}O_4Cl$ gezeigt werden. Denn als in ihr das Chlor durch Kochen mit Alkali wieder gegen Hydroxyl ausgewechselt und die dadurch gebildete Oxydicarbonsäure $C_{27}H_{46}O_5$ mit Chromsäure oxydiert wurde, erhielt man unter intermediärer Bildung einer Ketodicarbonsäure $C_{27}H_{44}O_5$ — wiederum ohne C-Abspaltung — eine *Tetra*carbonsäure $C_{27}H_{44}O_8$. Man kann demnach nunmehr dem Oxyketon (Cholestanonol) die weiter aufgelöste Formel I (s. u.) erteilen. Die

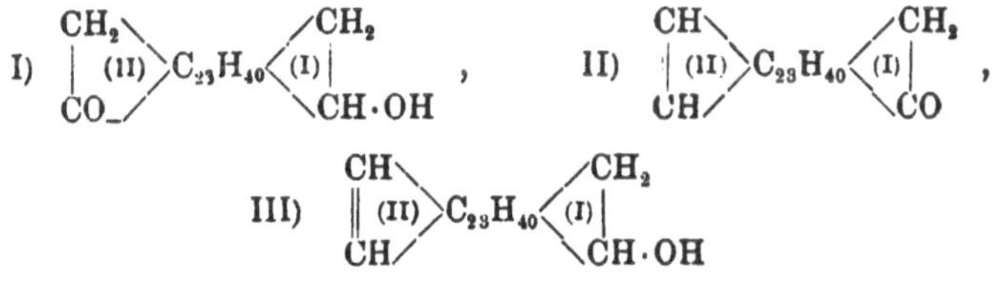

soeben geschilderte Versuchsreihe von Windaus und Stein wird unter Benutzung solcher aufgelöster Formeln in der nachstehenden Formelreihe erläutert:

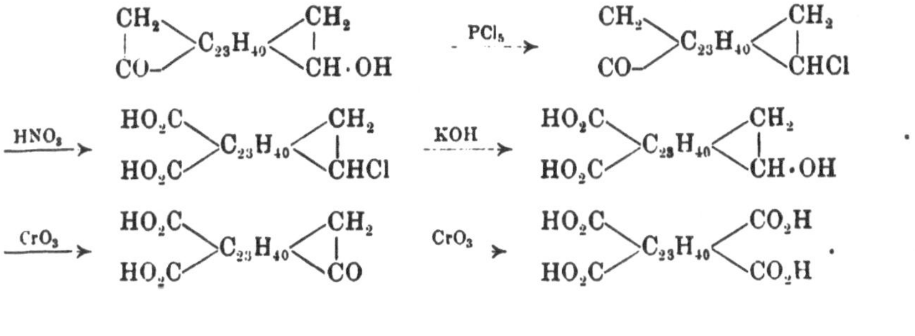

(F)

e) *Die Doppelbindung nimmt gegenüber dem das Hydroxyl tragenden C-Atom wahrscheinlich die β, γ-Stellung ein*[1]. In Betracht kommt hierfür zunächst das Verhalten des aus dem Cholesterin durch Oxydation mit Kupferoxyd entstehenden Cholestenons (s. S. 198 unter a) bei der weiteren Oxydation mit Kaliumpermanganat. Als Hauptprodukt entsteht nämlich aus diesem ungesättigten Keton $C_{27}H_{44}O$ eine gesättigte Ketocarbonsäure $C_{26}H_{44}O_3$. Die nächstliegende Erklärung hierfür besteht in der Annahme, daß durch oxydative Aufspaltung am Ort der Doppelbindung zuerst eine Ketodicarbonsäure $C_{27}H_{44}O_5$ gebildet wird, deren eines Carboxyl aber sofort abgespalten wird, so daß nun eine Ketomonocarbonsäure $C_{26}H_{44}O_3$ entsteht:

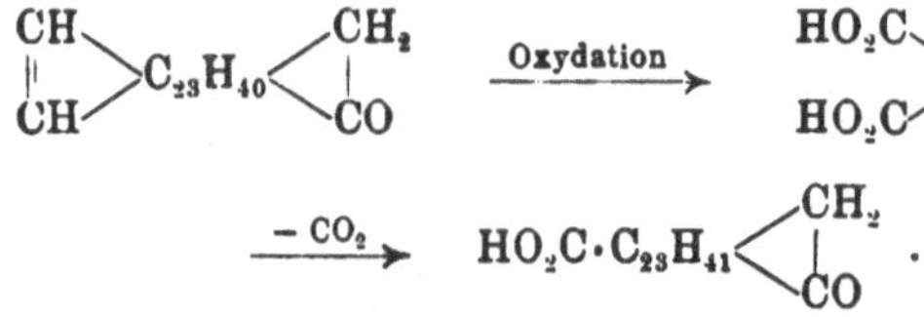

(G)

Ein solcher Vorgang setzt erstens voraus, daß jedes der beiden an der Doppelbindung beteiligten C-Atome ein H-Atom trägt, daß man also dem Cholestenon die aufgelöste Formel II (S. 201), dem Cholesterin die Formel III erteilen darf. Er erscheint ferner nur dann plausibel, wenn man annimmt, daß eines der beiden durch Δ-Aufspaltung gebildeten Carboxyle (vgl. oben die zweite Formel in Formelreihe G) die β-Stellung zum Carbonyl einnimmt, da erfahrungsgemäß bei β-Ketonsäuren leichte Abspaltung von Kohlendioxyd erfolgt (vgl. Bd. I, Tl. II, S. 1123—1124). Diese Bedingung kann aber nur dann sich verwirklichen, wenn die Doppelbindung des Cholestenons sich zum Carbonyl in β, γ-Stellung befindet:

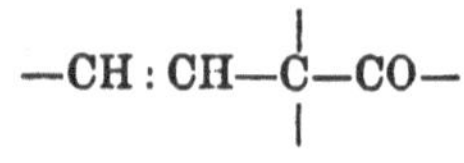

Danach darf man diese Stellung mit großer Wahrscheinlichkeit annehmen; auch sind durch andere Versuchsreihen, auf die hier nicht näher eingegangen werden kann, weitere Bestätigungen dafür erbracht worden.

f) *Der hydroxylhaltige Ring I und der Δ-haltige Ring II sind miteinander kondensiert.* Aus der eben unter e gegebenen Darlegung folgt mit größter Wahrscheinlichkeit, daß im Cholesterinmolekül die Atomgruppe:

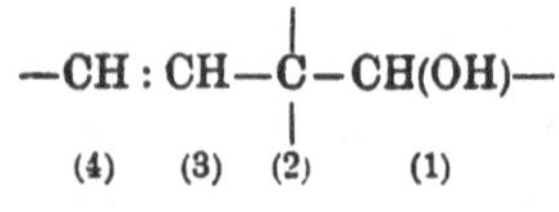

[1] Vgl. dazu WINDAUS, B. **39**, 2008, 2254—2257 (1906); B. **50**, 133 (1917). S. auch den S. 197, Fußnote 6, zitierten Artikel in ABDERHALDENS Handbuch, S. 180—186.

enthalten ist. Daraus ergibt sich ohne weiteres, daß das mit 2 numerierte C-Atom dieser Gruppe sowohl dem Ring I wie dem Ring II angehören muß. D. h. die beiden Ringe müssen miteinander kondensiert sein.

g) *Ring I ist ein Sechsring.* WINDAUS und DALMER[1] schließen dies aus dem Verhalten der Dicarbonsäure $C_{25}H_{44}(CO_2H)_2$, welche nach Formelreihe B (S. 198) erhalten wird, wenn man im Dihydrocholesterin den hydroxylhaltigen Ring (I) oxydativ aufspaltet. In ihrem Molekül muß der Abstand der beiden Carboxyle offenbar der Gliederzahl des Rings I entsprechen. D. h. sie muß, wenn Ring I etwa ein Vierring ist, eine 1.4-Dicarbonsäure sein; wäre der Ring fünfgliedrig, so müßte in ihr eine 1.5-Dicarbonsäure vorliegen, usw.

Nun hat BLANC[2] an den gesättigten aliphatischen 1.6- und 1.7-Dicarbonsäuren die Erfahrung gemacht, daß sie beim Erhitzen mit Essigsäureanhydrid — meist sehr glatt — unter Abspaltung von CO_2 und H_2O die entsprechenden (d. h. um ein C-Atom ärmeren) Ringketone ergeben (vgl. Bd. I, Tl. II, S. 303—304). Dagegen liefern 1.4- und 1.5-Dicarbonsäuren bei der gleichen Behandlung unter Wasserabspaltung ihre inneren Anhydride (vgl. dazu Bd. I, Tl. II, S. 299—301).

Die Prüfung jener Dicarbonsäure $C_{25}H_{44}(CO_2H)_2$ (= $C_{27}H_{46}O_4$) auf dieser Grundlage läßt sie als 1.6-Dicarbonsäure erscheinen. Sie liefert nämlich — mit Essigsäureanhydrid erhitzt und dann im Vakuum destilliert — ein Keton $C_{26}H_{44}O$. Hiernach könnte sie zwar sowohl eine 1.6- wie eine 1.7-Dicarbonsäure sein. Aber das Keton $C_{26}H_{44}O$ ergibt nun bei Oxydation mit rauchender Salpetersäure eine Dicarbonsäure $C_{26}H_{44}O_4$, welche ihrerseits — mit Essigsäureanhydrid erhitzt und dann im Vakuum destilliert — in ein Anhydrid $C_{26}H_{42}O_3$ übergeht, das sich leicht in die Säure $C_{26}H_{44}O_4$ zurückverwandeln läßt. Hieraus läßt sich schließen:

1. daß das Keton $C_{26}H_{44}O$ neben dem Carbonyl ein Methylen enthält, daß also auch im Cholesterin an das mit —CH(OH)— verbundene Methylen sich noch ein weiteres Methylen anschließen muß;

2. daß die Säure $C_{26}H_{44}O_4$ eine 1.5-Dicarbonsäure, die Säure $C_{27}H_{46}O_4$ aber eine 1.6-Dicarbonsäure ist, da nur unter dieser Voraussetzung das verschiedene Verhalten der beiden sich um ein Glied in der Carboxylstellung unterscheidenden Säuren gegen Essigsäureanhydrid mit den obigen Erfahrungen in Einklang zu bringen ist.

Die eben dargelegten Umwandlungen finden ihre Erläuterung in der nachstehenden Formelreihe:

[1] B. **52**, 162 (1919).
[2] C. r. **144**, 1356 (1907). Bl. [4] **3**, 778 (1908).

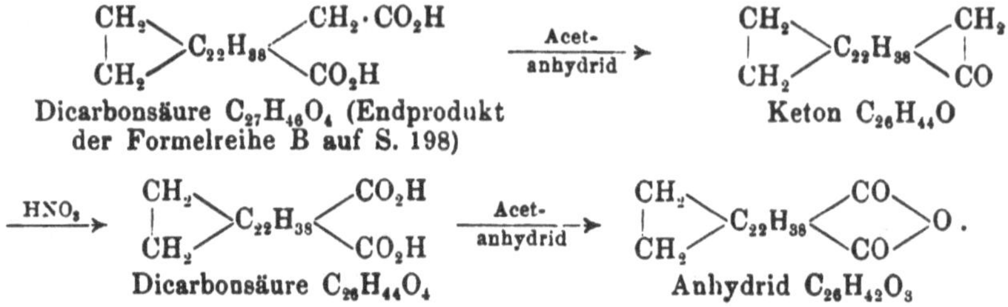

(H)

h) *Ring II ist ein Fünfring und enthält neben der Doppelbindung eine Methylengruppe.* In analoger Weise, wie eben unter g) dargelegt wurde, haben Windaus und Dalmer versucht, die Gliederzahl des Rings II zu ermitteln. Zu diesem Zweck mußte die Aufspaltung dieses Δ-haltigen Ringes zu einer Dicarbonsäure ohne C-Abspaltung bewirkt werden. Als Ausgangspunkt hierfür wurde der ungesättigte Kohlenwasserstoff $C_{27}H_{46}$ gewählt, zu dem man gelangt, wenn man im Cholesterin das Hydroxyl durch Chlor ersetzt und in dem so entstandenen Cholesterylchlorid durch Behandlung mit Natrium in Amylalkohol dann Chlor gegen Wasserstoff austauscht[1]:

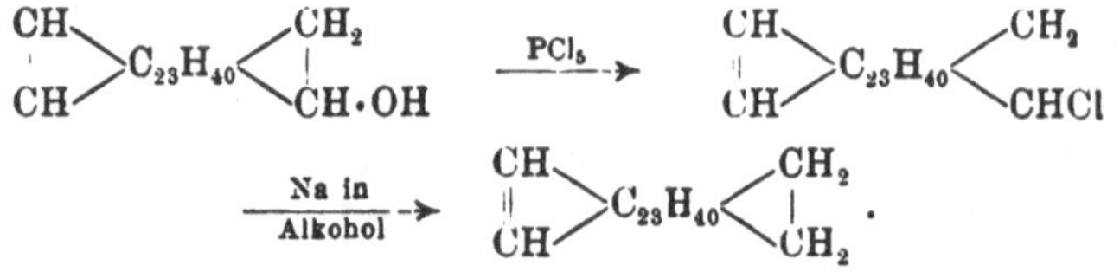

(I)

In ihm liegt der ungesättigte Stammkohlenwasserstoff „Cholesten" (s. S. 211, Formel 2 auf S. 210) vor, von dem sich das Cholesterin als Hydroxylderivat ableitet.

Man kann nun vom Cholesten $C_{27}H_{46}$ zu zwei voneinander verschiedenen gesättigten Ketonen $C_{27}H_{46}O$ kommen. Das eine — „Heterocholestanon" (S. 218, Formel 12 auf S. 210) genannt — entsteht, wenn man Cholesten mit rauchender Salpetersäure zu Nitrocholesten nitriert und dieses dann mit Zinkstaub in Eisessig reduziert[2]; die Reaktionsfolge ist der auf S. 200 (Formelreihe C) erläuterten Umwandlung von Cholesterin in Cholestanonol analog:

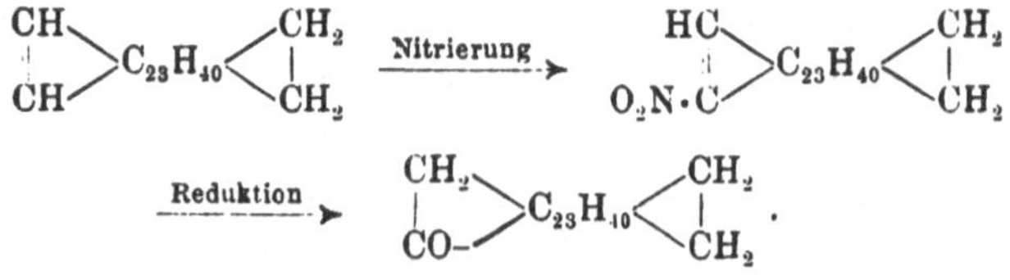

(K)

Das Carbonyl dieses Ketons ist offenbar aus einer der ursprünglich an der Doppelbindung beteiligten CH-Gruppen gebildet. — Für die Ge-

[1] Walitzky, B. **9**, 1310 (1876). — Mauthner, Suida, M. **15**, 86 (1894).
[2] Windaus, B. **53**, 491—492 (1920).

winnung des anderen Ketons $C_{27}H_{46}O$ — „Oxocholestan" (s. S. 218, Formel 13 auf S. 211) genannt — dient ein ungesättigtes Keton $C_{27}H_{44}O$ (Oxocholesten S. 219, Formel 15 auf S. 211) als Zwischenprodukt, das sich bei der Oxydation des Cholestens mit Chromsäure in Eisessig bildet; dieses wird dann katalytisch zu Oxocholestan hydriert[1].

Die beiden isomeren Ketone $C_{27}H_{46}O$ — Heterocholestanon und Oxocholestan — werden durch rauchende Salpetersäure zu einer und derselben Dicarbonsäure $C_{27}H_{46}O_4$ aufgespalten[2]; also steht auch das Carbonyl des Oxocholestans im ursprünglich Δ-haltigen Ring II. Diese durch Aufspaltung des Rings II entstandene Dicarbonsäure $C_{27}H_{46}O_4$ gibt nun — mit Essigsäureanhydrid im Vakuum destilliert — nicht ein Ringketon, sondern ein im Vakuum unzersetzt übergehendes Anhydrid $C_{27}H_{44}O_3$, das sich leicht in die Ausgangssäure $C_{27}H_{46}O_4$ zurückführen läßt. Hiernach muß man schließen, daß die Dicarbonsäure $C_{27}H_{46}O_4$ ihre beiden Carboxyle in 1.4- oder in 1.5-Stellung enthält, daß also Ring II entweder ein Vierring oder ein Fünfring ist.

Die Bildung jenes ungesättigten, oben als Zwischenprodukt erwähnten Ketons $C_{27}H_{44}O$ (Oxocholesten) findet Analogie in der Oxydation von Pinen zu Verbenon (S. 31) und mehreren ähnlichen, neuerdings bei hydroaromatischen Verbindungen beobachteten Vorgängen, bei welchen die Gruppe $—CH:CH·CH_2—$ durch Oxydation in die Gruppe $—CH:CH·CO—$ verwandelt wird. Sie macht es also sehr wahrscheinlich, daß Ring II im Cholesten — und demnach auch im Cholesterin — neben der Doppelbindung ein Methylen enthält. Nun muß Ring II außer den drei

IV) 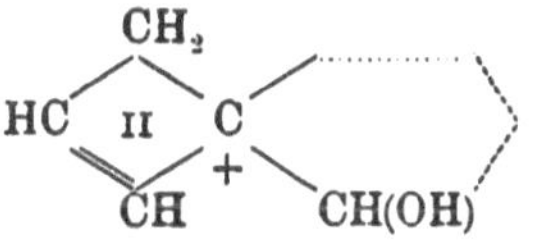

,

V) 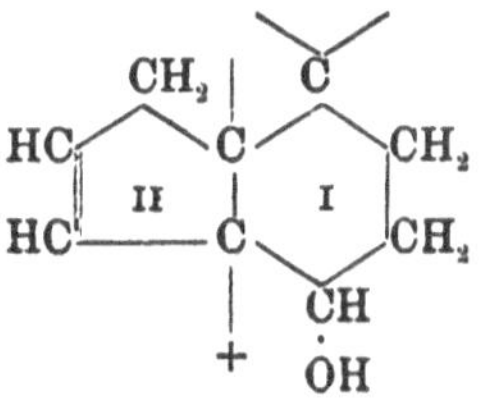

,

VI) 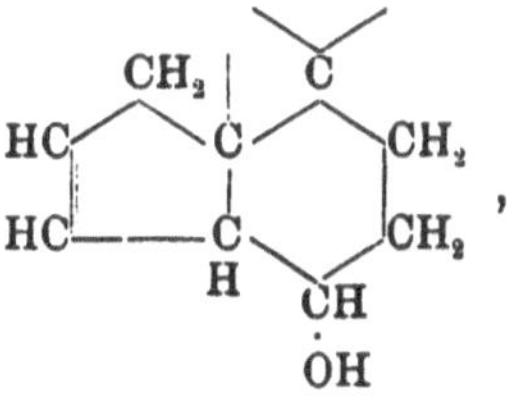

,

C-Atomen dieser Gruppe noch die zur Kondensation mit Ring I (vgl. S. 202 unter f) dienenden C-Atome in sich bergen. Wäre er ein Vierring, so enthielte das Cholesten-Molekül die sehr unwahrscheinliche

[1] Windaus, B. **53**, 495—496 (1920).

[2] Windaus, Dalmer, B. **52**, 166, 169 (1919). — Windaus, B. **53**, 469 (1920). — Vgl. ferner Windaus, Hückel, Reverey, B. **56**, 91 (1923). — Windaus, Rosenbach, Riemann, H. **130**, 113 (1923).

(spirocyclische) Gruppierung der Formel IV (s. o.). Viel wahrscheinlicher ist offenbar die Annahme eines Fünfrings, die für die Kondensation mit dem Sechsring I zu dem indenartigen Formelbild V (s. o.) führt. Diese Annahme wird ferner dadurch notwendig, daß eine Anzahl von Umwandlungen der Cholestan-Körper nur erklärlich erscheinen, wenn das zwischen Doppelbindung und Carbinolgruppe befindliche C-Atom (in IV und V mit + bezeichnet) ein Wasserstoffatom trägt, also nicht — wie in IV — quartär gebunden ist; vgl. darüber z. B. S. 212 über die Hydrierung von Pseudocholesten $C_{27}H_{46}$ zu zwei stereoisomeren Kohlenwasserstoffen $C_{27}H_{48}$.

i) *Das Cholesterin-Molekül enthält einen acyclischen Teil von mindestens 8 C-Atomen.* Dies ergibt sich daraus, daß bei der Oxydation des Cholesterylacetats mit Chromsäure in essigsaurer Lösung als Nebenprodukt in allerdings sehr kleiner Menge ein Keton $C_8H_{16}O$ auftritt, das durch Vergleich mit 2-Methyl-heptanon-(6) $(CH_3)_2CH{\cdot}CH_2{\cdot}CH_2{\cdot}CH_2{\cdot}CO{\cdot}CH_3$ identifiziert worden ist[1]. Durch seinen Wohlgeruch gibt sich dieses Keton als Nebenprodukt auch bei vielen anderen Oxydationsvorgängen der Cholesterin-Reihe zu erkennen. Seine Bildung spricht dafür, daß zu den Bestandteilen des Cholesterin-Moleküls ein Isooctyl-Radikal $(CH_3)_2CH{\cdot}[CH_2]_3{\cdot}\underset{|}{C}H{\cdot}CH_3$ gehört, das bei der Oxydation abgelöst wird, indem die verknüpfende >CH-Gruppe zu >CO oxydiert wird. Auch andere Beobachtungen[2] (Bildung von β,β-Dinitro-propan, von Aceton, von α-Oxy-isobuttersäure, von Bernsteinsäure und α-Methyl-glutarsäure durch Oxydation von Cholesterin selbst oder seinen Abkömmlingen) lassen sich auf das Vorhandensein dieser Seitenkette zurückführen.

Auf Grund der unter a) bis i) (S. 198 bis 206) mitgeteilten Ermittelungen läßt sich nun der heutige Stand unserer Kenntnis über die Struktur des Cholesterins folgendermaßen umschreiben:

das Cholesterin-Molekül $C_{27}H_{45}{\cdot}OH$ enthält 9 C-Atome, 10 H-Atome und das Hydroxyl in der durch Formel VI (S. 205) erläuterten bicyclischen Gruppierung;

der übrig bleibende Anteil $C_{18}H_{35}$ fügt sich an die in der Formel VI (S. 205) freigelassenen drei Valenzen derart an, daß ein tetracyclisches Gebilde entsteht, welches außer der in Formel VI befindlichen Doppelbindung keine weitere Doppelbindung aufweist, aber eine Seitenkette von mindestens 8 C-Atomen und der Struktur $—CH\langle^{CH_3}_{[CH_2]_3{\cdot}CH(CH_3)_2}$ enthält.

[1] WINDAUS, RESAU, B. **46**, 1246 (1913).

[2] Vgl.: MAUTHNER, SUIDA, M. **17**, 42—43 (1896). — WINDAUS, C. **1903**, I, 815. B. **41**, 2558 (1908); **42**, 3772 (1909). H. **102**, 160 (1918).

WINDAUS drückt dies durch die Formel VII aus, mit der die an Beobachtungen überaus zahlreich gewordene „Cholestan-Chemie" sich

VII) 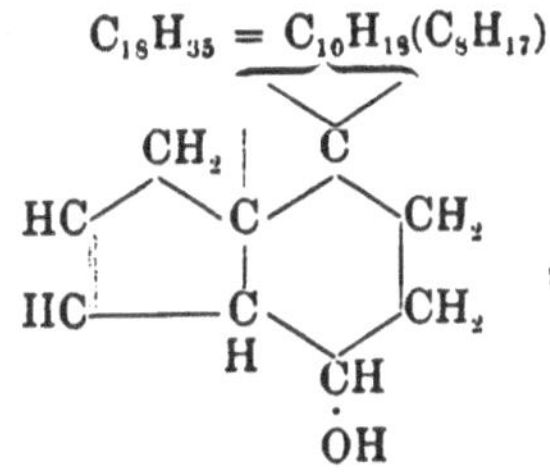 , VIII) 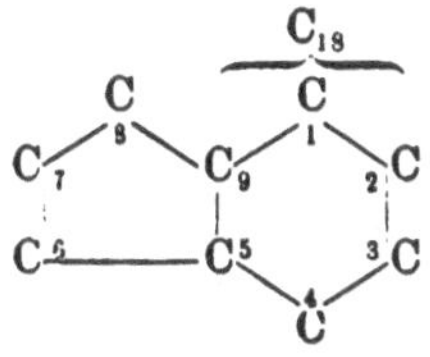

gut in entsprechend aufgelösten Formeln ihrer einzelnen Angehörigen symbolisieren läßt. Um Stellungs-Isomere bequem in den Namen unterscheiden zu können, hat WINDAUS[1] den Formelteil, welcher Ring I und II umfaßt, nach dem Schema VIII (s. o.) beziffert.

Eine weitere Auflösung des im Cholesterin anzunehmenden C-Gerüsts haben die Arbeiten über die Konstitution der mit ihm strukturell nahe verwandten Gallensäuren (vgl. S. 209—211) ermöglicht (s. S. 260).

Zum Schluß soll in diesem Abschnitt auf die Möglichkeiten hingewiesen werden, die sich für Stereoisomerie in der Cholestan-Reihe ergeben. Das Cholesterin ist optisch aktiv und muß daher in seinem Molekül mindestens ein asymmetrisches C-Atom enthalten. Als ein solches erkennt man in der Formel VII sofort das mit Hydroxyl verbundene C-Atom. Aber aus dem Umstand, daß durch Umwandlungen des Cholesterins, bei denen dieses C-Atom seine Asymmetrie verliert (z. B. Übergang von CH(OH) in CH_2), trotzdem optisch aktive Abkömmlinge (z. B. Cholestane S. 208, Cholestene, S. 211) erhalten werden, ergibt sich als zwingende Folgerung die Gegenwart von mindestens einem weiteren asymmetrischen C-Atom. Auch bietet uns die Formel VII ein solches in dem C-Atom Nr. 5 (vgl. das Bezifferungsschema VIII) dar. Der unaufgelöste Teil der Cholesterinformel kann möglicherweise noch weitere asymmetrische C-Atome enthalten. Aber der Nachweis von zweien genügt schon, um für die Cholestan-Körper nicht nur Fälle von Enantiostereomerie, sondern auch solche von Diastereomerie voraussehen zu lassen. Die im nächsten Abschnitt folgende Schilderung einzelner Cholestankörper wird zeigen, daß in der Tat mehrere Fälle von zweifelloser Diastereomerie beobachtet worden sind. Dagegen liegen bisher Beobachtungen über Enantiostereomerie nicht vor; dies kann auch nicht befremden, da für die Sammlung des ganzen Bestandes das natürliche Cholesterin als Ausgangspunkt gedient hat, dessen optischen Antipoden, wie auch dessen d,l-Form wir bisher nicht kennen (vgl. dazu S. 226).

---

[1] B. 53, 488 (1920).

Umwandlungsprodukte, die aus Cholesterin direkt oder indirekt ohne Ringspaltung hervorgehen (Cholestankörper).

Wie aus dem vorangehenden Abschnitt schon ersichtlich geworden sein wird, hat der Wunsch, in den Bau des Cholesterin-Moleküls einzudringen, dazu geführt, daß eine große Zahl von Umwandlungsprodukten des Cholesterins zur Untersuchung herbeigezogen wurde. Diejenigen, die ohne Ringspaltung entstanden sind, die also noch als Abkömmlinge des Stammkohlenwasserstoffs „Cholestan" (s. S. 198) benannt werden können, sollen jetzt kurz geschildert werden. Im nächsten Abschnitt (S. 220 ff.) folgen dann einige Angaben über die durch Ringspaltung und durch weiteren Abbau gewonnenen Umwandlungsprodukte. In beiden Abschnitten ist keineswegs eine vollständige Aufzählung beabsichtigt; vielmehr mußte eine Auswahl des heute wichtig Erscheinenden getroffen werden.

Bei dem Vergleich der in diesen Abschnitten enthaltenen Angaben mit den als Belege angeführten Original-Abhandlungen ist zu beachten, daß in manchen Abhandlungen für das Cholesterin die Bruttoformel $C_{27}H_{46}O$, in anderen die Formel $C_{27}H_{44}O$ zugrunde gelegt worden ist (vgl. S. 187); hieraus ergaben sich natürlich auch für die Formulierung der Umwandlungsprodukte Differenzen um 2 H-Atome, die nunmehr zugunsten der Formel $C_{27}H_{46}O$ ausgeglichen werden mußten.

Auf S. 210 wird eine tabellarische Zusammenstellung der — so weit als heute möglich (vgl. S. 207) — aufgelösten Strukturformeln gegeben.

Kohlenwasserstoffe. Zu gesättigten Kohlenwasserstoffen $C_{27}H_{48}$ sind ziemlich gleichzeitig zuerst DIELS und LINN (1908) und MAUTHNER (1909) gelangt. Man unterscheidet heute **Cholestan** (β-Cholestan von DIELS und LINN) und **Pseudocholestan.** Zeitweise hat man die Möglichkeit erwogen, daß diese beiden Kohlenwasserstoffe[1] miteinander strukturisomer sein könnten. Seitdem indes WINDAUS 1919 gezeigt hat, daß sie sich beide durch katalytische Hydrierung eines und desselben ungesättigten Kohlenwasserstoffs $C_{27}H_{46}$ (Pseudocholesten, s. S. 211) bilden, und daß es nur von dem bei der Hydrierung angewandten Lösungsmittel abhängt, ob man zum Cholestan oder zum Pseudocholestan oder zu einem Gemisch beider gelangt (s. S. 212), darf man es für sicher halten, daß ihre Isomerie auf räumliche Verhältnisse zurückzuführen ist. Ihrer Struktur nach erscheinen also beide als ge-

---

[1] DIELS, LINN, B. **41**, 548 (1908). — MAUTHNER, M. **30**, 635 (1909). — TSCHUGAEFF, FOMIN, A. **375**, 290, 294, 296 (1910). — WINDAUS, RESAU, B. **48**, 851, 854 (1915). — WINDAUS, UIBRIG, B. **48**, 857 (1915). — v. FÜRTH, FELSENREICH, Bio. Z. **69**, 429, 430, 438 (1915). — WINDAUS, B. **50**, 136 (1917); **52**, 170 (1919); **53**, 488 (1920). — WINDAUS, NEUKIRCHEN, B. **52**, 1916 (1919).

Zum „α-Cholestan" von DIELS u. LINN — B. **41**, 547 (1908) — vgl. S. 214 über α-Cholestanol.

sättigte Stammkohlenwasserstoffe der Cholesterin-Reihe. Das Cholestan ist mit dem Cholesterin durch so einfache Übergänge verknüpft, daß man es auch konfigurativ als dessen Stammkohlenwasserstoff betrachten kann.

Die Formelreihe E auf S. 200 zeigt einen Weg, wie man vom Cholesterin über zwei Zwischenstufen (Dihydrocholesterin und Chlorcholestan) zum Cholestan kommt; man kann auch umgekehrt Cholesterin erst durch Phosphorpentachlorid in Cholesterylchlorid überführen und dieses dann katalytisch zu Chlorcholestan hydrieren, das schließlich durch Natrium in Amylalkohol zu Cholestan reduziert wird. Die Formelreihen C und D auf S. 200 erläutern einen umständlicheren, über das Cholestanonol führenden Weg. Wie man zum Cholestan und zum Pseudocholestan über die verschiedenen Cholestene kommt, wird unten besprochen (s. S. 211—212).

Hier aber ist noch hervorzuheben, daß Pseudocholestan aus dem Koprosterin der Fäces (s. S. 221) — einem gegenüber dem Cholesterin um zwei H-Atome reicheren Alkohol $C_{27}H_{48}O$ — auf sehr einfache Weise:

$$C_{27}H_{47}\cdot OH \xrightarrow{PCl_5} C_{27}H_{47}Cl \xrightarrow[\text{Alkohol}]{\text{Na in}} C_{27}H_{48} \qquad (L)$$

entsteht, demnach der Stammkohlenwasserstoff dieses Sterins ist und daher auch Koprostan genannt wird.

Cholestan (β-Cholestan) wird aus Äther durch absoluten Alkohol in Blättern gefällt, schmilzt bei 80° und zeigt $[\alpha]_D = + 24\cdot7°$ (c = 3 in Chloroform-Lösung). Pseudocholestan (Koprostan) fällt in Nadeln aus, schmilzt bei 69—70° und zeigt fast das gleiche Drehungsvermögen. Ein Gemisch aus gleichen Teilen der beiden Isomeren verflüssigt sich schon bei 50—51°. Beide geben nicht die LIEBERMANN-BURCHARDsche Reaktion (S. 189) und addieren kein Brom.

Beide Kohlenwasserstoffe liefern bei energischer Oxydation mit Chromsäure unter Abspaltung von 3 C-Atomen (wahrscheinlich als Aceton) Monocarbonsäuren $C_{24}H_{40}O_2$, die zwar ähnlich, aber nicht identisch sind. Die aus Pseudocholestan entstehende Säure ist aber identisch mit der Cholansäure (s. S. 248), welche durch reduktive Vorgänge aus Gallensäuren erhalten worden ist. Durch diese von WINDAUS und NEUKIRCHEN 1919 erbrachte Feststellung wurde der wichtige Beweis geliefert, daß ein großer Teil des Cholesterin-Kohlenstoffgerüsts die gleiche Atomanordnung besitzt, wie das Kohlenstoffgerüst der Gallensäuren.

Unter den ungesättigten Kohlenwasserstoffen sind diejenigen mit einer Doppelbindung[1] — *Cholestene* $C_{27}H_{46}$ — wichtig. Man kennt heute drei Isomere, die sich durch die Stellung der Doppelbindung von einander unterscheiden. Am längsten bekannt ist das *Cholesten-(6)*, das heute ge-

[1] WALITZKY, B. 9, 1310 (1876). — MAUTHNER, SUIDA, M. 15, 86 (1894). — MAUTHNER, M. 27, 313 (1906); 28, 1113 (1907); 30, 635 (1909). — WINDAUS, RESAU, B. 47, 1229 (1914); 48, 855 (1915). — WINDAUS, B. 52, 170 (1919); 53, 491, 495 (1920).

Tabelle Nr. 2.

Zusammenstellung von Formeln der Cholesterin-Reihe.

A. Cholestankörper (s. dazu das Bezifferungsschema VIII auf S. 207).

1.
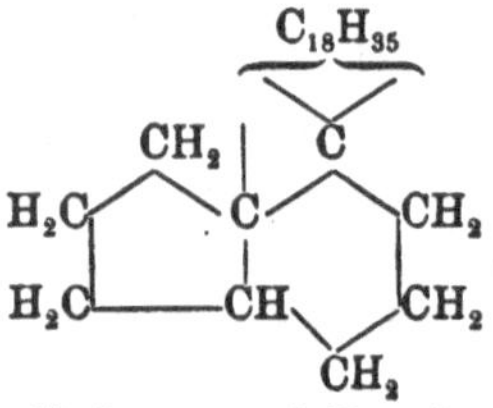
Cholestan und Pseudocholestan $C_{27}H_{48}$;

2.
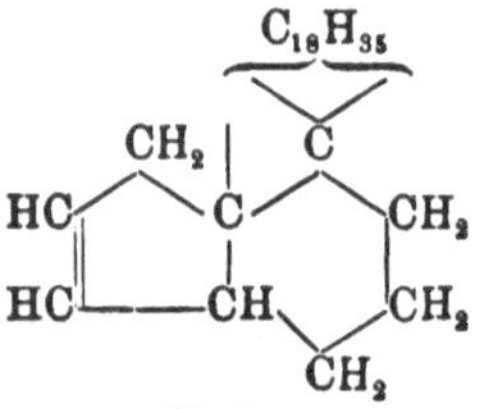
Cholesten, *Cholesten-(6)*;

3.
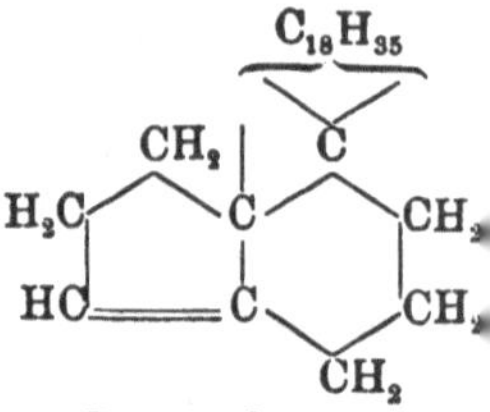
Pseudocholesten, *Cholesten-(5)*

4.
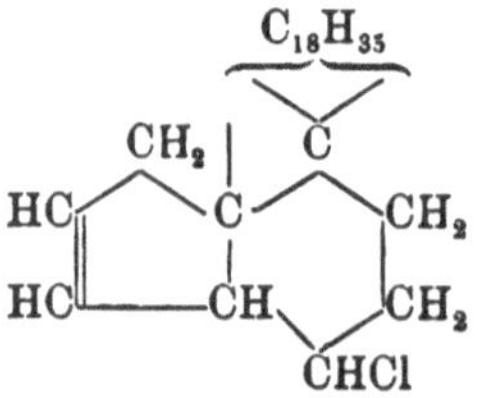
Cholesterylchlorid, *4-Chlor-cholesten-(6)*;

5.
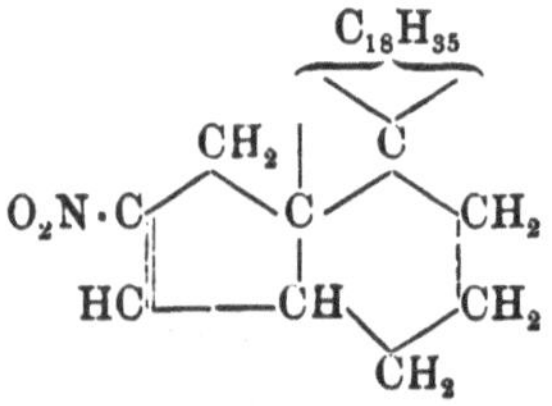
Nitrocholesten, *7-Nitro-cholesten-(6)*;

6.
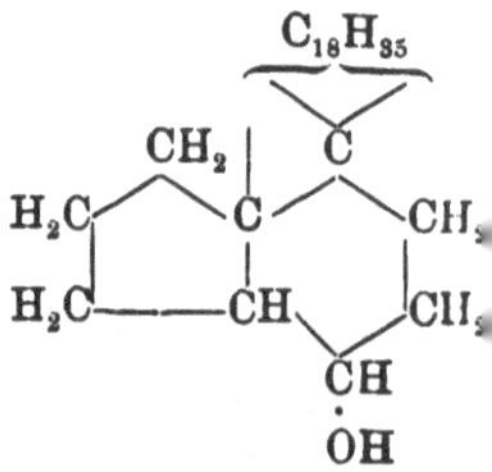
β- und ε-Cholestanol, Kop
sterin und Pseudokoproste
(δ-Cholestanol),
Cholestanole-(4)

7.
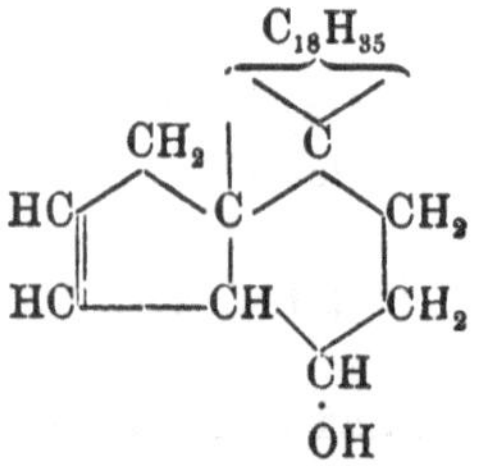
Cholesterin und β-Cholesterin, *Cholesten-(6)-ole-(4)*;

8.
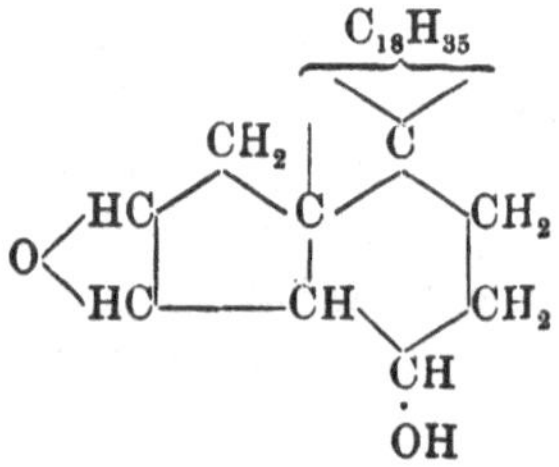
α-Cholesterinoxyd;

9.
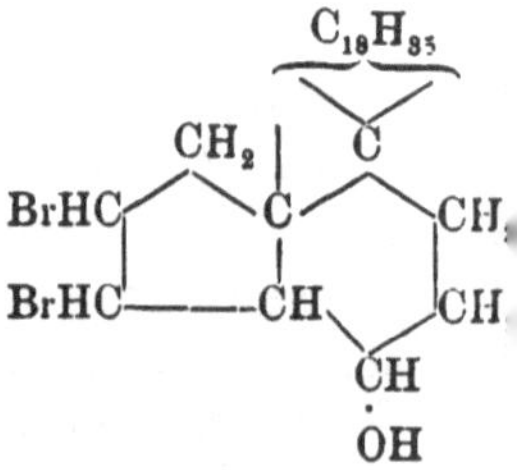
Cholesterindibromid, *6.7-Dibrom-cholestanol-(4*

10.
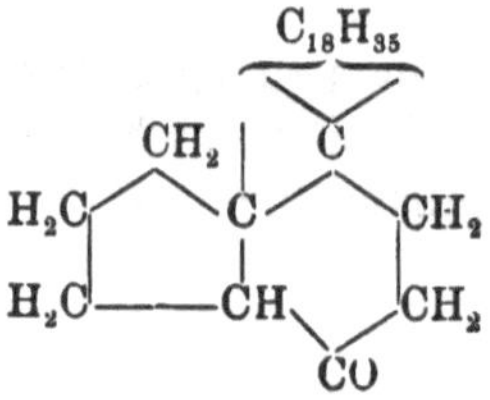
β-Cholestanon und Koprostanon, *Cholestanone-(4)*;

11.
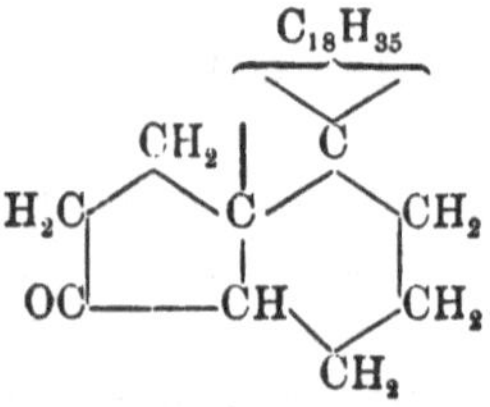
Cholestanon-(6);

12.
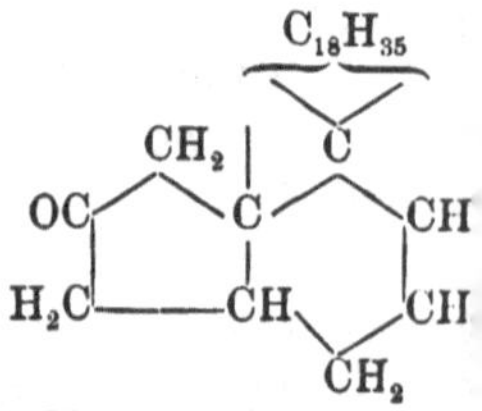
Heterocholestanon, *Cholestanon-(7)*

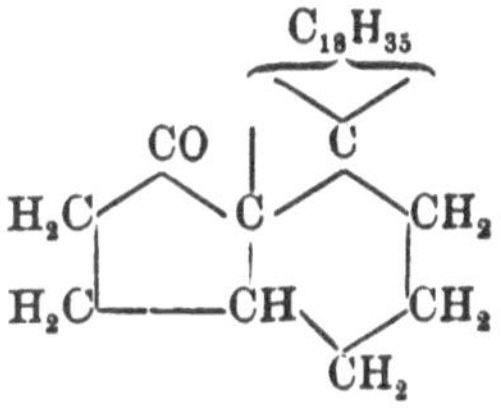

Oxocholestan,
Cholestanon-(8)

; 14.

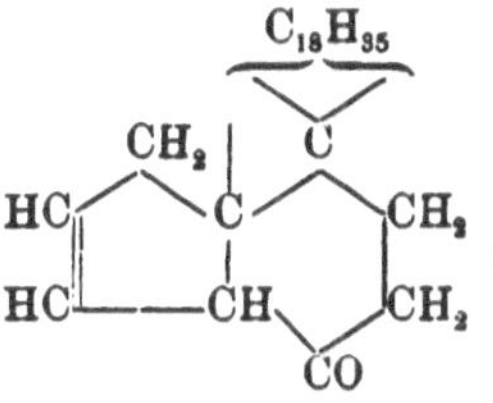

Cholestenon,
Cholesten-(6)-on-(4)

; 15.

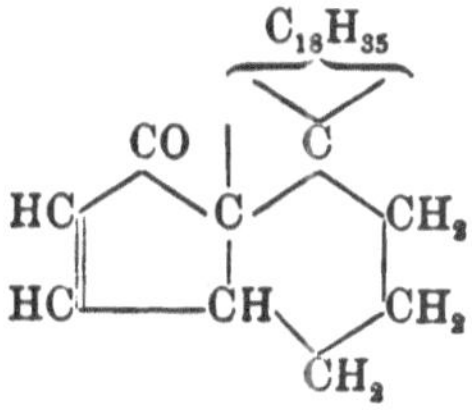

Oxocholesten,
Cholesten-(6)-on-(8)

B. Spaltungs- und Abbau-Produkte der Cholestankörper.

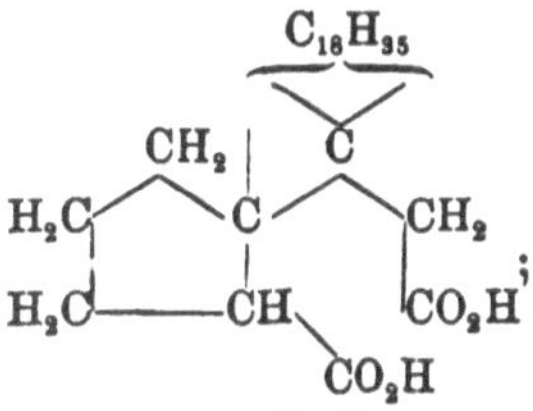

Dicarbonsäuren $C_{27}H_{46}O_4$ aus β-Cholestanol, aus Koprosterin und aus der Dicarbonsäure $C_{27}H_{44}O_4$

; 17.

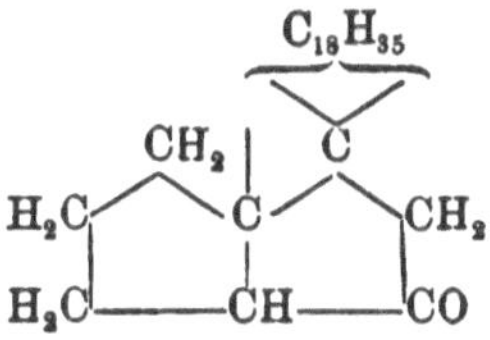

Ringketone $C_{26}H_{44}O$ aus den Dicarbonsäuren Nr. 16

; 18.

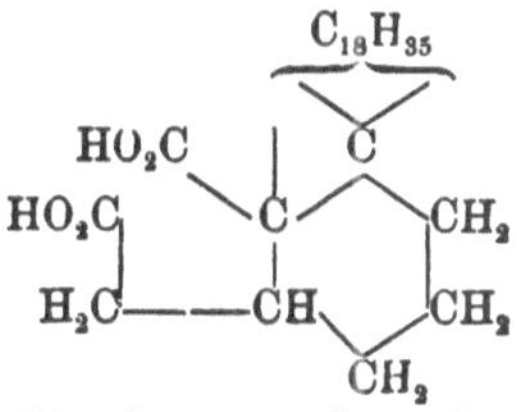

Dicarbonsäure $C_{27}H_{46}O_4$ aus Heterocholestanon und Oxocholestan

19.

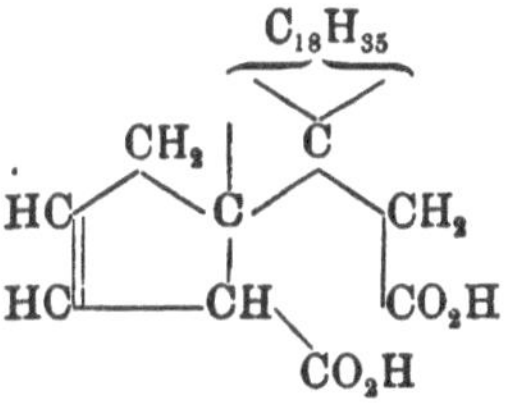

Dicarbonsäure $C_{27}H_{44}O_4$

; 20.

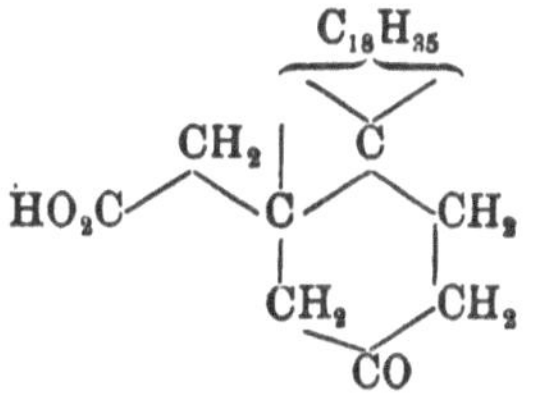

Ketomonocarbonsäure $C_{26}H_{44}O_3$

wöhnlich **Cholesten** schlechthin genannt wird, zuerst von WALITZKY 1876 durch Enthydroxylierung des Cholesterins auf dem in Formelreihe I (S. 204) skizzierten Wege gewonnen worden ist und dieser Bildung zufolge die Doppelbindung an derselben Stelle enthalten muß (s. Formel 2 auf S. 210), wie das Cholesterin selbst. — Als MAUTHNER (1907) das Produkt der Anlagerung von Chlorwasserstoff an dieses Cholesten mit Agenzien behandelte, welche HCl abspalten (am besten Kaliumacetat), erhielt er ein Isomeres, das er **Pseudocholesten** nannte. Es liegt am nächsten, diese Umwandlung durch Verschiebung der Doppelbindung um ein Ringglied zu erklären, und diese Annahme wird auch durch die Hydrierung des Pseudocholestens bestätigt, die unter geeigneten Umständen (s. unten) den gleichen Kohlenwasserstoff $C_{27}H_{48}$ (Cholestan, s. S. 208) ergibt, wie das Cholesten. Es hat also bei der Umwandlung von Cholesten in Pseudocholesten durch Anlagerung und Wiederabspaltung von HCl nicht etwa — wie dies in der Terpenreihe zuweilen beobachtet wird — ein „Umbau" des C-Gerüsts stattgefunden. Die Doppelbindung des Pseudocholestens muß zwischen den C-Atomen 5 und 6 oder zwischen 7 und 8 liegen. Warum die erstere Annahme, aus der sich der rationelle Name *Cholesten-(5)* ergibt (s. Formel 3 auf S. 210), bevorzugt wird, soll unten noch begründet werden. — Während Cholesten und Pseudocholesten die Doppelbindung im Fünfring enthalten, ist bei dem gleichfalls von Mauthner aufgefundenen **Neocholesten** der Sechsring der Sitz der Doppelbindung; denn es entsteht, wenn man Cholesterylchlorid [4-Chlor-cholesten-(6)] zunächst zum 4-Chlor-cholestan hydriert und dann aus dem 4-Chlor-cholestan durch Chinolin Chlorwasserstoff abspaltet, muß also *Cholesten-(3)* oder *Cholesten-(4)* sein.

Cholesten bildet farblose Nadeln, schmilzt bei 89—90°, zeigt $[\alpha]_D = -56 \cdot 29°$ (c = 3·5 bis 3·9 in Chloroform) und gibt bei der Anlagerung von Brom zwei Dibromide $C_{27}H_{46}Br_2$ (Schmelzpunkte: 106° und 141—142°). Pseudocholesten schmilzt bei 78—79°, zeigt $[\alpha]_D = + 64 \cdot 9°$ (c = 3·2 in Chloroform) und gibt ein Dibromid vom Schmelzp. 116—117°. Neocholesten schmilzt bei 69°, zeigt $[\alpha]_D = + 64 \cdot 07°$ (c = 3·0) und liefert ein bei 125° schmelzendes Dibromid.

Durch Hydrierung in ätherischer Lösung bei Gegenwart von Platinmohr gehen sowohl Cholesten wie Neocholesten in Cholestan über, während Pseudocholesten das Pseudocholestan liefert. Das Pseudocholesten aber ergibt unter anderen Bedingungen — in Eisessig bei Gegenwart von Palladiummohr — fast ausschließlich Cholestan, wieder unter anderen Umständen Gemische von Cholestan und Pseudocholestan. Daß aus Pseudocholesten zwei stereomere Kohlenwasserstoffe $C_{27}H_{48}$ erhalten werden können, ist erklärlich, wenn infolge der Hydrierung ein neues asymmetrisches C-Atom auftritt. Es ist leicht ersichtlich, daß diese Bedingung gegeben ist, wenn man dem Pseudocholesten die Formel des Cholestens-(5) erteilt; denn bei ihrer Annahme wird das C-Atom Nr. 5 asymmetrisch. Die andere nach der Bildung des Pseudocholestens mögliche Formel des Cholestens-(7) (vgl. oben) dagegen genügt der Bedingung nicht, da bei der Hydrierung aus 2 CH-Gruppen 2 CH_2-Gruppen entstehen würden, also keines der an der Doppelbindung beteiligten C-Atome Asymmetrie annehmen könnte. Aus der durch diese Erwägung abgeleiteten Formel des Pseudocholestens (Nr. 3 auf S. 210) ergibt sich nun weiterhin eine Begründung dafür, daß im Cholesterin-Molekül am C-Atom Nr. 5 ein H-Atom angenommen wird (vgl. S. 207). — Über Nitrierung des Cholestens und seine Oxydation vgl. S. 204—205.

Auch *Cholestadiene* $C_{27}H_{44}$ sind erhalten und unter den Namen Cholesterilene und Cholesterylene beschrieben worden. Es genüge indes hier der Hinweis auf die Original-Literatur[1], da ihre Bearbeitung wesentliche Bedeutung für die Cholestan-Chemie bisher nicht gewonnen hat.

[1] Vgl.: Zwenger, A. **66**, 5 (1848); **69**, 347 (1849). — Walitzky, B. **9**, 1310 (1876). — Mauthner, Suida, M. **17**, 29 (1896); **24**, 660, 666 (1903). — A. Bloch, Bl. [3] **31**, 73 (1904). — Windaus, B. **39**, 2260 (1906). H. **117**, 157 (1921). — Tschugaeff, Gasteff, B. **42**, 4631 (1909). — Tschugaeff, Fomin, A. **375**, 288 (1910).

Halogen-, Nitro- und Amino-Derivate der Kohlenwasserstoffe. Unter den *Halogen-Derivaten* verdient als Übergangsglied für manche Reaktionen (vgl. z. B. Formelreihe I auf S. 204) das **Cholesterylchlorid**[1] $C_{27}H_{45}Cl$ [*4-Chlor-cholesten-(6)*], s. Formel 4 auf S. 210), das aus Cholesterin durch Austausch von OH gegen Cl entsteht, Hervorhebung. Man bewirkte den Austausch früher durch Phosphorpentachlorid, nach neuerer Angabe besser durch Thionylchlorid.

Cholesterylchlorid krystallisiert aus Alkohol in langen, violett fluorescierenden Nadeln, schmilzt bei 95°, ist in Alkohol wenig, in Äther leicht löslich und zeigt $[\alpha]_D = -26 \cdot 4°$ (c = 3·1 in Benzol). Während es durch Kochen mit konz. wäßriger Kalilauge nicht verändert wird, liefert es beim Kochen mit alkoholischem Kali Cholesterin zurück. Überführung in Äther des Cholesterins s. S. 193. Cholesterylacetat (S. 194) wird aus Cholesterylchlorid durch Erhitzen mit Kaliumacetat nicht erhalten, wohl aber durch Behandeln mit Zinkstaub und Eisessig. Reduktion zu Cholesten s. S. 204, 211. Mit Chlor vereinigt sich Cholesterylchlorid in Chloroform-Lösung zu Trichlorcholestan.

Daß sich aus den ungesättigten Cholestan-Körpern *Nitro-Derivate*[2], welche die Nitro-Gruppe an doppelt gebundenem Kohlenstoff enthalten, durch Nitrieren gewinnen lassen, wurde schon früher erwähnt (vgl. S. 199, 204).

Genannt sei das **Nitrocholesten** [*7-Nitro-cholesten-(6)*, Formel 5 auf S. 210], das aus Cholesten (S. 211) — in Eisessig suspendiert — beim Rühren mit roter rauchender Salpetersäure (unter Kühlung) in sehr guter Ausbeute entsteht, aus Alkohol in Blättchen krystallisiert und bei 117—118° schmilzt. Die Stellung seiner Nitrogruppe ergibt sich aus der Bildung von Heterocholestanon bei seiner Reduktion mit Eisessig und Zinkstaub (vgl. S. 218—219).

Cholesterylamin[3] [*4-Amino-cholesten-(6)*] kann durch Erhitzen von Cholesterylchlorid (s. o.) mit alkoholischem Ammoniak auf 180° unter Zusatz von Ammoniumjodid bereitet werden.

Oxy-Verbindungen. Ein sehr interessantes Material ist für diejenigen *gesättigten Monooxy*-Verbindungen $C_{27}H_{47} \cdot OH$ — **Cholestanole**

— Steinkopf, J. pr. [2] **100**, 70 ff. (1920). — S. auch Nord, Bio. Z. **99**, 264, 265 (1919).

[1] Planer, A. **118**, 26 (1861). — Lindenmeyer, J. **1863**, 544. — Walitzky, B. **9**, 1310 (1876). — Rayman, Bl. [2] **47**, 899 (1887). — Mauthner, Suida, M. **15**, 87, 100, 369 (1894); **17**, 41, 46 (1896); **24**, 656, 660, 666 (1903). — Diels, Abderhalden, B. **37**, 3102 (1904). — Mauthner, M. **27**, 424 (1906). — Diels, Blumberg, B. **44**, 2847 (1911). — Windaus, Adamla, B. **44**, 3051 (1911). — Steinkopf, Blümner, J. pr. [2] **84**, 464, 467 (1911). — Vorländer, Huth, Ph. Ch. **83**, 426, 724 (1913). — Cholesterylbromid: Kolm, M. **33**, 447 (1912).

Über weitere Halogen-Derivate vgl. z. B.: Rayman, Bl. [2] **47**, 900 (1887). — Mauthner, Suida, M. **15**, 90, 95, 96, 100 (1894). — Mauthner, M. **27**, 310, 313 (1905); **28**, 1113 (1907); **30**, 641 (1907). — Windaus, B. **50**, 136 (1917).

[2] Vgl.: Preis, Rayman, B. **12**, 224 (1879). — Mauthner, Suida, M. **15**, 104 (1894); **17**, 48 (1896). — Windaus, Dalmer, B. **52**, 168 (1919). — Windaus, B. **53**, 491, 494 (1920).

[3] Windaus, Adamla, B. **44**, 3351 (1911).

— herbeigeschafft worden, welche ihr Hydroxyl in der gleichen Stellung wie das Cholesterin enthalten, also auch als Dihydro-cholesterine oder *Cholestanole*-(4) bezeichnet werden können. Man kennt heute vier Stereomere, denen diese Struktur (s. Formel 6 auf S. 210) zuzuschreiben ist. Zu ihnen gehört das in den Fäces natürlich vorkommende Koprosterin. Die drei anderen unterscheidet man als β-Cholestanol, δ-Cholestanol (oder Pseudokoprosterin) und ε-Cholestanol.

Daß die Bezeichnungen α- und γ-Cholestanol hier übersprungen sind, erklärt sich aus der historischen Entwicklung des Gebiets. Man hatte ursprünglich den Namen „α-Cholestanol" einer Verbindung gegeben, die bei der Behandlung von Cholesterin mit Natrium in siedendem Amylalkohol erhalten worden war und als ein Dihydrid $C_{27}H_{48}O$ des Cholesterins aufgefaßt wurde. Später aber hat sich herausgestellt, daß diese Verbindung[1] aus Cholesterin auch beim Erhitzen mit fertig gebildetem Natriumamylat entsteht und daß sie die Zusammensetzung $C_{32}H_{56}O$ oder $C_{32}H_{58}O$ besitzt, also durch Kondensation von Cholesterin mit Amylalkohol sich bildet. — Das ursprünglich als „γ-Cholestanol" bezeichnete Präparat aber hat sich als eine Additionsverbindung von verschiedenen hydrierten Cholesterinen herausgestellt[2] (vgl. unten).

Zu einem Cholestanol gelangten auf künstlichem Wege zuerst Diels und Abderhalden (1906), indem sie das aus Cholesterin durch Oxydation mit Kupferoxyd erhaltene Cholestenon (s. S. 198, 219) durch Natrium in siedendem Amylalkohol reduzierten. Zwei Jahre später zeigten Willstätter und E. W. Mayer, daß man die gleiche Verbindung — β-Cholestanol — unmittelbar aus Cholesterin durch Hydrierung in Äther bei Gegenwart von Platinschwarz viel einfacher bereiten kann. In den Jahren 1915—1916 untersuchte Windaus das Hydrierungsprodukt („γ-Cholestanol"), das entsteht, wenn geschmolzenes Cholesterin bei Gegenwart von katalytisch wirksamem Nickel mit Wasserstoff behandelt wird; mit außerordentlicher Kunst gelang es ihm, es in drei Isomere zu zerlegen: nämlich in das schon genannte β-Cholestanol, in das 1908 von Dorée und Gardner zuerst aus dem natürlichen Koprosterin durch Kochen mit Natriumamylat in Amylalkohol erhaltene δ-Cholestanol (Pseudokoprosterin) und in das 1914 aus β-Cholestanol auf dem gleichen Wege von Windaus und Uibrig bereitete ε-Cholestanol. Da nun das Pseudokoprosterin durch Erhitzen mit Natriumäthylat in Alkohol (oder mit Natriumamylat in Amylalkohol) teilweise in Koprosterin umgewandelt werden kann — die Reaktion ist umkehrbar und führt zu einem Gleichgewicht —, so ist es mit Hilfe des „γ-Cholestanols" möglich, vom Cholesterin auf künstlichem Wege zum Koprosterin zu gelangen.

[1] Vgl.: Diels, Abderhalden, B. **39**, 886—888, 1371 (1906). — Neuberg, B. **39**, 1155 (1906). — Jaeger, R. **26**, 353 (1907). — Windaus, B. **40**, 2637 (1907); **42**, 242 (1909). — Diels, Linn, B. **41**, 544 (1908). — Dorée, Soc. **95**, 647 (1909). — Diels, Stamm, B. **45**, 2230 (1912). — Windaus, Uibrig, B. **46**, 2487 (1913). — S. auch Wilenko, Motylewski, C. **1909**, I, 832.

[2] Windaus, Uibrig, B. **49**, 1726 (1916).

β-Cholestanol[1] („normales Dihydrocholesterin") krystallisiert gleich dem Cholesterin aus wasserhaltigem Alkohol mit 1 Mol. Krystallwasser. Es schmilzt wasserfrei bei 141·5—142°, löst sich in Alkohol schwerer als Cholesterin und zeigt in 2-prozentiger ätherischer Lösung $[\alpha]_D = +23°$. Kleine Mengen finden sich neben Koprosterin in den menschlichen Fäces. — Koprosterin wird im nächsten Kapitel eingehend besprochen (S. 221). — *δ*-Cholestanol[2] (Pseudokoprosterin) krystallisiert wasserfrei, erweicht bei 115—116°, schmilzt bei 119°, destilliert unter 1 mm Druck bei ca. 210—220° ohne Zersetzung und zeigt $[\alpha]_D = +31·6°$ (c = 0·95 in Chloroform). Es vereinigt sich mit *β*-Cholestanol in äquimolekularen Mengen zu einer schwer löslichen Doppelverbindung (Schmelzp. 152°), die ohne Wasser krystallisiert; sie kann durch physikalische Mittel nicht in die Komponenten zerlegt werden, wohl aber mit Hilfe von Digitonin (vgl. unten), das aus ihrer Lösung das *β*-Cholestanol als Digitonid ausfällt, während das *δ*-Cholestanol in Lösung bleibt. — *ε*-Cholestanol[3] schmilzt bei 181—182° und zeigt $[\alpha]_D = +34°$ (c = 0·3 in Chloroform). Beim Kochen mit Natriumamylat in Amylalkohol lagert es sich zu etwa 90 % in *β*-Cholestanol um.

Da alle vier Verbindungen direkt oder indirekt aus dem Cholesterin durch Anlagerung von Wasserstoff an die Doppelbindung entstehen, so ist es klar, daß alle ihr Hydroxyl an der gleichen Stelle enthalten, wie das Cholesterin. Allen kommt daher die Strukturformel 6 auf S. 210 zu. Ihre Isomerie beruht allein auf verschiedener räumlicher Anordnung innerhalb der Moleküle. In dieser Hinsicht lassen sich die vier Diastereomeren nun in zwei Gruppen verteilen:

a) *β*-Cholestanol und *ε*-Cholestanol, die sich ineinander durch Natriumalkylate umlagern lassen, sind Monooxy-Derivate des Cholestans (s. S. 201) und unterscheiden sich voneinander nur durch verschiedene Lagerung von H und OH am C-Atom Nr. 4 des Cholestan-Gerüsts (ähnlich wie z. B. Tropin und Pseudotropin, s. Bd. II, Tl. III, S. 1067—1069);

b) Koprosterin und Pseudokoprosterin, die sich ebenfalls durch Natriumalkylate ineinander umlagern lassen, sind Monooxy-Derivate des Pseudocholestans und unterscheiden sich voneinander nur durch verschiedene Lagerung von H und OH am C-Atom Nr. 4 des Pseudocholestan-Gerüsts.

Diese Beziehungen, wonach also zwei asymmetrische C-Atome — das C-Atom Nr. 4 und irgendein anderes C-Atom — für die Diastereomerie

---

[1] Diels, Abderhalden, B. **39**, 889 (1906). — Diels, Linn, B. **41**, 548 (1908). — Willstätter, E. W. Mayer, B. **41**, 2199 (1908). — Windaus, B. **42**, 242 (1909). C. **1917**, I, 1017. — Dorée, Soc. **95**, 644 (1909). — Boehm, Bio. Z. **33**, 477 (1911). — Windaus, Uibrig, B. **47**, 2384 (1914); **48**, 862 (1915). — v. Fürth, Felsenreich, Bio. Z. **69**, 420, 443 (1915). — Ellis, Gardner, C. **1918**, II, 943. — Nord, Bio. Z. **99**, 265 (1919). — Gardner, C. **1922**, I, 57.

[2] Dorée, Gardner, Soc. **93**, 1628, 1630 (1908). — Dorée, Soc. **95**, 646 (1909). — Windaus, Uibrig, B. **48**, 860 (1915). — Windaus, B. **49**, 1724 (1916). — Gardner, C. **1922**, I, 57.

[3] Windaus, Uibrig, B. **47**, 2385, 2387 (1914). — Windaus, B. **49**, 1727, 1730 (1916). C. **1917**, I, 1017.

in Betracht kommen, ergeben sich daraus, daß β- und ε-Cholestanol bei der Oxydation ein und dasselbe Keton $C_{27}H_{46}O$ (β-Cholestanon, S. 218) liefern, während man aus Koprosterin und Pseudokoprosterin ebenfalls ein und dasselbe Keton $C_{27}H_{46}O$ erhält (Koprostanon, s. S. 218), das aber vom β-Cholestanon verschieden ist. Ferner ist durch die in Formelreihe L (S. 209) erläuterte Reaktionsfolge β-Cholestanol in Cholestan, Koprosterin in Pseudocholestan und Pseudokoprosterin ebenfalls in Pseudocholestan übergeführt worden.

Interessant ist nun, daß von jedem der beiden Paare nur je ein Vertreter (β-Cholestanol und Koprosterin) die Fähigkeit besitzt, sich mit Digitonin zu verbinden, während diese Fähigkeit dem anderen Vertreter der beiden Paare (ε-Cholestanol und Pseudokoprosterin) abgeht. Dementsprechend wirkt β-Cholestanol stark antihämolytisch, ε-Cholestanol aber nur sehr schwach.

Zu den *ungesättigten Monooxy*-Verbindungen gehört das Cholesterin selbst, das entsprechend der Formel 7 auf S. 210 rationell als *Cholesten-(6)-ol-(4)* zu bezeichnen ist (vgl. S. 206). Ein Stereomeres[1] liegt wahrscheinlich in dem **β-Cholesterin** vor, welches man erhält, wenn man Cholestenon (s. S. 198, 219) mit Natrium in siedendem Äthylalkohol reduziert, während die Reduktion in siedendem Amylalkohol weiter zum β-Cholestanol führt (vgl. S. 215). β-Cholesterin entsteht auch, wenn Cholesterin, das eine kleine Menge von katalytisch wirkenden Metallverbindungen enthält, auf 310—315° erhitzt wird, wobei ein großer Teil des Cholesterins unter Entwicklung von Wasserstoff in Cholestenon übergeht. Es krystallisiert aus Aceton in Nadeln und schmilzt bei 160°. Beim Erhitzen mit Benzoylchlorid geht es in gewöhnliches Cholesterylbenzoat über.

Auch ein Strukturisomeres des Cholesterins — **Pseudocholesterin**[2] [*Cholesten-(5)-ol-(8)*] — ist aus dem Cholesterin über eine Reihe von Zwischenprodukten erhalten worden.

Unter den *mehrwertigen Oxy-Verbindungen*[3] sei ein **Trioxycholestan**[4] $C_{27}H_{45}(OH)_3$ (Schmelzp. 238—239°) erwähnt, das Pickard und Yates durch Oxydation von Cholesterylacetat mit Hydroperoxyd in Eisessig und darauf folgende Verseifung bereiteten; dieser Bildungsweise zufolge muß es als *Cholestantriol-(4.6.7)* aufgefaßt werden. Sein inneres Anhydrid ist das **α-Cholesterinoxyd**[5] $C_{27}H_{45}O(OH)$ (Formel 8 auf S. 210), das neben β-Cholesterinoxyd (s. u.) aus Cholesterin durch Behandlung mit Benzopersäure in siedender Chloroform-Lösung entsteht, bei 140—141° schmilzt,

[1] Diels, Linn, B. **41**, 262 ff. (1908). — Vgl. dazu Glikin, B. **41**, 910 (1908). — Über „γ-Cholesterin" s. Wilenko, Motylewski, C. **1909**, I, 832.

[2] Windaus, Resau, B. **48**, 851 (1915). — Windaus, Kirchner, B. **53**, 614 (1920).

[3] Über *Cholestandiol-(4.7)* s. Windaus, B. **50**, 136 (1917).

[4] Pickard, Yates, Soc. **93**, 1678 (1908). — Westphalen, B. **48**, 1067 (1915). — Windaus, H. **117**, 155 (1921). — S. auch Windaus, B. **40**, 257 (1907).

[5] Westphalen, B. **48**, 1064 (1915). — Windaus, H. **114**, 154 (1921). — Vgl. Lifschütz, H. **96**, 349 (1915).

von Digitonin rasch und vollständig aus seiner Lösung als Digitonid ausgefällt wird und beim Erhitzen mit Wasser auf 115° in das Trioxycholestan übergeht. Kocht man dieses Trioxycholestan mit methylalkoholischer Salzsäure, so bildet sich ein Chlorhydrin $C_{27}H_{45}Cl(OH)_2$, aus dem mit alkoholischer Kalilauge **β-Cholesterinoxyd** — Schmelzp. 100—105°, leichter löslich als α-Cholesterinoxyd und mit diesem wahrscheinlich stereomer — erhalten wird.

Im Zusammenhang mit den Cholesterinoxyden ist ein von LIFSCHÜTZ viel bearbeitetes amorphes Oxydationsprodukt des Cholesterins — **„Oxycholesterin"** genannt — zu besprechen, dessen Analysen auf die Formel $C_{27}H_{46}O_2$ der Cholesterinoxyde passen, aber auch mit der wasserstoffärmeren Formel $C_{27}H_{44}O_2$ in Einklang gebracht werden können. Nach LIFSCHÜTZ begleitet dieser Stoff[1], der durch eine Farbenreaktion (s. u.) erkannt und durch deren spektrometrische Untersuchung quantitativ bestimmt werden kann, das Cholesterin fast stets in der Natur. Künstlich kann er durch Oxydation von Cholesterin mit Dibenzoylperoxyd, sowie aus Cholesterindibromid (s. u.) durch Kochen in 90-prozentigem Alkohol mit Natriumacetat erhalten werden. Oxycholesterin ist eine hellgelbe, bernsteinartig durchsichtige, spröde Substanz und gibt alle Farbenreaktionen des Cholesterins, außerdem aber eine dem Cholesterin nicht zukommende, charakteristische Reaktion, die darin besteht, daß seine kalte Eisessig-Lösung beim Versetzen mit einigen Tropfen konz. Schwefelsäure eine intensive rot- bis blauviolette Farbe annimmt, welche auf Zusatz von einem Tropfen Eisenchlorid-Lösung sofort in reines Grün umschlägt. Bringt man äquimolekulare Mengen von Oxycholesterin und Digitonin in warmer alkoholischer Lösung zusammen, so scheidet sich alsbald Oxycholesterin-Digitonid in rhombischen Blättchen ab.

Als *halogenierte Oxyverbindung* ist hier das **Cholesterindibromid**[2] — *6.7-Dibrom-cholestanol-(4)*, s. Formel 9 auf S. 210 — aufzuführen, dessen Entstehung durch Addition von Brom an Cholesterin, und dessen Eignung zum Nachweis des Cholesterins schon S. 187, 191 und 199 erwähnt wurde. Versetzt man eine Auflösung von 50 g Cholesterin in 50 ccm Äther mit einer Auflösung von 25 g Brom in 250 ccm Eisessig, so erstarrt nach einigen Minuten die ganze Masse zu einem aus dieser Verbindung bestehenden Krystallbrei langer Nadeln; den Schmelzpunkt der nach diesem Verfahren bereiteten Verbindung findet man bei 123—124°. Mit Cholesterin vereinigt sie sich zu einer Molekularverbindung $C_{27}H_{46}O + C_{27}H_{46}OBr_2$, die in Schwefelkohlenstoff schwer löslich ist und sich

[1] Vgl.: LIFSCHÜTZ, H. **50**, 436 (1906); **53**, 140 (1907); **93**, 208 (1914); **96**, 342 (1915); **106**, 271 (1919); **117**, 201 (1921). Bio. Z. **48**, 373 (1913); **50**, 508 (1913); **52**, 206 (1913); **54**, 212 (1913); **62**, 219 (1914). D.R.P. 318223 (C. **1920**, II, 492). — SCHREIBER, LÉNARD; Bio. Z. **49**, 458 (1913); **54**, 291 (1913). — LIFSCHÜTZ, GRETHE, B. **47**, 1453 (1914). — M. C. ROSENHEIM, C. **1914**, I, 1963; **1916**, II, 1192.

[2] J. WISLICENUS, MOLDENHAUER, A. **146**, 178 (1868). — CLOËZ, C. r. **124**, 864 (1897). — WINDAUS, B. **39**, 518 (1906). Ch. Z. **30**, 1011 (1906). — LIFSCHÜTZ, H. **106**, 272 ff. (1919); **111**, 253 (1920); **114**, 286 (1921). — WINDAUS, LÜDERS, H. **109**, 183 (1920); **115**, 258—259 Anm. (1921). — Einwirkung von überschüssigem Brom auf Cholesterin: H. SCHRÖTTER, M. **24**, 220 (1903).

Cholesterin-hydrochlorid [*6- oder 7-Chlor-cholestanol-(4)*]: MAUTHNER, M. **27**, 305 (1906).

Cholesterin-dichlorid [*6.7-Dichlor-cholestanol-(4)*]: MAUTHNER, SUIDA, M. **15**, 101 (1894).

daher vorübergehend ausscheidet, wenn man zur Lösung des Cholesterins in Schwefelkohlenstoff tropfenweise eine Lösung von Brom in Schwefelkohlenstoff gibt. Durch Natriumamalgam wird Cholesterindibromid wieder in Cholesterin zurückverwandelt.

Oxo-Verbindungen. Von *gesättigten Monooxo*-Verbindungen $C_{27}H_{46}O$ — **Cholestanonen** — ist im vorhergehenden schon mehrfach die Rede gewesen (vgl. S. 204—205, 216). Man kennt heute fünf Isomere, von denen zwei das Oxo-Sauerstoffatom an der Stelle des Cholesterin-Hydroxyls — also in 4 — enthalten und miteinander stereomer sind, während bei den drei übrigen das Sauerstoffatom sich an den Stellen 6 bzw. 7 und 8 des anderen Rings befindet.

Die beiden *Cholestanone-(4)* — Formel 10 auf S. 210) — werden als β-Cholestanon und Koprostanon unterschieden. Sie entstehen aus Cholestanolen-(4) durch Oxydation mit Chromsäure in Eisessig; daraus ergibt sich ihre Struktur. Wie die einzelnen Stereomeren einander entsprechen, ist schon S. 216 mitgeteilt worden; β-Cholestanon ist danach als Derivat des Cholestans, Koprostanon als solches des Pseudocholestans anzusprechen.

β-Cholestanon[1] schmilzt bei 128—129°, Koprostanon[2] bei 62—63°.

Auch für zwei von den drei strukturisomeren Cholestanonen, deren Carbonyle im Fünfring stehen — Formeln 11—13 auf S 210—211 — sind Bildungsweisen schon mitgeteilt worden (S 204—205). Das Heterocholestanon könnte zufolge seiner Entstehung aus Nitrocholesten sein Sauerstoffatom in 6- oder in 7-Stellung, das Oxo-cholestan muß es in 8-Stellung enthalten; da nun aber Heterocholestanon bei der Aufspaltung die gleiche Dicarbonsäure $C_{27}H_{46}O_4$ liefert wie Oxocholestan (vgl. S. 205), so scheidet für das Heterocholestanon die 6-Stellung aus. Diese muß vielmehr einem dritten Keton $C_{27}H_{46}O$ zukommen, das aus Pseudocholesten (S. 211) durch die gleiche Reaktionsfolge (s. Formelreihe K auf S. 204) entsteht wie Heterocholestanon aus Cholesten; denn dieses dritte Keton wird zu einer Dicarbonsäure $C_{27}H_{46}O_4$ aufgespalten, die verschieden ist von derjenigen aus Heterocholestanon und Oxocholestan. Alle diese drei Ketone liefern bei der Reduktion mit Zinkamalgam, Eisessig und konz. Salzsäure das Cholestan (S. 209).

Cholestanon-(6) — aus Nitropseudocholesten[3] — schmilzt bei 98—99°; Schmelzpunkt des Oxims: 205°. — Heterocholestanon[4] [*Cholestanon-(7)*] schmilzt ebenfalls bei 98—99°; aber sein Oxim schmilzt bei 195°. — Oxocholestan[5] [*Cholestanon-(8)*] schmilzt bei 108—109°.

[1] Diels, Abderhalden, B. **39**, 889 (1906). — Dorée, Soc. **95**, 644, 648 (1909). — Windaus, Uibrig, B. **47**, 2387, 2388 (1914). — Ellis, Gardner, C. **1918**, II, 943.

[2] Dorée, Gardner, Soc. **93**, 1628, 1632 (1908). — Dorée, Soc. **95**, 646, 649, 653 (1909). — Gardner, Godden, C. **1914**, I, 1248.

[3] Windaus, B. **53**, 490, 494, 495 (1920).

[4] Windaus, Dalmer, B. **52**, 164, 168 (1919). — Windaus, B. **53**, 489, 492 (1920). — Chlorderivate: Windaus, v. Staden, B. **54**, 1059 (1921).

[5] Windaus, B. **53**, 491, 496 (1920). — Windaus, Kirchner, B. **53**, 619 (1920).

Auch für Bildung und Verhalten *einfach ungesättigter Monooxo*-Verbindungen[1] $C_{27}H_{44}O$ kann auf frühere Abschnitte dieses Kapitels verwiesen werden.

Cholestenon [*Cholesten-(6)-on-(4)*] — Formel 14 auf S. 211 — kann man aus dem Cholesterin nicht nur durch Erhitzen mit Kupferoxyd (s. S. 198) auf ca. 290° erhalten, sondern auch unter gelinderen Reaktionsbedingungen, indem man Cholesterin mit Brom zum Cholesterindibromid vereinigt (s. S. 217), dieses wird durch Schütteln seiner kalten Benzol-Lösung mit schwefelsaurer Kaliumpermanganat-Lösung zu Cholestenondibromid oxydiert, das nun bei der Entbromung durch Zinkstaub in Eisessig das Cholestenon ergibt. Cholestenon schmilzt bei 81—82°. Über seine oxydative Aufspaltung zu einer Ketomonocarbonsäure $C_{26}H_{44}O_3$ s. S. 202; über die Reduktion zu β-Cholestanol bzw. β-Cholesterin s. S. 215, 216. — Die eigenartige Bildung von **Oxocholesten** [*Cholesten-(6)-on-(8)*] — Formel Nr. 15 auf S. 211 — aus Cholesten ist S. 205 besprochen worden; eine andere Bildung nimmt ihren Ausgang vom Cholesterylacetat, das bei der Oxydation mit Chromsäure — ebenso wie das Cholesten — sein in 8 befindliches Methylen zu Carbonyl verwandeln läßt, worauf durch verschiedene, hier nicht näher zu besprechende Reaktionen das Acetyl eliminiert wird. Es schmilzt bei 124—125°. Über Reduktion zu Oxocholestan s. S. 205. — Ein drittes Cholestenon — **Pseudocholestenon** — entsteht durch Oxydation des S. 216 erwähnten Pseudocholesterins mit Chromsäure und geht bei der Hydrierung gleich dem Oxocholesten in Oxocholestan über.

Als *gesättigte Dioxo*-Verbindung ist das **Cholestandion**[2] $C_{27}H_{44}O_2$ zu nennen, das aus dem Cholestanonol — Endprodukt der Formelreihe C auf S. 200 — durch Oxydation mit Chromsäure in Eisessig glatt entsteht und auch auf anderen Wegen aus dem Cholesterin erhalten werden kann. Es krystallisiert aus Alkohol in prächtigen Nadeln und schmilzt bei 169°. Mit Hydroxylamin bildet es ein Dioxim. Mit Hydrazin reagiert es unter Bildung einer Verbindung $C_{27}H_{44}N_2$.

Endlich möge das nach seiner Bildung und seinen Umsetzungen schon S. 200 bis 201 ausführlich besprochene **Cholestanonol**[3] $C_{27}H_{46}O_2$ als Vertreter der ***Oxy-***

---

[1] Diels, Abderhalden, B. **37**, 3095, 3099 ff. (1904); **39**, 884, 889 (1906). — Windaus, B. **39**, 518, 2009, 2011 (1906); **50**, 133 (1917); **53**, 495 (1920). — Dorée, Gardner, Soc. **93**. 1328 (1908). — Diels, Linn, B. **41**, 261, 264, 265, 546, 549 (1908). — Dorée, Soc. **95**, 643 (1909). — Windaus, Adamla, B. **44**, 3056 (1911). — Windaus, Kirchner, B. **53**, 615, 619, 620 (1920).

Über ein *zweifach ungesättigtes* Keton $C_{27}H_{42}O$ — „**Oxycholesterylen**" [*Cholestadien-(4.6)-on-(8)*] — s.: Mauthner, Suida, M. **17**, 596 (1896). — Windaus, Resau, B. **48**, 851, 854 (1915). — Windaus, Kirchner, B. **53**, 615, 619 (1920).

[2] Windaus, B. **36**, 3755 (1903); **37**, 2027 (1904); **39**, 2252, 2255, 2256 (1906); **40**, 259 (1907). H. **117**, 146 (1922). — Über ein Strukturisomeres s. Windaus, Kirchner, B. **53**, 617, 621 (1920).

Über ein *ungesättigtes, sich leicht enolisierendes Diketon* $C_{27}H_{42}O_2$ — „**Oxycholestenon**" s.: Mauthner, Suida, M. **17**, 584 (1896). — Windaus, C. **1903**, I, 815. B. **39**, 2249 (1906); **40**, 261 (1907).

[3] Mauthner, Suida, M. **24**, 654 (1903). — Windaus, C. **1903**, I, 814. B. **36**, 3752 (1903); **50**, 136 (1917). — Windaus, Stein, B. **37**, 3699 (1904).

Der Name „Cholestanonol" wird in der Original-Literatur verwendet. Den gegenwärtigen Gebräuchen (vgl. Bd. I, Tl. II, S. 5 unter a) würde die Bezeichnung Cholestanolon besser entsprechen.

oxo-Verbindungen[1] noch aufgeführt werden. Es schmilzt bei 142—143°. Oxydation zu Cholestandion s. o., zu einer Ketodicarbonsäure $C_{27}H_{42}O_5$ S. 221.

Produkte, die aus Cholestan-Körpern durch Ringspaltung und durch weiteren Abbau hervorgehen.

Wichtig sind besonders die *Carbonsäuren*, welche noch die *volle C-Zahl* — C_{27} — des Cholestans aufweisen. Sie sind in dem Abschnitt über die Konstitution des Cholesterins (S. 197—208) meist schon erwähnt worden.

Wir beginnen mit den gesättigten Dicarbonsäuren $C_{27}H_{46}O_4$, die man sich vom Cholestan bzw. Pseudocholestan dadurch abgeleitet denken kann, daß unter Sprengung eines Rings zwei vorher benachbarte Methylengruppen in Carbonyle umgewandelt werden. Eine solche Säure[2], welche aus dem β-Cholestanol („normales Dihydrocholesterin", s. S. 215) durch Oxydation mit Chromsäure in heißer Essigsäure entsteht, ist schon S. 204—205 besprochen worden. Ihrer Bildung zufolge muß sie die Strukturformel 16 (s. S. 211) besitzen. Sie schmilzt bei 196°, ihr Dimethylester bei 66—67°. Das durch Erhitzen mit Essigsäureanhydrid entstehende Ringketon $C_{26}H_{44}O$ (Formel 17 auf S. 211) schmilzt bei 100—105°.

Die gleiche Strukturformel (16) aber muß der Dicarbonsäure[3] zukommen, welche aus Koprosterin (s. S. 221) bzw. Koprostanon (S. 218) durch Oxydation entsteht, bei 247° schmilzt und ein bei 73—74° schmelzendes Ringketon $C_{26}H_{44}O$ liefert. — Endlich ist noch ein weiteres Stereomeres[4] aus der ungesättigten Dicarbonsäure $C_{27}H_{44}O_4$ (s. S. 221, Formel 19 auf S. 211) durch katalytische Hydrierung, sowie auf einem anderen Wege gewonnen worden; diese Säure, die bei 251—252° schmilzt, gibt das gleiche Ringketon (Schmelzp.: 73°), wie die Säure aus Koprosterin.

Strukturisomer mit diesen drei Stereomeren ist diejenige Dicarbonsäure[5], welche, wie schon S. 205 mitgeteilt wurde, sowohl aus Heterocholestanon, wie aus Oxocholestan durch oxydative Aufspaltung mit rauchender Salpetersäure entsteht und diesen Bildungen zufolge (vgl. die Formeln 12 und 13 der Ausgangsprodukte auf S. 210—211) die Formel 18 (S. 211) besitzen muß. Sie schmilzt bei 273° unter Zersetzung und liefert

[1] Über weitere Oxyoxo-Verbindungen vgl. z. B.: MAUTHNER, SUIDA, M. **17**, 590, 595 (1896). — WINDAUS, B. **39**, 2259 (1906); **40**, 257 (1907). — WINDAUS, KIRCHNER, B. **53**, 614 (1920).

[2] WINDAUS, UIBRIG, B. **47**, 2387 (1914). — WINDAUS, DALMER, B. **52**, 163, 166 (1919).

[3] GARDNER, GODDEN, C. **1914**, I, 1248. — WINDAUS, DALMER, B. **52**, 173, 175 (1919).

[4] WINDAUS, DALMER, B. **52**, 173, 174, 175, 176 (1919).

[5] WINDAUS, DALMER, B. **52**, 164, 166, 169 (1919). — WINDAUS, B. **53**, 496 (1920).

mit Essigsäureanhydrid kein Ringketon, sondern ein bei 118° schmelzendes Anhydrid $C_{27}H_{44}O_3$.

Eine **ungesättigte Dicarbonsäure** $C_{27}H_{44}O_4$ entsteht, wie schon S. 198 mitgeteilt wurde, durch Oxydation des Cholesterins mit alkalischer Bromlösung. Diese Säure[1], welcher hiernach die Struktur der Formel 19 auf S. 211 zuzuschreiben ist, sintert bei etwa 282°, schmilzt bei 290° (korr. 297°) unter Blasenwerfen und löst sich sowohl in Wasser wie in Alkohol schwer. Bei der Destillation mit Essigsäureanhydrid liefert sie ein Ringketon $C_{26}H_{42}O$. Katalytische Reduktion zu einer Dicarbonsäure $C_{27}H_{46}O_4$ s. S. 220.

Die **gesättigte Tetracarbonsäure**[2] $C_{27}H_{44}O_8$, welche in der S. 200 bis 201 geschilderten Reaktionsfolge (vgl. daselbst Formelreihe C und F) aus dem Cholesterin durch Aufspaltung von Ring I sowohl wie von Ring II entsteht, krystallisiert aus einem Gemisch von Benzol und Äther in feinen Nadeln und schmilzt — rasch erhitzt — unter starkem Aufschäumen bei ca. 174°. Sie ist in Alkohol leicht, in Äther schwerer, in Toluol fast gar nicht löslich.

Eine **gesättigte Ketodicarbonsäure**[3] $C_{27}H_{42}O_5$ entsteht aus dem Cholestanonol (S. 219) durch längeres Erwärmen mit Chromsäure in Essigsäure.

Von den Produkten, die durch weiteren Abbau entstehen, also *weniger als 27 C-Atome* im Molekül enthalten, sei nur die nach Formelreihe G (S. 202) aus dem Cholestenon hervorgehende **Ketomonocarbonsäure**[4] $C_{26}H_{44}O_3$ (Formel 20 auf S. 211) erwähnt. Sie schmilzt bei 155° und wird von alkalischer Bromlösung zu einer Tricarbonsäure $C_{26}H_{44}O_6$ oxydiert.

Vierzehntes Kapitel.

Weitere Zoosterine.

Außer dem Cholesterin hat man noch einige weitere Sterine als Erzeugnisse des Tierkörpers angetroffen. Eingehend untersucht ist unter ihnen bisher nur das **Koprosterin** $C_{27}H_{48}O$, das sich in den menschlichen Fäces findet.

---

[1] DIELS, ABDERHALDEN, B. **36**, 3177, 3930 (1903); **37**, 3092 (1904). — WINDAUS, B. **41**, 611 (1908); **45**, 1317 (1912); **52**, 173, 175 (1919). — DORÉE, Soc. **95**, 640 (1909). — DORÉE, ORANGE, Soc. **109**, 48 (1916).

[2] WINDAUS, STEIN, B. **37**, 3701, 3707 (1904).

[3] WINDAUS, B. **36**, 3756 (1903); **37**, 2027, 2032, 4753 (1904).

[4] WINDAUS, B. **39**, 2010, 2013 (1906). — Über weitere Abbauprodukte vgl. z. B.: MAUTHNER, SUIDA, M. **24**, 175 (1903). — WINDAUS, B. **41**, 620, 2558 (1908); **42**, 3772 (1909); **45**, 1318, 2421 (1912). — DORÉE, GARDNER, Soc. **93**, 1330 (1908). — WINDAUS, NEUKIRCHEN, B. **52**, 1915 (1919).

Vielleicht war das Excretin, über das MARCET 1860 berichtete, Koprosterin in unreiner Form[1]. Eine exakte Beschreibung gab aber erst 1896 ST. v. BONDZYŃSKI[2], der auch den seither allgemein benutzten Namen Koprosterin (von κόπρος = Kot) einführte. Wie schon S. 209 und S. 213—216 dargelegt wurde, steht das Koprosterin in sehr naher konstitutioneller Beziehung zum Cholesterin (Formel 7 auf S. 210); es ist ein Dihydrid desselben [*Cholestanol-(4)*, s. Formel 6 auf S. 210], unterscheidet sich also von ihm in der Struktur nur dadurch, daß an Stelle der Gruppe —CH:CH— sich die gesättigte Gruppe $—CH_2·CH_2—$ befindet, muß aber in seinem Molekül eine andere räumliche Konfiguration des C-Gerüstes enthalten. Diese Erkenntnis verdankt man den Untersuchungen von DORÉE und GARDNER und von WINDAUS; wie es WINDAUS[3] 1916 gelang, das Cholesterin durch Laboratoriumsvorgänge in Koprosterin überzuführen, ist S. 214 mitgeteilt worden. Aber bald nach der Entdeckung des Koprosterins hatten schon BONDZYŃSKI und HUMNICKI[4] gezeigt, daß auch das Koprosterin der Fäces durch reduktive Umwandlung des in den Darm gelangenden Cholesterins entsteht. P. MÜLLER[5] bewies dann, daß diese Umwandlung den im Darm sich abspielenden Fäulnisprozessen zuzuschreiben ist; denn bei absoluter Milchdiät, welche die Eiweißfäulnis im Darm einschränkt, findet man im Kot unverändertes Cholesterin, das höchstens von geringen Mengen Koprosterin begleitet wird.

Die tägliche Ausscheidung[6,7] an Koprosterin, das von kleinen Mengen β-Cholestanol begleitet wird (vgl. S. 215), durch die menschlichen Fäces ist nur gering; sie erreicht bei normaler Diät noch nicht 1 g. — In den Fäces der Hunde findet man bei normaler Nahrung nur Cholesterin und kein Koprosterin[8]. Füttert man aber Hunde mit Schafshirn, daß etwa $2^1/_2$% Cholesterin enthält, so treten erhebliche Mengen Koprosterin in ihrem Kot auf[7,9]; hiervon kann man für die Gewinnung des Koprosterins Nutzen ziehen. — In den Fäces der Pferde und anderer Herbivoren findet sich weder Cholesterin noch Koprosterin[9] (vgl. S. 223, Hippokoprosterin).

---

[1] Vgl.: MARCET, A. ch. [3] **59**, 91 (1860). — HINTERBERGER, A. **166**, 213 (1873). — BONDZYŃSKI, HUMNICKI, H. **24**, 398 (1898).

Über eine Reklamation von FLINT [H. **23**, 363 (1897)], nach welcher Koprosterin in dem von ihm seit 1862 bearbeiteten Stercorin vorgelegen haben soll, s. BONDZYŃSKI, HUMNICKI, H. **24**, 395 (1898).

[2] B. **29**, 476 (1896). [3] B. **49**, 1724 (1916).

[4] H. **22**, 405 (1896).

[5] H. **29**, 129 (1900). — S. ferner DORÉE, GARDNER, C. **1908**, II, 1279.

[6] BONDZYŃSNI, HUMNICKI, H. **22**, 406 (1896).

[7] DORÉE, GARDNER, Soc. **93**, 1626 (1908).

[8] BONDZYŃSKI, HUMNICKI, H. **22**, 408 (1896). — Vgl. dagegen KUSUMOTO, Bio. Z. **14**, 416 (1908).

[9] DORÉE, GARDNER, C. **1908**, II, 1277—1279.

Koprosterin krystallisiert aus Alkohol in langen feinen Nadeln und ist, wenn ihm nicht das krystallwasserhaltige β-Cholestanol (S. 215) beigemengt ist, ganz krystallwasserfrei[1]. Es schmilzt[1,2] bei 101—102° und destilliert[3] unter ca. 0·1 mm Druck bei 220—225°. In Wasser und Alkalien ist es unlöslich, in absolutem Alkohol leicht löslich. Im Gegensatz zum Cholesterin (vgl. S. 187) dreht es rechts[4]; $[\alpha]_D = +24°$ (1·58 g in 12 ccm Äther). — Es gibt die Farbenreaktionen des Cholesterins (s. S. 189—190) mit geringen Abweichungen[5]. Mit Digitonin vereinigt es sich in Alkohol zu einer schwer löslichen Komplexverbindung[6]; es wirkt auch antihämolytisch, aber viel schwächer als Cholesterin[7].

Unter den Estern[8] des Koprosterins ist besonders das Propionat $C_{27}H_{47}\cdot O\cdot CO\cdot C_2H_5$ charakteristisch, das aus Methylalkohol in langen Nadeln krystallisiert und bei 99—100° schmilzt.

Im Gegensatz zum Cholesterin vereinigt sich das Koprosterin als gesättigter Alkohol nicht mit Brom[9]; hierauf kann man eine Trennung des Cholesterins vom Koprosterin[10] gründen. Die wechselseitige sterische Umlagerung[11] von Koprosterin und Pseudokoprosterin durch Natriumalkylate wurde schon S. 215 besprochen; beim Erhitzen mit Natriumäthylat in absolutem Alkohol auf 180° liegt das Gleichgewicht bei etwa 20% Koprosterin und etwa 80% Pseudokoprosterin. Oxydation[12] zu Koprostanon s. S. 218, zu einer Dicarbonsäure $C_{27}H_{46}O_4$ s. S. 220; Überführung in Pseudocholestan[13]: S. 209.

Als **Hippokoprosterin**[14] hat man einen hochmolekularen Alkohol (oder ein Gemisch von Alkoholen) bezeichnet, der sich in den Fäces von Pferden und anderen

---

[1] WINDAUS, B. **49**, 1734 (1916).

[2] Vgl.: NEUBERG, B. **39**, 1157 (1906). — DORÉE, GARDNER, Soc. **93**, 1627 (1908). — H. FISCHER, H. **73**, 214, 232 (1911). — WINDAUS, UIBRIG, B. **48**, 862 (1915).

[3] GARDNER, C. **1922**, I, 57.

[4] Vgl.: BONDZYŃSKI, HUMNICKI, H. **22**, 397 (1896). — WINDAUS, B. **49**, 1734 (1916).

Über ein „*l*-Koprosterin" genanntes Produkt s. WILENKO, MOTYLEWSKI, C. **1909**, I, 832.

[5] BONDZYŃSKI, HUMNICKI, H. **22**, 397 (1896). — S. auch MYERS, WARDELL, C. **1919**, II, 999.

[6] Vgl.: WINDAUS, UIBRIG, B. **48**, 862 (1915). — WINDAUS, B. **49**, 1727, 1733 (1916).

[7] HAUSMANN, B. Ph. P. **6**, 574 (1905).

[8] Vgl.: BONDZYŃSKI, HUMNICKI, H. **22**, 400 ff. (1896). — WINDAUS, B. **49**, 1734 (1916). — GARDNER, C. **1922**, I, 57.

[9] BONDZYŃSKI, HUMNICKI, H. **22**, 399 (1896).

[10] BONDZYŃSKI, HUMNICKI, H. **22**, 407 (1896).

[11] DORÉE, GARDNER, Soc. **93**, 1630 (1908). — WINDAUS, UIBRIG, B. **48**, 860 (1915). — WINDAUS, B. **49**, 1727, 1733 (1916).

[12] DORÉE, GARDNER, Soc. **93**, 1628 (1908); **95**, 645 (1909).

[13] WINDAUS, UIBRIG, B. **48**, 857 (1915).

[14] BONDZYŃSKI, HUMNICKI, H. **22**, 409 (1896). — GITTELMACHER-WILENKO, C. **1906**, II, 1242. — DORÉE, GARDNER, C. **1908**, II, 1277. — S. auch ELLIS, C. **1918**, II, 960

Herbivoren findet und erheblich höheren Wasserstoffgehalt zeigt (etwa der Formel $C_{27}H_{54}O$ oder $C_{27}H_{56}O$ entsprechend), als Cholesterin und Koprosterin. Es ist wahrscheinlich, daß dieser Stoff kein Produkt des tierischen Stoffwechsels ist, sondern ein Bestandteil des zum Futter dienenden Grases, der unverändert den Verdauungstraktus passiert. Daher wurde für ihn später der Name „Chortosterin" (von χόρτος = Futter) vorgeschlagen.

Aus einem im Mittelmeer häufig sich findenden Kieselschwamm (Suberites domuncula) isolierte HENZE einen Alkohol, welcher den Namen **Spongosterin**[1] erhielt und wahrscheinlich die Zusammensetzung $C_{27}H_{48}O$ besitzt, also dem Koprosterin isomer wäre. Er krystallisiert gut aus Äther, schmilzt bei 123—124°, dreht in Chloroform links und addiert nicht Halogen. Sein Acetat $C_{27}H_{47}\cdot O\cdot CO\cdot CH_3$ (perlmutterglänzende Blättchen) schmilzt bei 124·5°.

Im Fett aus den Puppen des Seidenwurms (Bombyx mori) entdeckten MENOZZI und MORESCHI[2] das **Bombicesterin**, das sie als ein Isomeres des Cholesterins auffassen. Gleich dem Cholesterin krystallisiert es mit 1 Mol. Wasser, schmilzt bei 148° und dreht links. Aber es unterscheidet sich von ihm in der Krystallform, und sein Essigsäureester schmilzt bei 129°. In Äther wird es bei Gegenwart von Platinschwarz durch Wasserstoff in ein Dihydrid (Schmelzp. 134°) verwandelt.

Aus den Testikeln und den Blinddärmen von Astropecten aurantiacus — einem Echinodermen — erhielten KOSSEL und EDLBACHER[3] das **Stellasterin** $C_{27}H_{44}O$; Schmelzp. 149—150°, Schmelzp. des Acetats: 176—177°. Es verbindet sich mit Digitonin.

Fünfzehntes Kapitel.

Phytosterine.

Die erste Beobachtung über pflanzliches Vorkommen eines Sterins machte BENEKE[4] 1862 an Saaterbsen. Er hielt es für Cholesterin. Erst 1878 erkannte O. HESSE (vgl. S. 181) die Verschiedenheit vom Cholesterin und führte den Namen „Phytosterin" ein. Der Stoff, den HESSE mit diesem Namen belegte, hat lange Zeit als ein einheitliches Individuum gegolten, bis WINDAUS und HAUTH[5] 1906 zeigten, daß er sich in zwei Sterine zerlegen läßt. Schon vorher hatte man häufig aus Pflanzenteilen Sterin-Präparate abgeschieden, die auf Grund flüchtiger Untersuchung schlechthin als „Phytosterin" im Sinne von HESSE bezeichnet, aber auf Grund eingehenderer Prüfung als verschieden davon erkannt wurden. Man gewöhnte sich daran, von Phytosterinen als einer Klasse von einander nahestehenden hochmolekularen Alkoholen zu sprechen (vgl. S. 182), und gab häufig den einzelnen Vertretern besondere, meist

---

[1] HENZE, H. **41**, 109 (1904); **55**, 427 (1908). — HAUSMANN, B. Ph. P. **6**, 577 0
[2] R. A. L. [5] **17**, I, 95 (1908); [5] **19**, I, 126 (1910).
[3] H. **94**, 277 (1915).
[4] A. **122**, 249 (1862).
[5] B. **39**, 4378 (1906); **40**, 3681 (1907).

an ihre Herkunft erinnernde und auf ... sterin endigende Namen. Freilich war man sich dabei bewußt[1], daß die Kennzeichnung, welche den einzelnen Präparaten zuteil wurde, keineswegs ausreichte, um die Möglichkeit auszuschließen, es lägen in ihnen Gemenge vor. Die erste eingehende Individualisierung eines Phytosterins bot 1897 BURIÁN[2] an dem von MAUTHNER und PASCHKIS im Fett der Getreidekeime entdeckten „Sitosterin".

Heute finden wir in der sehr ausgedehnten Literatur über Phytosterine[3] eine fast verwirrende Zahl von teils benannten, teils ohne besondere Namen beschriebenen Präparaten verzeichnet. Meist hat man sich mit der Angabe von Schmelzpunkten der freien Alkohole und einiger Ester, mit der Bestimmung des optischen Drehungsvermögens und der Beschreibung des Verhaltens gegenüber den Reagenzien, die mit den Sterinen Farbenreaktionen zu geben pflegen (vgl. S. 189—190), begnügt. Eine eigentliche „chemische" Untersuchung hat nur in seltenen Fällen stattgefunden. Es ist daher sehr wohl möglich und nach den Erfahrungen der letzten Jahre sogar wahrscheinlich[4], daß mit der Zeit für viele bisher beschriebene Präparate die Uneinheitlichkeit sich herausstellen wird; die Zahl der Namen würde dann eingeschränkt werden können, wenn für mehrere Präparate, die heute zusammenhanglos erscheinen, nachgewiesen wird, daß sie Gemenge darstellen, bei welchen eine geringere Zahl von wirklich chemisch definierten Bestandteilen in wechselnden Mengenverhältnissen auftreten. Trotzdem scheint es, daß in der Tat eine recht große Mannigfaltigkeit für die von den einzelnen Pflanzenarten erzeugten Phytosterine besteht.

Für eine genaue Klassifizierung reichen die heutigen Kenntnisse nicht aus. Die Bruttoformeln, die man in der Literatur findet, geben hierfür keine genügende Grundlage. Denn abgesehen davon, daß für mehrere der in Betracht kommenden Formeln die prozentischen Werte von C und H so wenig sich voneinander unterscheiden, daß die Differenzen innerhalb der analytischen Fehlergrenzen liegen, sind auch die gefundenen Zahlen nicht sehr zuverlässig, da bei Verbindungen der Steringruppe wegen ihrer Schwerverbrennlichkeit die Elementaranalyse besondere Schwierigkeiten bietet[5]. — Wir begnügen uns im folgenden damit, eine Einteilung in solche Phytosterine zu treffen, für welche — analog dem Cholesterin — nur ein Hydroxyl im Molekül anzunehmen ist, und in solche, die als mehrwertige Alkohole zu betrachten sind.

[1] Vgl. z. B.: RITTER, H. **34**, 431 (1901).

[2] M. **18**, 551 (1897).

[3] Eine kurze Zusammenfassung gab KLOBB 1910 im Bulletin des sciences pharmacologiques **17**, 160—165, 228—238, 273—288.

[4] Vgl. z. B.: MATTHES, ROHDICH, B. **41**, 20 (1908). — WINDAUS, WELSCH, B. **42**, 613 (1919).

[5] Nach KLOBB — Bulletin des sciences pharmacologiques **17**, 275 (1910) — sind die Acetate und besonders die Benzoate leichter verbrennlich.

Wie das Cholesterin in Pflanzen bisher nicht aufgefunden worden ist, so ist man umgekehrt in tierischen Geweben nicht solchen Sterinen begegnet, die man als Erzeugnisse des Pflanzenkörpers kennen gelernt hat (über „Chortosterin“ vgl. indes S. 224).

In physiologischer Beziehung sei erwähnt, daß der prozentische Steringehalt bei ungekeimten Samen geringer ist als bei den unter Lichtabschluß entwickelten Keimlingen[1]. Wo man Sterine in den Pflanzen suchte, hat man sie auch gefunden[2]. Über ihr Vorkommen in den Pflanzenfetten vgl. Bd. I, Tl. II, S. 144—145; Bd. II, Tl. IV, S. 186, 192).

I. Einwertige Phytosterine.

Für die große Mehrzahl der Phytosterine ergibt die Elementaranalyse Zahlen, welche es wahrscheinlich machen, daß auf 1 Sauerstoffatom 24—30 Kohlenstoffatome und 42—50 Wasserstoffatome im Molekül vorhanden sind.

An der höheren Grenze dieser Zahlen stehen nach ihrer Zusammensetzung einige schon unter den „Resinolen“ auf S. 153—157 geschilderten Alkohole: die Amyrine, das Paltreubin, Lupeol und Euphorbon, die auch nach ihren Eigenschaften zu den Sterinen gerechnet werden können.

In bezug auf die physikalischen Eigenschaften ist hervorzuheben, daß unter den einwertigen Sterinen die optisch linksdrehenden vorwiegen; in viel kleinerer Zahl sind rechtsdrehende Sterine — darunter die eben genannten Stoffe „Amyrine“ und „Lupeol“ — beobachtet worden, in ganz geringer Zahl optisch inaktive[3]. Die rechtsdrehenden Phytosterine, die man kennen gelernt hat, sind nicht etwa optische Antipoden von natürlich vorkommenden linksdrehenden, stellen vielmehr selbständige Individuen dar. Ebensowenig wie beim Cholesterin (vgl. S. 207) verfügt man bisher in der Phytosterin-Gruppe über die Kenntnis eines Vertreters in der *d*-, der *l*- und der *d,l*-Form.

Am genauesten untersucht ist das **Sitosterin** (vgl. S. 225) — ein Isomeres des Cholesterins, das in reinem Zustand zuerst von Burián[4] 1897 aus Getreidekeimen abgeschieden wurde und daher seinen Namen erhalten hat (von σῖτος = Weizen). Aber vorher schon hatte man es vielfach im Gemisch mit anderen Sterinen unter den Händen gehabt. Denn 1906 zeigten Windaus und Hauth (vgl. S. 224, 228), daß das „Phytosterin“ von Hesse u. a.[5] (vgl. S. 224) ein Gemisch ist, in welchem

---

[1] E. Schulze, Barbieri, J. pr. [2] **25**, 172 (1882). — S. auch Ellis, C. **1918**, II, 960.

[2] Vgl. Klobb, Bulletin des sciences pharmacologiques **17**, 276—280 (1910).

[3] Vgl.: Rümpler, B. **36**, 975 (1903). — Tschirch, Saal, Ar. **241**, 153 (1903). — Power, Moore, Soc. **97**, 105 (1910). — Wobolsobe, Zellner, M. **35**, 1515 (1914). — S. auch S. 155, Paltreubin.

[4] M. **18**, 551 (1897).

[5] Vgl. Lindenmeyer, J. **1863**, 542. — O. Hesse, A. **192**, 175 (1878). — E. Schulze, Barbieri, J. pr. [2] **25**, 163 (1882). — Paschkis, H. **8**, 356 (1884). —

das Sitosterin den Hauptbestandteil ausmacht; diese Untersuchung wurde an dem Rohphytosterin der Calabarbohnen angestellt. Sitosterin ist dann vielfach nachgewiesen worden[1] — teils für sich allein, teils im Gemisch mit anderen Phytosterinen vorkommend — z. B. im Leinöl, in Kleeblüten, in Sarsaparilla-Wurzel; es scheint das in höheren Pflanzen verbreitetste Sterin zu sein. In der Natur findet es sich nicht nur frei (bzw. verestert), sondern auch glykosidisch gebunden (vgl. Ipuranol im Abschnitt über Glykoside).

Gleich dem Cholesterin (vgl. S. 187) krystallisiert das Sitosterin aus verdünntem Alkohol in wasserhaltigen Blättern von der Zusammensetzung $C_{27}H_{46}O + H_2O$, aus Äther wasserfrei in Nadeln. Es schmilzt[2] wasserfrei bei 138°, löst sich leicht in Äther und Chloroform, schwer in kaltem, leicht in heißem Alkohol und zeigt[3] $[\alpha]_D = -33{\cdot}9^0$ (0·5 g in 20 ccm Chloroform). Es gibt die SALKOWSKIsche und die LIEBERMANN-BURCHARDsche Farbenreaktion (vgl. S. 189—190), wirkt antihämolytisch[4] und verbindet sich mit Digitonin[5] (vgl. dazu S. 190—191). — Sein Acetat[6] $C_{27}H_{45}{\cdot}O{\cdot}CO{\cdot}CH_3$ krystallisiert aus verdünntem Alkohol in weißen Schüppchen, erweicht bei 124·5°, schmilzt bei 127° und zeigt beim Erkalten der Schmelze kein Farbenspiel (vgl. dazu S. 194—195).

Sitosterin ist das einzige Phytosterin, dem bisher eine eingehendere Untersuchung seiner chemischen Umwandlungen[7] zuteil geworden ist. Dabei hat sich eine außerordentliche Ähnlichkeit mit dem Cholesterin ergeben. Wie das Cholesterin, so gibt auch das Sitosterin ein Dibromid, das freilich viel leichter löslich ist, als das Cholesterindibromid (vgl. S. 187 bis 191, 199, 217), enthält also eine Doppelbindung. Analog dem Cholesterin läßt sich Sitosterin zu einem ungesättigten Keton $C_{27}H_{44}O$ (Sitostenon) oxydieren (vgl. dazu S. 198, 219), ist also ein sekundärer Alkohol. Das durch katalytische Hydrierung aus Sitosterin hervor-

---

SALKOWSKI, Fr. **26**, 571 (1887). — v. LIPPMANN, B. **20**, 3202 (1887); **32**, 1210 (1899). — H. JACOBSON, H. **13**, 39, 51, 53, 60 (1889). — LIKIERNIK, H. **15**, 426 (1891). — GÉRARD, C. r. **114**, 1545 (1892). — JAEGER, R. **25**, 345 (1906).

[1] Vgl. über das Vorkommen: GILL, TUFTS, Am. Soc. **25**, 251 (1903). — MATTHES, ROHDICH, B. **41**, 20, 22, 1591 (1908). — WINDAUS, WELSCH, B. **42**, 612 (1909). — COHEN, C. **1909**, II, 1576. — POWER, SALWAY, Soc. **97**, I, 249 (1910); **105**, 208 (1914). — POWER, CALLAN, Soc. **99**, 2002 (1911). — WINTERSTEIN, WÜNSCHE, H. **95**, 317 (1915). — WEINHAGEN, H. **100**, 160, 163 (1917). — ELLIS, C. **1918**, II, 960. — BUSCHMANN, Ar. **257**, 84 (1919).

[2] Vgl. POWER, SALWAY, C. **1913**, II, 1232.

[3] RITTER, H. **34**, 461 (1902).

[4] HAUSMANN, B. Ph. P. **6**, 576 (1905).

[5] WINDAUS, B. **42**, 241 (1909).

[6] Vgl. über die Ester: BURIÁN, M. **18**, 557 ff. (1897). — JAEGER, R. **26**, 325 ff. (1905). — HEIDUSCHKA, GLOTH, Ar. **253**, 417 (1915).

[7] Vgl.: BURIÁN, M. **18**, 556, 561 ff. (1897). — WINDAUS, HAUTH, B. **40**, 3683 (1907). — PICKARD, YATES, Soc. **93**, 1928 (1908). — DORÉE, Soc. **95**, 649 (1909). — HEIDUSCHKA, GLOTH, Ar. **253**, 417 (1915). — WINDAUS, RAHLÉN, H. **101**, 223 (1918).

gehende Sitostanol $C_{27}H_{47}\cdot OH$ gibt durch Oxydation mit Chromsäure eine Dicarbonsäure $C_{27}H_{46}O_4$, welche bei der Destillation mit Essigsäureanhydrid ein cyclisches Keton $C_{26}H_{44}O$ liefert; daraus geht hervor, daß das Hydroxyl des Sitosterins in einem Ringe steht, daß sich daneben ein Methylen befindet, und daß dieser Ring sechsgliedrig (vielleicht siebengliedrig, aber jedenfalls nicht fünfgliedrig) ist (vgl. dazu S. 198, 203 bis 204). Aber alle diese Umwandlungsprodukte sind von den entsprechenden Umwandlungsprodukten des Cholesterins verschieden. Und auch der gesättigte Stammkohlenwasserstoff $C_{27}H_{48}$ des Sitosterins (Sitostan), zu dem man von dem eben genannten Sitostanol auf folgendem Wege:

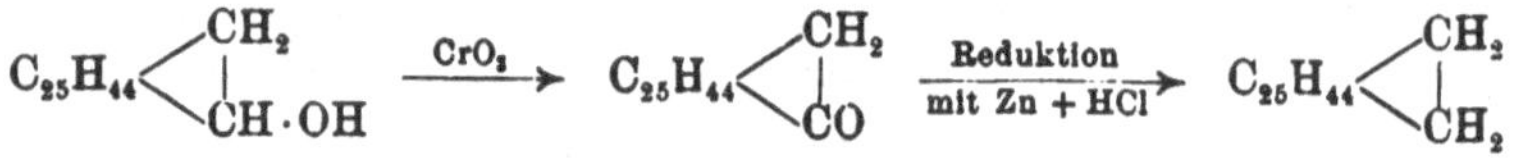

gelangt, ist weder mit dem Cholestan noch mit dem Pseudocholestan (vgl. S. 208—209) identisch, dem Cholestan freilich sehr ähnlich. Die Isomerie des Sitosterins mit dem Cholesterin ist also schon im Kohlenstoffgerüst begründet.

Phytosterin-Präparate, welchen die Formel $C_{27}H_{46}O$ des Cholesterins erteilt wird, und welche dem Sitosterin in ihren Eigenschaften mehr oder weniger ähneln, sind in der Literatur sehr häufig beschrieben worden. Erwähnt seien z. B. die Präparate aus Baumwollsamenöl[1], Strophanthusöl[2], Nußöl[3], aus Hopfen[4], aus Sennablättern[5], aus den Blüten von Matricaria Chamomilla[6], aus Trifolium incarnatum[7], aus Gelsemium sempervirens[8], aus Jalapenharz[9], aus Solanum angustifolium[10], aus den Wurzeln von Phaseolus multiflorus[11] und das Verosterin[12] aus Veronica virginica, das auch im Rhabarber vorkommt.

In den Calabarbohnen (von Physostigma venenosum) ist das Sitosterin von einem Sterin begleitet, welches den Namen Stigmasterin erhalten hat und sich vom Sitosterin durch höhere C-Zahl, sowie besonders dadurch unterscheidet, daß es zwei Doppelbindungen im Molekül enthält. Auf letzteren Unterschied gründet sich die schöne Methode von Windaus und Hauth[13] (vgl. S. 224, 226), mittels welcher es ihnen gelang, das „alte Phytosterin" (vgl. S. 224) in seine Gemengteile zu zerlegen. Sie acetylierten das uneinheitliche Sterin-Präparat, lösten das

[1] Matthes, W. Heintz, Ar. **247**, 161 (1909).
[2] Heiduschka, Wallenreuter, Ar. **252**, 704 (1914).
[3] Menozzi, Moreschi, R. A. L. [5] **19**, I, 187 (1910).
[4] Power, Tutin, Rogerson, Soc. **103**, 1277 (1913).
[5] Tutin, Soc. **103**, 1218 (1913).
[6] Power, Browning jun., Soc. **105**, 2288 (1914).
[7] Rogerson, Soc. **97**, 1012 (1910).
[8] Mooré, Soc. **97**, 2226 (1910).
[9] Power, Rogerson, Am. Soc. **32**, 87 (1910).
[10] Tutin, Clewer, Soc. **105**, 572 (1914).
[11] Power, Salway, C. **1913**, I, 1931.
[12] Power, Rogerson, Soc. **97**, 1951 (1910); **101**, 9 (1912). — Tutin, Clewer, Soc. **99**, 964 (1911).
[13] B. **39**, 4378 (1906); **40**, 3681 (1907).

Produkt der Acetylierung in Äther und versetzten diese Lösung mit einer Lösung von Brom in Eisessig; dabei fällt ein schwer lösliches Acetattetrabromid $C_{30}H_{47}Br_4 \cdot O \cdot CO \cdot CH_3$ oder $C_{30}H_{49}Br_4 \cdot O \cdot CO \cdot CH_3$ aus, während ein leicht lösliches Acetatdibromid $C_{27}H_{45}Br_2 \cdot O \cdot CO \cdot CH_3$ in der Lösung bleibt. Jedes dieser Acetatbromide kann nun durch Behandlung mit Zinkstaub oder Natriumamalgam entbromiert werden, worauf man dann durch Verseifung der bromfreien Acetate die ursprünglich in Mischung vorhandenen Sterine nunmehr in getrennter Form zurückerhält. Das Sterin aus dem leicht löslichen Dibromid ist das Sitosterin (ca. 80 %), während das in kleinerer Menge (ca. 20 %) vorhandene Sterin aus dem schwer löslichen Tetrabromid das Stigmasterin darstellt. Ein ähnliches Gemisch (ca. 90 % Sitosterin + ca. 10 % Stigmasterin) liegt in dem früher Hydrocarotin[1] genannten Sterin-Präparat aus Mohrrüben vor.

Stigmasterin[2] $C_{30}H_{47} \cdot OH$ oder $C_{30}H_{49} \cdot OH$ ist außer in den Calabarbohnen und den Mohrrüben noch mehrfach festgestellt worden, so in den Sojabohnen[3] und in den Knollen von Gloriosa superba. Es krystallisiert aus Alkohol mit $1 H_2O$, schmilzt bei 170°, zeigt $[\alpha]_D^{21} = -45°$ (0·41 g in 10 ccm Chloroform), gibt die Farbenreaktionen von SALKOWSKI und von LIEBERMANN-BURCHARD und verbindet sich mit Digitonin. Sein Acetat schmilzt bei 141°.

Im Rüböl findet sich ein Sterin, das — ebenso wie das Stigmasterin — als Acetat 4 Bromatome addiert, aber einer niedrigeren C-Reihe angehört. Es ist **Brassicasterin**[4] genannt worden, krystallisiert mit $1 H_2O$, besitzt wasserfrei wahrscheinlich die Zusammensetzung $C_{28}H_{46}O$, schmilzt bei 148° und zeigt $[\alpha]_D = -64°$ (0·49 g in 15 ccm Chloroform); sein Acetat schmilzt bei 157—158°. Es wird im Rüböl von einem sitosterinartigen Sterin begleitet.

Aus der großen Zahl weiterer Beobachtungen[5] über Phytosterin-Präparate, die aus *höheren Pflanzen* abgeschieden worden sind und in ihrer

[1] HUSEMANN, A. **117**, 206 (1861). — ARNAUD, C. W. **102**, 1319 (1886). — REINITZER, M. **7**, 597 (1886). — EULER, NORDENSON, H. **56**, 227 Anm. (1908). — BESCHKE, B. **47**, 1853 (1914).

[2] WINDAUS, HAUTH, B. **39**, 4380 (1906). — JAEGER, R. **26**, 344 (1907). — MATTHES, ROHDICH, B. **41**, 20, 1591 (1908). — WINDAUS, B. **42**, 242 (1909). — WINDAUS, SCHNECKENBURGER, B. **46**, 2630 (1913). — POWER, SALWAY, Soc. **105**, 212 (1914). — BESCHKE, B. **47**, 1856 (1914). — HEIDUSCHKA, GLOTH, Ar. **253**, 422 (1915). — CLEWER, GREEN, TUTIN, Soc. **107**, 844 (1915).

[3] Vgl.: KLOBB, A. BLOCH, Bl. [4] **1**, 422 (1907). — MATTHES, DAHLE, Ar. **249**, 436 (1911).

[4] WINDAUS, WELSCH, B. **42**, 612 (1909).

[5] Vgl. z. B.: E. SCHULZE, BARBIERI, J. pr. [2] **25**, 166, 170 (1882). — ZUCO, G. **19**, 209 (1889); s. dazu COHEN, Ar. **246**, 521 (1908). — LIKIERNIK, H. **15**, 430 (1891). — BURIÁN, M. **18**, 566 (1897). — SANI, C. **1903**, I, 93; R. A. L. [5] **13**, II, 551 (1905); [5] **29**, I, 59 (1920). — GILL, TUFTS, Am. Soc. **25**, 498 (1903). — POWER, TUTIN, C. **1906**, II, 1623. — TARBOURIECH, HARDY, C. **1907**, II, 969. — MATTHES, SANDER, Ar. **246**, 174 (1908). — MATTHES, W. HEINTZ, Ar. **247**, 653 (1909). — TUTIN, CLEWER, Soc. **101**, 2228 (1912). — POWER, BROWNING jun., C. **1913**, I, 1824. —

Brutto-Zusammensetzung den bisher angeführten Sterinen ähneln, mögen nur das **Taraxasterin** $C_{29}H_{48}O$ und das **Homotaraxasterin** $C_{25}H_{40}O$, die POWER und BROWNING jun.[1] in der Wurzel von Taraxacum officinale auffanden, als Vertreter der rechtsdrehenden[2] Sterine aufgeführt werden.

Taraxasterin ist auch der Hauptbestandteil des von KLOBB[3] „Anthesterin" genannten Sterinpräparats aus den Blüten von Anthemis nobilis. Es krystallisiert aus Alkohol mit $2^1/_2$ H_2O und zeichnet sich sowohl durch hohen Schmelzpunkt (wasserfrei: 221—222°), wie durch hohes Drehungsvermögen — $[\alpha]_D = +96 \cdot 3°$ (0·43 g wasserfreie Substanz in 20 ccm Chloroform) — aus; sein Acetat schmilzt bei 251—252°.

Auch in *niederen Pflanzen* (Pilze, Bakterien) sind Sterine enthalten. Von ihnen ist am genauesten das **Ergosterin**[4] untersucht, das TANRET 1890 im Mutterkorn nachwies. Identisch mit ihm ist nach WINDAUS und GROSSKOPF[5] das Sterin der Hefe. Ergosterin besitzt die Zusammensetzung $C_{27}H_{42}O$, krystallisiert aus Alkohol mit Wasser, aus Äther wasserfrei, schmilzt wasserfrei bei 165° (Bloc Maquenne), löst sich bei 20° in 50 Tln. absolutem Äther und zeigt die sehr hohe Linksdrehung $[\alpha]_D = -116°$ (1 g in 30·5 ccm Chloroform); sein Acetat schmilzt bei 180·5°. Ergosterin oxydiert sich bei gewöhnlicher Temperatur langsam, bei 100° sehr rasch an der Luft, indem es sich färbt und Geruch annimmt. Von konzentrierter Schwefelsäure wird es zu einer orangeroten Lösung aufgenommen, welche beim Schütteln mit Chloroform die Chloroform-Schicht ungefärbt läßt; hat man vorher die schwefelsaure Lösung aus der Luft Wasser anziehen lassen, so nimmt das Chloroform zwar blaue Färbung an, die aber bei weitem nicht so intensiv ist, wie die beim Cholesterin unter den gleichen Umständen eintretende Rotfärbung (vgl. dazu S. 189 unter a). Abweichend vom Cholesterin besitzt Ergosterin drei Doppelbindungen, da es bei der katalytischen Hydrierung einen gesättigten Alkohol $C_{27}H_{48}O$ vom Schmelzp. 129°, das Ergostanol, liefert.

Im Mutterkorn wird das Ergosterin von etwa 10% eines anderen Sterins begleitet, welches die Zusammensetzung $C_{25}H_{40}O + H_2O$ besitzt, bei 144° schmilzt,

---

TUTIN, NAUNTON, C. **1913**, II, 58. — ZLATOROW, C. **1916**, I, 1154. — ELLIS, C. **1918**, II, 960. — HENRY, Soc. **117**, 1624 (1920).

[1] Soc. **101**, 2423ff. (1912); **105**, 1829, 1840, 1845 (1914).

[2] Über weitere rechtsdrehende Sterine aus höheren Pflanzen vgl.: GERBER, Ar. **241**, 288 (1903). — POWER, MOORE, Soc. **95**, 739, 740, 1687 (1909). — ÖSTLING, C. **1914**, II, 941.

[3] Bl. [3] **27**, 1229 (1902). A. ch. [8] **18**, 135 (1909); **24**, 134 (1911). C. r. **152**, 327 (1911).

[4] TANRET, A. ch. [6] **20**, 289 (1890); [8] **15**, 313 (1908). C. r. **147**, 75 (1908). — OTTOLENGHI, R. A. L. [5] **14**, II, 697 (1905). — ZELLNER, M. **26**, 738 (1905); **32**, 133 (1911). — E. SCHULZE, WINTERSTEIN, H. **48**, 547 (1906). — GAUBERT, C. r. **147**, 498 (1909); C. **1909**, I, 1974. — MAC LEAN, THOMAS, C. **1920**, III, 554.

[5] H. **124**, 8 (1922).

sich bei 22° schon in 23 Tln. absolutem Äther löst, viel geringeres Drehungsvermögen — $[\alpha]_D = -22 \cdot 4^0$ — zeigt und sich mit 90 prozentiger Schwefelsäure nach einigen Sekunden rubinrot, nach einigen Minuten rotviolett färbt, während Ergosterin erst nach etwa einer Minute schmutzigrote Färbung gibt; das Acetat dieses **Fungisterin**[1] genannten Sterins schmilzt bei 158·5°.

Unter den Sterinen der Kryptogamen[2] scheinen Ergosterin, Fungisterin und ähnliche Vertreter besonders verbreitet zu sein.

Für die einwertigen Phytosterine, über die im vorigen berichtet wurde, sind analytische Werte gefunden worden, nach denen ihr Hydroxyl an Kohlenwasserstoffradikale von *25—30* C-Atomen gebunden erscheint. Auch über Phytosterine, denen Formeln mit *21—24* C-Atomen beigelegt werden, liegen einige Angaben vor[3]. Etwas näher möge auf Stoffe mit *15—20* C-Atomen[4] eingegangen werden, die man zu den einwertigen Sterinen rechnet. Einige hat man in Rinden gefunden, so im weißen Quebracho das **Quebrachol** (Schmelzp.: 125°, linksdrehend), in der Cuprea-Rinde das **Cupreol** (Schmelzp. 140°) und in allen echten Chinarinden das **Cinchol** (Schmelzp. 139°). Allen dreien wird die Formel $C_{20}H_{34}O$ beigelegt; sie krystallisieren aus Alkohol mit $1\,H_2O$, drehen links und färben sich in Chloroform-Lösung beim Schütteln mit Schwefelsäure (D: 1·76) rot. Für das aus den Blüten von Verbascum Thapsus abgeschiedene, äußerst schwach linksdrehende **Verbasterin** (Schmelzp. 142—144°) werden die Formeln $C_{17}H_{28}O$, $C_{18}H_{30}O$ und $C_{20}H_{32}O$ in Betracht gezogen.

II. Mehrwertige Phytosterine.

Im Jahre 1855 schied Hlasiwetz[5] aus der Wurzel von Ononis spinosa einen krystallisierbaren Stoff ab, dem er die Formel $C_{12}H_{20}O$ und den Namen Onocerin beilegte. Thoms[6] zeigte 1896 indes, daß in diesem Stoff ein zweiwertiger Alkohol von der Formel $C_{26}H_{44}O_2$ vorliegt, und gab ihm den Namen **Onocol.** Es krystallisiert aus Alkohol in mikroskopischen farblosen Prismen, schmilzt bei 232°, erfordert etwa 400 Tle. heißen absoluten Alkohols zur Lösung, wird von Eisessig aber

---

[1] Tanret, C. r. **147**, 76 (1908). A. ch. [8] **15**, 319 (1908).

[2] Vgl.: Reinke, Rodewald, A. **207**, 229 (1881). — Gérard, C. r. **114**, 1546 (1892); **121**, 723 (1895); **126**, 909 (1898). — O. Hesse, J. pr. [2] **58**, 479 (1898). — Hinsberg, Roos, H. **38**, 12 (1903). — Bamberger, Landsiedl, M. **26**, 1113 (1905). — Tanret, C. r. **147**, 77 (1908). A. ch. [8] **15**, 327 (1908). — Zellner, M. **29**, 47, 1175 (1908). — Goris, Mascré, C. r. **153**, 1083 (1911). — Ellis, C. **1918**, II, 960 bis 961.

Über Agrosterin aus Ackerboden s. Schreiner, Shorey, Am. Soc. **31**, 116 (1909).

[3] Vgl. z. B.: Hartwich, Dünnenberger, Ar. **238**, 348 (1900). — Dieterle, Ar. **257**, 260 (1919).

[4] Vgl.: O. Hesse, A. **211**, 272 (1882); **228**, 291, 294 (1885); **234**, 375 (1886). — Liebermann, B. **17**, 871 (1884); **18**, 1803 (1885). — Tutin, Clewer, Soc. **97**, 5 (1910). — Power, Moore, Soc. **97**, 108 (1910). — Klobb, A. ch. [8] **24**, 419 (1911).

Über Phasol $C_{15}H_{24}O$(?) vgl.: Likiernik, H. **15**, 433 (1891). — E. Schulze, L. V. St. **73**, 142 (1910). — Klobb, Bulletin des sciences pharmacologiques **17**, 230 (1910).

[5] J. **1855**, 717.

[6] B. **29**, 2985 (1896). Ar. **235**, 28 (1897).

leicht aufgenommen. Seine beiden Hydroxyle sind sekundär gebunden, da es bei der Oxydation mit Kaliumdichromat in Eisessig ein Diketon $C_{26}H_{40}O_2$ (Onoketon, Schmelzp.: 186—187°) liefert. Es löst sich in konz. Schwefelsäure mit gelblicher Farbe, die bei schwachem Erwärmen in Rot, dann in Rotbraun umschlägt; wird seine Eisessig-Lösung mit konz. Schwefelsäure unterschichtet, so entsteht eine bläulich-grüne Zone. Im Hinblick auf solche Farbenreaktionen, seine alkoholische Natur und seine an die einwertigen Sterine sich anschließende Bruttoformel darf man es als zweiwertiges Sterin betrachten.

Weitere Beispiele für das Vorkommen zweiwertiger Sterine — aber mit größerer C-Zahl im Molekül — in *höheren Pflanzen* bilden das **Dipterocarpol** $C_{27}H_{46}O_2$ [Schmelzp.: 134—135°, $[\alpha]_D = +64 \cdot 6°$ in Chloroform (1·2 g zu 50 ccm)] aus dem Balsam von Dipterocarpus Hasseltii[1], das **Arnidiol** $C_{28}H_{46}O_2$ oder $C_{29}H_{48}O_2$ [Schmelzp.: 249—250°, $[\alpha]_D = +62°$ (0·5 g in 40 ccm Aceton)] aus Arnica-Blüten[2], das **Faradiol** $C_{30}H_{50}O_2$ [Schmelzp.: 236°, $[\alpha]_D = +45°$ (0·5 g in 40 ccm Aceton)] aus den Blüten von Tussilago Farfara[3] und das **Betulin** $C_{32}H_{52}O_2$ oder $C_{33}H_{54}O_2$ [Schmelzp.: 251—252°, $[\alpha]_D = +20°$ (1·32 g in 23 ccm Pyridin)] aus der Birkenrinde[4]. Auch das unter den Resinolen schon S. 161 aufgeführte Brein, das freilich keine charakteristischen Farbenreaktionen zeigt, kann vielleicht dieser Körpergruppe zugerechnet werden[5].

Ein Sterin mit vier Sauerstoffatomen fanden Euler und Nordenson[6] — **Daucosterin** (Schmelzp. 283°) — als Begleiter des „Hydrocarotins" (vgl. S. 229) in den Möhren.

Auch in *Pilzen*[7] sind mehrwertige Sterine aufgefunden worden.

---

[1] van Itallie, C. **1912**, I, 1666. Ar. **250**, 204 (1912).

[2] Klobb, C. r. **138**, 763 (1904); **140**, 1700 (1905). Bl. [3] **33**, 1075 (1905); **35**, 741 (1906).

[3] Klobb, C. r. **149**, 999 (1909). A. ch. [8] **22**, 19 (1911).

[4] Vgl.: Lowitz, Crells Annalen **1788**, I, 312. — Hünefeld, J. pr. [1] **7**, 53 (1836). — Hess, A. **29**, 135 (1839). — Hausmann, A. **182**, 368 (1876). — Wileschinsky, B. **9**, 1444 (1876). — Paternò, Spica, B. **11**, 153 (1878). — Franchimont, B. **12**, 7 (1879). — Traubenberg, C. **1912**, I, 1815; **1913**, I, 16. — H. Schulze, Pierot, B. **55**, 2332 (1922).

[5] Vgl. dazu Klobb, Bulletin des sciences pharmacologiques **17**, 237 (1910).

[6] H. **56**, 226, 229 (1908).

[7] Vgl.: Ikaguchi, H. **92**, 257 (1914). C. **1920**, III, 668. — Issoglio, G. **47**, II, 38 (1917). — Vgl. indessen Mac Lean, Thomas, Biochemical Journal **14**, 491 (1920).

E. Gallensäuren.

Sechzehntes Kapitel.

Beschreibung der Gallensäuren.

In diesem Abschnitt haben wir es zum erstenmal mit einer Stoffgruppe von ausschließlich tierischer Herkunft zu tun. Es sind die organischen Säuren, welche — an Alkalien gebunden[1] — sich in den von den Lebern gebildeten Sekreten, den „Gallen", finden und in ihnen neben Farbstoffen („Gallenfarbstoffen") als spezifische Bestandteile auftreten, daher unter der Bezeichnung „Gallensäuren" zusammengefaßt werden. Seit langer Zeit haben die Chemiker sich mit diesen Stoffen beschäftigt[2], wobei hauptsächlich den Säuren der Rindergalle Beachtung geschenkt wurde. Recht große Schwierigkeiten hat die Individualisierung der einzelnen Säuren und die sichere Ermittelung ihrer empirischen Zusammensetzung gemacht; erst in neuester Zeit hat man sich der Klarlegung ihrer Struktur genähert und dabei den lange vermuteten strukturellen Zusammenhang mit dem Cholesterin erwiesen.

Die Untersuchungen über Abbau und Struktur der Gallensäuren werden erst im nächsten Kapitel (S. 247 ff.) besprochen; in diesem Kapitel beschränken wir uns auf die Beschreibung der Säuren selbst und ihrer nächsten Abkömmlinge.

Der Harn[3] enthält, wie es scheint, unter normalen Verhältnissen Gallensäuren nicht.

Für die Frage, wie die Gallensäuren im Körper entstehen, muß auf die physiologische Literatur verwiesen werden[4]. — Sie gelangen mit der Galle in den Darm, wo sie die Aufgabe erfüllen, die enzymatische Fettspaltung zu unterstützen[5] und die durch Fettspaltung gebildeten freien Fettsäuren in lösliche Form überzuführen (vgl. S. 243—245).

---

[1] Vgl.: Demarçay, A. **27**, 270 (1838). — Zanetti, R.A.L. [5] **11**, II, 275 (1902).

[2] Eine kurze Übersicht der ältesten Arbeiten gibt Strecker, A. **65**, 1—7 (1848).

[3] Vgl. dazu: Vogel, Fr. **11**, 467 (1872). — Hilger, Ar. **206**, 385 (1875). — v. Udránszky, H. **12**, 375 (1888).

[4] Vgl. z. B.: Hammarsten, Lehrb. d. physiol. Chemie, 8. Aufl. (Wiesbaden 1914), S. 414 ff.

[5] Vgl.: Magnus, H. **48**, 376 (1906). — v. Fürth, Schütz, B. Ph. P. **9**, 28 (1907).

Unter den Säuren, die als „Gallensäuren“ zusammengefaßt werden, hat man zu unterscheiden:

a) die „gepaarten Gallensäuren“, welche sich unmittelbar in der Galle finden und durch hydrolysierende Mittel unter Abspaltung von stickstoff- bzw. von stickstoff- und schwefelhaltigen Paarlingen (Glykokoll, Taurin) zerlegt werden können;

b) die nicht hydrolysierbaren Gallensäuren, welche nur aus C, H und O bestehen und aus den gepaarten Gallensäuren durch Hydrolyse hervorgehen.

Die Gallensäuren sind farblos und meist krystallisierbar. — Ihre Alkalisalze sind in Wasser und Alkohol löslich, in Äther aber unlöslich und werden daher aus der alkoholischen Lösung durch Äther gefällt; auf Grund dieses Verhaltens kann man leicht aus den Gallen krystallisierte Präparate von Alkalisalzen („Platners krystallisierte Galle“) erhalten[1].

Mit konz. Schwefelsäure geben die Gallensäuren rotgelbe, prächtig grün fluorescierende Lösungen[2]. — Zum Nachweis[3] bedient man sich meist der Pettenkoferschen Gallensäureprobe[4], die darauf beruht, daß eine gallensäurehaltige Flüssigkeit, wenn man sie mit konz. Schwefelsäure unter Vermeidung einer über 60—70° hinausgehenden Temperatur-Erhöhung vermischt und dann tropfenweise 10-%ige Rohrzucker-Lösung zugibt, eine prachtvolle Rotfärbung annimmt, die beim Stehen allmählich blauviolett wird; die rote Flüssigkeit zeigt im Spektroskop charakteristische Absorptionsstreifen. — Eine ähnliche Reaktion tritt mit Furfurol[5] und Schwefelsäure ein.

I. Die gepaarten Gallensäuren.

Im Laufe seiner für die Chemie der Gallensäuren grundlegenden Arbeiten zeigte 1848 Strecker[6], daß in der Rindergalle als wesentliche Bestandteile zwei sowohl durch starke Säuren wie durch Alkalien spaltbare Säuren vorkommen, welche beide bei der Hydrolyse die gleiche,

---

[1] Vgl. Strecker, A. **65**, 7 (1848).

[2] Über die Ursache dieser Reaktion vgl. Pregl, H. **45**, 166 (1905). — Über eine Reaktion der Gallensäuren mit Vanillin und Schwefelsäure s. Inouye, H. **57**, 313 (1908).

[3] Vgl. Hammarsten in Abderhaldens Handb: d. biologischen Arbeitsmethoden, Abt. I, Tl. 6, Heft 1 (Berlin u. Wien 1922), S. 243—248.

[4] Vgl.: Pettenkofer, A. **52**, 90 (1844). — Strecker, A. **65**, 15 (1848). — Neukomm, A. **116**, 33 (1860). — Koschlakoff, Bogomoloff, Fr. **7**, 514 (1868). — Strassburg, Fr. **11**, 97 (1872). — Schenck, Fr. **12**, 119 (1873). — Drechsel, J. pr. [2] **24**, 45 (1881).

[5] Vgl.: Mylius, H. **11**, 492 (1887). — Udránszky, H. **12**, 355 (1888). — Ville, Bl. [4] **1**, 965 (1907). — Guérin, C. **1908**, II, 641.
Über Reaktion mit δ-Methyl-furfurol (bzw. Rhamnose) und Schwefelsäure: Neuberg, Rauchwerger, C. **1904**, II, 1435. — Jolles, H. **57**, 30 (1908). — Neuberg, Bio. Z. **14**, 349 (1908). — Fritsch, Fr. **49**, 94 (1910).

[6] A. **67**, 1 (1848).

nur aus C, H und O zusammengesetzte Säure liefern: die eine aber unter Abspaltung von Glykokoll, die andere unter Abspaltung von Taurin, das schon von früheren Forschern als Zersetzungsprodukt von Gallenstoffen erhalten worden war (vgl. Bd. I, Tl. II, S. 281). Wir nennen diese beiden hydrolysierbaren Säuren heute „Glykocholsäure“ und „Taurocholsäure“, ihren gemeinsamen, N- und S-freien Paarling „Cholsäure“ und dürfen ihre Spaltung durch folgende Gleichungen darstellen:

$$HO\cdot OC\cdot CH_2\cdot NH\cdot CO\cdot C_{23}H_{39}O_3 = HO\cdot OC\cdot CH_2\cdot NH_2 + HO\cdot OC\cdot C_{23}H_{39}O_3, \quad (A)$$

(Glykocholsäure) (Glykokoll) (Cholsäure)

$$HO\cdot SO_2\cdot CH_2\cdot CH_2\cdot NH\cdot CO\cdot C_{23}H_{39}O_3 = HO\cdot SO_2\cdot CH_2\cdot CH_2\cdot NH_2 + HO\cdot OC\cdot C_{23}H_{39}O_3. \quad (B)$$

(Taurocholsäure) (Taurin) (Cholsäure)

Die in diesen Gleichungen ausgedrückte Annahme, daß die Paarung — ähnlich wie bei der Hippursäure — auf dem Eingriff eines Carboxyls in eine Aminogruppe beruhe, ist erst viel später (1906) bewiesen worden, als Bondi und E. Müller[1] im Laboratorium von Curtius aus dem Azid der Cholsäure $N_3\cdot CO\cdot C_{23}H_{39}O_3$ die beiden gepaarten Säuren synthetisch wieder aufbauten; indem sie dieses Azid in alkalischer Lösung mit Glykokoll behandelten, erhielten sie die Glykocholsäure, in gleicher Weise unter Benutzung von Taurin die Taurocholsäure[2].

Glykocholsäure $C_{26}H_{43}O_6N$ ist reichlich in der Rindergalle und in der Menschengalle enthalten. Zur Darstellung[3] benutzt man Rindergalle, deren Zusammensetzung in bezug auf das Verhältnis der verschiedenen, darin vorkommenden Gallensäuren indessen keineswegs konstant ist. Bei Gallen, die an Glykocholsäure reich, an Taurocholsäure aber arm sind (z. B. Gallen aus der Tübinger Gegend), führt das Hüfnersche Verfahren[4] sehr einfach zum Ziel; es besteht darin, daß man frische Galle mit etwas Äther überschichtet und einige Kubikzentimeter starke Salzsäure hinzufügt, worauf die Glykocholsäure sich zunächst milchig, nach dem Schütteln aber in Form eines Krystallbreis abscheidet.

Glykocholsäure krystallisiert aus Wasser in feinen Nadeln und enthält lufttrocken $1^1/_2$ Mol. Krystallwasser, das sie im Vakuum über H_2SO_4

---

[1] H. **47**, 499 (1906).

[2] Vgl. auch Tauber, B. Ph. P. **4**, 328 (1903).

[3] Vgl. z. B.: Strecker, A. **65**, 9 (1848). — v. Gorup-Besanez, A. **157**, 286 (1871). — Bleibtreu, C. **1903**, II, 1242.

Eine Zusammenfassung über Darstellung von Glykocholsäure und anderen Gallensäuren gab Hammarsten in Abderhaldens Handbuch d. biologischen Arbeitsmethoden Abt. I, Tl. 6, Heft 1 (Berlin u. Wien 1922), S. 211 ff.

[4] Hüfner, J. pr. [2] **10**, 267 (1874). — Vgl. dazu: Hüfner, J. pr. [2] **19**, 302 (1879); **22**, 192 (1880); **25**, 97 (1882). — Emich, M. **3**, 325 (1882). — Marshall, H. **11**, 233 (1887). — Bulnheim, H. **25**, 299 (1898). — Medwedew, C. **1900**, II, 918. — Letsche, H. **60**, 463 (1909).

verliert[1]; sie zeigt keinen scharfen Schmelzpunkt, schrumpft vielmehr, wenn nicht zu rasch erhitzt, wasserfrei bei ca. 130° zusammen und schäumt dann bei ca. 155° auf[1,2]. Sie löst[3] sich in ca. 3000 Tln. Wasser von 20°, in ca. 120 Tln. Wasser von 100°, in ca. 4 Tln. 50-prozentigen Alkohols von 20°, nur spurenweise in Äther, Benzol und Chloroform. Sie ist optisch aktiv[4]; $[\alpha]_D = +32 \cdot 3^0$ (0·365 g in 20 ccm alkoholischer Lösung). In ihrer Acidität[5] übertrifft sie die Essigsäure und ihre Homologen (vgl. Bd. I, Tl. I, S. 504); K = 0·0132.

Setzt man zur alkoholischen Lösung des Natriumsalzes Äther nur bis zur milchigen Trübung, hebt dann durch Wasserzusatz die Trübung eben wieder auf, so krystallisiert das Natriumsalz nach wenigen Minuten in Nadeln[6]. Fügt man zur Lösung des Natriumsalzes kaltgesättigtes Barytwasser, so entsteht ein reichlicher flockiger Niederschlag, während Taurocholsäure hierbei keine Fällung gibt[7].

Wenn man Glykocholsäure für sich einige Zeit auf 115° erhitzt oder wenn man sie mit einer zur Lösung ungenügenden Menge Wasser erhitzt, so findet eine Umwandlung in die ihr isomere, ebenfalls krystallinische Paraglykocholsäure[8] statt, die fast unlöslich in kaltem Wasser ist, sich auch in heißem Wasser erheblich schwerer als die Glykocholsäure löst, nur 1 Mol. Krystallwasser enthält und erst bei ca. 186° ein leichtes Sintern zeigt, um sich bei ca. 198° unter Aufschäumen zu zersetzen. Durch Lösen in Alkohol z. B. wird sie wieder in gewöhnliche Glykocholsäure von normalem Drehungsvermögen zurückverwandelt.

Durch Einwirkung von salpetriger Säure entsteht aus Glykocholsäure die Chologlykolsäure[9] $C_{26}H_{42}O_7$.

Die zuerst von DEMARÇAY beschriebene **Taurocholsäure**[10] $C_{26}H_{45}O_7NS$ findet sich zwar auch in der Rindergalle, wird aber besser aus Hundegalle und am leichtesten aus Fischgallen, in denen sie reichlich enthalten ist (Dorschgalle), gewonnen. Sie krystallisiert in Prismen, ist im Gegensatz zur Glykocholsäure leicht löslich in Wasser, dreht rechts und besitzt ebenfalls keinen scharfen Schmelzpunkt. Sie gibt mit einer Eiweißlösung einen reichlichen Niederschlag, während die Glykocholsäure Eiweiß nicht fällt.

---

[1] Vgl. LETSCHE, H. **73**, 308 (1911).

[2] BONDI, E. MÜLLER, H. **47**, 505 (1906). — LETSCHE, H. **60**, 472 (1909).

[3] EMICH, M. **3**, 336 (1882).

[4] HOPPE-SEYLER, Fr. **2**, 261 (1863). — LETSCHE, H. **60**, 473 (1909).

[5] Vgl.: EMICH, M. **3**, 341 (1882). — BONDI, H. **53**, 8 (1907).

[6] STAEDELER, J. **1857**, 562.

[7] PIETTRE, C. r. **148**, 374 (1909). — Über Salze s. ferner: MERCK, EICHHOLZ, D.R.P. 247990 (C. **1912**, II, 212). — HÖCHSTER FARBW., D.R.P. 284998, 284999 (C. **1915**, II, 294, 295); 289182 (C. **1916**, I, 194); 290262 (C. **1916**, I, 447).
Äthylester: SPRINGER, Am. **1**, 181 (1879).

[8] Vgl.: EMICH, M. **3**, 340 (1882). — LETSCHE, H. **60**, 466 (1909); **73**, 308 (1911).

[9] LANG, Bl. [2] **25**, 182 (1876).

[10] Vgl.: DEMARÇAY, A. **27**, 280 (1838). — STRECKER, A. **67**, 31, 46 (1848); **70**, 169 (1849). — HOPPE-SEYLER, Fr. **2**, 263 (1863). — PARKE, J. **1866**, 752. — HÜFNER, J. pr. [2] **19**, 305 (1879). — MALY, EMICH, M. **4**, 96 (1883). — TENGSTRÖM, H. **41**, 222 (1904). — BANG, B. Ph. P. **7**, 148 (1905). — HAMMARSTEN, H. **43**, 127 (1904); **61**, 462, 494 (1909). — NEUFELD, HÄNDEL, C. **1908**, II, 891. — FOSTER, HOOPER, C. **1920**, IV, 500.

In der Rindergalle finden sich außer Glykocholsäure und Taurocholsäure zwei weitere gepaarte Säuren, welche sich ebenfalls vom Glycin bzw. Taurin ableiten lassen, aber nicht Cholsäure als anderen Spaltling geben, sondern sogenannte „Choleinsäure" — eine Doppelverbindung aus Desoxycholsäure und einer Fettsäure[1] (s. S. 243—244). Diese im Laboratorium von HAMMARSTEN untersuchten Säuren werden daher **Glykocholeinsäure** und **Taurocholeinsäure** genannt. Erstere[2] — $C_{26}H_{43}O_5N$ (?) — ist auch in Menschengalle gefunden worden; sie krystallisiert in feinen Nadeln, schmilzt konstant bei 175—176°, ist in kaltem Wasser fast unlöslich und auch in heißem Wasser viel weniger löslich als Glykocholsäure; von der Glykocholsäure ist sie dadurch scharf unterschieden, daß die Lösungen ihrer Alkalisalze durch Salze der Erdalkalien gefällt werden. Die Taurocholeinsäure[3] — $C_{26}H_{45}O_6NS$ (?) — ist noch nicht ganz rein erhalten worden[4].

Gepaarte Säuren, welche Glykokoll als Paarling enthalten, finden sich ferner in der Schweinegalle[5]. Von diesen „Hyoglykocholsäuren" ist die α-Glykohyocholsäure zuletzt von WINDAUS und BOHNE[6] untersucht worden. Da ihre Formel $C_{26}H_{43}O_5N$ mit der der Glykodesoxycholsäure (S. 245) übereinstimmt, ist sie Hyoglykodesoxycholsäure genannt worden. Durch Verseifung mit Kalilauge wird sie in Glykokoll und Hyodesoxycholsäure $C_{24}H_{40}O_4$ (S. 245) zerlegt.

In der Gänsegalle[7] tritt Taurin als Paarling von Gallensäure auf (**„Taurochenocholsäure"**). — In den Gallen des Walrosses und einiger Seehunde fand HAMMARSTEN[8] als die wesentlichsten Säuren zwei **Phocaetaurocholsäuren** auf, deren eine durch die bei „Taurocholsäuren" unerwartete Schwerlöslichkeit in kaltem Wasser auffällt.

Unter den gepaarten Gallenstoffen sauren Charakters nehmen die in der Haifischgalle von HAMMARSTEN[9] entdeckten **Scymnolschwefelsäuren**, deren Untersuchung aus Materialmangel leider abgebrochen werden mußte, eine besondere Stellung ein. Sie spalten bei der Hydrolyse ihren gesamten Schwefel als Schwefelsäure ab, sind also Ätherschwefelsäuren. Durch Kochen mit Kalilauge wird aus der α-Säure das α-Scymnol

---

[1] Vgl. dazu: WIELAND, SORGE, H. **97**, 10 (1916). — WIELAND, H. **106**, 182 bis 184 (1919).

[2] WAHLGREN, H. **36**, 556 (1902). — ÖRUM, C. **1905**, I, 942.

[3] GULLBRING, H. **45**, 448 (1905).

[4] Die obigen Formeln bedürfen einer Revision, da sie dem seinerzeit noch unbekannten Fettsäure-Gehalt der „Choleinsäure" keine Rechnung tragen; daher ist auch die Beziehung zu Glykodesoxycholsäure und Taurodesoxycholsäure (vgl. S. 245) noch nicht geklärt (vgl. WIELAND, H. **106**, 184 [1919]).

[5] Vgl.: GUNDELACH, STRECKER, A. **62**, 205 (1848). — STRECKER, A. **70**, 179 (1849). — JOLIN, H. **12**, 512 ff. (1888); **13**, 204 (1889). — PIETTRE, C. r. **147**, 810 (1908); **148**, 1780 (1910).
Über fernere glycingepaarte Gallensäuren vgl.: HOPPE-SEYLER, J. **1863**, 654. — HAMMARSTEN, H. **74**, 123 (1911).

[6] A. **433**, 278 (1923).

[7] Vgl.: MARSSON, J. **1849**, 547. — HEINTZ, J. WISLICENUS, J. **1859**, 634. — OTTO, A. **149**, 192, 198 (1869).

[8] H. **61**, 454 (1909); **68**, 109 (1910).

[9] H. **24**, 322 (1897).

$C_{27}H_{46}O_5$ abgeschieden, das krystallisiert erhalten wurde und mit kalter Salzsäure von 25 % nach einiger Zeit eine prachtvoll indigblaue Lösung gibt.

II. Die nicht hydrolysierbaren Gallensäuren.

Die den Gallen eigentümlichen Säuren, welche aus den gepaarten Gallensäuren nach der Abspaltung von Glykokoll oder Taurin zurückbleiben, bezeichnet man zuweilen mit dem Sammelnamen[1] „Cholalsäuren". Dieser jetzt als Sammelbezeichnung gebrauchte Name wird hin und wieder auch heute noch zur speziellen Benennung derjenigen Säure verwendet[2], welche den gemeinsamen Paarling der Glykocholsäure und Taurocholsäure bildet und aus ihnen durch Hydrolyse erhalten wird[3] (vgl. S. 235). Aber gebräuchlicher ist für diese außerordentlich viel untersuchte und daher im Mittelpunkte der Gallensäure-Chemie stehende Säure der Name **Cholsäure** geworden.

Für ihre Darstellung[4] geht man von (zuvor möglichst von Schleim befreiter) Rindergalle aus, die man zunächst längere Zeit mit Alkali kocht, um die in ihr enthaltenen gepaarten Säuren zu zerlegen. Nach dem Erkalten, Neutralisieren des Alkalis und Fällen mit Salzsäure erhält man eine Rohsäure-Fällung, in welcher die Cholsäure überwiegt, aber von Fettsäuren und Desoxycholsäure begleitet wird. Viele Verfahren[5] sind zur Abscheidung der reinen Cholsäure aus dieser Rohsäure vorgeschlagen worden. Meist benutzt man dafür den Umstand, daß aus der ammoniakalischen Lösung durch Bariumchlorid die Begleiter gefällt werden, die Cholsäure selbst nicht. Gerühmt wird neuerdings das Verfahren von Langheld, darin bestehend, daß man die alkoholische Lösung der Rohsäure mit überschüssigem Natriumhydroxyd (in wenig Wasser gelöst) bis zur schwach alkalischen Reaktion versetzt und nun am Rückflußkühler erwärmt, wobei sich Natriumcholat in weißen Nadeln abscheidet.

Die aus hydrolysierter Menschengalle[6] abgeschiedene Cholsäure stimmt in ihren Eigenschaften mit derjenigen aus Rindergalle überein. — Auch aus der hydrolysierten Eisbärengalle ist gewöhnliche Cholsäure isoliert worden[7].

---

[1] Vgl. z. B.: Hammarsten, Lehrb. d. physiolog. Chemie, 8. Aufl. (Wiesbaden 1914), S. 398.

[2] Vgl. Strecker, A. **67**, 2 (1848).

[3] Vgl.: Demarçay, A. **27**, 289 (1838). — Strecker, A. **67**, 2 (1848). — Hüfner, J. pr. [2] **19**, 307 (1879). — Bulnheim, H. **25**, 301 (1898).

[4] Zusammenfassung von Hammarsten s. in Abderhaldens Handb. d. biologischen Arbeitsmethoden, Abt. I, Tl. 6, Heft 1 (Berlin u. Wien 1922), S. 227 ff.

[5] Vgl. z. B.: Tappeiner, A. **194**, 213 (1878). — Mylius, H. **12**, 262 (1888). — Pregl, C. **1898**, I, 1050. M. **24**, 32 (1903). — Bondi, E. Müller, H. **47**, 501 (1906). — Langheld, B. **41**, 380 (1908). — Pregl, Buchtala, H. **74**, 206 (1911). — Wieland, Weil, H. **80**, 291 (1912). — Schryver, C. **1912**, II, 1296. — Wieland, D.R.P. 321699 (C. **1920**, IV, 293).

Über Bildung von Cholsäure durch freiwillige Zersetzung der Ochsengalle s.: v. Gorup-Besanez, A. **59**, 143 (1856).

[6] Vgl.: Schotten, H. **10**, 175 (1886); **11**, 268 (1887). — Lassar-Cohn, H. **19**, 569 (1894).

[7] Hammarsten, H. **36**, 538 (1902).

Die Zweifel über die empirische Zusammensetzung[1] der Cholsäure können zugunsten der schon 1848 von STRECKER aufgestellten Formel $C_{24}H_{40}O_5$ als erledigt gelten.

Cholsäure[2] krystallisiert[3,4] aus heißem Alkohol in farblosen glänzenden Krystallen von tetraedrischer Form, die 1 Mol. Alkohol enthalten und bei 110—115° alkoholfrei werden; in einer tafligen, 1 Mol. Krystallwasser enthaltenden Form scheidet sie sich aus kalten wäßrigen Lösungen ab, z. B. wenn man eine kalte essigsaure Lösung mit Wasser bis zur milchigen Trübung versetzt. Die von Alkohol befreite, wasserfreie Cholsäure schmilzt[4,5] bei 197°. Sie löst sich[6] in 750 Tln. kochenden, 4000 Tln. kalten Wassers, reichlich in heißem Alkohol, leicht in Eisessig. In alkoholischer Lösung ist sie rechtsdrehend[7] ($[\alpha]_D$ = ca. + 36°).

Alkali- und Erdalkalisalze der Cholsäure[8] können in krystallisierter Form erhalten werden (vgl. S. 238); die Alkalisalze sind leicht löslich in Wasser.

Cholsäure zeigt die PETTENKOFERsche Reaktion (vgl. S. 234). Zur Unterscheidung von anderen Gallensäuren kann ihr Verhalten zu Jod benutzt werden; versetzt man ihre alkoholische Lösung mit $^1/_{10}$-norm. Jodjodkalium-Lösung und verdünnt dann mit Wasser, so scheidet sich ein Brei von Nadeln ab, die im durchfallenden Lichte blau erscheinen[9]. Von der Desoxycholsäure (S. 242) ist sie durch eine schöne Farbenreaktion mit Salzsäure unterschieden; feingepulvert in Salzsäure von 25% eingetragen, gibt sie bei Zimmertemperatur allmählich eine violettblaue Lösung mit einem Absorptionsband um die D-Linie[10].

---

1 Vgl.: LATSCHINOFF, B. **18**, 3044 (1885); **20**, 1050, 3274 (1887). — SCHOTTEN, H. **10**, 182 (1886). — MYLIUS, B. **20**, 1968 (1887). — LASSAR-COHN, H. **16**, 488 (1892).

2 Ebullioskopische Mol.-Gew.-Bestg.: BECCARI, C. **1903**, II, 728. — BULNHEIM, H. **25**, 302 (1898). — Verbrennungswärme: BERTHELOT, C. r. **129**, 320 (1899). — PREGL, H. **45**, 175 (1905). — Pharmakologische Wirkung: HERMANN WIELAND, TH. HILDEBRANDT, A. Pth. **85**, 199 (1919).

3 Vgl.: STRECKER, A. **67**, 4 (1848). — SCHOTTEN, H. **10**, 183 (1886). — MYLIUS, B. **19**, 369 (1886); **20**, 1974 (1887).

4 BECCARI, C. **1903**, II, 727.

5 Vgl. dazu: EKBOM, H. **50**, 101 Anm. (1906). — HEINR. WIELAND, BOERSCH, H. **110**, 145 (1920).

6 STRECKER, A. **67**, 5 (1848). — S. auch LATSCHINOFF, B. **13**, 1913 (1880).

7 HOPPE-SEYLER, Fr. **2**, 265 (1863). — VAHLEN, H. **21**, 265 (1895).

8 Vgl. über Salze der Cholsäure: STRECKER, A. **67**, 11ff. (1848). — SCHOTTEN, H. **10**, 178ff., 192 (1886). — RIEDEL, D.R.P. 171485 (C. **1906**, II, 385); 224980 (C. **1910**, II, 699); 225711 (C. **1910**, II, 1009); 231396 (C. **1911**, I, 768); 324203 (C. **1920**, IV, 473). — WÖRNER, D.R.P. 191385 (C. **1908**, I, 686). — KNOLL & Co., D.R.P. 254530 (C. **1913**, I, 347); 273317 (C. **1914**, I, 1717); 284762 (C. **1915**, II, 215). — R. WERNER, P. C. H. **56**, 591 (1915). — BÖHRINGER SOHN, D.R.P. 318217 (C. **1920**, II, 559). — CHEM. FABR. VORM. SANDOZ, Engl. Pat. 165084 (C. **1921**, IV, 1010).

9 Vgl. dazu: MYLIUS, B. **20**, 683 (1887); **28**, 385 (1895). — KÜSTER, Ph. Ch. **16**, 156 (1895). — BARGER, FIELD, Soc. **101**, 1404 (1912). — VILLE, Bl. [4] **13**, 866 (1913).

10 HAMMARSTEN, H. **61**, 495 (1909).

Bei Behandlung mit Dibenzoylperoxyd in Eisessig gibt die Cholsäure — gleich dem Cholesterin — sehr schön die LIFSCHÜTZsche Essigsäure-Schwefelsäure-Reaktion[1] des „Oxycholesterins" (vgl. S. 189).

Cholsäure ist leicht geneigt, beim Erhitzen für sich, auch mit Eisessig oder konz. Salzsäure Wasser abzuspalten; über die dabei entstehenden Produkte („Dyslysin" usw.) finden sich in der älteren Literatur viele Angaben, die sich aber nicht auf einheitliche Individuen beziehen[2]. Zu klaren und für die Strukturfrage sehr wichtigen (vgl. S. 249) Ergebnissen ist man erst neuerdings gekommen, als man die Wasserabspaltung unter vorsichtigen Bedingungen studierte[3]. HEINRICH WIELAND und WEIL erhielten durch Destillation im Vakuum[4] (12 mm) in reichlicher Ausbeute eine durch Abspaltung von $3 H_2O$ entstandene Monocarbonsäure $C_{24}H_{34}O_2$ (Cholatriensäure, s. S. 249). Wenn man aber beim Erhitzen im Vakuum die Temperatur unter 210° — also wenig über dem Schmelzpunkt der Cholsäure — hält, so erstarrt die Schmelze unter Wasserverlust zu einem spröden Harz, das sich durch Erhitzen mit alkoholischem Natriumäthylat (im Rohr) quantitativ in Natriumcholat zurückverwandeln läßt, also aus Anhydriden der Cholsäure besteht, und zwar, wie die nähere Untersuchung zeigte, größtenteils aus sauren Anhydriden, zum kleinen Teil aus neutralem Cholsäureanhydrid $C_{48}H_{78}O_9$ (sehr schwer lösliches, farbloses Krystallpulver, das bei 320—323° unter Aufschäumen schmilzt). BOEDEKER konnte der Cholsäure durch geeignete Behandlung mit wasserabspaltenden Mitteln saurer Natur — z. B. durch Erhitzen mit Chlorzink in Eisessig — auf 1 Molekül $1 H_2O$ entziehen und in guter Ausbeute die Apocholsäure $C_{24}H_{38}O_4$ (s. S. 249) gewinnen, daneben eine zweite Dioxycholensäure vom Schmelp. 260° (vgl. S. 242).

In der Hoffnung, Aufschlüsse über die Konstitution der Cholsäure zu gewinnen, hat man schon in älterer Zeit ihre Oxydation[5] mit verschiedenen Mitteln studiert. Mühsame Untersuchungen, an denen besonders TAPPEINER, LATSCHINOFF, CLÈVE beteiligt sind, wurden hierüber ausgeführt. Sie ergaben eine große Zahl von sauren Oxydationsprodukten, die teils die gleiche C-Zahl wie die Cholsäure besitzen, teils niedrigere;

---

[1] LIFSCHÜTZ, B. 47, 1459 (1914). H. 91, 318, 324, 328 (1914); 92, 383 (1914).

[2] Vgl. darüber: MYLIUS, B. 20, 1977 (1887).

[3] WIELAND, WEIL, H. 80, 289, 292 (1912). — WIELAND, BOERSCH, H. 110, 143 (1920). — BÖDECKER, B. 53, 1852 (1920). — BÖDECKER, VOLK, B. 54, 2489 (1921).

[4] Über Zersetzung durch trockene Destillation unter gewöhnlichem Druck s.: SCHOTTEN, H. 10, 196 (1886). — v. FÜRTH, LENK, Bio. Z. 26, 406 (1910). — v. FÜRTH, ISHIHARA, Bio. Z. 43, 323 (1912).

[5] Vgl. z. B.: SCHLIEPER, A. 58, 375 (1846). — TAPPEINER, A. 194, 211 (1878). — HAMMARSTEN, B. 14, 71 (1881). — CLÈVE, Bl. [2] 35, 373 (1881); 38, 132 (1882). — LATSCHINOW, B. 18, 3040, 3044 (1885). — BULNHEIM, H. 25, 296 (1898). — LASSAR-COHN, B. 32, 683 (1899). — SCHRÖTTER, WEITZENBÖCK, R. WITT, M. 29, 248 (1908). — SCHRÖTTER, WEITZENBÖCK, M. 29, 749 (1908). — LANGHELD, B. 41, 1023 (1908). — PANZER, H. 60, 376 (1909). — LETSCHE, H. 61, 215 (1909). — PRINGSHEIM, B. 48, 1324 (1915). — WIELAND, SCHLÜCHTING, H. 119, 96 (1922).

manche Widersprüche stellten sich zwischen den Beobachtungen der einzelnen Autoren ein, die sich dann dadurch aufklärten, daß die zu den Versuchen verwendete Cholsäure nicht immer genügend von ihren in der Galle enthaltenen Begleitern getrennt war. Im Verhältnis zu der aufgewendeten Arbeit blieben zunächst die Erfolge gering. Wir werden S. 247 ff. sehen, daß man durch andere Methoden der Cholsäure-Umwandlung in neuer Zeit rascheren Einblick in die Struktur des C-Gerüstes erzielt hat. Doch haben die Oxydationsprodukte für die Untersuchungen über die Stellung der O-Atome am C-Gerüst neue Wichtigkeit erlangt. Hier sei nur die von HAMMARSTEN entdeckte, der Cholsäure noch sehr nahestehende und von ihr sich durch den Mindergehalt von 6H-Atomen unterscheidende Dehydrocholsäure $C_{24}H_{34}O_5$ (s. S. 251) hervorgehoben, die aus ihr sehr glatt durch Einwirkung von Chromsäure in Eisessig entsteht. Weiteres siehe bei Biliansäure und Isobiliansäure (S. 252—253, 255), Ciliansäure (S. 256), Biloidansäure (S. 259).

Auch die Veränderungen der Cholsäure durch Reduktionsmittel[1] sind untersucht worden.

Die Cholsäure ist durch Titration als einbasische Säure gekennzeichnet. Die Gegenwart eines Carboxyls ist durch die Überführbarkeit in die für Carbonsäuren typischen funktionellen *Derivate*[2] (Ester, Amid, Hydrazid, Azid) sichergestellt. Von den fünf Sauerstoffatomen der Cholsäure $C_{24}H_{40}O_5$ sind also zwei in Carboxyl-Form vorhanden. Daß die übrigen drei als Hydroxyle zugegen sind, die Säure also als Trioxymonocarbonsäure $C_{23}H_{36}(OH)_3 \cdot CO_2H$ zu formulieren ist, ergibt sich aus ihrer Überführbarkeit (durch Chlorwasserstoff in Eisessig) in ein Triacetylderivat $C_{30}H_{46}O_8$ (Schmelzp.: 257°), aus dem durch Natriumäthylat die Cholsäure wieder zurückgewonnen werden kann[3].

In gefaulter Rindergalle entdeckte 1886 MYLIUS[4], dem wir mehrere exakte Untersuchungen zur Gallensäure-Chemie verdanken, eine von der Cholsäure durch den Mindergehalt eines Sauerstoffatoms sich unterscheidende, also die Zusammensetzung $C_{24}H_{40}O_4$ besitzende Säure. Er

[1] Vgl. dazu: DESTREM, C. r. **87**, 880 (1878). — MYLIUS, B. **19**, 377 (1886). — SENKOWSKI, M. **19**, 2 (1898). — PREGL, C. **1898**, I, 1051; **1898**, II, 495. — EKBOM, H. **50**, 97 (1906). — PIETTRE, C. r. **148**, 1780 (1909). — WIELAND, WEIL, H. **80**, 290 Anm. (1912).

[2] Über Esterbildung vgl.: BAUMSTARK, B. **6**, 1185 (1873). — TAPPEINER, B. **6**, 1285 (1873). — HÜFNER, J. pr. [2] **19**, 308 (1879). — SCHOTTEN, H. **10**, 193, 194 (1886). — LASSAR-COHN, H. **16**, 497 (1892). — VAHLEN, H. **21**, 259 (1895). — BONDI, E. MÜLLER, H. **47**, 502 (1906).

Amid: BAUMSTARK, B. **6**, 1187 (1873). — HÜFNER, J. pr. [2] **19**, 308 (1879). — MYLIUS, B. **20**, 1976 (1887). — PELLIZZARI, G. **18**, 327 (1888).

Hydrazid, Azid: BONDI, E. MÜLLER, H. **47**, 503, 504 (1906).

[3] WIELAND, BOERSCH, H. **110**, 150 (1920). — S. auch EKBOM, H. **50**, 110 (1906).

[4] B. **19**, 375 (1886); **20**, 1969 (1887). — Vgl. dazu: LATSCHINOFF, B. **20**, 1043 (1887). — VAHLEN, H. **23**, 99 (1897).

nannte sie daher **Desoxycholsäure** und glaubte, sie entstünde während der Fäulnis aus der Cholsäure durch Reduktion. Die Beobachtungen über direkte Reduktion der Cholsäure zur Desoxycholsäure auf diesem Wege oder mit anderen Mitteln sind später nicht bestätigt worden[1]. Dagegen hat sich herausgestellt, daß die Desoxycholsäure ein normaler Bestandteil der hydrolysierten Rindergalle ist[2], der in bezug auf die vorhandene Menge neben der Cholsäure an zweiter Stelle steht (vgl. dazu S. 247). Sie ist ferner in Gallensteinen von Rindern[3] und Menschen[4], sowie in menschlichen Fäces[5] beobachtet worden. Künstlich haben sie neuerdings BOEDEKER und VOLK[6] aus Cholsäure erhalten, indem sie die bei der Wasserabspaltung als Nebenprodukt (neben der Apocholsäure) entstehende, bei 260° schmelzende Dioxycholensäure (s. S. 240, 249) in Eisessig bei Gegenwart von Palladiumschwarz hydrierten:

$$C_{24}H_{40}O_5 \xrightarrow{-H_2O} C_{24}H_{38}O_4 \xrightarrow{+H_2} C_{24}H_{40}O_4 . \qquad (C)$$

Desoxycholsäure[7] ist durch die Eigenschaft ausgezeichnet, sich mit den Lösungsmitteln, aus denen sie auskrystallisiert, sehr fest zu kombinieren[8] (vgl. unten). Die aus Alkohol krystallisierte Säure[9] kann verhältnismäßig leicht vom Lösungsmittel befreit werden (durch Trocknen im Vakuum bei 110—120°); sie zeigt dann den Schmelzp. 172—173°. Sie löst sich[10] leicht (1 : 4) in kaltem Alkohol, schwer in Eisessig (im Gegensatz zu Cholsäure, vgl. S. 239) und ist in alkoholischer Lösung rechtsdrehend[11] ($[\alpha]_D^{20} = +57{\cdot}02°$ bei c = 2).

Das Natriumsalz wird durch 10-proz. Natronlauge aus der wäßrigen Lösung gefällt, während die Lösung des cholsauren Natriums unter diesen Umständen klar bleibt[12]; in starkem Alkohol sind die Alkalisalze sehr wenig löslich. Das Bariumsalz wird selbst aus der sehr verdünnten ammoniakalischen Lösung der Säure durch Bariumchlorid in der Kälte gefällt; diesen Unterschied von der Cholsäure benutzt man zur Trennung (vgl. S. 238).

Desoxycholsäure gibt weder eine Jod- noch eine Salzsäure-Reaktion (vgl. S. 239—240).

---

[1] Vgl.: EKBOM, H. **50**, 97 (1906). — WIELAND, SORGE, H. **98**, 59 (1916).

[2] Zur Darstellung s.: PREGL, M. **24**, 19 (1903). — LANGHELD, B. **41**, 378 (1908). — SCHRYVER, C. **1912**, II, 1296. — MAIR, C. **1917**, II, 221. — HEINR. WIELAND, D.R.P. 321 726 (C. **1920**, IV, 367).

[3] W. KÜSTER, H. **69**, 463 (1910).

[4] E. SALKOWSKI, H. **98**, 25, 281 (1916).

[5] HANS FISCHER, H. **73**, 233 (1911).

[6] B. **55**, 2302 (1922).

[7] Zur pharmakologischen Wirkung s. HERMANN WIELAND, A. Pth. **86**, 79 (1920); s. auch A. Pth. **89**, 46 (1920).

[8] Vgl. HEINR. WIELAND, SORGE, H. **97**, 16 (1916).

[9] Vgl. PREGL, M. **24**, 24, 27 (1903).

[10] Vgl. HEINR. WIELAND, SORGE, H. **97**, 2 (1916).

[11] Vgl.: VAHLEN, H. **21**, 271 (1895). — HANS FISCHER, H. **73**, 233 (1911). — HEINR. WIELAND, SORGE, H. **97**, 16 (1916).

[12] MYLIUS, B. **19**, 376 (1886).

Bei der Wasserabspaltung durch Erhitzen[1] verhält sich die Desoxycholsäure analog der Cholsäure (s. S. 240). Durch Erhitzen im Hochvakuum auf ca. 210° kommt man zu einem Anhydrid $C_{48}H_{78}O_7$, das durch Natriumäthylat quantitativ in Desoxycholsäure rückführbar ist; bei der Vakuum-Destillation entsteht unter Abspaltung von $2H_2O$ eine Monocarbonsäure $C_{24}H_{36}O_2$ (β-Choladiensäure, s. S. 249).

Gleich der Cholsäure ist die Desoxycholsäure gemäß ihrer Titration einbasisch[2] (vgl. S. 241). Daß sie als Dioxycarbonsäure $C_{23}H_{37}(OH)_2 \cdot CO_2H$ zu formulieren ist, wird durch die Überführbarkeit in Diacyl-Derivate[3] bestätigt, von denen die durch Erwärmen mit 95-proz. Ameisensäure entstehende Diformyl-desoxycholsäure (Schmelzp. 193°) durch ihre prächtige Krystallisation zur Identifizierung geeignet ist[4].

Das S. 242 erwähnte Verhalten der Desoxycholsäure gegenüber Lösungsmitteln wiederholt sich gegenüber außerordentlich vielen organischen Verbindungen: sie bildet mit ihnen festgefügte Additionsprodukte. Heinrich Wieland und Sorge[5] haben dieser eigenartigen Erscheinung, welche der Cholsäure im Gegensatz zu der Desoxycholsäure nicht zukommt, eine sehr schöne Untersuchung (1916) gewidmet. Aus einem Grunde, der gleich ersichtlich werden wird, gaben sie den additionellen Verbindungen den Sammelnamen „Choleinsäuren". Besonders ausführlich sind die „Choleinsäuren der Fettsäure-Reihe", d. h. die Verbindungen der Desoxycholsäure mit den Fettsäuren, studiert worden. Mit Ameisensäure tritt keine Vereinigung ein. Aber mit Essigsäure entsteht die Aceto-choleinsäure (Krystalleisessig-Verbindung der Desoxycholsäure) von der Zusammensetzung $C_{24}H_{40}O_4 + C_2H_4O_2$ und dem Schmelzp. 144—145°, die wegen ihrer geringen Löslichkeit häufig zur Isolierung und Reinigung der Desoxycholsäure benutzt wird. Die Propio-choleinsäure enthält auf 1 Mol. Fettsäure 3 Mol. Desoxycholsäure. Je höher man nun in der Reihe steigt, um so mehr Desoxycholsäure-Moleküle werden von je einem Fettsäure-Molekül gebunden; so enthalten die Palmitin- und die Stearin-choleinsäure die Komponenten im Verhältnis 1 : 8. Man darf daraus schließen, daß nicht die Carboxylgruppen, sondern die Methylen- bzw. Methylgruppen der Fettsäuren die chemische Energie zur Bindung der Desoxycholsäure-Moleküle hergeben. Trotz ihres außerordentlich hohen Molekulargewichts krystallisieren auch die höheren Glieder — z. B. Stearin-choleinsäure $8C_{24}H_{40}O_4 + C_{18}H_{36}O_2$ — ausgezeichnet.

[1] Heinr. Wieland, Sorge, H. **98**, 59 (1917). — Heinr. Wieland, Boersch, H. **110**, 147 (1920).

[2] Heinr. Wieland, Sorge H. **97**, 16 (1916).

[3] Heinr. Wieland, Boersch, H. **110**, 151 (1920).

[4] Boedecker, Volk, B. **55**, 2309 (1922).

[5] H. **97**, 1 (1916). — S. ferner Wieland, D.R.P. 317211 (C. **1920**, II, 447). Über therapeutische Verwendung der Verbindung mit Campher (Cadechol) s.: Boehm, C. **1920**, III, 425. — Nonnenbruch, C. **1920**, III, 425.

Solche höheren Glieder finden sich nun in den Gallen. Im Jahre 1885 hatte LATSCHINOFF in der Rindergalle eine bis dahin unbekannte Säure von der Cholsäure mit Hilfe ihres schwerlöslichen Bariumsalzes abgetrennt; er nannte sie Choleinsäure und gab ihr die Formel $C_{25}H_{42}O_4$. Später wurde LATSCHINOFFS Säure[1] von manchen Bearbeitern als ein Isomeres der Desoxycholsäure betrachtet, bis 1916 WIELAND und SORGE die endgültige Aufklärung in dem Sinne beibrachten, daß in den natürlichen Choleinsäure-Präparaten Additionsprodukte von (8 Mol.) Desoxycholsäure mit (1 Mol.) höherer Fettsäure (Palmitinsäure oder Stearinsäure bzw. Ölsäure) vorliegen. Sie erbrachten diesen Nachweis, indem sie aus „natürlicher Choleinsäure“ die Fettsäure abspalteten; dies gelingt z. B. durch Kochen der alkoholischen Lösung mit überschüssigem Natriumäthylat, wobei sich fettsaures Natrium gallertartig abscheidet (zum Nachweis natürlicher Choleinsäure geeignete Reaktion), oder durch Kochen mit Xylol oder Eisessig, worauf infolge von Verdrängung der Fettsäuren die „Xylol-choleinsäure“ oder die „Aceto-choleinsäure“ auskrystallisiert, während aus der Mutterlauge dann die Fettsäure isoliert werden kann. Andererseits konnten sie durch Zusammenbringen von Desoxycholsäure mit Palmitinsäure, Stearinsäure oder Ölsäure in heißem Alkohol „natürliche Choleinsäure“ synthetisieren. Die Stearin-choleinsäure schmilzt bei 186—187° und ist in Alkohol weit weniger löslich als die Desoxycholsäure, in kaltem Eisessig dagegen leicht löslich; die Palmitin-choleinsäure und die Olein-choleinsäure haben so ähnliche Eigenschaften, daß die frühere Auffassung der natürlichen Choleinsäure, die meist ein Gemisch von zwei oder drei dieser Säuren ist, als einheitlicher Verbindung verständlich wird. Bemerkenswert ist, daß Stearin-choleinsäure ein Bariumsalz liefert, das aus heißem verdünnten Alkohol schön krystallisiert, ohne in stearinsaures und desoxycholsaures Barium zu zerfallen.

Auch in einem menschlichen Darmstein ist Choleinsäure — und zwar als Hauptbestandteil — gefunden worden.

Aber das „Choleinsäure-Prinzip“ — d. h. die Fähigkeit zur Bildung beständiger Anlagerungs-Verbindungen — gilt nicht nur für das Verhalten der Desoxycholsäure gegenüber Verbindungen sauren Charakters, sondern auch gegenüber Kohlenwasserstoffen, Aldehyden, Ketonen, Cholesterin usw. So wurden eine Anzahl von „Choleinsäuren mit indifferenten Komponenten“ hergestellt. Es zeigte sich dabei, daß diejenigen mit riechender Komponente vollkommen ge-

[1] Vgl.: LATSCHINOFF, B. **18**, 3039 (1885); **19**, 1140 (1886); **20**, 1043, 1053 (1887). — MYLIUS, B. **19**, 374 (1886); **20**, 1069 (1887). — LASSAR-COHN, B. **26**, 146 (1893). H. **19**, 573 (1894). — VAHLEN, H. **21**, 270 (1895). — HAMMARSTEN, H. **36**, 555 (1902). — LANGHELD, B. **41**, 383 (1908). — PREGL, H. **65**, 158 (1910). — SCHRYVER, C. **1912**, II, 1296. — WIELAND, SORGE, H. **97**, 1, 12 (1916). — RAPER, C. **1921**, III, 859.

Über Ursocholeinsäure aus Eisbärengalle s. HAMMARSTEN, H. **36**, 545 (1902).

ruchlos sind. Sehr bemerkenswert ist nun der Umstand, daß viele „Choleinsäuren mit neutraler, wasserunlöslicher Komponente" in wäßriger Natronlauge oder Sodalösung klar löslich sind. Damit steht die wichtige Tatsache im Zusammenhang, daß eine wäßrige Lösung von desoxycholsaurem Natrium die Fähigkeit besitzt, Stoffe, die in Wasser so gut wie unlöslich sind — z. B. Naphthalin, Azobenzol, Campher — in Lösung zu bringen. In dieser Erscheinung erblickten WIELAND und SORGE einen Hinweis auf die Art und Weise, wie die Gallensäuren im Darm ihre physiologische Funktion ausüben (vgl. S. 233).

Wie S. 237 mitgeteilt wurde, entsteht „Choleinsäure" bei der Hydrolyse der Glykocholeinsäure und der Taurocholeinsäure. Man konnte daher erwarten, daß man, wenn man Desoxycholsäure in Form ihres Azids mit Glykokoll und mit Taurin nach Art der S. 235 erwähnten Synthesen von BONDI und E. MÜLLER kombiniert, zu gepaarten Säuren gelangen würde, welche das „Choleinsäure-Prinzip" zeigen. Allein die derart synthetisierten Säuren[1] — Glykodesoxycholsäure $HO_2C \cdot CH_2 \cdot NH \cdot CO \cdot C_{23}H_{39}O_2$ und Taurodesoxycholsäure $HO_3S \cdot CH_2 \cdot CH_2 \cdot NH \cdot CO \cdot C_{23}H_{39}O_2$ — kombinieren sich nicht mit Stearinsäure; dagegen nehmen die wäßrigen Lösungen ihrer Natriumsalze geringe Mengen von Naphthalin, Cholesterin und Chinin durch Schütteln auf.

Isomer mit der Desoxycholsäure ist die schon auf S. 237 genannte Hyodesoxycholsäure[2] $C_{24}H_{40}O_4$. Sie krystallisiert in Blättchen vom Schmelzp. 196—197° und bildet keine Choleinsäuren. Bei der Oxydation mit Chromsäure gibt sie Hyodehydrodesoxycholsäure $C_{24}H_{38}O_4$.

Während Cholsäure und Desoxycholsäure seit langer Zeit als Bestandteile der hydrolysierten Rindergalle bekannt sind, hat man in ihr eine dritte Säure, deren Molekül gleichfalls 24 C-Atome mit 40 H-Atomen vereinigt, aber nur drei O-Atome enthält, erst vor wenigen Jahren aufgefunden. Entdeckt wurde diese prachtvoll krystallisierende Säure $C_{24}H_{40}O_3$ in Rindergallensteinen 1911 von HANS FISCHER; daher erhielt sie den Namen **Lithocholsäure**[3]. Daß sie ein normaler Bestandteil der Rindergalle ist, erwiesen 1920 WIELAND und WEYLAND. Freilich tritt sie an Menge ganz außerordentlich gegen die beiden anderen Säuren zurück; denn während aus 100 kg Galle 5—6 kg Cholsäure und 600 bis 800 g Desoxycholsäure gewonnen wurden, ergab sich für Lithocholsäure eine Ausbeute von nur 1—2 g. Trotz dieses unbedeutenden Betrages besitzt die Gegenwart dieser Säure ein erhebliches Interesse, da sie durch ihren Sauerstoffgehalt als das niedrigste Glied der für die Galle charakteristischen Oxymonocarbonsäuren erscheint:

Lithocholsäure	$C_{24}H_{40}O_3$,	eine Monooxy-monocarbonsäure,	
Desoxycholsäure	$C_{24}H_{40}O_4$,	„ Dioxy-	„ ,
Cholsäure	$C_{24}H_{40}O_5$,	„ Trioxy-	„ .

[1] HEINRICH WIELAND, H. **106**, 181 (1919).

[2] WINDAUS, BOHNE, A. **433**, 278 (1923).

[3] H. FISCHER, H. **73**, 214, 234 (1911). — SCHRYVER, C. **1912**, II, 1297. — HEINRICH WIELAND, P. WEYLAND, H. **110**, 123 (1920). — BORSCHE, HALLWASS, B. **55**, 3324 (1922).

Im Hinblick hierauf verdient auch besondere Beachtung ein schöner künstlicher Übergang von der Cholsäure zur Lithocholsäure, der 1922 von BORSCHE und HALLWASS auf folgendem Wege (Näheres s. S. 251 bis 252) bewerkstelligt wurde:

$$\text{Cholsäure } C_{24}H_{40}O_5 \xrightarrow{\text{Oxydation}} \text{Dehydrocholsäure } C_{24}H_{34}O_5 \xrightarrow{\text{Reduktion}}$$

$$\text{Reduktodehydrocholsäure } C_{24}H_{36}O_5 \xrightarrow[\text{Semicarbazid}]{\text{Einw. von}} \text{Disemicarbazon der Redukto-}$$

$$\text{dehydrocholsäure } C_{24}H_{36}O_3(:N\cdot NH\cdot CO\cdot NH_2)_2 \xrightarrow[NaO\cdot C_2H_5]{\text{Einw. von}}$$

$$\text{Lithocholsäure } C_{24}H_{40}O_3\,. \qquad \text{(D)}$$

Lithocholsäure krystallisiert aus Alkohol in Blättchen vom Schmelzpunkt 184—186°, ist in Alkohol sehr leicht, in Eisessig schwer löslich und zeigt keine Neigung, sich mit den Lösungsmitteln zu Anlagerungsverbindungen zu vereinigen. In alkoholischer Lösung ist sie rechtsdrehend.

Zur Trennung von der Desoxycholsäure kann der Umstand benutzt werden, daß die Lithocholsäure eine geringere Acidität besitzt, daß daher eine ätherische Lösung, welche beide Säuren im Gemisch enthält, an Lauge zuerst überwiegend Desoxycholsäure abgibt.

Lithocholsäure gibt die Schwefelsäure-Fluorescenz-Reaktion, sowie die PETTENKOFERsche Reaktion (vgl. S. 233—234), aber keine Jod-Reaktion (vgl. S. 239).

Lithocholsäure ist durch Titration als einbasische Säure gekennzeichnet. Bei der Destillation im Vakuum liefert sie unter Abspaltung von $1\,H_2O$ die Cholensäure $C_{24}H_{38}O_2$ (s. S. 249).

Aus Menschengalle hat man außer Cholsäure und Choleinsäure eine Säure abgeschieden, welche **Fellinsäure**[1] genannt worden ist. Ihr wird die Formel $C_{23}H_{40}O_4$ oder $C_{23}H_{38}O_4$ zuerteilt; sie ist noch wenig untersucht.

Die früher den Gallensäuren mehrfach an die Seite gestellte **Lithofellinsäure**[2] $C_{20}H_{36}O_4$, welche neben „Lithobilinsäure" den Hauptbestandteil der sogenannten olivengrünen „orientalischen Bezoarsteine" — wahrscheinlich Darmkonkremente von Capra Aegagrus und Antilope Dorcas[3] — ausmacht, ist nach neueren Untersuchungen keine Gallensäure, sondern stammt vermutlich aus dem Futter der Tiere. Sie schmilzt bei 205—206°, dreht in Alkohol rechts, ist einbasisch und gibt die PETTENKOFERsche Reaktion (s. S. 234). In alkoholischer Lösung mit einigen Tropfen Salzsäure gekocht, geht sie in das Lithofellolacton $C_{20}H_{34}O_3$ über, das im Vakuum destilliert werden kann.

---

[1] O. SCHOTTEN, H. **11**, 268 (1887). — LASSAR-COHN, H. **19**, 566 (1894).

[2] GOEBEL, A. **39**, 237 (1841). — ETTLING, WILL, A. **39**, 242 (1841). — WÖHLER, A. **41**, 150 (1842). — MALAGUTI, SARZEAU, A. **44**, 289 (1842). — HOPPE-SEYLER, J. **1863**, 655. — ROSTER, B. **12**, 1925 (1879). — GRATTAROLA, J. **1880**, 831. — JÜNGER, KLAGES, B. **28**, 3045 (1895). — HANS FISCHER, B. **47**, 2728 (1914); **49**, 2413 (1916).

[3] Vgl. HAMMARSTEN, Lehrb. d. physiol. Chemie, 8. Aufl. (Wiesbaden 1914), S. 494.

Siebzehntes Kapitel.

Konstitution der nicht hydrolysierbaren Gallensäuren und Produkte ihrer Umwandlungen.

Als „spezifische Säuren der Rindergalle" sind im vorigen Kapitel drei Säuren hervorgetreten, die bei gleicher C- und H-Zahl sich nach steigender O-Zahl in eine Reihe einordnen lassen:

Lithocholsäure $C_{24}H_{40}O_3$ — Desoxycholsäure $C_{24}H_{40}O_4$ — Cholsäure $C_{24}H_{40}O_5$.

Daß diese Säuren als Oxy-monocarbonsäuren aufzufassen sind, ist bereits S. 241, 243 u. 245 begründet worden. Die Vermutung lag nahe, daß sie sich von einer und derselben Monocarbonsäure $C_{24}H_{40}O_2$ durch Eintritt von einem bzw. zwei oder drei Hydroxylen ableiten. Diese Vermutung ist in sehr schönen, seit 1912 veröffentlichten Untersuchungen von Heinrich Wieland und seinen Mitarbeitern als richtig erwiesen worden. Für die strukturelle Klarlegung der Gallensäuren wurde in ihnen ein weit größerer Fortschritt erzielt, als durch jahrzehntelange mühsame Bestrebungen älterer Autoren[1].

I. Rückführung der Gallensäuren auf Cholansäure; Zusammenhang mit dem Cholesterin.

Die Monocarbonsäure $C_{24}H_{40}O_2 = C_{23}H_{39}\cdot CO_2H$, welche jenen drei Gallensäuren zugrunde liegt, führt jetzt — nachdem sie vorübergehend „Cholancarbonsäure" genannt wurde — den Namen[2] **Cholansäure**[3]. Wieland[4] gelangte zu ihr von jeder der drei Säuren, indem er aus ihnen zunächst durch Destillation im Vakuum (vgl. S. 240, 243, 246) die alkoholischen Hydroxyle als Wasser abspaltete:

$C_{23}H_{38}(OH)\cdot CO_2H$ (Lithocholsäure) $- H_2O = C_{23}H_{37}\cdot CO_2H$ (Cholensäure), (A)

$C_{23}H_{37}(OH)_2\cdot CO_2H$ (Desoxycholsäure) $- 2H_2O = C_{23}H_{35}\cdot CO_2H$ (Choladiensäure), (B)

$C_{23}H_{36}(OH)_3\cdot CO_2H$ (Cholsäure) $- 3H_2O = C_{23}H_{33}\cdot CO_2H$ (Cholatriensäure) (C)

[1] Frühere Erörterungen über die Struktur der Cholsäure usw. vgl. z. B. bei: Mylius, B. **20**, 1986 (1887). — Pregl, H. **65**, 167 (1910).
Eine Zusammenfassung über „Methoden der Abbau- und Aufbaustudien auf dem Gebiete der Gallensäuren" gab Borsche in Abderhaldens Handb. d. biologischen Arbeitsmethoden, Abt. I, Tl. 6, Heft 1 (Berlin u. Wien, 1922), S. 249—284.

[2] Vgl.: Wieland, Weil, H. **80**, 290 (1912). — Wieland, Boersch, H. **106**, 193 (1919).

[3] Nicht zu verwechseln mit der in der älteren Literatur als „Cholansäure" bezeichneten Säure, die jetzt Desoxybiliansäure (s. S. 254) genannt wird.

[4] Wieland, Weil, H. **80**, 296 (1912). — Wieland, Sorge, H. **98**, 63 (1916). — Wieland, Weyland, H. **110**, 138 (1920).

und die auf diese Weise gebildeten ungesättigten Säuren (s. S. 249) katalytisch hydrierte. In jedem Falle wurde eine und dieselbe gesättigte Monocarbonsäure $C_{23}H_{39}\cdot CO_2H$ erhalten; diese kann man, wie BORSCHE später zugleich mit WIELAND fand, in bequemerer Weise darstellen, wenn man die aus der Cholsäure durch Oxydation entstehende „Dehydrocholsäure“ (s. S. 241, 251) $C_{24}H_{34}O_5$ — die der Cholsäure entsprechende Triketosäure — der Reduktion nach dem Verfahren von CLEMMENSEN (Kochen mit amalgamiertem Zink und konz. Salzsäure in Eisessig) unterwirft, wobei ihre drei CO-Gruppen in CH_2-Gruppen übergehen[1]. Von größtem theoretischen Interesse aber wurde die schon S. 209 erwähnte, 1919 von WINDAUS und NEUKIRCHEN[2] aufgefundene Bildung der Cholansäure bei der Oxydation des Pseudocholestans $C_{27}H_{48}$ (s. Formel 1 auf S. 210). Denn durch sie wurde eine weitgehende strukturelle Beziehung zum Cholesterin nachgewiesen, und alle Schlüsse, zu denen WINDAUS für die Struktur der Cholestan-Körper gelangt war, konnten nun auf die Gallensäuren übertragen werden[3]. Der Cholansäure darf mithin die Strukturformel I (s. u.) beigelegt werden, da man annehmen darf, daß der bei Oxydation des Pseudocholestans abgetrennte

I) 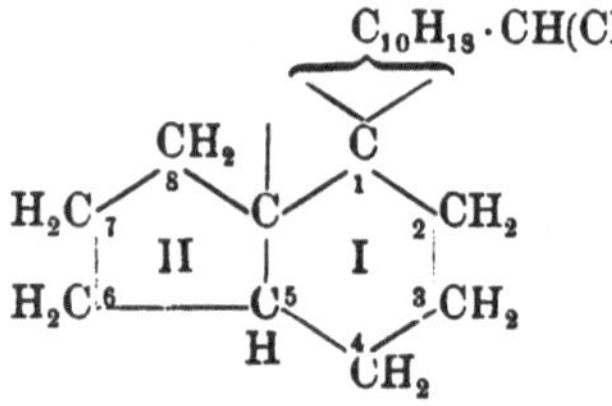

(Cholansäure)

II) 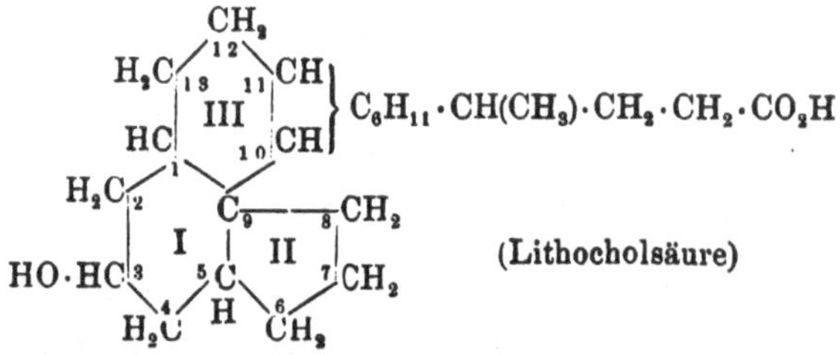

(Lithocholsäure)

C_3-Komplex die Isopropylgruppe der Seitenkette ist (vgl. dazu S. 206). Demnach enthalten die Gallensäuren den gleichen tetracyclischen Kern (vgl. S. 199ff.), wie das Cholesterin.

Cholansäure krystallisiert aus Alkohol in Spießen, schmilzt bei 164° und zeigt in 6·5%iger Chloroformlösung $[\alpha]_D^{20} = + 20{\cdot}3°$. Sie ist in konz. Schwefelsäure schwer löslich und gibt darin keine Färbung, auch nicht bei Gegenwart von Essigsäureanhydrid. Ihr Äthylester $C_{23}H_{39}\cdot CO\cdot OC_2H_5$ schmilzt bei 93° und siedet unter 12 mm Druck bei 273°.

[1] BORSCHE, B. **52**, 1356, 1364 (1919). — WIELAND, BOERSCH, H. **106**, 195 1919). — S. ferner BORSCHE, HALLWASS, B. **55**, 3326 (1922).

[2] B. **52**, 1915 (1919).

[3] Vgl. dazu WIELAND, H. **108**, 312 (1920).

Eine mit Cholansäure stereoisomere Säure, die Hyocholansäure[1] $C_{24}H_{40}O_2$, wurde von WINDAUS und BOHNE durch Reduktion der Hyodehydrodesoxycholsäure $C_{24}H_{36}O_4$ (S. 245) nach CLEMMENSEN erhalten. Sie krystallisiert in Blättchen vom Schmelzp. 162° und ist identisch mit einer von WINDAUS und NEUKIRCHEN[2] aus Cholestan erhaltenen Säure $C_{24}H_{40}O_2$ (S. 209).

Von den ungesättigten Monocarbonsäuren, die nach den Gleichungen A, B und C auf S. 247 entstehen, schmilzt die **Cholensäure**[3] $C_{24}H_{38}O_2$ bei 153 bis 154°; ihr Natriumsalz ist so schwer löslich, daß sie — wie dies auch bei der Choladiensäure und der Cholatriensäure der Fall ist — selbst in der Wärme weder in Sodalösung noch in verdünnte Natronlauge geht. In Essigsäureanhydrid gibt sie beim Hinzusetzen eines Tropfens konz. Schwefelsäure eine intensive Farbenreaktion: erst gelb, dann rosa und bald rotviolett, nach $^1/_2$ Stunde dunkel olivgrün (vgl. S. 189b die Cholesterin-Reaktion von LIEBERMANN und BURCHARD). — Auch die aus Desoxycholsäure nach Gleichung B entstehende **β-Choladiensäure**[4] $C_{24}H_{36}O_2$ — Schmelzp. 132—133° — gibt eine solche Farbenreaktion, ebenso die aus Cholsäure nach Gleichung C gebildete **Cholatriensäure**[5] $C_{23}H_{34}O_2$, die über 140° erweicht und bei 163—164° schmilzt.

Im Anschluß daran seien die ungesättigten Oxy-monocarbonsäuren[6] erwähnt (Dioxycholensäuren), die aus Cholsäure durch partielle Wasserabspaltung entstehen (vgl. S. 240). Die als Hauptprodukt gebildete **Apocholsäure** $C_{24}H_{38}O_4 = C_{23}H_{35}(OH)_2 \cdot CO_2H$ schmilzt bei 173—174° und ist durch eine außerordentliche Ähnlichkeit mit der Desoxycholsäure (S. 242) ausgezeichnet, die sich darin zeigt, daß sie die Eigenschaft besitzt, mit Kohlenwasserstoffen, Alkoholen, Ketonen usw. zu Additionsprodukten zusammenzutreten. Die in viel geringerer Menge entstehende, bei 259—260° schmelzende, isomere **Dioxycholensäure** besitzt dagegen diese Fähigkeit zur Bildung von Analogen der „Choleinsäuren" (s. S. 243ff.) nicht; sie läßt sich glatt zu Desoxycholsäure hydrieren (s. S. 242, Gleichung C).

II. Die Hydroxyl-Stellung der Gallensäuren.

Nachdem die drei Gallensäuren als Hydroxyl-Derivate einer und derselben Cholansäure (Formel I auf S. 248) erkannt worden sind, ergibt sich als nächstes Problem, in den einzelnen Säuren den Hydroxylen ihre Stellungen zuzuweisen.

Zunächst läßt sich sagen, daß die hydroxylreichste Säure — die Cholsäure — in ihrem Molekül die Hydroxylstellungen der beiden anderen Säuren mit einschließt, d. h. daß sie sowohl als monohydroxylierte Desoxycholsäure, wie auch als dihydroxylierte Lithocholsäure angesprochen werden darf. Es ergibt sich dies aus den schon

---

[1] WINDAUS, BOHNE, A. **433**, 279 (1923).

[2] B. **52**, 1915 (1919).

[3] WIELAND, WEYLAND, H. **110**, 136 (1920).

[4] WIELAND, SORGE, H. **98**, 62 (1917). — Eine isomere, höher schmelzende Säure — **α-Choladiensäure** — entsteht durch partielle Reduktion der Cholatriensäure, s.: WIELAND, WEIL, H. **80**, 295 (1912).

[5] WIELAND, WEIL, H. **80**, 292 (1912).

[6] BOEDEKER, B. **53**, 1852 (1920). — BOEDEKER, VOLK, B. **54**, 2489 (1921); **55**, 2302 (1922). — RIEDEL, D.R.P. 334553 (C. **1921**, II, 1020); 338736, 339350 (C. **1921**, IV, 1226, 1227).

mitgeteilten Übergängen[1] von der Cholsäure zur Desoxycholsäure (S. 242, Gleichung C) und zur Lithocholsäure (S. 246, Gleichung D).

Sodann ist die Feststellung wichtig, daß alle drei Hydroxyle der Cholsäure sekundär gebunden sind[2]. Hieraus muß man daraus schließen, daß in der aus Cholsäure $C_{24}H_{40}O_5$ durch Oxydation entstehenden, um 6 H-Atome ärmeren Dehydrocholsäure $C_{24}H_{34}O_5$ (s. S. 251) durch Trioxim-Bildung drei Carbonyl-Gruppen nachweisbar sind, von denen aber keine die Reaktionen einer Aldehyd-Gruppe zeigt, daß also die Dehydrocholsäure, wie zuerst Schenck vorschlug, als Triketocholansäure aufgefaßt werden muß.

Endlich läßt sich für die Desoxycholsäure mit Sicherheit behaupten, daß ihre beiden CH(OH)< Gruppen cyclisch gebunden sind, und zwar jede von ihnen in einem anderen Ringe benachbart einem Methylen. Denn diese Dioxycholansäure $C_{24}H_{40}O_4$ wird durch Salpetersäure zu einer Pentacarbonsäure der gleichen C-Zahl $C_{24}H_{36}O_{10}$ (Choloidansäure, s. S. 257) oxydiert[3], — ein Vorgang der offenbar nur möglich ist, wenn an zwei in zwei verschiedenen Ringen befindlichen Stellen im Sinne von:

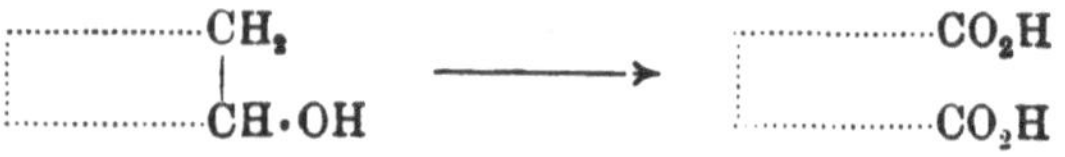

Ringsprengung erfolgt.

Für das dritte Hydroxyl, das in der Cholsäure enthalten ist, nicht aber in der Desoxycholsäure, hat Wieland gleichfalls cyclische Bindung sehr wahrscheinlich gemacht. Er gelangt für die drei Gallensäuren zu

III)

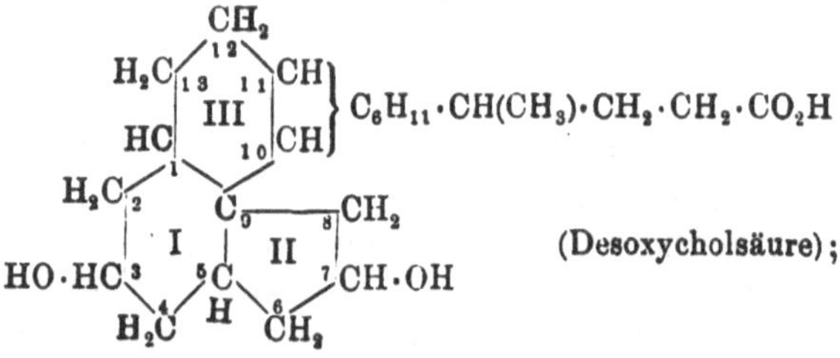

(Desoxycholsäure);

IV)

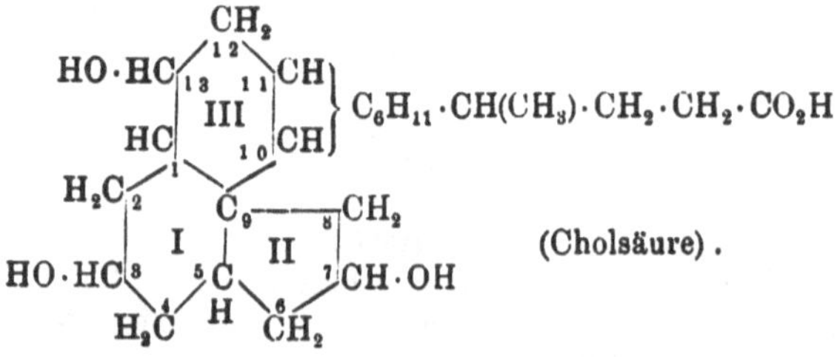

(Cholsäure).

[1] Boedeker, Volk, B. **55**, 2303 (1922). — Borsche, Hallwass, B. **55**, 3325 (1922). — Einen indirekteren Beweis s. bei Borsche, Rosenkranz, B. **52**, 342 (1919).

[2] Vgl. dazu: Schenck, H. **87**, 71 (1913). — Borsche, B. **52**, 1353 (1919).

[3] Vgl.: Wieland, H. **108**, 306 (1919).

den Formeln II, III und IV (S. 248, 250). Seine Schlußfolgerungen[1] stützen sich besonders auf das Verhalten der aus den Gallensäuren durch oxydative Veränderungen hervorgehenden Säuren; sie im einzelnen darzulegen, mangelt es hier an Raum.

III. Keto- und Oxyketo-Derivate der Cholansäure.

Schon S. 240 bei der Beschreibung der Cholsäure ist erwähnt worden, daß man ihrer Oxydation — namentlich in früherer Zeit — besondere Aufmerksamkeit zugewandt hat. In neuerer Zeit hat man die Veränderungen, welche sie und die beiden anderen Gallensäuren bei der Oxydation erleiden, weiter verfolgt und ist über die Natur der Produkte zu größerer Klarheit gelangt.

Die einfachste oxydative Veränderung besteht darin, daß die alkoholischen Gruppen >CH·OH in Carbonyl-Gruppen >CO übergeführt werden. Hierbei tritt also weder C-Abspaltung noch Ringsprengung ein. Das tetracyclische C_{24}-Gerüst bleibt als solches bestehen, und man gelangt von den Oxy-Derivaten zu Keto-Derivaten der Cholansäure. So entsteht

aus	Lithocholsäure	eine	Monoketocholansäure (Dehydro-lithocholsäure),
„	Desoxycholsäure	„	Diketocholansäure (Dehydro-desoxycholsäure),
„	Cholsäure	„	Triketocholansäure (Dehydro-cholsäure).

Man bewirkt diese Art der Oxydation durch Chromsäure in Eisessig.

Dehydro-lithocholsäure[2] $C_{24}H_{38}O_3$ schmilzt bei 140—141°. — **α-Dehydro-[desoxycholsäure]**[3] $C_{24}H_{36}O_4$ — aus Desoxycholsäure — schmilzt bei 188—189°.

Am längsten bekannt und am eingehendsten untersucht ist unter diesen Ketosäuren die aus der Cholsäure entstehende **Dehydrocholsäure**[4]

[1] Vgl. besonders: Wieland, H. **108**, 311 ff. (1920). — Wieland, Weyland, H. **110**, 125 ff. (1920). — Wieland, Schlichting, H. **119**, 91 (1922). — Wieland, Adickes, H. **120**, 232 (1922). — Wieland, Schlichting, H. **123**, 213 (1922). — Wieland, Fukelman, H. **130**, 144 (1923). — Wieland, Honold, Pascual-Vila, H. **130**, 326 (1923). — Wieland, H. **134**, 140, 149 (1924).

[2] Wieland, Weyland, H. **110**, 135 (1920). — Über eine isomere Ketocholansäure s. Wieland, Boersch, H. **106**, 198 (1919).

[3] Vgl.: Latschinoff, B. **18**, 3046 (1885); **20**, 1044 (1887). — Pregl, H. **65**, 159 (1910). — Wieland, Sorge, H. **97**, 18 (1916).

Über eine isomere Diketocholansäure — β-Dehydro-[desoxycholsäure] oder Dehydro-[isodesoxycholsäure] —, die durch partielle Reduktion von Dehydrocholsäure entsteht, s. Borsche, Rosenkranz, B. **52**, 343 (1919). — Borsche, B. **52**, 1353, 1357, 1363 (1919). — Wieland, Boersch, H. **106**, 194 (1919).

[4] Hammarsten, B. **14**, 71 (1881). — Latschinoff, B. **18**, 3045 (1885). — Mylius, B. **19**, 2005 (1886); **20**, 1980 (1887). — Lassar-Cohn, H. **16**, 493 (1892). B. **32**, 683 (1899). — Bulnheim, H. **25**, 310 (1898). — Schenck, H. **63**, 308 (1909); **69**, 383 (1910); **89**, 362 (1914). — Jansen, H. **82**, 326 (1912). — Borsche, B. **52**, 1353 (1919). — Wieland, Boersch, H. **106**, 190 (1919).

$C_{24}H_{34}O_5$ (vgl. dazu S. 249—250). Sie schmilzt bei 236—237°, ist in Wasser sehr schwer, in warmem Alkohol leicht löslich und zeigt nicht die PETTENKOFERsche Reaktion. Mit Hydroxylamin bildet sie ein Trioxim $C_{24}H_{34}(:N\cdot OH)_3O_2$. Hervorzuheben ist ihr Verhalten bei der Reduktion. Wenn man sie mit amalgamiertem Zink und rauchender Salzsäure in Eisessig nur etwa $^1/_2$ Stunde kocht, wird nur eines ihrer Carbonyle zu Methylen reduziert, und es entsteht eine Diketocholansäure $C_{24}H_{36}O_4$, welche verschieden ist von dem isomeren Oxydationsprodukt der Desoxycholsäure (s. S. 251, Fußnote 3); bei 2—3-stündigem Kochen aber werden alle drei Carbonyle zu Methylen reduziert, wobei in guter Ausbeute Cholansäure gebildet wird (s. S. 248).

Die mildeste Reduktion der Dehydrocholsäure aber besteht darin, daß nur eines ihrer Carbonyle zwei Wasserstoffatome addiert, die Triketosäure also in eine Oxydiketosäure $C_{24}H_{36}O_5 = C_{23}H_{34}O_2(OH)\cdot CO_2H$ verwandelt wird. Das Erzeugnis dieses Vorgangs, welcher sich z. B. bei der elektrolytischen Reduktion oder bei der katalytischen Hydrierung in Eisessig abspielt, wird **Redukto-dehydrocholsäure**[1] genannt. Diese Säure schmilzt wasserfrei bei 186—187° und ist als Diketosäure durch Bildung eines Dioxims, wie eines Disemicarbazons gekennzeichnet. In ihrem Disemicarbazon können die beiden Gruppen $>C:N\cdot NH\cdot CO\cdot NH_2$ durch eintägiges Erhitzen mit Natriumäthylat-Lösung auf etwa 180° zu Methylen $>CH_2$ reduziert werden (vgl. dazu Bd. II, Tl. III, S. 162, Textzeile 4—1 v. u.), wodurch Lithocholsäure entsteht. Auf den dadurch vermittelten wichtigen Übergang von der Cholsäure zu Lithocholsäure ist schon S. 246 (Formelreihe D) hingewiesen worden.

IV. Produkte der ohne C-Verlust verlaufenden oxydativen Ringsprengung.

In den Umwandlungsprodukten der Gallensäuren, die in den vorangehenden Abschnitten besprochen wurden, ist der tetracyclische Kern der Gallensäure selbst noch unverändert enthalten. Man kann dies in den Formeln der einzelnen Verbindungen ausdrücken, indem man ihnen das Zeichen „4R" vorsetzt, also z. B. die Dehydrocholsäure durch die Formel $4R-C_{24}H_{34}O_5$ als tetracyclisch kennzeichnen[2].

Wir kommen nun zu oxydativen Veränderungen, bei welchen die Gallensäuren selbst oder ihre noch tetracyclischen Umwandlungsprodukte — ohne daß Kohlenstoff abgespalten wird — eine Ringsprengung erleiden, zunächst also *tricyclische* Verbindungen ($3R-C_{24}$-Verbindungen) entstehen. In diesem Sinne haben bei den neueren Arbeiten der Gallensäure-Chemie mehrere schon seit älterer Zeit viel untersuchte Oxydations-

[1] SCHENCK, H. **63**, 308 (1909); **69**, 383 (1910). — BORSCHE, HALLWASS, B. **55**, 3318, 3325, 3326 (1922).

[2] Vgl. dazu: WIELAND, KULENKAMPFF, H. **108**, 298 Anm. (1922). — BORSCHE, HALLWASS, B. **55**, 3324 Anm. (1922).

produkte ihre strukturelle Deutung erfahren. Unter ihnen ist am bekanntesten eine aus der Cholsäure bei der Oxydation mit Kaliumpermanganat in alkalischer Lösung reichlich entstehende Säure $C_{24}H_{34}O_8$, welche von ihrem Entdecker CLÈVE[1] den Namen „Biliansäure" erhalten hat. An diesen Namen sind dann die Benennungen der aus den anderen beiden Gallensäuren in ähnlicher Weise gebildeten Säuren angelehnt worden.

Noch glatter als aus Cholsäure entsteht die Biliansäure aus Dehydrocholsäure. Nun lassen sich in ihr drei Carboxyle und zwei Ketoncarbonyle nachweisen. Zieht man dies in Betracht und vergleicht ihre Bruttoformel $C_{24}H_{34}O_8$ mit derjenigen der Dehydrocholsäure, so erscheint ihre Bildung nur derart erklärlich, daß man annimmt, an einer der cyclisch gebundenen Carbonyl-Gruppen erfolge die Aufspaltung:

während die beiden anderen Carbonyle der Dehydrocholsäure und ihr Carboxyl unberührt bleiben.

Hinzugefügt werden muß noch, daß außer Biliansäure bei der Oxydation von Cholsäure als Nebenprodukt eine isomere Diketotricarbonsäure — Isobiliansäure — gebildet wird, die durch Aufsprengung des gleichen Ringes der Cholsäure an anderer Stelle entstanden ist[2].

Das Verhalten der drei Gallensäuren erhellt aus folgender Zusammenstellung:

Lithocholsäure	gibt eine	Tricarbonsäure	$3_{t}R—C_{24}H_{38}O_6$ (Lithobiliansäure),
Desoxycholsäure	„ zwei	Monoketo-tricarbonsäuren	$3R—C_{24}H_{36}O_7$ (Desoxybiliansäure und Isodesoxybiliansäure),
Cholsäure	„ zwei	Diketo-tricarbonsäuren	$3R—C_{24}H_{34}O_8$ (Biliansäure und Isobiliansäure).

In allen derart entstandenen Tricarbonsäuren entstammen zwei Carboxyle je einem Ring, der in der zum Ausgang gewählten Gallensäure ein Hydroxyl trug. Aus ihrem Verhalten beim Erhitzen mit Essigsäureanhydrid[3] — Bildung eines Säureanhydrids ohne CO_2-Verlust oder Bildung eines cyclischen Ketons unter Abspaltung von $CO_2 + H_2O$ — läßt sich nun, wie dies WINDAUS in der Cholesterin-Reihe ausgeführt hat (vgl. S. 203ff.), ein Schluß auf den Abstand zweier Carboxyle und damit auf die Weite des ursprünglichen Ringes ziehen.

Lithobiliansäure[4] $3R—C_{24}H_{38}O_6$ (Schmelzp. 279°) ist aus Lithocholsäure durch

[1] Bl. [2] **35**, 379 (1881).
[2] Vgl. dazu: WIELAND, H. **108**, 314 (1920).
[3] Über eine Vereinfachung des Verfahrens durch Anwendung des Hochvakuums und ohne Zusatz von Essigsäureanhydrid — „thermische Zersetzung" — s. WIELAND, KULENKAMPFF, H. **108**, 296 (1920).
[4] WIELAND, WEYLAND, H. **110**, 139 (1920). — BORSCHE, HALLWASS, B. **55**, 3325, 3328 (1922).

Oxydation mit warmer Salpetersäure bereitet worden. Sie verliert beim Erhitzen CO_2 und H_2O, um in Brenz-lithobiliansäure $C_{23}H_{36}O_3$ überzugehen. Dies spricht dafür, daß zwei ihrer Carboxyle die 1·6-Stellung zueinander innehaben, daß also das Hydroxyl der Lithocholsäure in einem Sechsring gebunden ist (vgl. Formel II auf S. 248). Lithobiliansäure ist die Tricarbonsäure $C_{21}H_{35}(CO_2H)_3$, welche den Ketotricarbonsäuren Desoxybiliansäure und Biliansäure zugrunde liegt. Dies bewiesen Borsche und Hallwass, indem sie sowohl das Monosemicarbazon der Desoxybiliansäure wie das Disemicarbazon der Biliansäure durch Erhitzen mit Natriumäthylat in Lithobiliansäure überführten (vgl. S. 252 die analoge Überführung von Redukto-dehydrocholsäure in Lithocholsäure). Man kann also auch z. B. von der Cholsäure zur Lithobiliansäure gelangen:

$$\text{Cholsäure} \xrightarrow{\text{Oxydat.}} \text{Biliansäure} \xrightarrow[\text{carbazid}]{\text{Semi-}} \text{Biliansäure-disemicarbazon} \xrightarrow{NaOC_2H_5} \text{Lithobiliansäure.} \qquad \text{(D)}$$

Auf Grund dieser Beziehungen kann man der Lithobiliansäure gegenwärtig Formel V zuerteilen. — In analoger Weise ist **Iso-lithobiliansäure**[1] (Schmelzp. 261°) aus Isobiliansäure bereitet worden. Daß diese Säure bei der Oxydation der Lithocholsäure nicht beobachtet wurde, kann nicht befremden, da der Oxydationsversuch an einer sehr geringen Materialmenge ausgeführt werden mußte (vgl. S. 245).

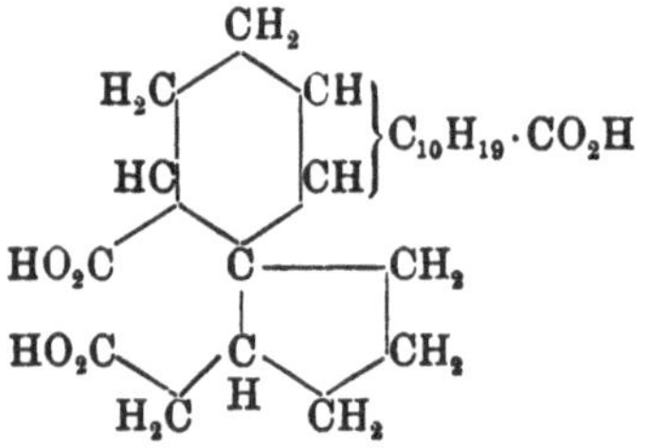

V)
Lithobiliansäure

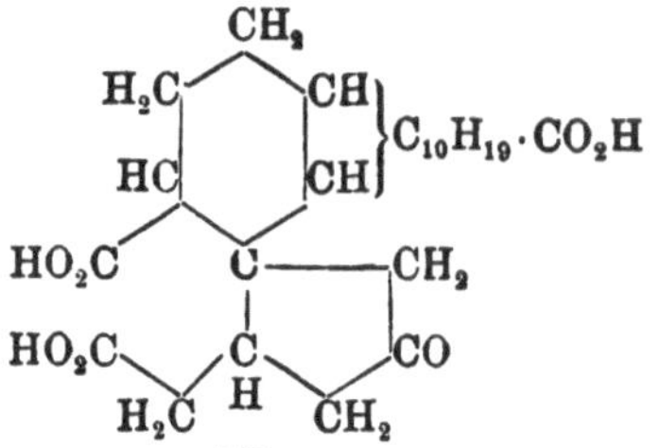

VI)
Desoxybiliansäure

Desoxybiliansäure[2] 3R—$C_{24}H_{36}O_7$ (Formel VI), in der älteren Literatur „Cholansäure" genannt (vgl. S. 247 Anm. 3), wird aus Desoxycholsäure (S. 242) durch Einwirkung von kalter rauchender Salpetersäure in ausgezeichneter Ausbeute neben etwas Isodesoxybiliansäure (S. 255) gewonnen. Sie schmilzt bei 293—295°, ist in kaltem Wasser fast unlöslich (1:23000), auch in heißem kaum löslich (1:4150) und gibt nicht die Pettenkofersche Reaktion (s. S. 234). Als Monoketotricarbonsäure ist sie durch Bildung eines Monoxims $C_{24}H_{36}(:N\cdot OH)O_6$ und von Trialkylestern gekennzeichnet. Sie entsteht auch reichlich aus Biliansäure (s. u.) bei der Reduktion mit amalgamiertem Zink in einem Gemisch von Eisessig und rauchender Salzsäure. Durch Salpetersäure wird sie zu Choloidansäure (S. 256) und Pseudo-

---

[1] Borsche, C. **1921**, III, 174. — Borsche, Hallwass, B. **55**, 3325, 3329 (1922).

[2] Tappeiner, A. **194**, 231 (1878). — Cléve, Bl. [2] **35**, 432 (1881); **38**, 133 (1882). — Kutscheroff, B. **14**, 1492 (1881). Latschinoff, B. **15**, 713 (1882); **18**, 3045 (1885); **19**, 474, 1522 (1886). — Bulnheim, H. **25**, 311 (1898). — Pregl, M. **24**, 49 (1903). — Schenck, H. **69**, 388 (1910); **104**, 288 (1910). — Wieland, H. **106**, 194 (1919). — Borsche, Rosenkranz, B. **52**, 342 (1919). — Wieland, Kulenkampff, H. **108**, 295 (1920).

choloidansäure (S. 257) oxydiert. — **Iso-desoxybiliansäure**[1] — früher Isocholansäure genannt — bildet sich aus Isobiliansäure durch Reduktion nach CLEMMENSEN. Sie schmilzt bei 247—248° und ist löslicher als die Desoxybiliansäure.

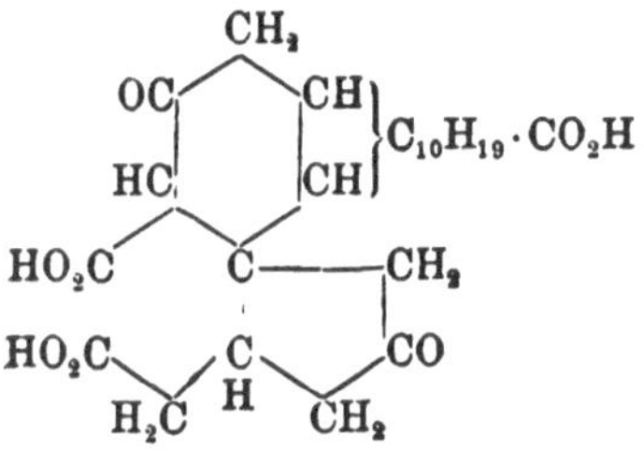

VII)
Biliansäure

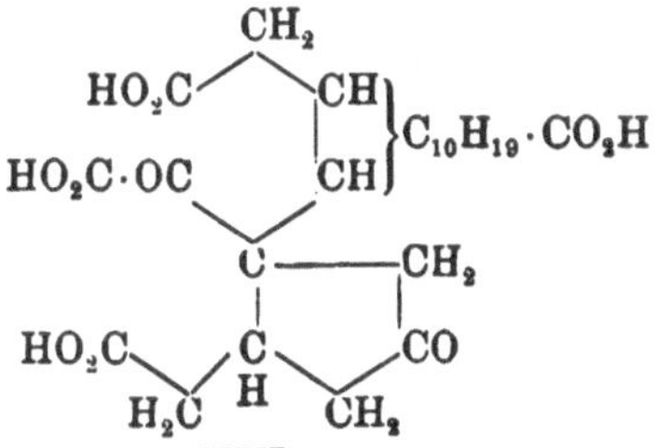

VIII)
Ciliansäure

Biliansäure[2] 3R—$C_{24}H_{34}O_8$ (Formel VII) wird am besten durch Kaliumpermanganat aus Cholsäure gewonnen. Sie schmilzt bei 274—275° und ist zwar auch sehr schwer löslich in kaltem Wasser, aber erheblich leichter als Desoxybiliansäure (s. o.); in Alkohol ist sie leicht löslich. Sie gibt nicht die PETTENKOFERsche Reaktion. Als Diketotricarbonsäure bildet sie ein Dioxim und titriert sich dreibasisch. — **Isobiliansäure**[3] — das Nebenprodukt bei der Oxydation der Cholsäure — schmilzt bei 244—245° und entspricht der Formel VIIa.

VIIa)

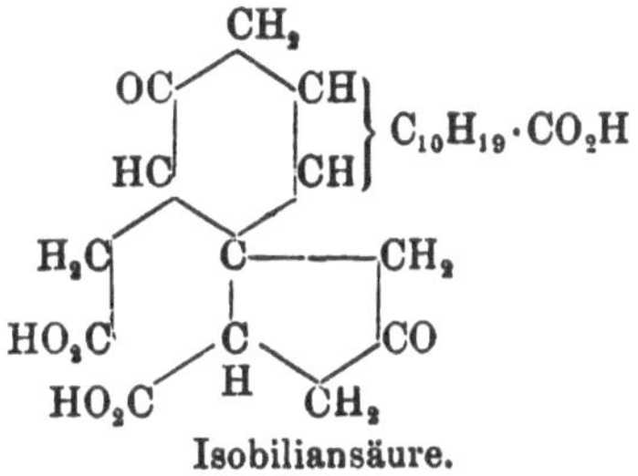

Isobiliansäure.

Von der tricyclischen Biliansäure kommt man durch weitere Oxydation mit Kaliumpermanganat in kochender, stark alkalischer Lösung zu einer Säure, welche von ihrem Entdecker LASSAR-COHN „Ciliansäure"

[1] LATSCHINOFF, B. **15**, 713 (1882); **19**, 1529 (1886). — BORSCHE, ROSENKRANZ, B. **52**, 344 (1919). — WIELAND, KULENKAMPFF, H. **108**, 299, 304 (1920). — WIELAND, H. **108**, 314 (1920). — WIELAND, ADICKES, H. **120**, 232 (1922).

[2] CLÈVE, Bl. [2] **35**, 373, 429 (1881); [2] **38**, 136 (1882). — LATSCHINOFF, B. **19**, 480 (1886). — MYLIUS, B. **20**, 1981 (1887). — BULNHEIM, H. **25**, 304ff. (1898). — PREGL, C. **1898**, II, 495. M. **24**, 48, 51 (1903). — LASSAR-COHN, B. **32**, 683 (1899). — v. FÜRTH, JERUSALEM, Bio. Z. **20**, 375 (1909). — v. FÜRTH, LENK, Bio. Z. **26**, 406 (1910). — SCHENCK, H. **89**, 364 (1914); **104**, 285 (1919). — BORSCHE, ROSENKRANZ, B. **52**, 344 (1919). — SCHENCK, H. **110**, 167 (1920). — WIELAND, SCHLICHTING, H. **123**, 216 (1922).

[3] LATSCHINOFF, B. **19**, 1530 (1886). — MYLIUS, B. **20**, 1986 (1887). — LASSAR-COHN, B. **32**, 684 (1899). — PREGL, M. **24**, 53 (1903). — BORSCHE, ROSENKRANZ, B. **52**, 344 (1919). — WIELAND, H. **108**, 314 (1920). — BORSCHE, C. **1921**, III, 174. — BORSCHE, HALLWASS, B. **55**, 3329 (1922).

genannt worden ist, nach neueren Untersuchungen noch die gesamte C-Zahl der Gallensäuren aufweist und als Diketotetracarbonsäure $C_{24}H_{34}O_{10}$ aufzufassen ist. Man kann ihre Bildung kaum anders deuten, als durch die Annahme, daß ein ringförmig gebundenes Carbonyl der Biliansäure oxydativ von einem tertiären C-Atom des gleichen Rings sich getrennt hat, wobei es selbst in Carboxyl, das tertiäre Nachbaratom aber in Carbonyl übergegangen ist:

Danach erscheint also die Ciliansäure als *bicyclische* Verbindung der Formel VIII (S. 255).

Ciliansäure[1] $2R—C_{24}H_{34}O_{10}$ ist sehr krystallisationsfähig, schmilzt bei 242° unter stürmischem Aufschäumen und löst sich sehr leicht in Alkohol. Sie bildet mit Hydroxylamin ein Monoxim. Durch warme Salpetersäure wird sie zu Ciloidansäure (s. S. 257) oxydiert.

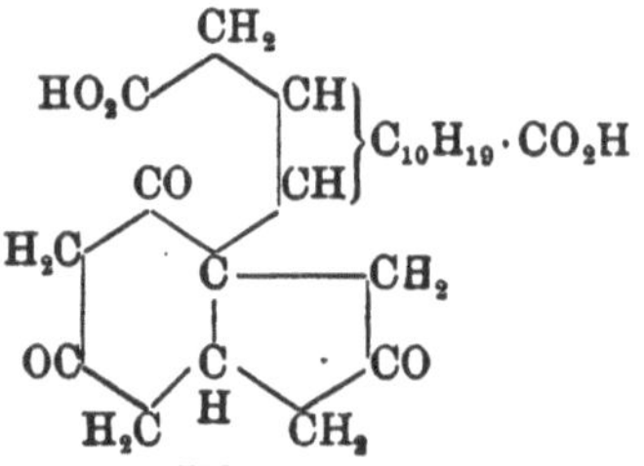

IX)
Biliobansäure

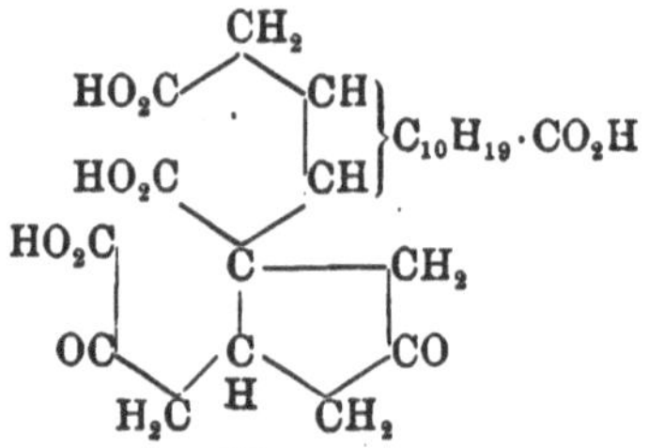

X)
Isociliansäure

Einer analogen Reaktionsfolge verdankt die Biliobansäure $3R—C_{24}H_{34}O_7$ ihre Entstehung. Sie bildet sich unter Öffnung des Ringes III beim direkten Abbau der Cholsäure mit Brom in alkalischer Lösung[2], schmilzt bei 303° und ist eine zweibasische Säure, der man die Formel IX zuerteilt[3]. Wider Erwarten gibt sie bei der Oxydation mit Salpetersäure nicht Ciliansäure, sondern die vierbasische Isociliansäure $2R—C_{24}H_{34}O_{10}$ vom Schmelzp. 316—317°, die auch durch Abbau von Cholsäure mit rauchender Salpetersäure neben Biloidansäure (S. 259) erhalten worden ist. Für die Isociliansäure wird Formel X in Betracht gezogen.

Ein weiteres, außerordentlich wichtiges bicyclisches Ringsprengungsprodukt mit 24 C-Atomen ist die bereits S. 254 genannte „Choloidansäure". Ihr ist man schon in den ältesten Arbeiten über die Oxydation

[1] Lassar-Cohn, B. **32**, 684 (1899). — Pregl, M. **24**, 57 (1903). — v. Fürth, Lenk, Bio. Z. **26**, 412 (1910). — Schenck, H. **87**, 59 (1913); **107**, 152 (1919). — Wieland, Schlichting, H. **119**, 93 (1922); **120**, 228 (1922); **123**, 216 (1922).

[2] Pringsheim, B. **48**, 1324 (1915).

[3] Wieland, Fukelman, H. **130**, 145 (1923).

der Gallensäuren mit Salpetersäure begegnet. Aber erst 1919 hat WIELAND ihre Herkunft und Zusammensetzung aufgeklärt. Während man sie früher als ein Oxydationsprodukt der Cholsäure angesehen und ihr meist Formeln mit weniger als 24 C-Atomen beigelegt hat, zeigte WIELAND, daß aus reiner Cholsäure keine Spur Choloidansäure entsteht, daß diese vielmehr aus Desoxycholsäure (S. 242) hervorgeht, noch die volle C-Zahl der Desoxycholsäure aufweist und den Charakter einer Pentacarbonsäure $C_{24}H_{36}O_{10}$ (Formel XI) besitzt.

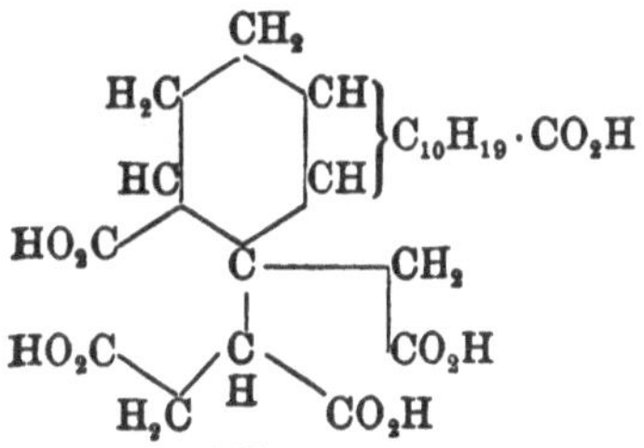

XI)
Choloidansäure

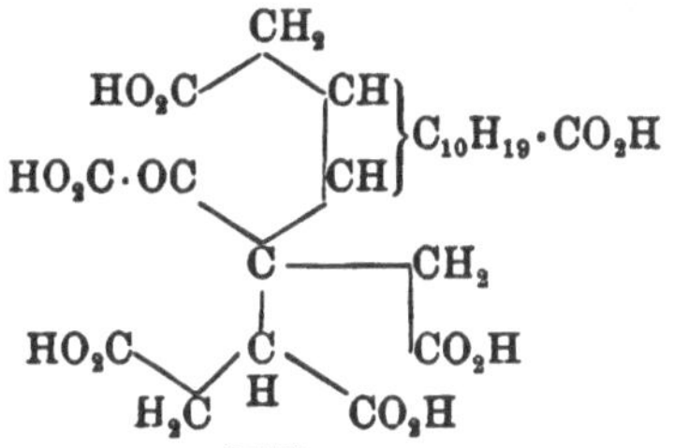

XII)
Ciloidansäure

Choloidansäure[1] $2R-C_{24}H_{36}O_{10}$ — in den älteren Arbeiten zuweilen Cholecamphersäure genannt — wird aus Desoxycholsäure durch warme Salpetersäure (D : 1·4) in einer Ausbeute von etwa 25 % der Theorie erhalten, aus Desoxybiliansäure (S. 254) aber in fast quantitativer Ausbeute; die Desoxybiliansäure darf man daher als Zwischenprodukt beim Übergang von Desoxycholsäure in Choloidansäure ansehen. Aus heißem Wasser krystallisiert die Choloidansäure in feinen Nädelchen. Sie schmilzt auf Quecksilber bei 314°, löst sich in etwa 5000 Tln. Wasser von 15° und etwa 70 Tln. kaltem Alkohol und zeigt $[\alpha]$ = ca. + 40° (in Alkohol, c = 1·5). Aus ihrem neutralen Silbersalz erhält man durch Methyljodid den schön krystallisierenden, bei 89—90° schmelzenden Pentamethylester $C_{19}H_{31}(CO \cdot OCH_3)_5$, dessen Molekulargewicht kryoskopisch bestimmt wurde. — Bei der Destillation im Hochvakuum gibt die Choloidansäure nach der Gleichung:

$$C_{24}H_{36}O_{10} = CO_2 + 2H_2O + C_{23}H_{32}O_6$$

die Brenzcholoidansäure, die sich als inneres Anhydrid einer Ketotricarbonsäure dadurch erweist, daß sie durch kurzes Kochen mit $^n/_{10}$-Lauge zu einer Säure $C_{23}H_{34}O_7$ hydratisiert wird. Dies Verhalten spricht dafür, daß von den beiden Carbonyl-Paaren, die bei der oxydativen Ringsprengung der Desoxycholsäure gebildet werden, eines die 1·5-, das andere die 1·6-Stellung zeigt, daß also durch die Oxydation ein Fünfring und ein Sechsring aufgesprengt worden sind (vgl. S. 250 Formel III).

Neben Choloidansäure entsteht bei der Oxydation von Desoxybiliansäure mit Salpetersäure die Pseudocholoidansäure[2] $2R-C_{24}H_{34}O_{10}$. Sie ist eine vier-

[1] Vgl.: REDTENBACHER, A. **57**, 159 (1846). — LATSCHINOFF, B. **12**, 1518 (1879); **13**, 1052 (1880); **19**, 1521 (1886). — CLÈVE, Bl. [2] **38**, 132 (1882). — PANZER, H. **48**, 192 (1906). — PREGL, H. **65**, 160, 174 (1910). — WIELAND, H. **108**, 306 (1919).

[2] CLÈVE, Bl. [2] **38**, 135 (1882). — LATSCHINOFF, B. **19**, 1521 (1886). — WIELAND, H. **108**, 316, 328 (1920); **123**, 237 (1922).

basische Ketocarbonsäure, schmilzt unter Zersetzung bei 304° und wird durch siedende rauchende Salpetersäure nicht verändert.

Die Ciliansäure (S. 255) haben Wieland und Schlichting[1] durch Salpetersäure zu einer Säure $C_{24}H_{34}O_{13}$ oxydiert, in der offenbar das ursprünglich tetracyclische C_{24}-Skelett der Cholsäure an so vielen Stellen aufgesprengt ist, daß nur noch ein Ring geschlossen geblieben ist. Sie nennen diese *monocyclische* Säure **Ciloidansäure** (Formel XII).

Ciloidansäure R—$C_{24}H_{34}O_{13}$ — eine Monoketohexacarbonsäure — krystallisiert aus heißem Wasser in glasglänzenden Prismen von besonderer Schönheit, schmilzt bei 248° unter Aufschäumen und ist in Wasser leicht löslich (in der Kälte ca. 1 : 25), in Äther und Benzol nur sehr wenig.

Beim Behandeln mit konz. Schwefelsäure verliert Ciloidansäure als α-Ketosäure Kohlenoxyd; gleichzeitig spaltet sie CO_2 und Wasser ab und geht in eine Ketotetracarbonsäure 2R—$C_{22}H_{33}O_9$ über, die durch Salpetersäure zu Biloidansäure (S. 259) oxydiert wird[2].

V. Abbauprodukte der Gallensäuren.

Die beiden vorhergehenden Abschnitte beschäftigten sich mit Säuren, die aus den Gallensäuren durch direkte oder indirekte Oxydation entstehen, sämtlich aber noch ihr gesamtes C_{24}-Gerüst aufweisen. Am Schluß war bei Besprechung der Choloidansäure (S. 257) deren Überführung in **Brenzcholoidansäure** $C_{23}H_{32}O_6$ durch Vakuum-Destillation erwähnt. Bei diesem Übergang ist also ein **C-Atom abgespalten**. Wieland und Schulenburg[3] haben die dadurch gebildete Brenzcholoidansäure zum Ausgangspunkt für die Gewinnung **weiterer C_{23}-Verbindungen** gemacht. Sie gewannen dabei wichtige Anhaltspunkte, um Schlüsse auf die Struktur des in Formel I auf S. 248 noch unaufgelösten Molekülteils zu ziehen. Doch verbietet es der Raum, hier im einzelnen ihren Ergebnissen und Entwickelungen zu folgen. Erwähnt sei nur die folgende Reaktionsreihe:

$$\text{Brenzcholoidansäure } C_{23}H_{32}O_6 \xrightarrow[\text{sierung}]{\text{Hydrati-}} \text{Keto-tricarbonsäure } C_{23}H_{34}O_7 \text{ (tricyclisch)} \xrightarrow[\text{mit } HNO_3]{\text{Oxydat.}} \text{Hexacarbonsäure } C_{23}H_{34}O_{12} \text{ (monocyclisch)}, \qquad (I)$$

welche zu einer Hexacarbonsäure führt, die — da in ihrem Molekül nur noch ein Ring angenommen werden darf — den Namen **Solannellsäure** (von solus annellus) — erhalten hat.

Von ihr aus führen die Umwandlungen:

$$\text{Solannellsäure } C_{23}H_{34}O_{12} \xrightarrow[\text{zersetzung}]{\text{Hitze-}} \text{Brenz-solannellsäure } C_{22}H_{32}O_9 \xrightarrow{HNO_3} \text{Norsolannellsäure } C_{22}H_{32}O_{12} \qquad (I')$$

zu Abbauprodukten mit 22 C-Atomen.

---

[1] H. **120**, 227 (1922).
[2] Wieland, Schlichting, H. **123**, 214 (1922).
[3] H. **114**, 167 (1921).

Es ist nun von besonderem Interesse, daß die Norsolannellsäure neuerdings von WIELAND und SCHLICHTING[1] mit der **Biloidansäure**[2] $R—C_{22}H_{32}O_{12}$ identifiziert werden konnte, die man aus Cholsäure direkt mit Salpeterschwefelsäure, besser aber aus Biliansäure (S. 255) durch Salpetersäure vom spez. Gew. 1·4 erhält. Daß die von der Cholsäure einerseits, der Desoxycholsäure andererseits ausgehenden Umwandlungsreihen in dieser Verbindung wieder zusammenstoßen, hat sich für die Formulierung der einzelnen Abbausäuren von besonderem Wert erwiesen.

Die Reaktionsreihe (E) nimmt ihren Ausgang von der Desoxybiliansäure (S. 254), da aus dieser die Choloidansäure hervorgeht (s. S. 257). Aus Isodesoxybiliansäure (S. 253, 255) erhält man durch eine ähnliche Reaktionsfolge:

$$\text{Isodesoxybiliansäure } C_{24}H_{36}O_7 \xrightarrow[\text{Zersetzung}]{\text{thermische}} \text{Brenz-isodesoxybiliansäure } C_{23}H_{34}O_4$$

$$\xrightarrow{HNO_3} \text{Norcholoidansäure } C_{23}H_{34}O_{10} \qquad \text{(G)}$$

in der **Norcholoidansäure** eine Pentacarbonsäure mit 23 C-Atomen[3].

VI. Gegenwärtiger Stand der Konstitutionsfrage.

Die Identifizierung der Cholansäure mit einem Oxydationsprodukt des Pseudocholestans, die am Anfang dieses Kapitels hervorgehoben wurde (S. 247—248), brachte uns die grundlegende Feststellung, daß das C_{24}-Gerüst der drei spezifischen Gallensäuren strukturell übereinstimmt mit einem 24 C-Atome umfassenden Teil des Cholesterin-Gerüsts. Die Untersuchungen über die durch oxydative Veränderungen aus den Gallensäuren hervorgehenden Säuren (S. 251—259) haben nun WIELAND ein Material geboten, um die Schlüsse, zu denen WINDAUS über die Struktur dieses Gerüsts für das Cholesterin gelangt war (vgl. S. 198—207), zu prüfen und zu erweitern[4]. Es fehlt hier der Raum, um seinen Ableitungen im einzelnen zu folgen; nur die wichtigsten Ergebnisse, zu denen er — unter Mitverwertung der dem gleichen Ziele zugewandten Arbeiten anderer Forscher, besonders von BORSCHE und von SCHENCK — mit einem hohen Grad von Wahrscheinlichkeit gelangte, können wir hier zusammenstellen.

Sehr bemerkenswert ist zunächst, daß die Erfahrungen, welche bei der „thermischen Zersetzung" (vgl. S. 203, 253 und 253 Anm. 3) der durch Ringsprengung gebildeten Polycarbonsäuren gesammelt wurden (vgl. z. B. S. 257 Brenzcholoidansäure), in vollkommener Übereinstimmung mit der

[1] H. **123**, 213 (1922).

[2] Vgl.: LETSCHE, H. **61**, 218 (1909). — PREGL, H. **65**, 166 (1910). — SCHENCK, H. **110**, 167 (1920). — BORSCHE, WEICKERT, ROB. MEYER, B. **54**, 3177 (1921). — WIELAND, SCHLICHTING, H. **119**, 76 (1922); **120**, 227 (1922).

[3] WIELAND, ADICKES, H. **120**, 232 (1922).

[4] Vgl. besonders: WIELAND, KULENKAMPFF, H. **108**, 295 (1920). — WIELAND, H. **108**, 311 (1920). — WIELAND, WEYLAND, H. **110**, 126 (1920). — WIELAND, SCHULENBURG, H. **114**, 167 (1921). — WIELAND, SCHLICHTING, H. **119**, 89 (1922). — WIELAND, ADICKES, H. **120**, 232 (1922).

beim Cholesterin-Abbau gewonnenen Annahme stehen, es sei ein hydrierter C_6-Ring (Ring I, vgl. S. 198, 203) in Orthokondensation mit einem hydrierten C_5-Ring (Ring II, vgl. S. 201, 204) — also ein hydriertes Inden-System — Bestandteil jenes Gerüstes[1] (vgl. S. 202, 206).

Da diese Annahme sich aber auf die Übertragung der an acyclischen Polycarbonsäuren gemachten Beobachtungen auf cyclische Säuren stützte (vgl. S. 203, 204), so wurde sie nicht für ganz zuverlässig gehalten. WIELAND[2] zog vielmehr — ebenso wie auch WINDAUS — die Möglichkeit in Betracht, daß auch Ring II ein Sechsring, die Kombination von Ring I mit Ring II also ein hydriertes Naphthalin-System sein könne.

Neuere Untersuchungen von WINDAUS, HÜCKEL und REVEREY[3] an einigen hydroaromatischen Dicarbonsäuren ergaben indessen auch für diese Säuren keine Abweichung von der BLANCschen Regel. Da nun ferner die fortgesetzten Abbaustudien auf dem Cholesterin-Gebiet[4] zu Produkten geführt haben, deren ungezwungene Deutung nur unter der Annahme, daß Ring II ein Fünfring ist, möglich erscheint, so ist zur Zeit die Fünfring-Formel der Gallensäuren und des Cholesterins die herrschende.

In Ring I und Ring II nimmt WIELAND[5] die beiden Hydroxyle der Desoxycholsäure an (vgl. Formel III auf S. 250). Er ist nun weiter in den Bau des C-Skeletts eingedrungen[6], indem er es wahrscheinlich machte, daß an die Kombination von Ring I + II unmittelbar ein dritter Ring (Ring III) kondensiert ist, der für dasjenige Hydroxyl der Cholsäure den Sitz bildet, um welches die Cholsäure der Desoxycholsäure

XIII)

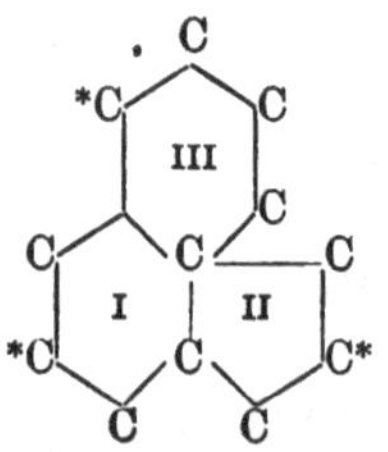

überlegen ist. So kommt er dazu, für 13 C-Atome der Gallensäuren die Gruppierung der Formel XIII anzunehmen, in welcher die Haftstellen der drei Cholsäure-Hydroxyle mit * bezeichnet sind.

---

[1] Vgl.: WIELAND, H. **108**, 313 (1920). — WIELAND, SCHULENBURG, H. **114**, 170 (1921).

[2] Vgl. H. **110**, 129 (1920); **114**, 175 (1921).

[3] B. **56**, 91 (1923).

[4] WINDAUS, ROSENBACH, RIEMANN, H. **130**, 113 (1923).

[5] Vgl. H. **108**, 297 (1920); **110**, 126 (1920); **120**, 236 (1922).

[6] H. **114**, 170 ff. (1921); **119**, 93 ff. (1922); **123**, 213 (1922); **130**, 144 (1923).

Aufgespalten sind:

Ring **I** in Lithobiliansäure und Isolithobiliansäure, Desoxybiliansäure und Isodesoxybiliansäure, Biliansäure und Isobiliansäure (S. 253—255),
Ring **I** und **II** in Choloidansäure (S. 257) und Norcholoidansäure (S. 259),
Ring **I** und **III** in Ciliansäure (S. 256) und Isociliansäure (S. 256),
Ring **I**, **II** und **III** in Ciloidansäure (S. 258), Solannellsäure (S. 258) und Biloidansäure (S. 259).

Über den noch übrig bleibenden Komplex[1] von 11 C-Atomen kann man sagen, daß er sich an Ring III anschließen muß, und zwar derart, daß entweder durch Kondensation mit Ring III ein vierter Einzelring zustande kommt oder daß in ihm ein vierter Einzelring isoliert von dem kondensierten Dreikernsystem (I + II + III) vorhanden ist. Das Endglied dieses C_{11}-Komplexes bildet jedenfalls die Atomgruppe —CH $(CH_3)\cdot CH_2\cdot CH_2\cdot CO_2H$ (s. S. 206—207, 248)[2].

Daß das Carboxyl der Cholsäure an ein hydroxylfreies C-Atom gebunden ist, hatte schon 1906 CURTIUS[3] bewiesen. Denn er konnte das Azid $C_{23}H_{36}(OH)_3\cdot CO\cdot N_3$ der Cholsäure nach seiner Bd. I, Tl. I, S. 352 besprochenen Methode in ein Amin $C_{23}H_{36}(OH)_3\cdot NH_2$ (Cholamin) überführen, während bei dieser Reaktion ein Aldehyd oder Keton $C_{23}H_{36}(OH)_2O$ zu erwarten wäre, wenn das dem Carboxyl benachbarte C-Atom zugleich ein Hydroxyl trüge.

---

[1] Vgl. H. **119**, 95—96 (1922).

[2] Eine weitere Auflösung des Komplexes $C_{10}H_{19}\cdot CO_2H$ ist in allerneuester Zeit WIELAND und SCHLICHTING [H. **134**, 280 (1924)] gelungen.

[3] B. **39**, 1389 (1906).

Register.

Die Seitenzahlen, welche durch ein Sternchen * hervorgehoben sind, geben an, wo die einzelnen Substanzen in Tabellen angeführt sind. Finden sich unter einem Stichwort mehrere Seitenzahlen notiert, so erscheint die Zahl derjenigen Seite fett gedruckt, auf welcher sich die spezielle Beschreibung des betreffenden Körpers befindet.

Die Präfixe Ortho-, Meta-, Para-, Normal-, Sekundär-, Tertiär- sind in der Regel für die alphabetische Reihenfolge unberücksichtigt geblieben; die Präfixe Cyclo-, Iso-, Pseudo- dagegen sind als integrierende Bestandteile der Namen behandelt.

FSC
www.fsc.org
MIX
Papier | Fördert
gute Waldnutzung
FSC® C083411

Kolibri 360 GmbH
Ferdinand-Jühlke-Straße 7
99095 Erfurt, Deutschland
produktsicherheit@kolibri360.de